普通高等教育电子信息类系列教材

数字信号处理

第 2 版

主　编　欧阳华
副主编　侯新国　李　辉　邵　英　刘建宝
参　编　于燕婷　王　腾　尹　洋　王家林

机械工业出版社

本书讨论数字信号处理的基本理论、基本算法和基本实现方法。全书共7章，内容包括离散时间信号与系统的基础理论、离散傅里叶变换及其快速算法、数字滤波器的结构及其设计方法、功率谱估计等。

本书内容丰富，条理清楚，深入浅出，在强调基本理论、基本概念和基本方法的同时，注重内容的时代性和前沿性，将计算机仿真工具 MATLAB 与教材内容紧密结合，给出了相应的例题与习题，便于读者自学，充分体现了经典与现代相结合、基本理论与工程技术相结合、解析方法与计算机辅助分析相结合的特点。

本书可作为高等学校自动化、电子信息、通信及计算机等专业的本科生教材，也可供从事数字信号处理工作的工程技术人员参考。

图书在版编目（CIP）数据

数字信号处理/欧阳华主编. —2 版. —北京：机械工业出版社，2022.8
（2025.2重印）
　普通高等教育电子信息类系列教材
　ISBN 978-7-111-70795-0

Ⅰ. ①数… Ⅱ. ①欧… Ⅲ. ①数字信号处理 – 高等学校 – 教材
Ⅳ. ①TN911.72

中国版本图书馆 CIP 数据核字（2022）第 083123 号

机械工业出版社（北京市百万庄大街22号　邮政编码100037）
策划编辑：于苏华　　　　　责任编辑：张振霞　杨晓花
责任校对：张晓蓉　王明欣　封面设计：张　静
责任印制：常天培
北京机工印刷厂有限公司印刷
2025年2月第2版第3次印刷
184mm×260mm·21印张·521千字
标准书号：ISBN 978-7-111-70795-0
定价：59.80元

电话服务　　　　　　　　　　网络服务
客服电话：010 – 88361066　　机　工　官　网：www.cmpbook.com
　　　　　010 – 88379833　　机　工　官　博：weibo.com/cmp1952
　　　　　010 – 68326294　　金　书　网：www.golden – book.com
封底无防伪标均为盗版　　机工教育服务网：www.cmpedu.com

第 2 版前言

本书第 1 版于 2011 年出版，现结合多年的教学实践以及学科领域的发展，编者编写了本书第 2 版。

第 2 版的教学目标和基本内容与第 1 版大体相同，仍然是研究离散时间信号分析以及离散时间系统的分析和设计。随着技术和应用的发展，以及对于本科生"宽口径、厚基础、全素质"培养的要求，相对于第 1 版，第 2 版在章节安排和内容选取上有一些改动。其中，高精度数字信号处理器件的出现，使得有限字长效应导致的误差对数字系统的影响变小，但读者有必要对这部分内容有一定的了解，因此将第 1 版第 7 章有限字长效应去掉，而将其主要内容用尽可能简明扼要的语言体现在 FFT 和系统分析中。其次，在自然界中遇到的信号基本上都是随机的，所以随机信号的分析非常重要，因此，第 2 版增加了随机信号的功率谱估计，将其作为第 7 章，使得信号分析的知识结构相对完整。

针对先修"信号与系统"课程的学科专业，本书的参考学时为 40 学时。针对未开设"信号与系统"课程的学科专业，本书的参考学时为 50 学时。数字信号处理是一门技术性较强的课程，本书配备了大量基于 MATLAB 的例题和习题，以便充分利用 MATLAB 仿真软件加深学生对原理与方法的理解。上述学时安排包括 6 学时的仿真实验。

本书第 1、2、5 章由欧阳华编写，第 3、4 章由侯新国补充编写，第 6、7 章由李辉、刘建宝补充编写，习题由于燕婷、王腾整理编写，尹洋、王家林整理了 MATLAB 仿真程序及练习，全书由欧阳华负责统稿。邵英教授参与了部分内容的编写并详细审阅了书稿，提出了许多改进意见。

由于编者水平有限，书中难免有欠妥之处，望读者不吝赐教。

编　者

第1版前言

本书是编者结合多年来从事有关数字信号处理科研和教学工作实践，在参考国内外相关优秀教材的基础上，为自动化、电子信息通信及计算机等专业本科生编写的"数字信号处理"课程教材。

本书共7章，第1章介绍了离散时间信号与系统的概念、描述和分类方法，并讨论了线性移不变（LSI）系统的特性，简明介绍了 LSI 离散时间系统的时域描述方法和分析方法。第2章讨论了信号的四大变换：连续时间信号的傅里叶变换（CTFT）和拉普拉斯变换（LT）；离散时间信号的傅里叶变换（DTFT）和 z 变换（ZT）。同一信号的频域变换和变换域变换的关系可以认为是频域到复频域的推广，连续与离散之间的关系则通过抽样定理来联系。这四类变换是信号的频域分析和系统的变换域分析的基础。第3章重点讨论了有限长离散傅里叶变换（DFT）的定义及性质、抽样定理，以及利用 DFT 计算连续信号频谱的过程。本章涉及离散时间信号分析与处理的重要的理论基础，这些理论将贯穿本书的其余各章节。第4章介绍了快速傅里叶变换（FFT）算法，包括经典的针对 $N=2^L$ 点的 Cooley – Tukey 基 – 2FFT 按频率抽取（DIF）和按时间抽取（DIT）算法和复乘次数量少的分裂基 FFT 算法，N 为复合数的 FFT 算法，以及用于计算窄带频谱的 Chirp – z 变换算法，这些算法是信号处理中对信号做谱分析的重要内容。第5章讨论了离散时间系统分析，包括频域响应和系统函数，全通系统与最小相位系统，线性相位系统。第6章主要讨论了数字滤波器的结构和各种设计方法。第7章分析了使用有限字长时对数字信号处理系统性能的影响。

针对未开设"信号与系统"课程的学科专业，本书的参考学时为50学时。数字信号处理是技术性较强的课程，本书配备了大量基于 MATLAB 的例题和习题，以便充分利用 MATLAB 信真软件加深学生对原理与方法的理解，建议增设10学时的实验。

本书的第1、2、5章由欧阳华编写，第3、4章由钱美编写，第6、7章由尹为民编写，全书由尹为民负责统稿。吴正国教授对原稿做了详细的审阅，并提出了许多改进意见，在此表示感谢。

由于编者水平有限，书中难免有欠妥之处，望读者不吝赐教。

编 者

目　　录

第 2 版前言
第 1 版前言
绪论 ··· 1
   0.1　信号 ·· 1
   0.2　信号处理 ··· 2
   0.3　数字信号处理的理论与实现 ·· 2

第 1 章　离散时间信号与系统 ··· 4
   1.1　信号的分类 ·· 4
   1.2　离散时间信号 ·· 5
   1.3　离散时间系统 ·· 24
   1.4　线性移不变系统 ··· 29
   1.5　LSI 离散时间系统的差分方程描述 ·· 34
   本章小结 ·· 38
   习题 ··· 39
   MATLAB 函数与练习 ··· 40

第 2 章　离散时间信号的傅里叶变换与 z 变换 ·· 41
   2.1　连续时间信号的傅里叶变换与拉普拉斯变换 ··· 41
   2.2　离散时间信号的傅里叶变换 ·· 49
   2.3　离散时间信号傅里叶变换的基本性质 ··· 55
   2.4　z 变换的定义及收敛域 ·· 61
   2.5　z 逆变换 ··· 66
   2.6　z 变换的性质 ·· 72
   2.7　连续时间信号的抽样及抽样定理 ·· 82
   2.8　序列的 ZT、DTFT 与连续时间信号的 LT、FT 的关系 ··· 88
   本章小结 ·· 91
   习题 ··· 91
   MATLAB 函数与练习 ··· 93

第 3 章　离散傅里叶变换 ·· 95
   3.1　周期序列的离散傅里叶级数及其性质 ··· 95
   3.2　有限长序列的离散傅里叶变换及其性质 ··· 100
   3.3　频域抽样定理 ··· 111
   3.4　用 DFT 计算线性卷积和线性相关 ··· 115
   3.5　用 DFT 分析连续信号频谱 ·· 121
   本章小结 ·· 126
   习题 ··· 126
   MATLAB 函数与练习 ··· 128

第 4 章 快速傅里叶变换 130
- 4.1 直接计算 DFT 的问题及改进途径 130
- 4.2 按时间抽取的基 −2 FFT 算法 131
- 4.3 按频率抽取的基 −2 FFT 算法 141
- 4.4 N 为复合数的 FFT 算法 144
- 4.5 分裂基 FFT 算法 150
- 4.6 线性调频 z 变换算法 154
- 4.7 FFT 算法的有限字长效应 160
- 本章小结 170
- 习题 171
- MATLAB 函数与练习 171

第 5 章 离散时间系统分析 173
- 5.1 离散时间系统的频率响应和系统函数 173
- 5.2 全通系统与最小相位系统 184
- 5.3 线性相位系统 191
- 5.4 离散时间系统的结构 202
- 5.5 数字滤波器的有限字长效应 214
- 本章小结 225
- 习题 225
- MATLAB 函数与练习 227

第 6 章 数字滤波器设计 229
- 6.1 滤波器设计的基本概念 229
- 6.2 模拟低通滤波器的设计 231
- 6.3 IIR 数字滤波器的设计 242
- 6.4 FIR 数字滤波器的设计 262
- 6.5 IIR 滤波器与 FIR 滤波器的比较 280
- 6.6 用 MATLAB 设计和分析数字滤波器 281
- 本章小结 299
- 习题 300
- MATLAB 工具箱与练习 301

第 7 章 随机信号的功率谱估计 303
- 7.1 随机信号及其特征描述 303
- 7.2 平稳随机信号的功率谱 306
- 7.3 经典谱估计 309
- 7.4 现代谱估计 315
- 本章小结 327
- 习题 327
- MATLAB 函数与练习 328

参考文献 330

绪 论

数字信号处理（digital signal processing，DSP）起源于 18 世纪的数学。20 世纪 60 年代以来，随着信息科学、计算机科学和微电子技术的飞速发展，数字信号处理的理论与应用得到迅速发展，形成一门新兴的、独立的学科。简单地说，数字信号处理是将信号用序列表示，通过计算机或专用处理设备，以数值计算的方法对信号进行采集、变换、综合、估值与识别等加工处理，以达到提取信息和便于应用的目的。

数字信号处理在理论上涉及范围极其广泛。数学领域中的微积分、复变函数、线性代数都是它的数学工具，网络、信号与系统的基本理论也是它的理论基础。在学科发展上，数字信号处理与自动控制理论、通信理论紧密相连，近年来它又成为计算机听觉、计算机视觉、人工智能和大数据等新兴学科的理论基础。可以说，数字信号处理是把经典的理论体系作为理论基础，同时又使自己成为一系列新兴学科的理论基础的学科。理论与算法密不可分，数学基础尤为重要。

早在 1805 年，高斯就发现了快速傅里叶变换的基本原理。1965 年，库利和图基提出了用于计算傅里叶变换的快速算法，将傅里叶变换的计算时间减少了几个数量级，为复杂的数字信号处理算法的实现提供了可行性。以此为里程碑，加之微电子学领域的进展和计算机的发展，使得数字信号处理成为一个不断更新、飞速发展的领域。

0.1 信号

信号通常指携带信息的载体。信息是指新的消息、新的知识，是人类对外界事物的感知。信号是信息的物理表现形式，是信息的载体；信息是信号的具体内容。信号可以用随时间（空间、频率或其他物理量）变化的物理量（电、光、文字、符号、图像、数据等）来描述。在数学上信号可以表示为一个或多个独立变量的函数。如果仅有一个独立变量，则称为一维信号；如果有两个以上的独立变量，则称为多维信号。本书仅研究一维信号处理的理论与技术。

在信号处理中，信号与函数是通用的。例如，数学上一个语音信号可以表示为时间的函数，一幅照片可以表示为两个空间变量的亮度函数。不同的物理信号，如温度、压力、流量等，在实际应用中都要把它们转变成电信号，这一转变可以通过不同的传感器来实现。因此，可以将信号的数学表达式中的独立变量看作时间，将信号视为随时间变化的电信号（电压或电流）。

在信号的数学表达式中，独立变量可以是连续的，也可以是离散的。在连续时间范围内有定义的信号称为连续时间信号。仅在一些离散的瞬时才有定义的信号称为离散时间信号，离散时间信号可以表示成数值的序列。上述信号的分类是从定义域来界定的。信号的独立变量的取值可以是连续的或离散的，同样，信号的幅度（函数值）也可以是连续或离散的。时间和幅度均为连续的信号称为模拟信号，时间和幅度均为离散的信号称为数字信号。在实际应用中，连续信号与模拟信号两个词常常不予区分，离散信号与数字信号两个词也常互相通用。

0.2 信号处理

信号处理是对含有信息的信号进行处理或变换，以获取期望信号，从而达到信息提取和应用的过程和方法。信号处理的内容包括谱分析、滤波、变换、检测、估计、压缩、识别、综合等一系列的加工处理。模拟信号处理系统的输入、输出信号均是模拟信号，难以做到高精度，可靠性差且不灵活。随着微电子技术和计算机的飞速发展，以及以数值分析、泛函、矩阵代数等数学理论为基础的信号处理理论和技术的进步，利用计算机或专用处理设备，以数值计算的方法对信号进行处理，即数字信号处理，已逐渐取代模拟信号处理，成为蓬勃发展的重要学科和技术领域。

信号处理的实现是由系统来完成的。系统是指由若干个相互关联、相互作用的事物按照一定规律组合而成的具有某种功能的整体。信号的概念与系统的概念是紧密相连的。信号在系统中按一定规律运动、变化，系统在输入信号的驱动下对它进行加工、处理并发送输出信号，如图0-1所示。输入信号常称为激励，输出信号常称为响应。信号处理系统是处理信号的物理设备，即对信号加以变换、从信号中提取信息的各种设备。

图 0-1　信号与系统框图

信号处理系统也可以像信号一样分类。系统的激励和响应都是连续时间信号的系统称为连续时间系统；系统的激励和响应都是离散时间信号的系统称为离散时间系统。若系统的激励和响应一个是连续时间信号，一个是离散时间信号，则称为混合系统。

因为许多科学和工程中遇到的是连续信号，所以数字信号处理系统应该理解为对信号进行数字处理，而不仅仅是对数字信号进行处理。这样，一个典型的数字信号处理系统如图0-2所示，该系统的输入信号是模拟信号：先通过一个防混叠模拟低通滤波器，将会造成混叠失真的高频分量加以滤除；然后进入A/D转换器将模拟信号转换为数字信号；随后送入数字信号处理器这一核心单元进行处理，得到处理后的数字信号；最后进入D/A转换器得到所需的模拟信号。

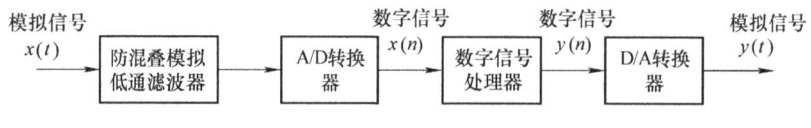

图 0-2　数字信号处理系统框图

0.3 数字信号处理的理论与实现

数字信号处理的理论可以分为两个部分，即经典数字信号处理和现代数字信号处理。经典数字信号处理的研究对象主要是确定性信号，研究内容包括离散时间信号和离散时间系统分析、z变换、离散傅里叶变换（DFT）、快速傅里叶变换（FFT）、选频滤波器分析和设计等。现代信号处理的研究对象主要是随机信号，对随机信号的分析主要是统计的方法，其内容包括随机信号的描述、经典功率谱估计和现代功率谱估计，以及维纳滤波器和自适应滤波器等。此外，非平稳信号的分析和处理，包括时频分析、小波变换、压缩感知等也属于现代信号处理的范畴。

数字信号处理的理论与算法实现是密不可分的。一个好的信号处理理论用于工程实现，需要辅以高速、高效的算法。例如：FFT 算法的提出使得 DFT 理论得以推广，该算法也被认为是数字信号处理学科的开端；Mallat 提出的多分辨率小波变换的塔式算法为小波应用起到了奠基性的作用；Levinson 算法的提出使得 Toeplitz 矩阵的求解变得容易，从而使得参数谱估计技术得到广泛的应用。这样的例子在信号处理中还有很多。

算法的实现可以分为软件实现和硬件实现。软件实现是指在通用计算机上用编程语言实现信号处理某一方面的理论。这种方式多用于教学及科学研究。硬件实现是指用通用或专用的 DSP 芯片或 ARM 微处理器构成满足数字信号处理任务要求的目标系统。这些内容由专门的书籍讨论，本书暂不涉及。

在编程语言中，C 语言是常用的编程工具，多数生产数字信号处理芯片的厂家都会提供 C 编译仿真器，可以满足实时性要求较高的应用编程。对于数字信号处理学习来说，MAT-LAB 是避不开的工具。MATLAB 是矩阵实验室（matrix laboratory）的简称，是一种高级技术计算语言和交互式环境集成软件，由 MATLAB 和 Simulink 两大部分组成，广泛应用于算法开发、数据可视化、数据分析、仿真建模以及数值计算。MATLAB 具有丰富的工具箱，涵盖科学、工程、经济和金融等各种领域，与信号处理有关的通信、滤波器实现、小波分析、信号处理等工具箱中有大量可以调用的函数，使得数字信号处理和分析变得简便。考虑到 MATLAB 更为成熟和通用，本书讨论的算法仿真实现采用 MATLAB 完成。

第 1 章 离散时间信号与系统

1.1 信号的分类

根据信号的不同属性可分为一维信号和多维信号、确定性信号与随机信号、连续时间信号与离散时间信号。

1.1.1 一维信号与多维信号

如前所述,信号在数学上可以表示为一个或多个独立变量的函数。函数值可以是实值或是复值。

例如,信号

$$x(t) = \sin(2\pi t)$$

是一个实值信号,而

$$x(t) = e^{j2\pi t} = \cos(2\pi t) + j\cos(2\pi t)$$

是一个复值信号。这里信号是单个自变量的函数,称为一维信号。

在一些应用中,信号由多个信源或传感器生成,这样的信号可以用矢量表示。如用 $I(x,y)$ 表示图像信号每一点的亮度,用 $I(x,y,t)$ 表示黑白视频在不同时间的亮度。它们分别是二维信号和三维信号。

本书只讨论一维信号,但是所讨论的一维信号的信号处理算法均可以扩展到多维信号。

1.1.2 确定性信号与随机信号

按信号随时间变化的规律来分,信号可分为确定性信号与随机信号。确定性信号是指能够表示为确定的时间函数的信号。当给定某一时间值时,信号有确定的数值,其所含信息量的不同体现在其分布值随时间或空间的变化规律上。"电路基础"课程中研究的正弦信号、指数信号、各种周期信号等都是确定性信号的例子。如图 1-1a 所示。

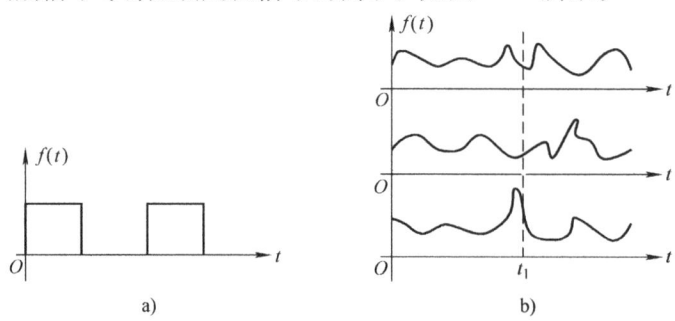

图 1-1 确定性信号与随机信号

a) 确定性信号 b) 随机信号

随机信号不是时间 t 的确定函数，它在每一个确定时刻的分布值是不确定的，只能通过大量试验测出它在某些确定时刻上取某些值的可能性的分布。空气中的噪声、电路元件中的热噪声、电流等，都是随机信号的例子。如图 1-1b 所示。

实际传输的信号几乎都是随机信号。因为若传输的是确定信号，则对接收者来说，就不可能由它得知任何新的信息，从而失去了传送消息的本意。但是，在一定条件下，随机信号也会表现出某种确定性，例如在一个较长的时间内随时间变化的规律比较确定，即可近似地看成是确定信号。

1.1.3 连续时间信号与离散时间信号

（1）连续时间信号 对任意一个信号，如果在定义域内，除有限个间断点外均有定义，则称此信号为连续时间信号。连续时间信号的自变量是连续可变的，而函数值在值域内可以是连续的，也可以是跳变的。如图 1-2 所示的斜坡信号，就是一个连续时间信号。

（2）离散时间信号 对任意一个信号，如果自变量仅在离散时间点上有定义，则称此信号为离散时间信号。离散时间信号相邻离散时间点的间隔可以是相等的，也可以是不相等的。在这些离散时间点之外，信号无定义。

例如，一个离散时间信号的波形如图 1-3 所示，函数表示为

$$y(n) = \begin{cases} n & n = 1, 2, 3, \cdots \\ 1 & n = -1, -2, \cdots \end{cases} \tag{1-1}$$

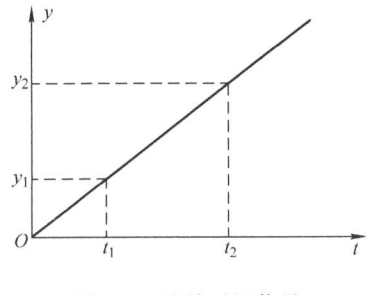

图 1-2 连续时间信号

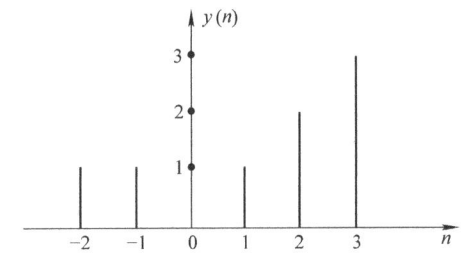

图 1-3 离散时间信号

定义在等间隔离散时间点上的离散时间信号称为序列，序列可以表示成函数形式，也可以直接列出序列值或写成序列值的集合。在工程应用中，常常将幅值连续可变的信号称为模拟信号；将幅值连续的信号在固定时间点上取值得到的信号称为抽样信号；将幅值只能取某些固定的值，而在时间上等间隔的离散时间信号称为数字信号。

1.2 离散时间信号

仅在一些离散的瞬间才有定义的信号称为离散时间信号，简称离散信号。这里"离散"是指信号的定义域——时间是离散的，它只在离散时刻 $t_n (n = 0, \pm 1, \pm 2, \cdots)$ 有定义，在其余的时间不予定义。时刻 t_n 与 t_{n+1} 之间的间隔 $T_n = t_{n+1} - t_n$ 可以是常数，也可以随 n 而变

化。本书只讨论 T_n 等于常数的情况。若令相邻时刻 t_{n+1} 与 t_n 之间的间隔为常数 T，则离散信号只在均匀离散时刻 $t=\cdots,-2T,-T,0,T,2T,\cdots$ 时有定义，它可以表示成 $x(nT)$。为了简便，不妨把 $x(nT)$ 简记为 $x(n)$。这样离散信号在数学上可以表示为数的序列，故离散信号也常称为序列。

离散信号常可以通过对模拟信号（如语音）进行等间隔抽样得到，如图 1-4 所示。例如，对于一个连续时间信号 $x_a(t)$，以每秒 $f_s=1/T$ 个抽样的速率抽样而产生离散信号，它与 $x_a(t)$ 的关系为

$$x(n)=x_a(nT) \tag{1-2}$$

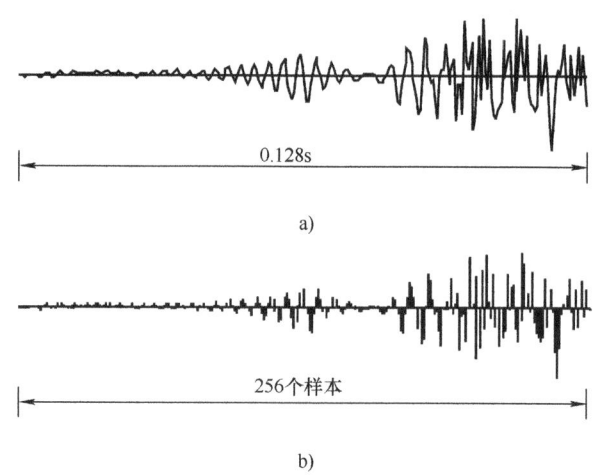

图 1-4　模拟信号的离散化

a）一段连续时间语音信号　b）以 $T=0.5\mathrm{ms}$ 的时间间隔从图 a 获得的样本序列

然而，并不是所有的离散信号都是由模拟信号抽样获得的。一些信号可以认为是自然产生的离散信号，如每日股票市场价格、人口统计数和仓库存量等，历次普查全国人口数据如图 1-5 所示。此外，还有一些离散信号是由计算机仿真产生的。

序列 $x(n)$ 可以用图形表示，如图 1-6 所示。若序列 $x(n)$ 随 n 的变化规律可以用公式表示，则其数学表达式可以写成闭合形式，即

$$x(n)=A\cos(\omega_0 n+\phi) \tag{1-3}$$

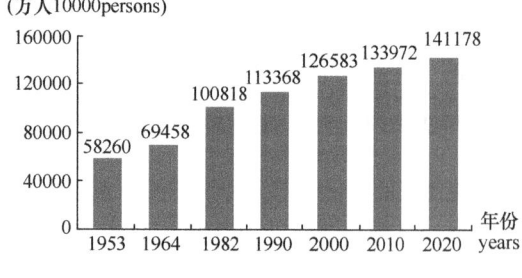

图 1-5　历次普查全国人口数据

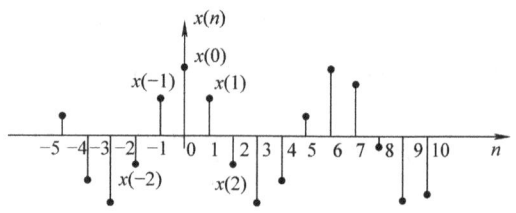

图 1-6　离散时间信号的图形表示

如果 $x(n)$ 是通过观测得到的一组离散数据，也可以逐个列出 $x(n)$ 的值，用集合的形式

给出，例如：
$$x(n) = \{-0.42 \quad 0.54 \quad \underset{\underset{n=0}{\uparrow}}{1.00} \quad 0.54 \quad -0.42 \quad -0.99\} \tag{1-4}$$

序列 $x(n)$ 中，数字 1.00 下面的箭头 ↑ 表示与 $n=0$ 对应，左右两侧依次是 n 取负整数和 n 取正整数时相对应的 $x(n)$ 的值。通常把对应某序号 m 的序列值称为第 m 个样本点的样本值，如上述用集合表示的序列 $x(n)$ 的第 3 个样本点的样本值为 -0.99。

1.2.1 序列的基本运算

1. 加法和乘法

信号 $x_1(n)$ 和 $x_2(n)$ 之和是指同一样本点（序号）的样本值对应相加所构成的"和信号"，即

$$x(n) = x_1(n) + x_2(n) \tag{1-5}$$

调音台是信号相加的一个实际例子，它将音乐和语言混合到一起。

信号 $x_1(n)$ 和 $x_2(n)$ 之积是指同一样本点（序号）的样本值对应相乘所构成的"积信号"，即

$$x(n) = x_1(n) x_2(n) \tag{1-6}$$

收音机的调幅信号是信号相乘的一个实际例子，它将音频信号加载到被称为载波的正弦信号上。

加法和乘法都是"点对点"的运算。

【例 1-1】 已知序列

$$x_1(n) = \begin{cases} 2^n & n < 0 \\ n+1 & n \geq 0 \end{cases}; \quad x_2(n) = \begin{cases} 0 & n < -2 \\ 2^{-n} & n \geq -2 \end{cases}$$

求 $x_1(n)$ 和 $x_2(n)$ 之和，$x_1(n)$ 和 $x_2(n)$ 之积。

解：$x_1(n)$ 和 $x_2(n)$ 之和为

$$x_1(n) + x_2(n) = \begin{cases} 2^n & n < -2 \\ 2^n + 2^{-n} & n = -2, -1 \\ n+1 + 2^{-n} & n \geq 0 \end{cases}$$

$x_1(n)$ 和 $x_2(n)$ 之积为

$$x_1(n) x_2(n) = \begin{cases} 2^n \times 0 \\ 2^n \times 2^{-n} \\ (n+1) \times 2^{-n} \end{cases} = \begin{cases} 0 & n < -2 \\ 1 & n = -2, -1 \\ (n+1) \times 2^{-n} & n \geq 0 \end{cases}$$

$x_1(n)$、$x_2(n)$、$x_1(n) + x_2(n)$ 及 $x_1(n) x_2(n)$ 的波形图如图 1-7 所示。

2. 移位

给定离散信号 $x(n)$，若有正整数 m，序列 $x(n-m)$ 是将原序列沿 n 轴正方向平移 m 单位，即向右移位（延时序列），而序列 $x(n+m)$ 是将原序列沿 n 轴负方向平移 m 单位，即向左移位（超前序列），如图 1-8 所示，图中 $m=2$。雷达系统中，雷达接收到的目标回波信号就是延时信号。在数字信号处理的硬件设备中，移位实际上是由一系列的移位寄存器来实现的。

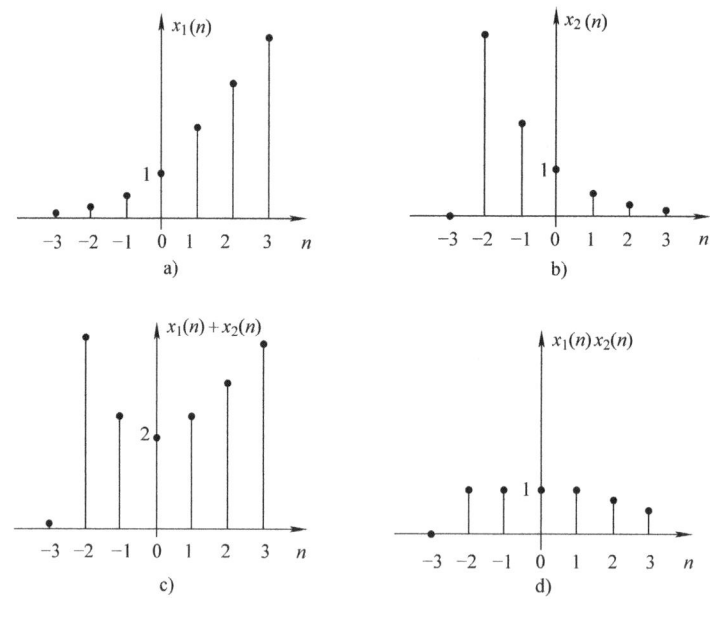

图 1-7 序列的加法和乘法
a) $x_1(n)$ b) $x_2(n)$ c) $x_1(n)+x_2(n)$ d) $x_1(n)x_2(n)$

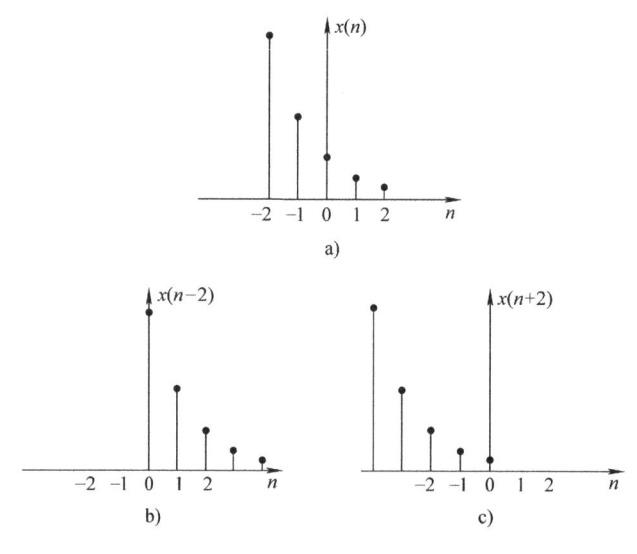

图 1-8 序列的移位
a) 原序列 $x(n)$ b) 延时序列 $x(n-2)$ c) 超前序列 $x(n+2)$

3. 反褶

给定离散信号 $x(n)$，序列 $x(-n)$ 就是将 $x(n)$ 以 $n=0$ 的纵轴为对称轴进行反褶，如图 1-9 所示。

如果将移位和反褶相结合，就可以得到序列 $x(-n\pm m)$。在画出这类信号的波形时，可以先反褶，然后移位，也可以先移位，然后反褶，但是要注意波形的变换始终是针对序号

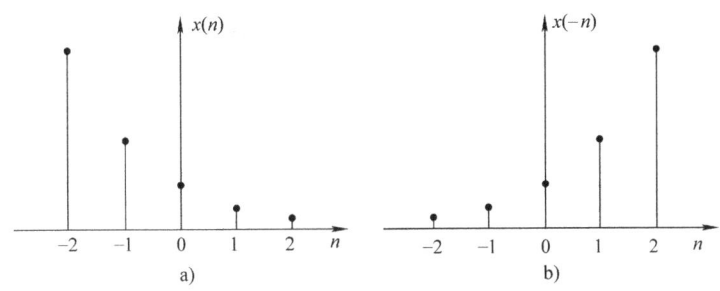

图 1-9 序列的反褶
a) 原序列 $x(n)$ b) 反褶序列 $x(-n)$

n 进行的。例如，画信号 $x(-n+m)$，m 取正整数时，可以先将 $x(n)$ 向左移位得到 $x(n+m)$，然后将 $x(n+m)$ 反褶得到 $x(-n+m)$；或者可以先将 $x(n)$ 反褶得到 $x(-n)$，然后将 $x(-n)$ 向右移位得到 $x[-(n-m)] = x(-n+m)$，注意这时移位的方向与前述相反。移位和反褶相结合的波形如图 1-10 所示。

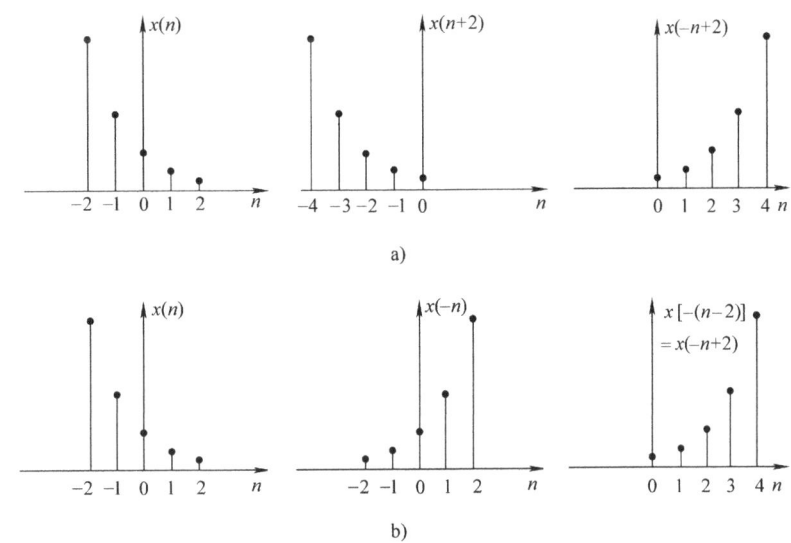

图 1-10 移位和反褶相结合
a) 先移位后反褶 b) 先反褶后移位

4. 累加

设某序列为 $x(n)$，则 $x(n)$ 的累加序列 $y(n)$ 定义为

$$y(n) = \sum_{m=-\infty}^{n} x(m) \tag{1-7}$$

它表示 $y(n)$ 在时刻 n 的值等于该时刻以及其之前所有时刻的 $x(n)$ 值之和。求和是在虚设的变量 m 下进行的，m 为哑变量，n 为参变量。结果仍为 n 的函数。

累加的概念与连续时间信号中积分的概念是一致的。在积分中，定义信号 $x(t)$ 的积分 $y(t)$ 为

$$y(t) = \int_{-\infty}^{t} x(\tau) d\tau \tag{1-8}$$

可以看出，累加运算与积分运算的主要区别在于求和和积分符号的不同，但它们对信号的作用是一样的。

5. 差分运算

序列的差分可以分为前向差分和后向差分。一阶前向差分定义为

$$\Delta x(n) \stackrel{\text{def}}{=} x(n+1) - x(n) \tag{1-9}$$

一阶后向差分定义为

$$\nabla x(n) \stackrel{\text{def}}{=} x(n) - x(n-1) \tag{1-10}$$

式中，Δ 和 ∇ 为差分算子。

由式（1-9）和式（1-10）可见，前向差分和后向差分的关系为

$$\nabla x(n) = \Delta x(n-1) \tag{1-11}$$

两者仅移位不同，没有原则上的差别，因而它们的性质也相同。一般的，为方便起见，前向差分方程多用于状态变量分析；后向差分方程多用于因果系统与数字滤波器分析。本书主要讨论后向差分，简称其为差分。

序列的差分运算和连续时间信号的微分运算相对应。在微分中，定义

$$\begin{aligned}\frac{dx(t)}{dt} &= \lim_{\Delta t \to 0} \frac{\Delta x(t)}{\Delta t} \\ &= \lim_{\Delta t \to 0} \frac{x(t+\Delta t) - x(t)}{\Delta t} = \lim_{\Delta t \to 0} \frac{x(t) - x(t-\Delta t)}{\Delta t}\end{aligned} \tag{1-12}$$

就离散信号而言，可用两个相邻序列值的差值代替 $\Delta x(t)$，用相应离散时间之差代替 Δt，并称这两个差值之比为离散信号的变化率，从而可由微分运算得到差分运算，即

$$\frac{\Delta x(n)}{\Delta n} = \frac{x(n+1) - x(n)}{(n+1) - n} \tag{1-13}$$

$$\frac{\nabla x(n)}{\nabla n} = \frac{x(n) - x(n-1)}{n - (n-1)} \tag{1-14}$$

式（1-13）和式（1-14）即为前向差分和后向差分的定义。

二阶差分可以定义为

$$\nabla^2 x(n) = \nabla[\nabla x(n)] = x(n) - 2x(n-1) + x(n-2) \tag{1-15}$$

类似地，可定义三阶、四阶、$\cdots$、m 阶差分。一般地，m 阶差分可定义为

$$\nabla^m x(n) = \nabla[\nabla^{m-1} x(n)] = \sum_{i=0}^{m} (-1)^i \binom{m}{i} x(n-i) \tag{1-16}$$

其中

$$\binom{m}{i} = \frac{m!}{(m-i)!i!} \quad i = 0, 1, 2, \cdots, m \tag{1-17}$$

为二项式系数。

6. 尺度变换（抽取与插值）

（1）抽取 给定序列 $x(n)$，令

$$x_d(n) = x(Dn) \quad D \text{ 为正整数} \tag{1-18}$$

则 $x_d(n)$ 表示从 $x(n)$ 的每连续 D 个样本值中取出一个组成的新序列,这种运算称为抽取。抽取丢失了原信号的部分信息,它不是简单的时间轴的压缩。若序列 $x(n)$ 是由连续信号 $x_a(t)$ 以 f_s 为抽样频率抽样产生的,则可以认为 $x_d(n)$ 是以 $1/D$ 倍的抽样频率(f_s/D)对 $x_a(t)$ 抽样产生的,相当于将抽样间隔由 T 变成 DT。当 $D=2$ 时,$x(n)$ 和 $x_d(n)$ 分别如图 1-11a、b 所示。

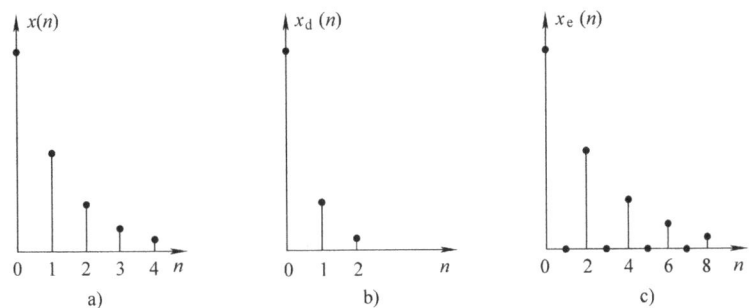

图 1-11 序列的抽取与插值
a) 序列 $x(n)$ b) 序列 $x_d(n)$($D=2$) c) 序列 $x_e(n)$($I=2$)

(2) 插值 给定序列 $x(n)$,令

$$x_e(n) = \begin{cases} x(n/I) & n = mI, I \text{ 为正整数}, m \text{ 为整数} \\ 0 & \text{其他 } n \end{cases} \tag{1-19}$$

则 $x_e(n)$ 表示在原序列 $x(n)$ 的两个相邻样本值之间插入 $(I-1)$ 个零值(I 为正整数),故也称为序列的零值插入。当 $I=2$ 时,$x_e(n)$ 如图 1-11c 所示。

7. 卷积和

若两个序列为 $x_1(n)$ 和 $x_2(n)$,则 $x_1(n)$ 和 $x_2(n)$ 的卷积和定义为

$$x(n) = x_1(n) * x_2(n) \stackrel{\text{def}}{=} \sum_{m=-\infty}^{\infty} x_1(m) x_2(n-m) \tag{1-20}$$

注意:式(1-20)求卷积和是在虚设的变量 m 下进行的,m 为求和变量,也称为哑变量,n 为参变量,结果仍为 n 的函数。

在连续时间线性时不变系统分析中,卷积积分是求零状态响应的基本方法。同样地,卷积和是求离散时间线性移不变系统的零状态响应的基本方法。卷积和是数字信号处理最重要的运算之一,这里只讨论卷积和的基本计算,它的性质将在 1.4.2 节详细讨论。

【例 1-2】 已知序列

$$x_1(n) = \begin{cases} 0 & n<0 \\ a^n & n \geq 0 \end{cases}; \quad x_2(n) = \begin{cases} 0 & n<0 \\ 1 & n \geq 0 \end{cases}$$

求 $x(n) = x_1(n) * x_2(n)$。

解:由卷积和的定义式,有

$$x_1(n) * x_2(n) = \sum_{m=-\infty}^{\infty} x_1(m) x_2(n-m)$$

对于 $x_1(m)$,考虑仅当 $m \geq 0$ 时,序列有非零表达式 $x_1(m) = a^m$,因此求和下限可以改为 $m=0$;对于 $x_2(n-m)$,当 $n-m \geq 0$ 时,即 $m \leq n$ 时,序列有非零表达式 $x_2(n-m) = 1$,因

此求和上限可以改为 n，故上式可写为

$$x_1(n) * x_2(n) = \sum_{m=0}^{n} a^m \times 1 = \sum_{m=0}^{n} a^m$$

$$= \begin{cases} \dfrac{1-a^{n+1}}{1-a} & a \neq 1 \\ n+1 & a = 1 \end{cases}$$

显然，上式中 $n \geq 0$，因为若求和上限小于求和下限，则求和区间不存在。故最后结果为

$$x(n) = \begin{cases} \dfrac{1-a^{n+1}}{1-a} & a \neq 1 \\ n+1 & a = 1 \end{cases} \quad n \geq 0$$

由上例可知，计算卷积和时，正确的选择参变量 n 的适用区域以及确定相应的求和上下限是十分关键的步骤，可以借助作图的方法辅助解决。图解法能直观地表明卷积的含义，有助于对卷积概念的理解，同时，图解法也是求解有限长序列卷积和的有效方法。

图解法计算序列 $x_1(n)$ 与 $x_2(n)$ 的卷积和的步骤为

1）换元：将序列 $x_1(n)$ 与 $x_2(n)$ 的自变量 n 用 m 代替。

2）反褶平移：将序列 $x_2(m)$ 以纵坐标为轴进行反褶，得到序列 $x_2(-m)$，然后将序列 $x_2(-m)$ 沿 m 轴正方向平移 n 个单位，成为 $x_2(n-m)$。

3）乘积：求乘积 $x_1(m)x_2(n-m)$。

4）求和：m 从 $-\infty$ 到 ∞ 对乘积项求和，得到某一特定点 $x(n)$ 的值。

依次取 $n = \cdots, -2, -1, 0, 1, 2, \cdots$，重复步骤3）、4），即可得到全部 $x(n)$ 的值。下面举例说明。

【例1-3】 已知序列

$$x_1(n) = \{\underset{\underset{n=0}{\uparrow}}{1}, 2, 3\}; \quad x_2(n) = \{\underset{\underset{n=0}{\uparrow}}{1}, 1, 1, 1\}$$

求 $x(n) = x_1(n) * x_2(n)$。

解：将序列 $x_1(n)$ 与 $x_2(n)$ 的自变量换为 m，得到序列 $x_1(m)$ 和 $x_2(m)$，如图1-12a、b所示。

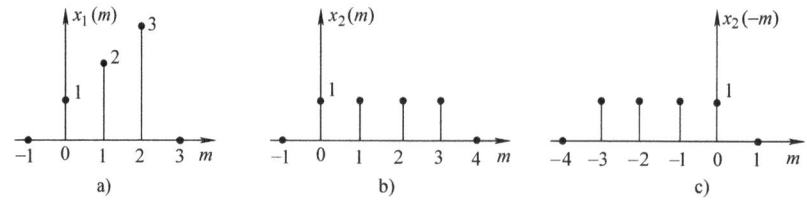

图1-12 例1-3图

将 $x_2(m)$ 反褶后，得到 $x_2(-m)$，如图1-12c所示。

逐次令 $n = \cdots, -2, -1, 0, 1, 2, \cdots$，计算乘积并求和，其图示如图1-13所示。

1）当 $n < 0$ 时，$x_1(m)$ 和 $x_2(n-m)$ 没有交叠部分，乘积处处为零，故

$$x(n) = 0$$

2）当 $n = 0$ 时，有

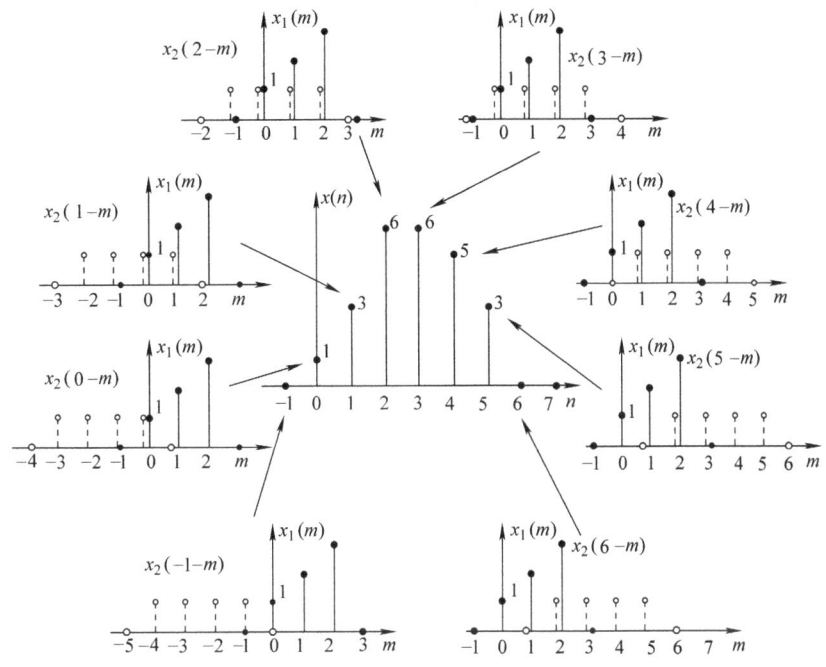

图 1-13 例 1-3 卷积和的计算过程

$$x(0) = \sum_{m=-\infty}^{\infty} x_1(m)x_2(0-m) = x_1(0)x_2(0) = 1$$

3) 当 $n=1$ 时，有

$$x(1) = \sum_{m=-\infty}^{\infty} x_1(m)x_2(1-m) = x_1(0)x_2(1) + x_1(1)x_2(0) = 3$$

4) 当 $n=2$ 时，有

$$x(2) = \sum_{m=-\infty}^{\infty} x_1(m)x_2(2-m) = x_1(0)x_2(2) + x_1(1)x_2(1) + x_1(2)x_2(0) = 6$$

5) 当 $n=3$ 时，有

$$x(3) = \sum_{m=-\infty}^{\infty} x_1(m)x_2(3-m) = x_1(0)x_2(3) + x_1(1)x_2(2) + x_1(2)x_2(1) = 6$$

6) 当 $n=4$ 时，有

$$x(4) = \sum_{m=-\infty}^{\infty} x_1(m)x_2(4-m) = x_1(1)x_2(3) + x_1(2)x_2(2) = 5$$

7) 当 $n=5$ 时，有

$$x(5) = \sum_{m=-\infty}^{\infty} x_1(m)x_2(5-m) = x_1(2)x_2(3) = 3$$

8) 当 $n \geq 6$ 时，$x_1(m)$ 和 $x_2(n-m)$ 没有交叠部分，乘积处处为零，故

$$x(n) = 0$$

综上所述，$x(n) = x_1(n) * x_2(n) = \{\underset{\underset{n=0}{\uparrow}}{1}, 3, 6, 6, 5, 3\}$

上述求卷积和的图解过程较为复杂，考虑到有限长序列可以用序列的形式表示，故也可

以把图解过程用序列阵表的形式表示，从而简化求解过程。卷积和的序列阵表见表 1-1，可见计算结果同前。

表 1-1 卷积和的序列阵表

$x_2(n-m)$ $x_1(m)$ n				1	2	3			$x(n)$
0	1	1	1	1					1
1		1	1	1	1				3
2			1	1	1	1			6
3				1	1	1	1		6
4					1	1	1	1	5
5						1	1	1	1	3
6							1	1	1	1	0

（↓ $m=0$）

观察卷积和

$$x(n) = \sum_{m=-\infty}^{\infty} x_1(m)x_2(n-m)$$
$$= \cdots + x_1(-1)x_2(n+1) + x_1(0)x_2(n) + x_1(1)x_2(n-1) + \cdots$$

求和符号内 $x_1(m)$ 的序号 m 和 $x_2(n-m)$ 的序号 $n-m$ 之和恰好等于 n。从例 1-3 的求解过程也可以看出，$x(n)$ 的某一特定值 $x(n_0)$ 是所有两序列序号之和为 n_0 的那些样本乘积之和。因此，可以将这些序号和相同的乘积排成一列，用竖式乘法来表示。例 1-3 中，有

$$x_1(n) = \{0, x_1(0), x_1(1), x_1(2), 0\}$$
$$x_2(n) = \{0, x_2(0), x_2(1), x_2(2), x_2(3), 0\}$$

将它们排成乘法，即

$$\begin{array}{r}
x_1(0) \quad x_1(1) \quad x_1(2) \\
\times \quad x_2(0) \quad x_2(1) \quad x_2(2) \quad x_2(3) \\
\hline
x_1(0)x_2(3) \quad x_1(1)x_2(3) \quad x_1(2)x_2(3) \\
x_1(0)x_2(2) \quad x_1(1)x_2(2) \quad x_1(2)x_2(2) \\
x_1(0)x_2(1) \quad x_1(1)x_2(1) \quad x_1(2)x_2(1) \\
x_1(0)x_2(0) \quad x_1(1)x_2(0) \quad x_1(2)x_2(0) \\
\hline
x_1(0)x_2(0) \\
x_1(0)x_2(1) + x_1(1)x_2(0) \\
x_1(0)x_2(2) + x_1(1)x_2(1) + x_1(2)x_2(0) \\
x_1(0)x_2(3) + x_1(1)x_2(2) + x_1(1)x_2(2) \\
x_1(1)x_2(3) + x_1(2)x_2(2) \\
x_1(2)x_2(3)
\end{array}$$

由上式可见，将 $x_1(n)$ 作为乘数，将 $x_2(n)$ 也作为乘数，可以简单地列一个竖式乘法求得两序列的卷积和。求卷积和的竖式乘法与乘法的唯一差别是没有进位运算。

从上述竖式乘法中还可以看出两序列卷积后得到的新序列序号范围的长度。若有限长序列 $x_1(n)$ 的非零区间为 $M_1 \leqslant n \leqslant M_2$，序列长度为 $N_1 = M_2 - M_1 + 1$；有限长序列 $x_2(n)$ 非零区间为 $M_3 \leqslant n \leqslant M_4$，序列长度为 $N_2 = M_4 - M_3 + 1$。则 $x(n) = x_1(n) * x_2(n)$ 的非零区间为 $M_1 + M_3 \leqslant n \leqslant M_2 + M_4$，序列长度为 $N = (M_2 + M_4) - (M_1 + M_3) + 1 = N_1 + N_2 - 1$。因此，可以先列一个竖式乘法，得到一串样本值，然后根据上述规律得到卷积和序列的某一个样本值（一般是第一个）的序号，从而确定整个序列。例 1-3 的竖式乘法为

$$
\begin{array}{r}
1\ 2\ 3 \\
\times\quad 1\ 1\ 1\ 1 \\
\hline
1\ 2\ 3 \\
1\ 2\ 3 \\
1\ 2\ 3 \\
1\ 2\ 3 \\
\hline
1\ 3\ 6\ 6\ 5\ 3 \\
\uparrow \\
n = 0 + 0
\end{array}
$$

于是，可以得到所求卷积和 $x(n) = x_1(n) * x_2(n) = \{\underset{n=0}{\uparrow} 1, 3, 6, 6, 5, 3\}$，该结果与前面两种方法得到的结果是一致的。

8. 相关

相关函数是鉴别信号的有力工具，它反映了两个信号的相似性，被广泛用于雷达回波的识别、地震源探测、通信同步信号识别等信号处理领域。

两个实序列为 $x(n)$ 和 $y(n)$，若它们都为能量有限信号，则 $x(n)$ 和 $y(n)$ 的互相关函数定义为

$$r_{xy}(m) \overset{\text{def}}{=} \sum_{n=-\infty}^{\infty} x(n) y(n-m) \tag{1-21}$$

式（1-21）表明，$r_{xy}(m)$ 在时刻 m 时的值，等于将 $x(n)$ 保持不动而 $y(n)$ 右移 m 位后两序列对应相乘再相加的结果。

令 $n - m = n$，则得到相关函数的另一种定义为

$$r_{xy}(m) \overset{\text{def}}{=} \sum_{n=-\infty}^{\infty} x(n+m) y(n) \tag{1-22}$$

可见，互相关函数是两信号之间时间差（序号差）的函数，$r_{xy}(m)$ 的延迟量 m 等于 $x(n)$ 的时间变量减去 $y(n)$ 的时间变量。需要注意，一般 $r_{xy}(m) \neq r_{yx}(m)$。这是因为

$$r_{yx}(m) \overset{\text{def}}{=} \sum_{n=-\infty}^{\infty} y(n) x(n-m) = \sum_{n=-\infty}^{\infty} x(n-m) y(n) = r_{xy}(-m) \tag{1-23}$$

于是 $r_{xy}(m)$ 和 $r_{yx}(m)$ 之间的关系为

$$r_{xy}(m) = r_{yx}(-m) \tag{1-24}$$

如果 $y(n) = x(n)$，则上面定义的互相关函数变成自相关函数 $r_{xx}(m)$，即

$$r_{xx}(m) = \sum_{n=-\infty}^{\infty} x(n) x(n-m) \tag{1-25}$$

自相关函数 $r_{xx}(m)$ 反映了信号 $x(n)$ 和其自身做了一段延迟之后的 $x(n-m)$ 的相似程度。自相关函数 $r_{xx}(m)$ 一般简记为 $r_x(m)$。由

$$r_x(m) = r_x(-m) \tag{1-26}$$

可见,自相关函数是延迟量 m 的偶函数。

相关的计算方法与卷积和类似。为了便于比较,将式(1-21)中的变量 n 与 m 互换,可得

$$r_{xy}(n) = \sum_{m=-\infty}^{\infty} x(m)y(m-n) \tag{1-27}$$

序列 $x(n)$ 与 $y(n)$ 的卷积和表达式为

$$x(n) * y(n) = \sum_{m=-\infty}^{\infty} x(m)y(n-m) \tag{1-28}$$

比较式(1-27)与式(1-28)可见,卷积和与相关函数的运算方法有很多相同之处,区别在于卷积和运算要将 $y(m)$ 反褶为 $y(-m)$,而相关运算不需要反褶,其他步骤如换元、移位、乘积求和等运算方法是一样的。

根据卷积的定义,有

$$x(n) * y(-n) = \sum_{m=-\infty}^{\infty} x(m)y(-n+m) = \sum_{m=-\infty}^{\infty} x(m)y(m-n) \tag{1-29}$$

比较式(1-27)与式(1-29),可得

$$r_{xy}(n) = x(n) * y(-n) \tag{1-30}$$

将变量由 m 换回 n,重写式(1-30),可得

$$r_{xy}(m) = x(m) * y(-m) \tag{1-31}$$

可见,可以由卷积和来计算相关函数。

由上式可知,若 $x(n)$ 与 $y(n)$ 均为实偶函数,则卷积和与相关函数完全相同。

若 $x(n)$ 与 $y(n)$ 不是能量信号,则 $r_{xy}(m)$ 将趋于无限大,因此,功率信号的相关函数定义为

$$r_{xy}(m) \stackrel{\text{def}}{=} \lim_{N \to \infty} \frac{1}{2N+1} \sum_{n=-N}^{N} x(n)y(n-m) \tag{1-32}$$

$$r_x(m) \stackrel{\text{def}}{=} \lim_{N \to \infty} \frac{1}{2N+1} \sum_{n=-N}^{N} x(n)x(n-m) \tag{1-33}$$

如果 $x(n)$ 是周期信号,且周期为 N,则由式(1-33)可得其自相关函数为

$$r_x(m) = \lim_{N \to \infty} \frac{1}{2N+1} \sum_{n=-N}^{N} x(n)x(n-m)$$

$$= \lim_{N \to \infty} \frac{1}{2N+1} \sum_{n=-N}^{N} x(n)x(n-m+N) = r_x(m+N) \tag{1-34}$$

可见,周期信号的自相关函数也是周期信号,而且和原信号周期相同。这样式(1-33)中的无限多个周期的求和平均可以用一个周期的求和平均来代替,即

$$r_x(m) = \frac{1}{N} \sum_{n=0}^{N-1} x(n)x(n-m) \tag{1-35}$$

【例 1-4】 序列 $x(n) = \cos(\omega n)$,其周期为 N,求 $x(n)$ 的自相关函数。

解:由式(1-35)可得

$$r_x(m) = \frac{1}{N}\sum_{n=0}^{N-1}\cos(\omega n)\cos(\omega n - \omega m)$$

$$= \frac{1}{N}\sum_{n=0}^{N-1}\cos(\omega n)[\cos(\omega n)\cos(\omega m) + \sin(\omega n)\sin(\omega m)]$$

$$= \frac{1}{N}\cos(\omega m)\sum_{n=0}^{N-1}\cos^2(\omega n) + \frac{1}{N}\sin(\omega m)\sum_{n=0}^{N-1}\cos(\omega n)\sin(\omega n)$$

在一个周期内，有

$$\sum_{n=0}^{N-1}\cos(\omega n)\sin(\omega n) = 0$$

$$\sum_{n=0}^{N-1}\cos^2(\omega n) = \frac{1}{2}\sum_{n=0}^{N-1}[1 + \cos(2\omega n)] = \frac{N}{2}$$

所以

$$r_x(m) = \frac{1}{2}\cos(\omega m)$$

可见，余弦函数的自相关函数仍为余弦。同理可证，任意相位的正弦、余弦的自相关函数仍为余弦。

上述相关函数的定义都是针对实信号的，其概念也可以拓展到复数域。如果 $x(n)$ 和 $y(n)$ 是复数，则相关函数为

$$r_{xy}(m) \stackrel{\text{def}}{=} \sum_{n=-\infty}^{\infty} x(n) y^*(n - m) \tag{1-36}$$

$$r_x(m) \stackrel{\text{def}}{=} \sum_{n=-\infty}^{\infty} x(n)^* x(n - m) \tag{1-37}$$

此时相关函数也是复数。

1.2.2 基本序列

下面介绍一些典型的离散信号。

1. 单位抽样序列

单位抽样序列也称单位冲激序列、单位序列、单位样本序列等，它的定义为

$$\delta(n) = \begin{cases} 1 & n = 0 \\ 0 & n \neq 0 \end{cases} \tag{1-38}$$

单位抽样序列只在 $n=0$ 处有一个单位值 1，其余点上皆为 0。单位抽样序列如图 1-14a 所示，它是最常用、最重要的一种序列，它在离散时间系统中的作用类似于连续时间系统中的单位冲激函数 $\delta(t)$。但是，在连续时间系统中，$\delta(t)$ 是 $t=0$ 点脉宽趋于零、幅值趋于无限大、面积为 1 的信号，是极限概念的信号，并非任何现实的信号；而离散时间系统中的 $\delta(n)$，却完全是一个现实的序列，它的样本值是 1，是一个有限值。所以，单位抽样序列没有那么多像连续时间冲激所带来的数学处理上的复杂问题，它的定义既简单又明确。

若将 $\delta(n)$ 在时间轴上延时 m 个抽样周期，则得到 $\delta(n-m)$，其波形如图 1-14b 所示。

$$\delta(n - m) = \begin{cases} 1 & n = m \\ 0 & n \neq m \end{cases} \tag{1-39}$$

与单位冲激信号 $\delta(t)$ 类似，单位抽样序列 $\delta(n)$ 也有抽样性质，即

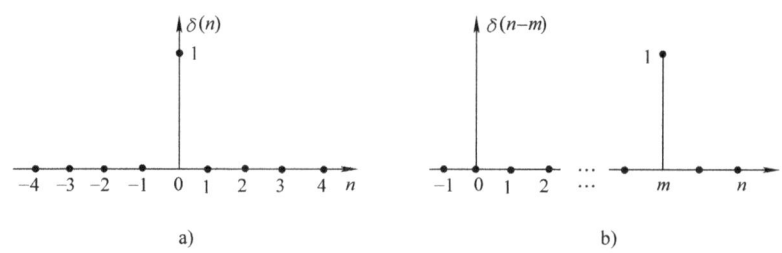

图 1-14 单位抽样序列 $\delta(n)$ 及其延时 $\delta(n-m)$

$$x(n)\delta(n-m) = x(m)\delta(n-m) = \begin{cases} x(m) & n=m \\ 0 & \text{其他 } n \end{cases} \quad (1\text{-}40)$$

式（1-40）表明，单位抽样序列（或其延时）和任意函数相乘，结果是抽出该函数在单位抽样序列出现时刻的样本值。

单位抽样序列的一个重要作用就是任何序列都可以用一组幅度加权和延迟的单位抽样序列的和来表示。例如，在图 1-15 中，序列 $x(n)$ 可以表示为

$$x(n) = \cdots + x(-1)\delta(n+1) + x(0)\delta(n) + \\ x(1)\delta(n-1) + x(2)\delta(n-2) + \\ x(3)\delta(n-3) + \cdots + x(m)\delta(n-m) + \cdots$$

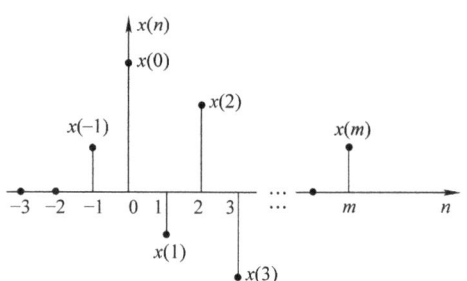

图 1-15 用单位抽样序列表示任意序列

一般地，上式可简写为

$$x(n) = \sum_{m=-\infty}^{\infty} x(m)\delta(n-m) \quad (1\text{-}41)$$

根据卷积和的定义，有

$$x(n) = \sum_{m=-\infty}^{\infty} x(m)\delta(n-m) = x(n) * \delta(n) \quad (1\text{-}42)$$

式（1-42）可以理解为信号的时域分解公式。也就是说，任何序列都可以以 $\delta(n)$ 为基进行分解，这和连续时间信号在时域分解为 $\delta(t)$ 的积分的意义是一样的。这个分解用数学符号来表示，实际上就是卷积。

2. 单位阶跃序列

单位阶跃序列定义为

$$u(n) = \begin{cases} 1 & n \geq 0 \\ 0 & n < 0 \end{cases} \quad (1\text{-}43)$$

它类似于连续时间信号与系统中的单位阶跃函数 $u(t)$。但 $u(t)$ 在 $t=0$ 时通常不予定义，或者定义为左极限与右极限之和的一半，即 $u(0) = [u(0_-) + u(0_+)]/2 = (0+1)/2 = 1/2$，总之它的定义不甚明确。而 $u(n)$ 在 $n=0$ 时明确定义为 $u(0) = 1$，它是一个普通序列。$u(n)$ 及其延时 $u(n-m)$ 如图 1-16 所示。

阶跃序列 $u(n)$ 和单位抽样序列 $\delta(n)$ 的关系为

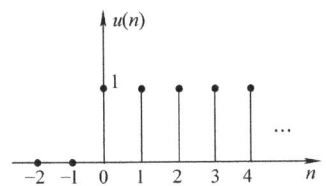 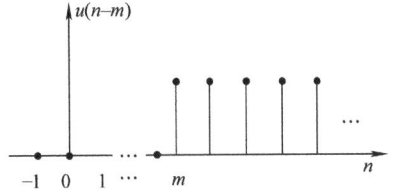

图 1-16 单位阶跃序列 $u(n)$ 及其延时 $u(n-m)$

$$\delta(n) = u(n) - u(n-1) \tag{1-44}$$

即 $\delta(n)$ 是 $u(n)$ 的后向差分。

将 $u(n)$ 看作一组延时的单位抽样序列之和,这时非零样本值全都是 1,则有

$$u(n) = \delta(n) + \delta(n-1) + \delta(n-2) + \cdots \tag{1-45}$$

或者

$$u(n) = \sum_{m=0}^{\infty} \delta(n-m) \tag{1-46}$$

令 $n-m=k$,代入式 (1-46),有

$$u(n) = \sum_{k=-\infty}^{n} \delta(k) \tag{1-47}$$

即 $u(n)$ 为 $\delta(n)$ 的累加。

3. 矩形序列

矩形序列定义为

$$R_N(n) = \begin{cases} 1 & 0 \leq n \leq N-1 \\ 0 & \text{其他 } n \end{cases} \tag{1-48}$$

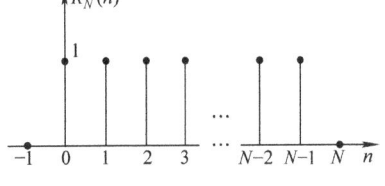

图 1-17 矩形序列 $R_N(n)$

矩形序列 $R_N(n)$ 如图 1-17 所示。

将 $R_N(n)$ 用 $\delta(n)$ 和 $u(n)$ 表示为

$$R_N(n) = \sum_{m=0}^{N-1} \delta(n-m) = \delta(n) + \delta(n-1) + \cdots + \delta[n-(N-1)] \tag{1-49}$$

$$R_N(n) = u(n) - u(n-N) \tag{1-50}$$

4. 实指数序列

实指数序列定义为

$$x(n) = Aa^n \tag{1-51}$$

式中,A 和 a 都是实数。当 $|a|<1$ 时,序列是收敛的;而当 $|a|>1$ 时,序列是发散的。a 为负数时,序列是正负交替变化的。实指数序列如图 1-18 所示。

5. 正弦序列

正弦序列定义为

$$x(n) = A\cos(\omega_0 n + \phi) \tag{1-52}$$

式中,A 为幅度;ϕ 为起始相位;ω_0 为数字角频率。它反映了序列变化的速率,三个参数均为实数。需要注意的是,n 是一个无量纲的整数,因此 ω_0 的量纲必须是 rad。在连续时间信号中,角频率 Ω_0 的单位是 rad/s,倘若希望与连续时间信号的情况保持一种更为相近的对照,可以认为 ω_0 的单位为 rad/样本,而 n 的单位就是样本。需要说明的是,正弦信号和余

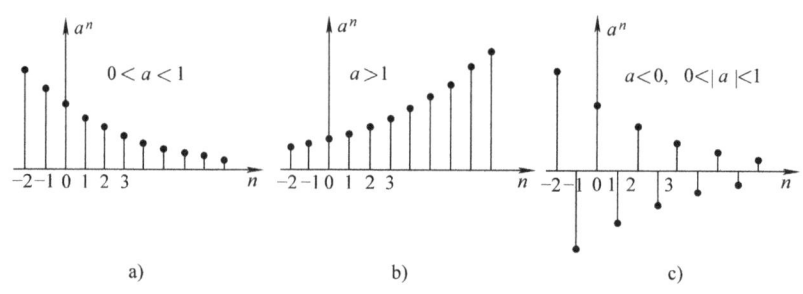

图 1-18 实指数序列
a) $x(n) = 0.8^n$ b) $x(n) = 1.2^n/5$
c) $x(n) = (-0.8)^n$

弦信号两者仅在相位上相差 $\pi/2$。在电路的正弦稳态向量分析法中,将连续的余弦信号 $\cos(\Omega_0 t)$ 作为基本信号,其相位为 0,正弦信号 $\sin(\Omega_0 t)$ 需要转化为余弦信号 $\cos\left(\Omega_0 t - \dfrac{\pi}{2}\right)$ 来处理,其相位为 $-\pi/2$,故正弦信号和余弦信号在"电路"课程和本书中统称为正弦信号,不做严格区别。

$\omega_0 = 0.1\pi$ 时,序列 $x(n)$ 如图 1-19 所示,该序列值每 20 个重复一次循环。关于正弦序列的周期性,稍后将进行详细的讨论。

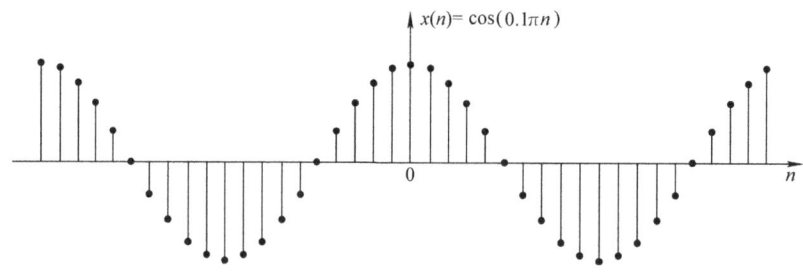

图 1-19 当 $A = 1$,$\omega_0 = 0.1\pi$,$\phi = 0$ 时的正弦序列

6. 复指数序列

序列值为复数的序列称为复序列,复序列的每个值具有实部和虚部两部分。

当指数序列 $x(n) = Aa^n$ 中的 A 和 a 都是复数时,该序列为复指数序列,令 $A = |A|e^{j\phi}$,$a = |a|e^{j\omega_0}$,有

$$x(n) = Aa^n = |A|e^{j\phi}|a|^n e^{j\omega_0 n} = |A||a|^n e^{j(\omega_0 n + \phi)} \tag{1-53}$$

式(1-53)中,模和相位分别为

$$|x(n)| = |A||a|^n, \quad \arg[x(n)] = \omega_0 n + \phi \tag{1-54}$$

式(1-53)还可以表示为实部和虚部,即

$$\begin{aligned} x(n) &= |A||a|^n e^{j(\omega_0 n + \phi)} \\ &= |A||a|^n \cos(\omega_0 n + \phi) + j|A||a|^n \sin(\omega_0 n + \phi) \end{aligned} \tag{1-55}$$

可见,复指数序列 $x(n) = Aa^n$ 是实部和虚部分别指数加权的余弦序列和正弦序列。若 $|a| > 1$,该序列振荡的包络按指数增长;若 $|a| < 1$,该序列振荡的包络按指数衰减。包络衰减的复

指数序列如图 1-20 所示。

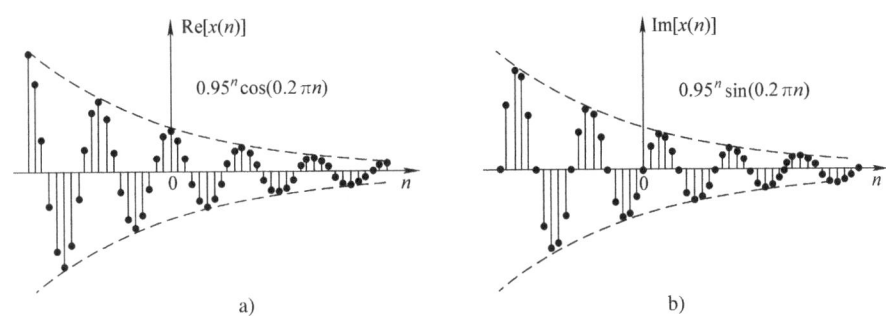

图 1-20 复指数序列 $x(n) = 0.95^n e^{j0.2\pi n}$
a) 序列的实部 $\text{Re}[x(n)] = 0.95^n \cos(0.2\pi n)$
b) 序列的虚部 $\text{Im}[x(n)] = 0.95^n \sin(0.2\pi n)$

当 $|a|=1$ 时，$x(n)$ 也称为复正弦序列（或称为虚指数序列），其实部和虚部分别是余弦和正弦序列，即

$$x(n) = |A| e^{j(\omega_0 n + \phi)} = |A|\cos(\omega_0 n + \phi) + j|A|\sin(\omega_0 n + \phi) \tag{1-56}$$

式中，ω_0 也称为复正弦或复指数的数字角频率。

1.2.3 序列的周期性

周期信号是定义在 $(-\infty, \infty)$ 区间，每隔一定时间按相同规律重复变化的信号。连续时间周期信号可以表示为

$$x(t) = x(t + mT) \quad m = 0, \pm 1, \pm 2, \cdots \tag{1-57}$$

离散时间周期信号可以表示为

$$x(n) = x(n + mN) \quad m = 0, \pm 1, \pm 2, \cdots \tag{1-58}$$

满足以上关系式的最小 T（或最小正整数 N）值称为该信号的重复周期，简称为周期。只要给出周期信号在任一周期内的函数表达式或者波形，便可知它在整个时间范围任一时刻的值。不具有周期性的信号称为非周期信号。

单一频率连续时间正弦信号 $x(t) = A\cos(\Omega_0 t + \phi)$ 总是一个周期信号，其周期等于 $2\pi/\Omega_0$。但对于离散时间正弦信号，由于要求序号 n 必须为整数，从而导致了一些差异。下面讨论正弦序列的周期性。

正弦序列

$$\begin{aligned} x(n) &= A\cos(\omega_0 n + \phi) = A\cos(\omega_0 n + \phi + 2m\pi) \\ &= A\cos\left[\omega_0\left(n + m\frac{2\pi}{\omega_0}\right) + \phi\right] = A\cos[\omega_0(n + mN) + \phi] \end{aligned} \quad m = 0, \pm 1, \pm 2, \cdots \tag{1-59}$$

由式（1-59）可得出如下结论：

1) 当 $\dfrac{2\pi}{\omega_0}$ 是整数时，$N = \dfrac{2\pi}{\omega_0}$ 为整数，此时周期即为 $N = \dfrac{2\pi}{\omega_0}$。图 1-21a 为 $\omega_0 = \dfrac{\pi}{4}$、周期 $N = 8$ 时的正弦序列。

2) 当 $\dfrac{2\pi}{\omega_0}$ 不是整数，而是一个有理数时，将有理数表示为分数 $\dfrac{2\pi}{\omega_0} = \dfrac{N}{m}$，其中 N、m 为互

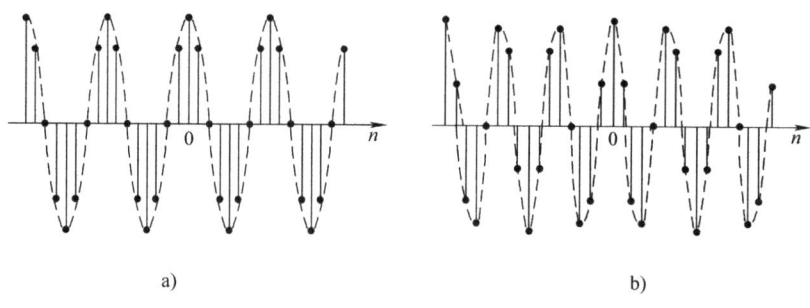

图 1-21 周期性正弦序列

a) $x_1(n) = \cos\left(\dfrac{\pi}{4}n\right)$ b) $x_2(n) = \cos\left(\dfrac{3\pi}{8}n\right)$

质的整数，则 $\dfrac{2\pi}{\omega_0}m = N$ 为最小正整数，此时正弦序列仍然具有周期性，但周期不再是 $\dfrac{2\pi}{\omega_0}$，而是 $N = m\dfrac{2\pi}{\omega_0}$。图 1-21b 为 $\omega_0 = \dfrac{3}{8}\pi$、周期 $N = 16$ 时的正弦序列。

可以看出，与在连续时间正弦信号所得出的直观认识相反，一个离散时间正弦信号频率的增加并不一定意味着信号的周期会减小。如 $\omega_2 = \dfrac{3}{8}\pi > \omega_1 = \dfrac{\pi}{4}$，但周期 $N_2 = 16 > N_1 = 8$。信号频率从 $\dfrac{\pi}{4}$ 增加到 $\dfrac{3}{8}\pi$，信号的周期反而增大了。究其原因就是由于离散时间信号仅能定义在整数 n 值。从图 1-21 可以看到，图 1-21a 经过 1 个周期的连续时间正弦包络就可以达到周期性，而图 1-21b 要经过 3 个周期的连续时间正弦包络才能达到周期性。因此作为序列，$x_2(n)$ 的周期要比 $x_1(n)$ 的周期大。

3）当 $\dfrac{2\pi}{\omega_0}$ 为无理数时，任何 m 均不能使 $N = m\dfrac{2\pi}{\omega_0}$ 为正整数，此时，正弦序列不再是周期序列，但其包络仍然是正弦函数。这与连续时间正弦信号是不一样的。

指数为纯虚数的复正弦序列（虚指数序列）的周期性与正弦序列的情况相同。

进一步讨论，连续时间和离散时间正弦信号的高、低频的解释稍微有些不同。对于连续时间正弦信号 $x(t) = A\cos(\Omega_0 t + \phi)$，随着 Ω_0 的增加，$x(t)$ 振荡得越来越快；而对于离散时间正弦信号 $x(n) = A\cos(\omega_0 n + \phi)$，当 ω_0 从 0 增加到 π 时，$x(n)$ 振荡越来越快，当 ω_0 从 π 增加到 2π 时，由于 $\cos[(2\pi - \omega_0)n] = \cos(\omega_0 n)$，振荡反而变慢，如图 1-22 所示。所以，$\omega_0$ 在 π 附近的余弦序列是高频信号，ω_0 在 0 附近的余弦序列是低频信号。事实上，由于正弦序列在 ω_0 上的周期性，$\omega_0 = 2k\pi$ 与 $\omega_0 = 0$ 是无法区分的。更一般地说，正弦序列在 $\omega_0 = 2k\pi$ 周围的频率与在 $\omega_0 = 0$ 周围的频率是无法区分的。所以，位于 $\omega_0 = 2k\pi$（k 为任意整数）附近的 ω_0 值就属于低频范围（振荡相对慢），而位于 $\omega_0 = (2k+1)\pi$ 附近的 ω_0 值就属于高频范围（振荡相对快）。

【例 1-5】 判别下列各序列是否为周期性的，如果是周期性的，确定其周期。

(1) $x_1(n) = \cos\left(\dfrac{\pi}{7}n + \dfrac{\pi}{6}\right)$

(2) $x_2(n) = e^{j\left(\frac{4\pi}{13}n + \frac{\pi}{5}\right)}$

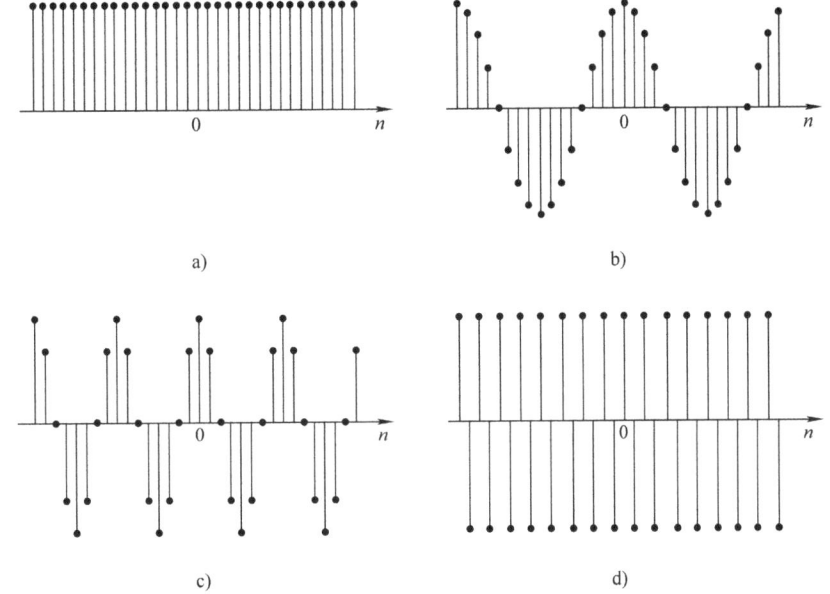

图 1-22 不同 ω_0 值时的 $\cos(\omega_0 n)$ 随着 ω_0 从 0 增加到 π[a)~d)]，序列振荡加快，随着 ω_0 从 π 增加到 2π[d)~a)]，序列振荡变慢

a) $\omega_0 = 0, 2\pi$ b) $\omega_0 = \pi/8, 15\pi/8$ c) $\omega_0 = \pi/4, 7\pi/4$ d) $\omega_0 = \pi$

(3) $x_3(n) = \cos\left(\dfrac{\pi}{3}n + \dfrac{\pi}{4}\right) + \sin\left(\dfrac{3\pi}{4}n + \dfrac{\pi}{3}\right)$

(4) $x_4(n) = \cos\left(\dfrac{\pi}{5}n\right) + \sin\left(\dfrac{n}{6} + \dfrac{1}{2}\right)$

解：(1) $\omega_1 = \dfrac{\pi}{7}$，$\dfrac{2\pi}{\omega_1} = 14$，故 $x_1(n)$ 是周期序列，其周期为 $N_1 = 14$。

(2) $\omega_2 = \dfrac{4\pi}{13}$，$\dfrac{2\pi}{\omega_2} = \dfrac{13}{2} = \dfrac{N_2}{m}$，由于 $\dfrac{2\pi}{\omega_2}$ 为有理数，所以 $x_2(n)$ 为周期序列，其周期为 $N_2 = 13$。

(3) $x_3(n)$ 为两个正弦序列的和序列，故应分别判断两个序列的周期，然后判断和序列的周期性。

$\omega_{31} = \dfrac{\pi}{3}$，$\dfrac{2\pi}{\omega_{31}} = 6$，故 $N_{31} = 6$。

$\omega_{32} = \dfrac{3\pi}{4}$，$\dfrac{2\pi}{\omega_{32}} = \dfrac{8}{3}$，故 $N_{32} = 8$。

取 N_{31} 和 N_{32} 的最小公倍数，有 $N_3 = [N_{31}, N_{32}] = 24$。

(4) $\omega_{41} = \dfrac{\pi}{5}$，$\dfrac{2\pi}{\omega_{41}} = 10$，故 $N_{41} = 10$。

$\omega_{42} = \dfrac{1}{6}$，$\dfrac{2\pi}{\omega_{42}} = 12\pi$ 为无理数，故 $x_{42}(n) = \sin\left(\dfrac{n}{6} + \dfrac{1}{2}\right)$ 为非周期序列。

所以 $x_4(n)$ 为非周期序列。

1.2.4 序列的能量和功率

为了了解信号的能量或功率特性,常常研究电压或电流信号在单位电阻上的能量或功率,称为归一化能量或功率。信号 $x(t)$ 施加于 1Ω 电阻上,它所消耗的瞬时功率为 $|x(t)|^2$,在区间 $(-\infty,\infty)$ 的能量和平均功率定义为

$$E \stackrel{\text{def}}{=} \int_{-\infty}^{\infty} |x(t)|^2 dt \tag{1-60}$$

$$P \stackrel{\text{def}}{=} \lim_{T \to \infty} \frac{1}{T} \int_{-\frac{T}{2}}^{\frac{T}{2}} |x(t)|^2 dt \tag{1-61}$$

对于离散信号,类似的可以定义其能量和功率为

$$E \stackrel{\text{def}}{=} \sum_{n=-\infty}^{\infty} |x(n)|^2 \tag{1-62}$$

$$P \stackrel{\text{def}}{=} \lim_{N \to \infty} \frac{1}{2N+1} \sum_{n=-N}^{N} |x(n)|^2 \tag{1-63}$$

若 $E<\infty$,称 $x(t)$ 或 $x(n)$ 为能量有限信号,简称为能量信号,此时 $P=0$;若 $P<\infty$,则称 $x(t)$ 或 $x(n)$ 为功率有限信号,简称为功率信号,此时 $E=\infty$。

一般来讲,周期信号因为时间是无限的,所以总为功率信号,时限信号(仅在有限时间区间不为零的非周期信号)为能量信号,还有信号为非周期非能量信号。如 $u(n)$ 是功率信号,矩形序列 $R_N(n)$ 是能量信号,而单边指数增长信号 $e^{2n}u(n)$ 为非功率非能量信号。

1.3 离散时间系统

在数学上,一个离散时间系统可以定义为一种变换或是算子,它把输入序列 $x(n)$ 映射为输出序列 $y(n)$,可以记作

$$y(n) = T[x(n)] \tag{1-64}$$

式中,T 称为算子,它代表了由输入序列值计算输出序列值的某种规则或公式。离散时间系统可由图 1-23 表示。

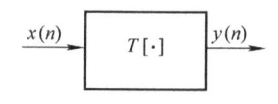

图 1-23 离散时间系统

可以从多种角度来观察、分析研究离散时间系统的性质,提出对系统进行分类的方法。下面介绍通过加在变换 $T[\cdot]$ 的性质上的限定来定义几种常用的系统分类。

1.3.1 无记忆系统

如果在每一个 n 值上的输出 $y(n)$ 只决定于同一时刻 n 值的输入 $x(n)$,则称该系统是无记忆系统,或称为即时系统。否则就称为记忆系统或动态系统。例如,方程 $y(n)=x^2(n)$ 所代表的系统属于无记忆系统;方程 $y(n)=x(n-n_d)$,$n_d \neq 0$ 所代表的系统属于记忆系统,它是一个延迟系统;方程 $y(n) = \frac{1}{N_1+N_2+1} \sum_{m=-N_1}^{N_2} x(n-m)$($N_1$、$N_2$ 不同时为 0)所代表的系统属于记忆系统,它是一个滑动平均系统。纯电阻电路是无记忆系统,数乘器、加法器也是无记忆系统。含有储能元件(电容、电感等)的电路是记忆系统,延迟器是记忆系统。

1.3.2 线性系统

线性性质包括两个内容:齐次性和可加性。

设 a 为任意常数,若系统的激励 $x(n)$ 增大 a 倍时,系统的响应 $y(n)$ 也增大 a 倍,即

$$T[ax(n)] = aT[x(n)] = ay(n) \tag{1-65}$$

则称该系统具有齐次性或比例性。

若系统对于激励 $x_1(n)$ 与 $x_2(n)$ 之和的响应等于 $x_1(n)$ 与 $x_2(n)$ 分别作用于系统得到的响应之和,即

$$T[x_1(n) + x_2(n)] = T[x_1(n)] + T[x_2(n)] = y_1(n) + y_2(n) \tag{1-66}$$

则称该系统具有可加性。

如果系统既具有齐次性,又具有可加性,则称该系统是线性的,上述两个性质可以用一个等式表述,即

$$\begin{aligned} T[a_1 x_1(n) + a_2 x_2(n)] &= a_1 T[x_1(n)] + a_2 T[x_2(n)] \\ &= a_1 y_1(n) + a_2 y_2(n) \end{aligned} \tag{1-67}$$

式(1-67)还可以推广到多个激励的线性组合。

对于动态系统,响应不仅取决于系统的激励,而且与系统的初始状态有关,初始状态可以看作是系统的内部激励,这样,系统的响应取决于两种不同的激励。简记系统的初始状态为 $\{x(0)\}$,则系统的全响应可以写为

$$y(n) = T[\{x(0)\}, x(n)] \tag{1-68}$$

根据线性性质,系统的全响应应该是初始状态 $\{x(0)\}$ 和激励 $x(n)$ 分别作用于系统得到的响应之和。令输入信号为零,仅由初始状态引起的响应称为零输入响应;令初始状态为零,仅由系统的输入引起的响应称为零状态响应。线性系统的全响应可以分解为零输入响应和零状态响应两个分量。于是,在讨论一个系统的线性性质时,应该首先考察系统是否具有分解性,然后分别讨论零输入响应和零状态响应的线性性质。在本书中,如果不特意提到系统的初始状态,一般认为只考虑零状态响应。

【例1-6】 已知系统的输入-输出满足

$$y(n) = \sum_{m=-\infty}^{n} x(m)$$

试讨论该系统是否是线性系统。

解:该系统是累加器,代表累加运算,离散信号的累加类似于连续信号的积分,直观来看,该系统是线性的,下面证明之。

设系统的两个任意输入 $x_1(n)$、$x_2(n)$,则其输出分别为

$$y_1(n) = \sum_{m=-\infty}^{n} x_1(m)$$

$$y_2(n) = \sum_{m=-\infty}^{n} x_2(m)$$

下面考虑 $x_1(n)$、$x_2(n)$ 的线性加权组合 $x(n) = a_1 x_1(n) + a_2 x_2(n)$,其中 a_1、a_2 为任意常数,它作用于系统的输出为

$$y(n) = \sum_{m=-\infty}^{n} x(m) = \sum_{m=-\infty}^{n} [a_1 x_1(m) + a_2 x_2(m)]$$

$$= a_1 \sum_{m=-\infty}^{n} x_1(m) + a_2 \sum_{m=-\infty}^{n} x_2(m) = a_1 y_1(n) + a_2 y_2(n)$$

可见，该系统对所有的输入都满足线性性质，因此是线性系统。

【例1-7】 已知系统的输入–输出满足

$$y(n) = \text{Re}[x(n)]$$

试讨论该系统是否是线性系统。

解：设系统的两个任意输入为

$$x_1(n) = r_1(n) + jp_1(n)$$
$$x_2(n) = r_2(n) + jp_2(n)$$

则其输出分别为

$$y_1(n) = \text{Re}[x_1(n)] = r_1(n)$$
$$y_2(n) = \text{Re}[x_2(n)] = r_2(n)$$

先讨论可加性。当输入为 $x(n) = x_1(n) + x_2(n)$ 时，有

$$T[x_1(n) + x_2(n)] = \text{Re}[x_1(n) + x_2(n)]$$
$$= \text{Re}[r_1(n) + jp_1(n) + r_2(n) + jp_2(n)]$$
$$= \text{Re}[(r_1(n) + r_1(n)) + j(p_2(n) + p_2(n))]$$
$$= r_1(n) + r_2(n) = T[x_1(n)] + T[x_2(n)]$$

可见，该系统满足可加性。

再讨论齐次性。若令线性加权系数为复数 $a_1 = j$，当输入为 $x(n) = a_1 x_1(n)$ 时，有

$$T[a_1 x_1(n)] = \text{Re}[a_1 x_1(n)] = \text{Re}[jr_1(n) - p_1(n)] = -p_1(n)$$

而

$$a_1 T[x_1(n)] = a_1 \text{Re}[x_1(n)] = j\text{Re}[r_1(n) + jp_1(n)] = jr_1(n)$$

很显然

$$T[a_1 x_1(n)] \neq a_1 T[x_1(n)]$$

故该系统不满足齐次性。综上所述，该系统不是线性系统。

证明一个系统是线性系统需要该系统严格地满足线性性质的恒等式，而证明一个系统不是线性系统，只需找到一个反例，在该输入下系统不满足线性性质即可。

线性性质是对输入函数 x 和输出函数 y 的限定，对时间变量 n 没有限定，对系统中用到的其他函数也没有限定。一般而言，在描述系统的输入–输出方程中，函数 x 和 y 仅为一次函数时，可以认为系统是线性的。除此之外，若方程中含有 x 和 y 的二次项、余弦、超越函数等非线性函数时，则系统一定是非线性的。如方程 $y(n) = \cos(\pi n) x(n)$、$y(n) = x(1-n)$ 所描述的系统是线性的，延时器 $y(n) = x(n - n_d)$ 和滑动平均系统 $y(n) = \frac{1}{N_1 + N_2 + 1} \sum_{m=-N_1}^{N_2} x(n-m)$ 也是线性的，而方程 $y(n) = |x(n)|$、$y(n) = \cos[x(n)]$、$y(n-1)y(n-2) = x(n)$ 所描述的系统是非线性的。

1.3.3 移不变系统

若系统的（零状态）响应与激励加于系统的时刻无关，则称该系统是移不变系统（或

称时不变系统)。具体来说，若输入 $x(n)$ 产生的输出为 $y(n)$，对任意时刻 n_0，都有输入 $x(n-n_0)$ 产生的输出为 $y(n-n_0)$，则称该系统是移不变系统。对移不变系统，若

$$T[x(n)] = y(n)$$

则
$$T[x(n-n_0)] = y(n-n_0) \tag{1-69}$$

与线性性质的情况相同，要证明一个系统是移不变的，则对任意输入都必须满足式（1-69），而要证明一个系统是移变的，只需给出一个反例即可。

【例 1-8】 已知系统的输入-输出满足

$$y(n) = \sum_{m=-\infty}^{n} x(m)$$

试讨论该系统是否是移不变系统。

解：令 $x_1(n) = x(n-n_0)$，则有

$$T[x(n-n_0)] = \sum_{m=-\infty}^{n} x(m-n_0) \xrightarrow{m-n_0=k} \sum_{k=-\infty}^{n-n_0} x(k) \xrightarrow{k=m} \sum_{m=-\infty}^{n-n_0} x(m)$$

$$y(n-n_0) = \sum_{m=-\infty}^{n-n_0} x(m)$$

很显然，有 $T[x(n-n_0)] = y(n-n_0)$，故该系统是移不变系统。

【例 1-9】 已知系统的输入-输出满足以下关系

$$y(n) = x(2n)$$

试讨论该系统是否是移不变系统。

解：该系统是压缩器，代表抽取运算，直观来看，任何在输入上的移位都会有一个因子 2 的压缩，因此该系统是移变的，下面证明之。

考察输入 $x_1(n) = x(n-n_0)$，则有

$$T[x(n-n_0)] = x(2n-n_0)$$

而
$$y(n-n_0) = x[2(n-n_0)] = x(2n-2n_0)$$

很显然，$T[x(n-n_0)] \neq y(n-n_0)$，故该系统是移变系统。

很容易找到一个反例来说明该系统不是移不变的。例如，对于 $x(n) = \delta(n)$ 和 $x_1(n) = \delta(n-1)$，$y_1(n) = T[x_1(n)] = 0$，而 $y(n) = \delta(n)$，很显然 $y_1(n)$ 不可能是 $y(n)$ 移位产生的。

移不变性质是对时间变量 n 的限定，对输入函数 x 和输出函数 y 没有限定。一般而言，在描述系统的输入-输出方程中，若输入函数 x 和输出函数 y 是常系数，可以有累加和差分，若存在复合函数 $x(Dn-n_0)$，且 $x(Dn-n_0)$ 中 $D=1$（即信号没有反褶或展缩等波形变换），则可以认为该系统是移不变的，否则该系统是移变的。如方程 $y(n) + 2y(n-2) = x(n)$、$y(n) = x(n)x(n-1)$ 所描述的系统是移不变的，延迟器 $y(n) = x(n-n_d)$ 和滑动平均系统 $y(n) = \frac{1}{N_1+N_2+1}\sum_{m=-N_1}^{N_2} x(n-m)$ 也是移不变的；而方程 $y(n) + ny(n-2) = x(n)$、$y(n) = x(1-n)$、$y(n) = \cos(\pi n)x(n)$ 所描述的系统是移变的。

1.3.4 因果系统

如果对于每一个时刻 n_0，系统的输出序列在 $n = n_0$ 时刻的值仅仅取决于输入序列在 $n \leqslant$

n_0 的值，则该系统是因果的。也就是说，激励和（零状态）响应是因果的关系，激励是产生响应的原因，响应是激励的结果，因果系统的零状态响应不会出现在激励之前。如果系统在 $n=n_0$ 时刻的值与输入序列在 $n>n_0$ 的值有关，则系统的响应还取决于未来的输入，显然违反因果定律，是物理不可实现的系统。

对于因果系统，当

$$x(n) = 0 \quad n < n_0$$

有

$$y(n) = 0 \quad n < n_0 \tag{1-70}$$

由前向差分定义的系统，如 $y(n) = x(n+1) - x(n)$ 描述的系统为非因果系统，因为 n 时刻的响应由 $(n+1)$ 时刻的激励决定；由后向差分定义的系统，如 $y(n) = x(n) - x(n-1)$ 描述的系统为因果系统，因为 n 时刻的响应由且仅由 n 及 $(n-1)$ 时刻的激励决定。

因果性质是对输入函数 x 和输出函数 y 中的时间变量 n 的限定，对输入函数 x 和输出函数 y 本身没有限定。一般而言，在描述系统的输入 – 输出方程中，若存在复合函数 $x(Dn-n_0)$，且 $x(Dn-n_0)$ 中 $D=1$、$n_0 \geqslant 0$（即信号没有反褶或展缩等波形变换，只有正向移动右移），则可以认为该系统是因果的，否则该系统是非因果的。如方程所描述的系统 $y(n) = \sin(n+2)x(n)$、$y(n) = x^2(n)$、$y(n) = \sum_{m=-\infty}^{n} x(m)$ 是因果的，延迟器 $y(n) = x(n-n_d)$ 中，$n_d > 0$ 时，系统是因果的，$n_d < 0$ 时，系统是非因果的，滑动平均系统 $y(n) = \dfrac{1}{N_1+N_2+1}\sum_{m=-N_1}^{N_2} x(n-m)$ 中，$N_1 = 0$ 时，系统是因果的，$N_1 \neq 0$ 时，系统是非因果的。方程 $y(n) = x(-n)$、$y(n) = x(2n)$ 所描述的系统是非因果的。

因果系统虽然很重要，但非因果系统的概念与特性也有实际的意义。若信号的自变量不是时间，如位移、距离、亮度等为变量的物理系统，则因果性不受限制。此外，在非实时处理的情况下，待处理的数据已经预先保存下来，如信号的压缩、扩展、平滑、预测等，这时系统的分析和处理并不限于因果系统。

1.3.5 稳定系统

稳定性是系统能正常工作的条件。系统的稳定性是指有界的激励产生的（零状态）响应也是有界的，常称为有界输入有界输出（BIBO）稳定，简称稳定。对于稳定系统，若

$$|x(n)| \leqslant B_x < \infty$$

则

$$|y(n)| \leqslant B_y < \infty \tag{1-71}$$

要证明一个系统是稳定的，则要求它在所有的有界输入下都产生有界的输出，而要证明一个系统不稳定，只需找到一个特定的有界输入，该输入产生的输出是无界即可。

如方程 $y(n) = x(n)x(n-1)$ 所描述的系统是稳定的。因为若 $|x(n)| \leqslant A < \infty$，则 $|y(n)| = |x(n)x(n-1)| \leqslant A^2 < \infty$。延迟器 $y(n) = x(n-n_d)$ 和滑动平均系统 $y(n) = \dfrac{1}{N_1+N_2+1}\sum_{m=-N_1}^{N_2} x(n-m)$ 都是稳定的，因为它们是输入的有限项之和。而方程 $y(n) = \sum_{m=-\infty}^{n} x(m)$ 所描述的系统是不稳定的。因为若 $x(n) = u(n)$，则 $y(n) = (n+1)u(n)$，这时 $y(n)$ 随着 n 的增加而增加，当 $n \to \infty$ 时，$y(n) \to \infty$，因此该系统是不稳定的。

1.4 线性移不变系统

同时具有线性性质和移不变性质的离散时间系统称为线性移不变（linear shift invariant，LSI）离散时间系统，简称 LSI 系统。除非特别说明，本书研究的对象都认为是 LSI 系统。

在系统分析中，LSI 系统的分析具有重要的意义。在实际应用中经常遇到 LSI 系统，而且许多移变系统或非线性系统在一定条件下遵从 LSI 系统的规律，从而可以用 LSI 系统的分析方法进行研究。另一方面，LSI 系统的研究方法也是研究移变系统和非线性系统的基础。

系统分析研究的主要问题是对给定的具体系统，求出它对给定激励的响应。具体来说，系统分析就是建立表征系统的数学方程并求出解答。求解 LSI 系统的基本思想是把复杂信号分解为众多基本信号之和，根据系统的线性，多个基本信号之和作用于线性系统所引起的响应等于各个基本信号所引起的响应之和。

1.4.1 单位抽样响应与卷积和

LSI 系统可以用它的单位抽样响应来表征。LSI 系统的激励为单位抽样序列 $\delta(n)$ 时，系统的（零状态）响应称为单位抽样响应，也称为单位冲激响应，记为 $h(n)$，即

$$h(n) = T[\delta(n)] \tag{1-72}$$

由 1.2 节已知任何序列都可以用一组幅度加权的延时单位抽样序列的和来表示，下面讨论在这种信号分解基础上的系统的响应。

设系统的输入为 $\delta(n)$，则输出为 $h(n)$，由移不变性质

$$T[\delta(n-m)] = h(n-m)$$

由齐次性

$$T[x(m)\delta(n-m)] = x(m)h(n-m)$$

由可加性

$$T\left[\sum_{m=-\infty}^{\infty} x(m)\delta(n-m)\right] = \sum_{m=-\infty}^{\infty} x(m)h(n-m) \tag{1-73}$$

由式（1-41），可知 $x(n) = \sum_{m=-\infty}^{\infty} x(m)\delta(n-m)$，即系统的输入为任意序列 $x(n)$ 时，其响应为

$$y(n) = T[x(n)] = \sum_{m=-\infty}^{\infty} x(m)h(n-m) \tag{1-74}$$

式（1-74）就是 LSI 系统卷积和的表达式，它表明如果已知 $h(n)$，就可以求得系统对任意输入 $x(n)$ 的（零状态）响应。在这个意义上，一个 LSI 系统可以完全由它的单位抽样响应 $h(n)$ 表征。将式（1-74）用卷积符号表示，有

$$y(n) = x(n) * h(n) \tag{1-75}$$

下面给出前面讨论过的几个常用 LSI 系统的单位抽样响应。具体求抽样响应的方法为利用系统给出的方程计算出系统对单位抽样信号 $\delta(n)$ 的响应。

（1）延时器　系统方程为 $y(n) = x(n-n_d)$，则系统抽样响应为

$$h(n) = \delta(n-n_d) \quad n_d \text{ 为整数} \tag{1-76}$$

(2) 滑动平均　系统方程为 $y(n) = \dfrac{1}{N_1+N_2+1}\sum\limits_{m=-N_1}^{N_2} x(n-m)$，则系统抽样响应为

$$h(n) = \dfrac{1}{N_1+N_2+1}\sum_{m=-N_1}^{N_2}\delta(n-m) = \begin{cases}\dfrac{1}{N_1+N_2+1} & -N_1\le n\le N_2\\ 0 & \text{其他 } n\end{cases} \quad (1\text{-}77)$$

(3) 累加器　系统方程为 $y(n)=\sum\limits_{m=-\infty}^{n} x(m)$，则系统抽样响应为

$$h(n) = \sum_{m=-\infty}^{n}\delta(m) = u(n) \quad (1\text{-}78)$$

(4) 前向差分　系统方程为 $y(n)=x(n+1)-x(n)$，则系统抽样响应为

$$h(n) = \delta(n+1) - \delta(n) \quad (1\text{-}79)$$

(5) 后向差分　系统方程为 $y(n)=x(n)-x(n-1)$，则系统抽样响应为

$$h(n) = \delta(n) - \delta(n-1) \quad (1\text{-}80)$$

上述系统中，延时器、滑动平均、前向差分、后向差分的单位抽样响应有有限个非零的样本点，称为有限长单位冲激响应（finite impulse response, FIR）系统，累加器的单位抽样响应有无穷多个非零的样本点，称为无限长单位冲激响应（infinite impulse response, IIR）系统。

1.4.2　卷积和的性质

因为所有的 LSI 系统都可以用卷积和来描述，所以这类系统的性质可以用卷积和的性质来定义。

1. 代数运算规则

(1) 交换律

$$x(n) * h(n) = h(n) * x(n) \quad (1\text{-}81)$$

式（1-81）表明，卷积和中两个序列的先后次序是无关的。这就是说，一个线性移不变系统在输入为 $x(n)$ 和单位抽样响应为 $h(n)$ 时的输出与输入为 $h(n)$ 和单位抽样响应为 $x(n)$ 时的输出是一样的，如图 1-24 所示。

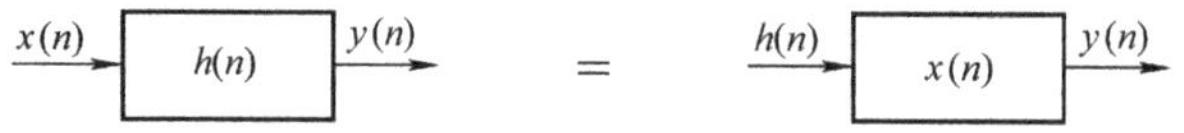

图 1-24　卷积和的交换律

(2) 结合律

$$x(n) * h_1(n) * h_2(n) = [x(n) * h_1(n)] * h_2(n) = x(n) * [h_1(n) * h_2(n)] \quad (1\text{-}82)$$

式（1-82）表示两个系统的级联，输入为 $x(n)$，第一个系统 $h_1(n)$ 的输出 $x(n)*h_1(n)$ 作为第二个系统 $h_2(n)$ 的输入，系统总的输出 $y(n)$ 是最后一个系统的输出 $x(n)*h_1(n)*h_2(n)$，如图 1-25 所示。根据结合律，两个 LSI 系统级联后仍然是一个 LSI 系统，该复合系统的单位抽样响应为两个子系统的单位抽样响应的卷积。再考虑到交换律，复合系统的响应与子系统的级联次序无关。

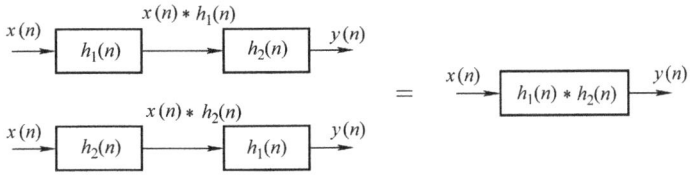

图 1-25 卷积和的结合律

（3）分配律

$$x(n) * [h_1(n) + h_2(n)] = x(n) * h_1(n) + x(n) * h_2(n) \tag{1-83}$$

式（1-83）表示两个系统的并联，系统 $h_1(n)$ 和 $h_2(n)$ 的输入均为 $x(n)$，系统总的输出为两个子系统输出之和，如图 1-26 所示。根据分配律，两个 LSI 系统并联后仍然是一个 LSI 系统，复合系统的单位抽样响应为两个子系统的单位抽样响应之和。

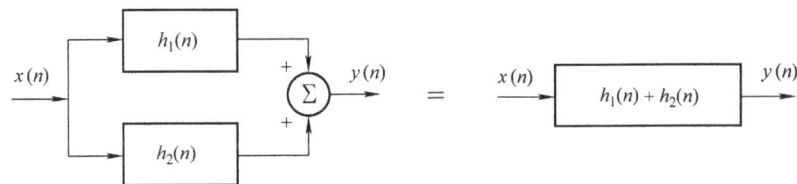

图 1-26 卷积和的分配律

上述两个系统的级联与并联的规律可以推广到多个系统的级联与并联。

2. 序列 $x(n)$ 与单位抽样序列 $\delta(n)$ 的卷积和

由式（1-42）可知，序列 $x(n)$ 与单位抽样序列 $\delta(n)$ 的卷积和为序列 $x(n)$ 本身，即

$$x(n) * \delta(n) = \sum_{m=-\infty}^{\infty} x(m) \delta(n-m) = x(n) \tag{1-84}$$

上述求和当且仅当 $n-m=0$，也即 $m=n$ 时，$\delta(n-m)=1$，其他 $m \neq n$ 时求和项全为零，故有 $x(n) * \delta(n) = x(n)$。

将式（1-84）推广，序列 $x(n)$ 与移位单位抽样序列 $\delta(n-n_0)$ 的卷积和为

$$x(n) * \delta(n-n_0) = \sum_{m=-\infty}^{\infty} x(m) \delta(n-n_0-m) = x(n-n_0) \tag{1-85}$$

进一步

$$\begin{aligned}x(n-n_1) * \delta(n-n_2) &= x(n) * \delta(n-n_1) * \delta(n-n_2) \\ &= x(n) * \delta(n-n_1-n_2) = x(n-n_1-n_2)\end{aligned} \tag{1-86}$$

3. 移位性质

若 $x(n) * h(n) = y(n)$，则

$$x(n-m_1) * h(n-m_2) = x(n-m_2) * h(n-m_1) = y(n-m_1-m_2) \tag{1-87}$$

证明同上。

LSI 系统级联的一个有用的结果是可以用延时很大的因果系统来逼近非因果系统。考虑如图 1-27 所示的系统，它由一个前向差分和一个理想延迟器级联而成。前向差分系统的单位抽样响应为 $h_1(n) = \delta(n+1) - \delta(n)$，理想延时器的单位抽样响应为 $h_2(n) = \delta(n-1)$。根据卷积和的结合律，这两个系统的级联得到的复合系统的单位抽样响应为

$$h(n) = h_1(n) * h_2(n) = [\delta(n+1) - \delta(n)] * \delta(n-1) = \delta(n) - \delta(n-1) \quad (1\text{-}88)$$

可以看出，$h(n)$ 是后向差分的单位抽样响应。也就是说，通过级联一个延时系统，可以把非因果的前向差分系统转化为因果的后向差分系统。

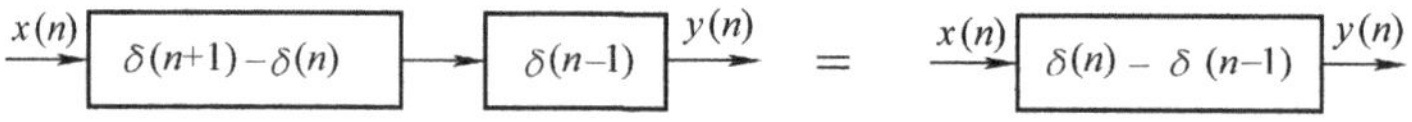

图 1-27 级联延时系统将非因果系统转化为因果系统

众所周知，许多重要的网络，如频率特性为理想矩形的理想低通滤波器，以及理想微分器等都是非因果的不可实现的系统。但是数字信号处理往往是非实时的，即使是实时处理，也允许有很大延时。这时对于某一个输出 $y(n)$ 来说，已有大量的"未来"输入 $x(n+1)$，$x(n+2),\cdots$，记录在存储器中可以被调用，因而可以很接近于实现这些非因果系统。也就是说，可以用具有很大延时的因果系统去逼近非因果系统。这个概念在以后介绍有限长单位抽样响应滤波器设计时常用到，这也是数字系统优于模拟系统的特点之一。因此，数字系统可以比模拟系统更能获得接近理想的特性。

级联系统的另一个例子是引入逆系统的概念。考虑累加器与后向差分的级联，累加器的单位抽样响应为 $h_1(n) = u(n)$，后向差分的单位抽样响应为 $h_2(n) = \delta(n) - \delta(n-1)$，故复合系统的单位抽样响应为

$$h(n) = h_1(n) * h_2(n) = u(n) * [\delta(n) - \delta(n-1)] = \delta(n) \quad (1\text{-}89)$$

于是，复合系统的输出为 $y(n) = x(n) * h(n) = x(n) * \delta(n) = x(n)$。这就是说，累加器和后向差分的级联得到的复合系统的单位抽样响应是一个单位序列，系统的输出等于输入。在这种情况下，后向差分完全补偿了累加器的效果，即后向差分是累加器的逆系统，如图 1-28 所示。同样，累加器也是后向差分的逆系统。在需要补偿一个线性系统某些效果的场合，逆系统是很有用的。

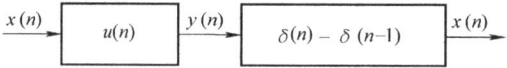

图 1-28 累加器和后向差分互为逆系统

1.4.3 LSI 系统因果和稳定的充要条件

1.3 节中给出了系统的因果性和稳定性的定义，如果系统已经限定为线性移不变系统，则因果性和稳定性的判断完全可以由系统的单位抽样响应得到。

1. LSI 系统的因果性

LSI 系统为因果系统的充要条件是单位抽样响应

$$h(n) = 0 \quad n < 0 \quad (1\text{-}90)$$

证明：

(1) 充分条件 若 $n < 0$ 时 $h(n) = 0$，则

$$y(n) = \sum_{m=-\infty}^{\infty} x(m)h(n-m) = \sum_{m=-\infty}^{n} x(m)h(n-m)$$

因而
$$y(n_0) = \sum_{m=-\infty}^{n_0} x(m)h(n_0 - m)$$

所以，$y(n_0)$ 只与 $m \leq n_0$ 时的 $x(m)$ 有关，故该系统是因果的。

（2）必要条件 利用反证法来证明。设该系统为因果系统，若 $n<0$ 时 $h(n) \neq 0$，则
$$y(n) = \sum_{m=-\infty}^{\infty} x(m)h(n-m) = \sum_{m=-\infty}^{n} x(m)h(n-m) + \sum_{m=n+1}^{\infty} x(m)h(n-m)$$

根据假设，上式第二个 $\sum$ 至少有一项不为零，$y(n)$ 至少与 $m>n$ 时的一个 $x(m)$ 有关，这和因果性矛盾，所以假设不成立。

依照此定义，将 $n<0$ 时 $x(n)=0$ 的序列称为因果序列，表示这个因果序列可以作为一个因果系统的单位抽样响应。对于因果序列 $x(n)$，有 $x(n) = x(n)u(n)$。

2. LSI 系统的稳定性

LSI 系统为稳定系统的充要条件是单位抽样响应绝对可和，即
$$\sum_{n=-\infty}^{\infty} |h(n)| = S < \infty \tag{1-91}$$

证明：

（1）充分条件 若
$$\sum_{n=-\infty}^{\infty} |h(n)| = S < \infty$$

如果输入信号 $x(n)$ 有界，即 $|x(n)| \leq M$，则
$$|y(n)| = \left| \sum_{m=-\infty}^{\infty} h(m)x(n-m) \right| \leq \sum_{m=-\infty}^{\infty} |h(m)| |x(n-m)|$$
$$\leq B_x \sum_{m=-\infty}^{\infty} |h(m)| \leq B_x S < \infty$$

即 $y(n)$ 是有界的，也就是说系统是稳定的。

（2）必要条件 采用逆否命题证明。如果 $\sum_{n=-\infty}^{\infty} |h(n)| = S = \infty$，那么能找到一个有界的输入使系统产生无界的输出，则必要性得证。下面构造一个序列
$$x(n) = \begin{cases} \dfrac{h^*(-n)}{|h(-n)|} & h(n) \neq 0 \\ 0 & h(n) = 0 \end{cases}$$

式中，$h^*(-n)$ 是 $h(-n)$ 的共轭。

显然，$x(n)$ 是有界序列，$|x(n)| \leq 1$。然而，在 $n=0$ 时，有
$$y(0) = \sum_{m=-\infty}^{\infty} h(m)x(n-m) = \sum_{m=-\infty}^{\infty} h(m)x(-m) = \sum_{m=-\infty}^{\infty} \frac{|h(m)|^2}{|h(m)|} = S$$

可见，有界的输入产生一个无界的输出，也就是说，式（1-91）是 LSI 系统稳定性的必要条件。

显然，既满足稳定条件又满足因果条件的系统，即稳定的因果系统是最主要的系统。这种线性移不变系统的单位抽样响应应该既是因果的（单边的）又是绝对可和的，即

$$\begin{cases} h(n) = h(n)u(n) \\ \sum_{n=-\infty}^{\infty} |h(n)| < \infty \end{cases} \quad (1\text{-}92)$$

这种稳定因果系统既是可实现的，又是稳定工作的，因而这种系统正是一切数字系统设计的目标。

验证 LSI 系统的因果性，只需要验证 $h(n)$ 是否为因果信号。前面的几个例子中，延迟器是因果的，要求 $n_d \geq 0$；滑动平均的因果性要求 $-N_1 \geq 0$ 且 $N_2 \geq 0$；累加器和后向差分是因果的，前向差分是非因果的。验证 LSI 系统的稳定性，只需要验证 $h(n)$ 是否满足绝对可和条件。FIR 系统如延迟器、滑动平均、前向差分、后向差分等都是稳定的，因为它们的单位抽样响应只有有限个非零的样本点，满足绝对可和的条件。累加器中 $\sum_{n=-\infty}^{\infty} |h(n)| = \sum_{n=-\infty}^{\infty} u(n) = \infty$，所以它是不稳定的。

【例 1-10】 已知某 LSI 系统的单位抽样响应为

$$h(n) = a^n u(n)$$

试讨论该系统的因果性和稳定性。

解：（1）因果性。显然，该系统的单位抽样响应是因果信号，所以系统是因果的。

（2）稳定性

$$\sum_{n=-\infty}^{\infty} |h(n)| = \sum_{n=0}^{\infty} |a^n| = \begin{cases} \dfrac{1}{1-|a|} & |a| < 1 \\ \infty & |a| \geq 1 \end{cases}$$

所以，$|a| < 1$ 时，系统是稳定的；$|a| \geq 1$ 时，系统不稳定。

虽然也能求出非线性或移变系统的单位抽样响应，但是由于不能用卷积和来表示这类系统，也不能用式（1-90）和式（1-91）来判断系统的因果性和稳定性，所以对这类系统的单位抽样响应不进行讨论。

1.5 LSI 离散时间系统的差分方程描述

描述一个系统，可以不管系统内部的结构如何，将系统看成一个"黑盒子"，只描述或者研究系统输出和输入之间的关系，这种方法称为输入输出描述法。对于模拟系统，可用微分方程描述系统输出输入之间的关系。对于离散系统，则用差分方程描述或研究输出输入之间的关系。对于线性移不变系统，经常用的是线性常系数差分方程。本节主要介绍线性常系数差分方程及其解法。

1.5.1 离散系统的数学模型

描述离散系统的数学模型是差分方程。所谓差分方程是指由未知输出序列项与输入序列项构成的方程。未知序列项变量最高序号与最低序号之差，称为差分方程的阶数。由 N 阶差分方程描述的系统称为 N 阶系统。

有些系统本身就是离散的。如某人每月初在银行存入一定数量的款，月息为 α，求第 n

个月初存折上的款数。

设第 n 个月初的款数为 $y(n)$，这个月初的存款为 $x(n)$，上个月初的款数为 $y(n-1)$，利息为 $\alpha y(n-1)$，则

$$y(n) = (1+\alpha)y(n-1) + x(n)$$

整理得

$$y(n) - (1+\alpha)y(n-1) = x(n)$$

上述方程就称为 $y(n)$ 与 $x(n)$ 之间所满足的差分方程，它是一阶差分方程。为求得上述方程的解，除系数 α 和 $x(n)$ 外，还需要知道起始存款数 $y(0)(n=0)$，称为初始条件。

在 1.2 节已经讨论了如何由微分运算得到差分运算，同样的，也可以将微分方程离散化得到差分方程，从而可以用数字系统来近似模拟系统，该方法称为数值积分法。以一阶微分方程为例，有

$$\frac{\mathrm{d}y(t)}{\mathrm{d}t} + ay(t) = x(t) \tag{1-93}$$

对式 (1-93) 两边在区间 $[(n-1)T, nT]$ 积分，有

$$\int_{(n-1)T}^{nT} \frac{\mathrm{d}y(t)}{\mathrm{d}t}\mathrm{d}t + a\int_{(n-1)T}^{nT} y(t)\mathrm{d}t = \int_{(n-1)T}^{nT} x(t)\mathrm{d}t \tag{1-94}$$

用梯形面积来近似 $x(t)$ 和 $y(t)$ 的积分，有

$$\int_{(n-1)T}^{nT} y(t)\mathrm{d}t = \frac{T}{2}\{y(nT) + y[(n-1)T]\} \tag{1-95}$$

$$\int_{(n-1)T}^{nT} x(t)\mathrm{d}t = \frac{T}{2}\{x(nT) + x[(n-1)T]\} \tag{1-96}$$

将式 (1-95) 和式 (1-96) 代入式 (1-94)，得

$$y(nT) - y[(n-1)T] + \frac{aT}{2}\{y(nT) + y[(n-1)T]\} = \frac{T}{2}\{x(nT) + x[(n-1)T]\}$$

记 $y(n) = y(nT)$，$x(n) = x(nT)$，有

$$y(n) - y(n-1) + \frac{aT}{2}[y(n) + y(n-1)] = \frac{T}{2}[x(n) + x(n-1)] \tag{1-97}$$

整理得

$$\left(1 + \frac{aT}{2}\right)y(n) - \left(1 - \frac{aT}{2}\right)y(n-1) = \frac{T}{2}[x(n) + x(n-1)] \tag{1-98}$$

可以看出，一阶微分方程可以由一阶差分方程来近似，也即能用一个数字系统来近似一个模拟系统，在这个变换过程中，系统的阶数是不变的。该方法也是 IIR 滤波器设计中双线性变换法的基础。

1.5.2 常系数线性差分方程

离散时间线性移不变系统的输入输出关系常用以下形式的常系数线性差分方程表示，即

$$\sum_{k=0}^{N} a_k y(n-k) = \sum_{m=0}^{M} b_m x(n-m) \tag{1-99}$$

所谓常系数是指决定系统特征的参数 a_1、a_2、$\cdots$、a_N 和 b_1、b_2、$\cdots$、b_M 都是常数，这是系统为移不变的必要条件。所谓线性是指 $x(n)$ 和 $y(n)$ 及它们的差分都只有一次幂且不存

在相乘项，这是系统为线性的必要条件。式（1-99）为 N 阶差分方程。

求解常系数线性差分方程可以用离散时域求解法，也可以用变换域求解法。

离散时域求解法有三种：

1）经典法。将方程的全解分为齐次解和特解。

2）迭代法。差分方程实质上为递推方程，通过迭代可得系统响应。

3）卷积计算法。适用于系统零状态响应的求解。

变换域求解法与连续时间系统的拉普拉斯变换法相类似，它采用 z 变换方法来求解差分方程，这在实际使用中是简单而有效的。

卷积方法前面已经讨论过了，只要知道系统的抽样响应就能得到任意输入时的输出响应。z 变换方法将在第 2 章中讨论。这里仅简单讨论求解差分方程的经典法和迭代法。

如式（1-99）所示的差分方程的全解 $y(n)$ 分为齐次解 $y_h(n)$ 和特解 $y_p(n)$，即

$$y(n) = y_h(n) + y_p(n) \tag{1-100}$$

齐次解 $y_h(n)$ 是齐次差分方程

$$\sum_{k=0}^{N} a_k y(n-k) = 0 \tag{1-101}$$

的解。事实上，齐次解由形式为 $c\lambda^n$ 的序列线性组合而成，将 $c\lambda^n$ 代入齐次差分方程，可得

$$\sum_{k=0}^{N} a_k \lambda^{-k} = 0 \tag{1-102}$$

式（1-102）称为差分方程的特征方程，其根称为差分方程的特征根。齐次解的形式由特征方程的特征根确定。若差分方程的 N 个特征根 λ_k 均不相同，则齐次解为

$$y_h(n) = \sum_{k=1}^{N} c_k \lambda_k^n \tag{1-103}$$

其中，齐次解的待定系数 c_k 由初始条件决定，要在特解 $y_p(n)$ 确定后，将初始条件代入全解求得。

特解函数的形式与激励函数的形式类似，它满足方程式（1-99），一般采用比较系数法求得。于是

$$y(n) = y_h(n) + y_p(n) = \sum_{k=1}^{N} c_k \lambda_k^n + y_p(n) \tag{1-104}$$

因为 $y(n)$ 中有 N 个待定系数，所以对于某一给定的激励来说，为了能唯一确定 N 个待定系数，就必须有一组 N 个独立的边界条件，这些边界条件由 N 个不同的 $y(n)$ 值给定。一般激励为因果信号，在 $n=0$ 时作用于系统，式（1-104）在 $n \geq 0$ 时成立，故边界条件（初始条件）为 $y(0), y(1), \cdots, y(N-1)$。

【例 1-11】 若描述某系统的差分方程为

$$y(n) + 3y(n-1) + 2y(n-2) = x(n)$$

已知初始条件 $y(0)=0$，$y(1)=2$，激励 $x(n)=2^n u(n)$，求 $y(n)$。

解：（1）求齐次解。

齐次方程 $y_h(n) + 3y_h(n-1) + 2y_h(n-2) = 0$

特征方程 $1 + 3\lambda^{-1} + 2\lambda^{-2} = 0$

特征根 $\lambda_1 = -1$，$\lambda_2 = -2$

所以，齐次解为 $y_h(n) = c_1(-1)^n + c_2(-2)^n$。

（2）求特解。

特解方程 $\qquad y_p(n) + 3y_p(n-1) + 2y_p(n-2) = x(n)$

特解的形式与激励类似，设 $y_p(n) = P_0(2)^n$，$n \geq 0$，代入差分方程，有

$$P_0(2)^n + 3P_0(2)^{n-1} + 2P_0(2)^{n-2} = (2)^n$$

比较系数得 $P_0 = \dfrac{1}{3}$。

所以，特解为 $y_p(n) = \dfrac{1}{3}(2)^n$，$n \geq 0$。

（3）求全解。

$$y(n) = y_h(n) + y_p(n) = c_1(-1)^n + c_2(-2)^n + \frac{1}{3}(2)^n \quad n \geq 0$$

代入初始条件，有

$$\begin{cases} y(0) = c_1 + c_2 + \dfrac{1}{3} = 0 \\ y(1) = -c_1 - 2c_2 + \dfrac{2}{3} = 2 \end{cases} \Rightarrow \begin{cases} c_1 = \dfrac{2}{3} \\ c_2 = -1 \end{cases}$$

所以，全解为

$$y(n) = \frac{2}{3}(-1)^n - (-2)^n + \frac{1}{3}(2)^n \quad n \geq 0$$

系统的特征方程有重根，又或激励与齐次解中某些项有相同的函数形式时，解的形式会复杂一些，但求解的过程是一样的。经典法的缺点是在激励信号比较复杂时难以确定其特解，而且系统有重根时解的形式也较为复杂。差分方程本质上是递推的代数方程，若已知初始条件和激励，利用迭代法可求得其数值解。描述系统的差分方程和系统的初始条件同例 1-11，采用迭代法求方程的解 $y(n)$。先把方程写成递推形式，即

$$y(n) = -3y(n-1) - 2y(n-2) + x(n)$$

再递推可得

$$y(2) = -3y(1) - 2y(0) + x(2) = -2$$
$$y(3) = -3y(2) - 2y(1) + x(3) = 10$$
$$\cdots$$

迭代法一般不易得到解析形式的（闭合）解。但是，借助于计算机数值分析，可以得到非常精确的系统响应的数值解。

时域法可以计算出系统对任意信号的响应，但它难以得到一些广泛性的结论。这个弱点可以通过后面的变换域法解决。

应该指出，即使描述系统的方程是常系数线性差分方程，系统也并不一定就是线性移不变的，必须限定初始状态为零（系统无初始储能），才能保证系统是线性移不变的。即使系统是线性移不变的，差分方程的解也不是唯一的，一般情况下，存在一对因果与反因果的系统可以由同一个差分方程描述，这在第 2 章用 z 变换解差分方程时会详细讨论。如果一个系统是由一个常系数线性差分方程描述，并且进一步限定是线性、移不变、因果的，那么它的解是唯一的。在这种情况下，辅助条件称为**初始松弛条件**。在以后的讨论中，都假设常系数

线性差分方程就代表线性移不变系统，而且多数代表可实现的因果系统。

1.5.3 离散系统的框图表示

上述常系数线性差分方程从数学角度来说代表了某些运算关系：数乘、差分、相加运算。将这些基本运算用一些基本单元符号表示出来并相互连接表征上述方程的运算关系，这样画出的图称为模拟框图，简称框图。在用框图描述的系统中，各单元在系统中的作用和地位可以一目了然。根据差分方程的运算关系，表示系统功能的常用基本单元有延迟单元、加法器和数乘器（标量乘法器）。

【例 1-12】 累加器的框图表示。

解：累加器的定义为

$$y(n) = \sum_{m=-\infty}^{n} x(m)$$

将它进行变换以便得到差分方程的表示，即

$$y(n) = x(n) + \sum_{m=-\infty}^{n-1} x(m) = x(n) + y(n-1) \quad (1\text{-}105)$$

整理得到累加器的差分方程形式为

$$y(n) - y(n-1) = x(n)$$

由式（1-105）很容易看出累加器是如何实现的，即对每一个 n 值，将当前的输入 $x(n)$ 加到前一个累加结果 $y(n-1)$ 上，就是当前的输出 $y(n)$。将这个过程用框图表示，如图 1-29 所示。

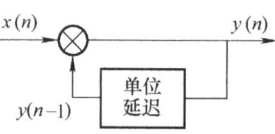

图 1-29 累加器的框图表示

【例 1-13】 求滑动平均的框图表示。

解：滑动平均的系统方程为

$$y(n) = \frac{1}{N_1 + N_2 + 1} \sum_{m=-N_1}^{m=N_2} x(n-m)$$

取 $N_1 = 0$ 使系统为因果系统，则

$$y(n) = \frac{1}{N_2 + 1} \sum_{m=0}^{m=N_2} x(n-m)$$

可见，因果的 N_2 阶滑动平均的当前输出是输入 $x(n)$ 及其延时的线性组合，用框图表示如图 1-30 所示。

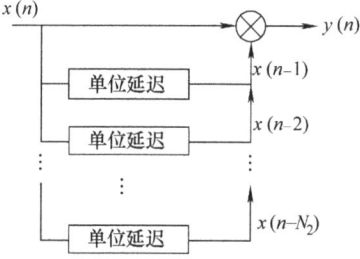

图 1-30 因果的 N_2 阶滑动平均的框图表示

可见，从差分方程表达式比较容易得到系统的运算结构。上述框图的表示方法还可以简化为流图的表示方法，在第 5 章中会有详细讨论。

本 章 小 结

本章介绍了离散时间信号和系统的概念、描述和分类方法，并讨论了线性移不变系统的特性，简明介绍了 LSI 系统的时域描述方法和分析方法。单位抽样信号在信号分析中占有重要地位，相应的，单位抽样响应是系统分析中最重要的响应。

习　题

1-1　在以下系统中，$x(n)$是输入，$y(n)$是输出。试确定每个系统的线性和移不变性。

(1) $y(n) = \sum_{k=-\infty}^{\infty} x(k)\delta(n-kM)$　　(2) $y(n) = x(n)\sum_{k=-\infty}^{\infty} \delta(n-kM)$

(3) $y(n) = \sum_{m=-\infty}^{n} x(m)$　　(4) $y(n) = [x(n)]^2$

(5) $y(n) = x(n)\sin\left(\dfrac{2\pi}{9}n + \dfrac{2\pi}{7}\right)$

1-2　在以下系统中，$x(n)$是输入，$y(n)$是输出。试确定每个系统的线性和移不变性。

(1) $y(n) + y(n+1) = nx(n)$　　(2) $y(n) - y(n+1) = x(n+2)$

(3) $y(n+1) - x(n)y(n) = nx(n+2)$　　(4) $y(n) + y(n-3) = x^2(n) + x(n+6)$

1-3　对于图1-31中的每一个信号

(1) 利用单位抽样序列写出每个信号的表达式。

(2) 利用单位阶跃序列写出每个信号的表达式。

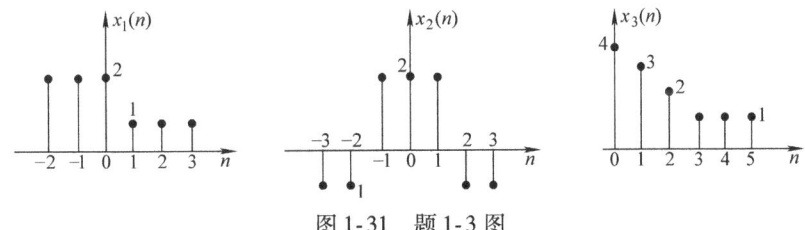

图1-31　题1-3图

1-4　求下列序列的卷积和 $y(n) = x_1(n) * x_2(n)$。

(1) $x_1(n) = (0.3)^n u(n)$，$x_2(n) = (0.5)^n u(n)$

(2) $x_1(n) = \{\underset{n=0}{1}, 2, 0, 1\}$，$x_2(n) = \{\underset{n=0}{2}, 2, 3\}$

(3) $x_1(n) = u(n+2)$，$x_2(n) = u(n-3)$

1-5　已知 $h(n) = a^{-n}u(-n-1)$，$0 < a < 1$，通过直接计算卷积和的方法，试确定单位抽样响应为$h(n)$的线性移不变系统的阶跃响应。

1-6　判断下列各序列是否是周期性的，如果是则确定其周期。

(1) $x(n) = A\cos\left(\dfrac{3\pi}{7}n - \dfrac{\pi}{8}\right)$　　(2) $x(n) = e^{j\left(\frac{n}{8} - \pi\right)}$

(3) $x(n) = \cos\left(\dfrac{\pi}{5}n\right) + \sin\left(\dfrac{1}{5}n\right)$　　(4) $x(n) = ne^{j\pi n}$

1-7　系统框图如图1-32所示，写出系统的差分方程。

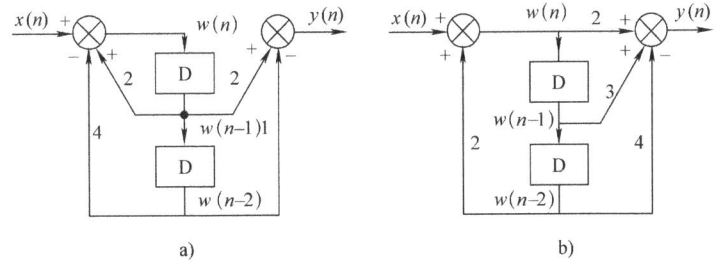

图1-32　题1-7图

MATLAB 函数与练习

离散信号与系统的表示及可视化常用函数见表 1-2。

表 1-2 离散信号与系统的表示及可视化常用函数

模块	离散信号的表示、运算	
序号	函数名称	函数功能
1	zeros	生成全 0 矩阵
2	ones	生成全 1 矩阵
3	randn	产生均值为 0、方差为 1 的高斯分布的白噪声序列
4	sin	正弦信号,其相位单位为 rad
5	sinc	sinc 函数
6	chirp	线性调频余弦信号
7	fliplr	信号反褶
8	diff	信号差分
9	sum	信号求和
10	conv	两个信号卷积
11	xcorr	两个信号相关
模块	离散系统的实现	
序号	函数名称	函数功能
1	filter	求解 LSI 系统的零状态响应
2	impz	求解 LSI 系统的冲激响应
模块	数据可视化	
序号	函数名称	函数功能
1	figure	创建图窗窗口
2	subplot	在平铺位置创建坐标区
3	plot	二维线图
4	stem	绘制离散序列数据
5	title	添加标题
6	xlabel	为 x 轴添加标签
7	ylabel	为 y 轴添加标签
8	legend	在坐标区上添加图例
9	text	向数据点添加文本说明
10	axis	设置坐标轴范围和纵横比

M1-1 利用 MATLAB 生成下列序列并作图。

(1) $x(n) = \delta(n)$, $-1 < n < 10$
(2) $x(n) = (0.9)^n u(n)$, $-1 < n < 30$
(3) $x(n) = \{1, \underset{n=0}{1}, 2, -1, 3\}$
(4) $x(n) = 0.95^n e^{j\frac{\pi}{10}n}$, $-20 < n < 30$

M1-2 利用 MATLAB 计算下列序列的卷积。
$$x(n) = \{\underset{n=0}{1}, 2, 3, 4, 5\}, h(n) = \{\underset{n=0}{3}, 2, 1\}$$

M1-3 已知无限长序列 $x(n) = 0.5^n u(n)$
(1) 计算信号的总能量。
(2) 分别计算序列前 10 点、前 20 点和前 30 点的能量及占总能量的百分比。

M1-4 数字信号处理的应用是从被加性噪声污染的信号中去除噪声。现有被噪声污染的信号
$$x(n) = s(n) + d(n)$$
其中,$s(n) = 2n(0.9)^n$,$d(n)$ 是幅度为 0.5、均匀分布的白噪声。试求
(1) 分别产生 50 点的序列 $s(n)$、白噪声序列 $d(n)$ 和噪声污染信号 $x(n)$。
(2) 均值滤波可以有效去除白噪声,已知三点滑动平均数字滤波器的单位冲激抽样信号应为 $h(n) = \frac{1}{3}[\delta(n) + \delta(n-1) + \delta(n-2)]$,计算 $y(n) = x(n) * h(n)$,在同一张图上画出 50 点 $s(n)$、$x(n)$ 和 $y(n)$ 并比较。

第 2 章　离散时间信号的傅里叶变换与 z 变换

在第 1 章中，以单位抽样序列 $\delta(n)$ 为基本信号，将任意序列分解为一组幅度加权和延迟的单位抽样序列的和，此即信号的时域分解法。而 LSI 系统的（零状态）时域响应是激励和系统单位抽样响应的卷积和，此即系统的近代时域分析法。本章以虚指数函数 $e^{j\omega n}$ 为基本信号，序列也可以分解为 $e^{j\omega n}$ 的线性加权组合，分解采用的数学公式为离散时间傅里叶变换（DTFT），变换后信号的独立变量是频率 ω，故称为信号的频域分析。频域分析将时间变量变换成频率变量，揭示了信号内在的频率特性以及信号的时间特性与其频率特性之间的密切关系，从而导出了信号的频谱、带宽以及滤波、调制等重要概念，因此频域分析是信号分析重要的分析方法。对应的，系统的（频域）输出为单位抽样响应的 DTFT（系统的频率响应）与输入序列的 DTFT 的乘积，这种响应求解方法称为系统的频域分析。乘积运算相比卷积运算要容易得多，而且系统的频率响应能够反映系统的频域特性，故系统的频率响应是实际工程应用中描述系统特性的最常用方法，其应用的广泛性程度远远超过了差分方程描述形式。

连续时间信号与系统的频域分析和离散时间信号与系统的频域分析有相似之处，本章对它们进行简单的回顾，有助于更好的理解。

傅里叶分析方法有其局限性，虽然大多数实际信号都存在傅里叶变换，但也有些重要信号不存在傅里叶变换，如指数增长信号，对于给定初始状态的线性系统也难以用这种方法分析。因此，人们引入复变量 s 和 z，在一定的收敛条件下，连续信号的拉普拉斯变换（LT）和离散信号的 z 变换（ZT）是存在的。若考虑到系统的初始状态，则系统的零输入响应也可以同时求得。这里用于信号分析的独立变量是复变量 s 和 z，故称为复频域分析，LT 和 ZT 多用于系统分析。

2.1　连续时间信号的傅里叶变换与拉普拉斯变换

2.1.1　连续时间信号的傅里叶变换

1. 定义

大部分连续时间信号 $x(t)$ 能表示成傅里叶积分的形式，即

$$x(t) = \frac{1}{2\pi} \int_{-\infty}^{\infty} X(j\Omega) e^{j\Omega t} d\Omega \tag{2-1}$$

式中，$X(j\Omega)$ 可表示为

$$X(j\Omega) = \int_{-\infty}^{\infty} x(t) e^{-j\Omega t} dt \tag{2-2}$$

式（2-1）和式（2-2）一起构成连续时间信号的傅里叶表示。其中，t 和 Ω 为实数，分别表示连续时间信号的时间变量（s）和角频率变量（rad/s）。式（2-1）是**综合公式**，

称为**傅里叶逆变换**。它把连续时间信号 $x(t)$ 表示为形如 $\frac{1}{2\pi}X(j\Omega)e^{j\Omega t}d\Omega$ 的无穷小复指数信号的线性组合，其中 Ω 满足 $-\infty<\Omega<\infty$。式（2-2）是**分析公式**，称为**傅里叶变换**，为与后面离散时间信号的傅里叶变换区别，也称为**连续时间傅里叶变换**（CTFT），它用来分析信号 $x(t)$，以确定利用式（2-1）来综合 $x(t)$ 时，每一频率分量需要占多少份量。式（2-2）即为信号的频域表示，称为信号的**傅里叶谱**或**频谱**。

特别的，若连续时间线性时不变（LTI）系统的冲激响应为 $h(t)$，则 $h(t)$ 的连续时间傅里叶变换 $H(j\Omega)$ 称为连续时间系统的**频率响应**，它是 LTI 系统最常用的描述形式。

通常 CTFT 是角频率 Ω 的复函数，可用直角坐标表示为

$$X(j\Omega) = \text{Re}[X(j\Omega)] + j\text{Im}[X(j\Omega)] = X_R(j\Omega) + jX_I(j\Omega) \tag{2-3}$$

或用极坐标表示为

$$X(j\Omega) = |X(j\Omega)|e^{j\arg[X(j\Omega)]} \tag{2-4}$$

式（2-4）中 $|X(j\Omega)|$ 和 $\arg[X(j\Omega)]$ 分别称为傅里叶变换的幅度和相位，或称为幅度谱和相位谱，它们都是 Ω 的实函数。

式（2-1）和式（2-2）称为傅里叶变换对，记为

$$x(t) \xleftrightarrow{\text{CTFT}} X(j\Omega)$$

一般来说，若式（2-2）定义的 $X(j\Omega)$ 存在，则 $x(t)$ 满足如下的狄里赫利（Dirichlet）条件：

1) 信号在任意有限区间内连续，或只有有限个第一类间断点。
2) 信号有有限个极大值或极小值。
3) 信号绝对可积，即

$$\int_{-\infty}^{\infty}|x(t)|dt<\infty \tag{2-5}$$

在满足狄里赫利条件时，除了间断点外，式（2-1）右边的积分将等于 $x(t)$。

很明显，若 $x(t)$ 绝对可积，则有 $|X(j\Omega)|<\infty$，这也证明了 CTFT 的存在性。

【例 2-1】 求冲激函数 $\delta(t)$ 的频谱。

解：由式（2-1）可得

$$\Delta(j\Omega) = \int_{-\infty}^{\infty}\delta(t)e^{-j\Omega t}dt = 1$$

这里用到了冲激函数的抽样性质。

【例 2-2】 求单边指数函数 $x(t)=e^{-\alpha t}u(t)$ 的频谱。

解：

(1) 当 $\alpha>0$ 时，信号是绝对可积的，其频谱可由式（2-1）计算得到，即

$$X(j\Omega) = \int_{-\infty}^{\infty}x(t)e^{-j\Omega t}dt = \int_{-\infty}^{\infty}e^{-\alpha t}u(t)e^{-j\Omega t}dt$$

$$= \int_{0}^{\infty}e^{-(\alpha+j\Omega)t}dt = \left.\frac{e^{-(\alpha+j\Omega)t}}{-(\alpha+j\Omega)}\right|_{0}^{\infty} = \frac{1}{j\Omega+\alpha}$$

将上式表示为

$$X(j\Omega) = \frac{1}{\sqrt{\alpha^2+\Omega^2}}e^{-j\arctan\frac{\Omega}{\alpha}}$$

其中，幅度谱为

$$|X(j\Omega)| = \frac{1}{\sqrt{\alpha^2 + \Omega^2}}$$

相位谱为

$$\varphi(\Omega) = -\arctan\frac{\Omega}{\alpha}$$

信号波形及频谱波形如图 2-1 所示。

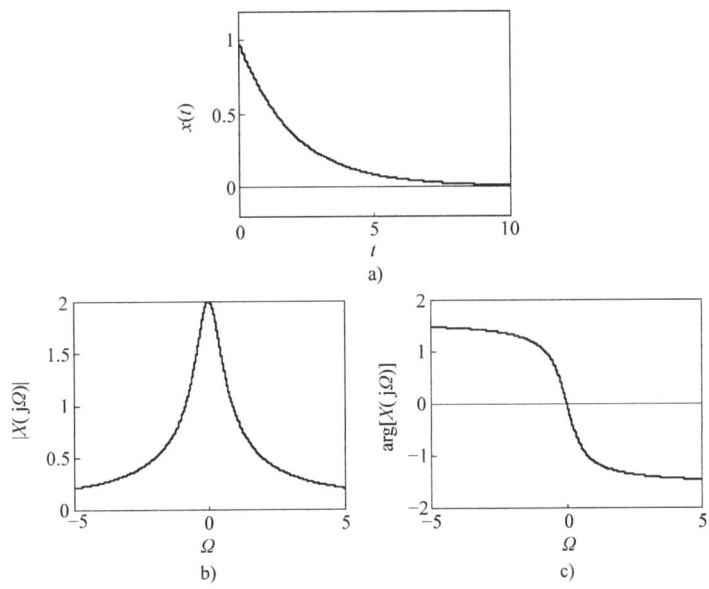

图 2-1 单边指数衰减信号及其频谱
a) $x(t) = e^{-\alpha t}u(t)$ b) 振幅谱 c) 相位谱

（2）当 $\alpha < 0$ 时，信号不满足绝对可积条件，其 CTFT 不存在。

需要说明的是，狄里赫利条件只是信号的 CTFT 存在的充分条件，在这种情况下 $X(j\Omega)$ 是一致收敛的。

若信号是能量有限信号，即

$$\int_{-\infty}^{\infty} |x(t)|^2 dt < \infty \tag{2-6}$$

CTFT 也是存在的，但式（2-6）作为 CTFT 存在的条件不如式（2-5）严谨，这时 $X(j\Omega)$ 是均方收敛的。

此外，若引入冲激函数，则既不满足绝对可积也不满足能量有限的某些信号也可以用傅里叶变换来表示，如阶跃信号、周期信号等。

【例 2-3】 求余弦信号 $\cos(\Omega_0 t)$ 的频谱。

【分析】 余弦信号为周期信号，不满足绝对可积条件，故不能直接用 CTFT 的公式求频谱函数。可将它展开为傅里叶级数（FS），然后利用 CTFT 的频移性质求解。

解： $\cos\Omega_0 t = \frac{1}{2}(e^{j\Omega_0 t} + e^{-j\Omega_0 t})$

已知
$$1 \xleftrightarrow{\text{CTFT}} 2\pi\delta(\Omega)$$

利用频移性质有
$$e^{j\Omega_0 t} \xleftrightarrow{\text{CTFT}} 2\pi\delta(\Omega - \Omega_0)$$
$$e^{-j\Omega_0 t} \xleftrightarrow{\text{CTFT}} 2\pi\delta(\Omega + \Omega_0)$$

所以
$$\cos(\Omega_0 t) \xleftrightarrow{\text{CTFT}} \frac{1}{2}[2\pi\delta(\Omega - \Omega_0) + 2\pi\delta(\Omega + \Omega_0)]$$

即
$$\cos(\Omega_0 t) \xleftrightarrow{\text{CTFT}} \pi[\delta(\Omega + \Omega_0) + \delta(\Omega - \Omega_0)]$$

同理有
$$\sin(\Omega_0 t) \xleftrightarrow{\text{CTFT}} j\pi[\delta(\Omega + \Omega_0) - \delta(\Omega - \Omega_0)]$$

【例 2-4】 求周期性单位冲激序列 $\delta_T(t) = \sum_{n=-\infty}^{\infty} \delta(t - nT)$ 的频谱。

解：将周期信号 $\delta_T(t) = \sum_{n=-\infty}^{\infty} \delta(t - nT)$ 用傅里叶级数展开，有

$$X_k = \frac{1}{T}\int_{-T/2}^{T/2} \delta_T(t) e^{-jk\Omega_0 t} dt = \frac{1}{T}$$

所以
$$\delta_T(t) = \sum_{k=-\infty}^{\infty} X_k e^{jk\Omega_0 t} = \frac{1}{T}\sum_{k=-\infty}^{\infty} e^{jk\Omega_0 t}$$

其中，$\Omega_0 = \frac{2\pi}{T}$ 为周期信号的基频。

已知
$$1 \xleftrightarrow{\text{CTFT}} 2\pi\delta(\Omega)$$

利用频移性质有
$$e^{jk\Omega_0 t} \xleftrightarrow{\text{CTFT}} 2\pi\delta(\Omega - k\Omega_0)$$

所以
$$\frac{1}{T}\sum_{k=-\infty}^{\infty} e^{jk\Omega_0 t} \xleftrightarrow{\text{CTFT}} \frac{2\pi}{T}\sum_{k=-\infty}^{\infty} \delta(\Omega - k\Omega_0)$$

即
$$\delta_T(t) \xleftrightarrow{\text{CTFT}} \Omega_0 \delta_{\Omega_0}(\Omega)$$

可见，周期性单位冲激序列的频谱函数也是周期性单位冲激序列。

2. 信号的能量密度谱和功率密度谱

一个能量有限连续时间信号的总能量为
$$E = \lim_{T \to \infty} \int_{-T/2}^{T/2} |x(t)|^2 dt = \int_{-\infty}^{\infty} |x(t)|^2 dt$$

可以求得
$$E = \int_{-\infty}^{\infty} |x(t)|^2 dt = \frac{1}{2\pi}\int_{-\infty}^{\infty} |X(j\Omega)|^2 d\Omega \tag{2-7}$$

下面证明式 (2-7)。
证明：
$$E = \int_{-\infty}^{\infty} |x(t)|^2 dt = \int_{-\infty}^{\infty} x(t) x^*(t) dt$$

将 $x^*(t)$ 用 CTFT 逆变换展开为

$$E = \int_{-\infty}^{\infty} x(t) \left[\frac{1}{2\pi} \int_{-\infty}^{\infty} X(j\Omega) e^{j\Omega t} d\Omega \right]^* dt$$

改变积分顺序，可得

$$E = \frac{1}{2\pi} \int_{-\infty}^{\infty} X^*(j\Omega) \left[\int_{-\infty}^{\infty} x(t) e^{-j\Omega t} dt \right] d\Omega$$
$$= \frac{1}{2\pi} \int_{-\infty}^{\infty} X^*(j\Omega) X(j\Omega) d\Omega = \frac{1}{2\pi} \int_{-\infty}^{\infty} |X(j\Omega)|^2 d\Omega$$

式 (2-7) 就是著名的帕斯瓦尔关系。该关系指出，总能量既可以按每单位时间内的能量 ($|x(t)|^2$) 在整个时间内积分计算得出，也可以按每单位频率内的能量 $\left(\frac{1}{2\pi} |X(j\Omega)|^2 \right)$ 在整个频率范围内积分计算得出。故 $|X(j\Omega)|^2$ 称为信号 $x(t)$ 的能量密度谱。能量密度谱只有大小（幅度），没有相位，单位为 J/Hz。

实能量有限信号 $x_1(t)$ 和 $x_2(t)$ 的互相关函数为

$$r_{12}(\tau) = \int_{-\infty}^{\infty} x_1(t) x_2(t-\tau) dt = \int_{-\infty}^{\infty} x_1(t+\tau) x_2(t) dt \tag{2-8}$$

若 $x_1(t) = x_2(t) = x(t)$，则得自相关函数

$$r(\tau) = \int_{-\infty}^{\infty} x(t) x(t-\tau) dt = \int_{-\infty}^{\infty} x(t+\tau) x(t) dt \tag{2-9}$$

下面证明自相关函数 $r(\tau)$ 和能量密度谱 $|X(j\Omega)|^2$ 构成 CTFT 对。

证明：
设 $x(t)$ 是实信号，为了证明方便，将式 (2-9) 中的 t 与 τ 互换，得到

$$r(t) = \int_{-\infty}^{\infty} x(t+\tau) x(\tau) d\tau$$

将 $x(t+\tau)$ 用逆 CTFT 展开，有

$$r(t) = \int_{-\infty}^{\infty} \left[\frac{1}{2\pi} \int_{-\infty}^{\infty} X(j\Omega) e^{j\Omega(t+\tau)} d\Omega \right] x(\tau) d\tau$$

改变积分顺序，可得

$$r(t) = \frac{1}{2\pi} \int_{-\infty}^{\infty} X(j\Omega) e^{j\Omega t} \left[\int_{-\infty}^{\infty} x(\tau) e^{j\Omega \tau} d\tau \right] d\Omega$$
$$= \frac{1}{2\pi} \int_{-\infty}^{\infty} X(j\Omega) X(-j\Omega) e^{j\Omega t} d\Omega$$

因为 $x(t)$ 是实信号，故有

$$X(-j\Omega) = X^*(j\Omega)$$

所以

$$r(t) = \frac{1}{2\pi} \int_{-\infty}^{\infty} X(j\Omega) X^*(j\Omega) e^{j\Omega t} d\Omega = \frac{1}{2\pi} \int_{-\infty}^{\infty} |X(j\Omega)|^2 e^{j\Omega t} d\Omega$$

可见，$r(t)$ 和 $|X(j\Omega)|^2$ 构成 CTFT 对，即

$$|X(j\Omega)|^2 = \int_{-\infty}^{\infty} r(t)e^{-j\Omega t}dt \qquad (2\text{-}10)$$

式（2-10）给出了能量信号的自相关函数和能量密度谱间的重要关系，在实际中被广泛应用，也称为维纳－辛钦定理。

对于 $x(t)$ 为复信号的情况，结论是一样的，这里不做详细讨论。

周期信号一般是能量无限而功率有限的，故考察它的功率

$$P = \lim_{T\to\infty} \frac{1}{T} \int_{-T/2}^{T/2} |x(t)|^2 dt \qquad (2\text{-}11)$$

和能量有限信号的处理类似，对于功率有限信号，有

$$P = \lim_{T\to\infty} \frac{1}{T} \int_{-\frac{T}{2}}^{\frac{T}{2}} |x(t)|^2 dt = \frac{1}{2\pi} \int_{-\infty}^{\infty} \lim_{T\to\infty} \frac{|X(j\Omega)|^2}{T} d\Omega \qquad (2\text{-}12)$$

式中，$\frac{|X(j\Omega)|^2}{T}$ 称为功率信号 $x(t)$ 的功率密度谱。功率密度谱只有大小（幅度），没有相位，单位为 W/Hz。

周期信号的相关函数定义为

$$r_{12}(\tau) = \lim_{T\to\infty}\left[\frac{1}{T}\int_{-\frac{T}{2}}^{\frac{T}{2}} x_1(t)x_2(t-\tau)dt\right] = \lim_{T\to\infty}\left[\frac{1}{T}\int_{-\frac{T}{2}}^{\frac{T}{2}} x_1(t+\tau)x_2(t)dt\right] \qquad (2\text{-}13)$$

自相关函数定义为

$$r(\tau) = \lim_{T\to\infty}\left[\frac{1}{T}\int_{-\frac{T}{2}}^{\frac{T}{2}} x(t)x(t-\tau)dt\right] = \lim_{T\to\infty}\left[\frac{1}{T}\int_{-\frac{T}{2}}^{\frac{T}{2}} x(t+\tau)x(t)dt\right] \qquad (2\text{-}14)$$

类似的，周期信号的自相关函数与功率密度谱是一对 CFTF 变换

$$r(\tau) \xleftrightarrow{\text{CTFT}} \lim_{T\to\infty} \frac{1}{T}|X(j\Omega)|^2$$

2.1.2 连续时间信号的拉普拉斯变换

1. 拉普拉斯变换

用 CTFT 分析信号与系统概念清晰，有明确的物理含义，但是对积分函数的限制条件较为严格。有些常用信号如阶跃信号 $u(t)$ 虽然存在傅里叶变换，但无法直接求得；另一些信号如指数增长信号 $e^{\alpha t}u(t)(\alpha>0)$ 不存在傅里叶变换。一些函数不便于用傅里叶变换的原因是当 $t\to\infty$，信号幅度不衰减甚至增长。

为了克服上述困难，人为地引用因子 $e^{-\sigma t}$（σ 为实常数）乘以 $x(t)$，取适当的 σ，使 $x(t)e^{-\sigma t}$ 的傅里叶变换存在。即

$$\int_{-\infty}^{\infty} x(t)e^{-\sigma t}e^{-j\Omega t}dt = \int_{-\infty}^{\infty} x(t)e^{-(\sigma+j\Omega)t}dt$$

上式积分的结果是 $s = \sigma + j\Omega$ 的函数，记为

$$X(s) = \int_{-\infty}^{\infty} x(t)e^{-st}dt \qquad (2\text{-}15)$$

相应的傅里叶变换为

$$x(t)e^{-\sigma t} = \frac{1}{2\pi}\int_{-\infty}^{\infty} X(s)e^{j\Omega t}d\Omega$$

上式两端同乘以 $e^{\sigma t}$，得

$$x(t) = \frac{1}{2\pi}\int_{-\infty}^{\infty}X(s)e^{j\Omega t}e^{\sigma t}d\Omega = \frac{1}{2\pi}\int_{-\infty}^{\infty}X(s)e^{st}d\Omega$$

σ 为常数，故 $d\Omega = \dfrac{ds}{j}$，上式化为

$$x(t) = \frac{1}{2\pi j}\int_{\sigma-j\infty}^{\sigma+j\infty}X(s)e^{st}ds \tag{2-16}$$

式（2-15）和式（2-16）称为拉普拉斯变换对，记为

$$x(t) \xleftrightarrow{\text{LT}} X(s)$$

其中，$X(s)$ 称为 $x(t)$ 的拉普拉斯变换（或象函数），$x(t)$ 称为 $X(s)$ 的拉普拉斯逆变换（或原函数）。

如前所述，选择适当的 σ 值才可能使拉普拉斯变换的积分收敛，信号 $x(t)$ 的拉普拉斯变换 $X(s)$ 存在。能使拉普拉斯变换的积分收敛，复变量 s 在复平面上的取值区域称为 $X(s)$ 的收敛域（region of convergence，ROC）。下面分别研究因果信号和反因果信号的收敛域。

【例 2-5】 设因果信号 $x_1(t) = e^{\alpha t}u(t)$（$\alpha$ 为实数），求其拉普拉斯变换。

解：将 $x_1(t)$ 代入拉普拉斯变换式（2-15），可得

$$\begin{aligned}X_1(s) &= \int_{-\infty}^{\infty}x_1(t)e^{-st}dt = \int_{0}^{\infty}e^{\alpha t}e^{-st}dt\\ &= \frac{e^{-(s-\alpha)t}}{-(s-\alpha)}\bigg|_{0}^{\infty} = \frac{1}{s-\alpha}[1 - \lim_{t\to\infty}e^{-(\sigma-\alpha)t}e^{-j\omega t}]\\ &= \begin{cases}\dfrac{1}{s-\alpha} & \text{Re}[s] = \sigma > \alpha\\ \text{不定} & \sigma = \alpha\\ \text{无界} & \sigma < \alpha\end{cases}\end{aligned}$$

可见，对于因果信号，仅当 $\text{Re}[s] = \sigma > \alpha$ 时，其拉普拉斯变换存在，即因果信号象函数的收敛域为 s 平面 $\text{Re}[s] > \alpha$ 的区域，如图 2-2a 所示。

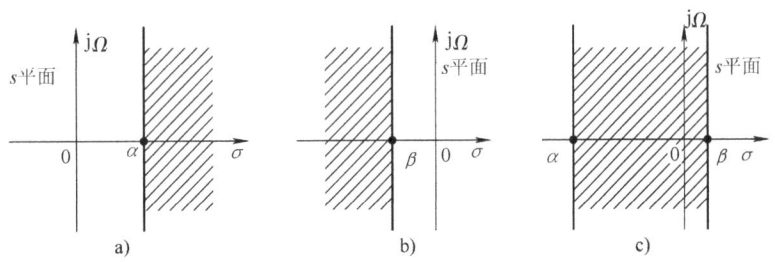

图 2-2 拉普拉斯变换的收敛域

a) 因果信号　b) 反因果信号　c) 双边信号

【例 2-6】 设反因果信号 $x_2(t) = e^{\beta t}u(-t)$（$\beta$ 为实数），求其拉普拉斯变换。

解：将 $x_2(t)$ 代入拉普拉斯变换式（2-15），可得

$$X_2(s) = \int_{-\infty}^{\infty} x_2(t) e^{-st} dt = \int_{-\infty}^{0} e^{\beta t} e^{-st} dt = \frac{e^{-(s-\beta)t}}{-(s-\beta)} \bigg|_{-\infty}^{0}$$

$$= \begin{cases} 无界 & \text{Re}[s] = \sigma > \beta \\ 不定 & \sigma = \beta \\ -\dfrac{1}{s-\beta} & \sigma < \beta \end{cases}$$

可见,对于反因果信号,仅当 $\text{Re}[s] = \sigma < \beta$ 时,其拉普拉斯变换存在,即反因果信号象函数的收敛域为 s 平面 $\text{Re}[s] < \beta$ 的区域,如图 2-2b 所示。

如果有双边信号

$$x(t) = x_1(t) + x_2(t) = e^{\alpha t} u(t) + e^{\beta t} u(-t)$$

则其双边拉普拉斯变换为

$$X(s) = X_1(s) + X_2(s)$$

由以上讨论可知,$X(s)$ 的收敛域为 $X_1(s)$ 和 $X_2(s)$ 的收敛域的公共部分,即 $\alpha < \text{Re}[s] < \beta$,如图 2-2c 所示。也就是说,当 $\alpha < \beta$ 时,$x(t)$ 的拉普拉斯变换 $X(s)$ 存在;如果 $\alpha > \beta$,$X_1(s)$ 和 $X_2(s)$ 的收敛域没有公共部分,因此 $X(s)$ 不存在。

2. 傅里叶变换与拉普拉斯变换的关系

为了便于比较,重写傅里叶变换和拉普拉斯变换的公式为

$$X(j\Omega) = \int_{-\infty}^{\infty} x(t) e^{-j\Omega t} dt$$

$$X(s) = \int_{-\infty}^{\infty} x(t) e^{-st} dt$$

显然,若信号 $x(t)$ 的拉普拉斯变换的收敛域包含虚轴,则其傅里叶变换和拉普拉斯变换同时存在,此时有

$$X(j\Omega) = X(s) \big|_{s=j\Omega} \tag{2-17}$$

即虚轴上的拉普拉斯变换就是傅里叶变换。图 2-3 是矩形脉冲信号 $x(t) = u(t) - u(t-10)$ 的拉普拉斯变换和傅里叶变换的三维图形,可见虚轴上的拉普拉斯变换就是傅里叶变换。

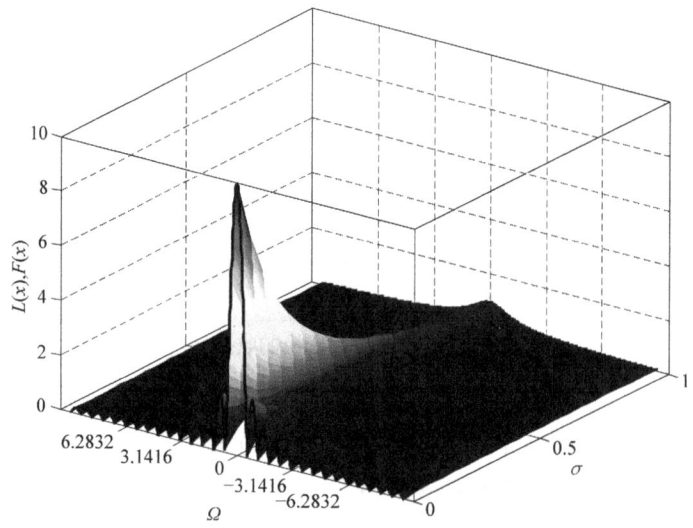

图 2-3 矩形脉冲信号 $x(t) = u(t) - u(t-10)$ 的拉普拉斯变换和傅里叶变换

若 $x(t)$ 的拉普拉斯变换的收敛轴刚好落在虚轴，这是一种临界状态，$X(s)$ 在虚轴上有极点。可以证明，若 $X(s)$ 在虚轴上有 N 个虚根（单根）$j\Omega_1$、$j\Omega_2$、$\cdots$、$j\Omega_N$，则 $x(t)$ 的傅里叶变换为

$$X(j\Omega) = X(s)\big|_{s=j\Omega} + \sum_{i=1}^{N} k_i \pi \delta(\Omega - \Omega_i) \tag{2-18}$$

式中，k_i 为极点 $s = j\Omega_i$ 对应的留数。

可见，$x(t)$ 的傅里叶变换 $X(j\Omega)$ 分为两部分，一部分是与 $X(s)$ 对应的表达式，一部分是因为原函数 $x(t)$ 包含阶跃信号所带来的冲激项。

若 $X(s)$ 在虚轴上有多重极点，情况会更加复杂一些，$X(j\Omega)$ 将包含冲激及其高阶导数，这里不再详细讨论。

2.2　离散时间信号的傅里叶变换

离散时间信号的傅里叶变换在分析序列的频谱、研究离散时间系统的频域特性以及信号通过系统后频域的分析时，都是重要的工具。很多序列都可以表示为傅里叶积分的形式，即

$$x(n) = \frac{1}{2\pi} \int_{-\pi}^{\pi} X(e^{j\omega}) e^{j\omega n} d\omega \tag{2-19}$$

式中，$X(e^{j\omega})$ 的表达式为

$$X(e^{j\omega}) = \sum_{n=-\infty}^{\infty} x(n) e^{-j\omega n} \tag{2-20}$$

式（2-19）和式（2-20）构成序列的傅里叶表示。式（2-19）是综合公式，称为**傅里叶逆变换**。也就是说，它把序列 $x(n)$ 分解为频率在 2π 区间范围内的虚指数函数 $e^{j\omega n}$ 的线性加权组合，权值为 $\frac{1}{2\pi} X(e^{j\omega}) d\omega$。虽然将 ω 的变化范围限制在 $(-\pi, \pi]$ 之间，但是任何 2π 间隔都是可用的。

式（2-20）是分析公式，它由 $x(n)$ 来计算 $X(e^{j\omega})$ 的表达式，称为**傅里叶变换**。它用来分析序列 $x(n)$，以确定利用式（2-19）来综合 $x(n)$ 时每一频率分量要占多少份量。有时为了与连续时间傅里叶变换区分，上述公式明确称为离散时间信号的傅里叶变换（DTFT）。由 $e^{j\omega n} = e^{j(\omega + 2\pi)n}$ 可以看出，$e^{j\omega n}$ 是 ω 的以 2π 为周期的周期函数，所以 $X(e^{j\omega})$ 也是以 2π 为周期的周期函数，即

$$X(e^{j\omega}) = X(e^{j(\omega + 2\pi)}) \tag{2-21}$$

傅里叶变换 $X(e^{j\omega})$ 是 $x(n)$ 的频谱密度函数，一般来说，它是 ω 的一个复值函数，可以用直角坐标表示为

$$X(e^{j\omega}) = \text{Re}[X(e^{j\omega})] + j\text{Im}[X(e^{j\omega})] = X_R(e^{j\omega}) + jX_I(e^{j\omega}) \tag{2-22}$$

或用极坐标表示为

$$X(e^{j\omega}) = |X(e^{j\omega})| e^{j\arg[X(e^{j\omega})]} \tag{2-23}$$

式中，$\text{Re}[\cdot]$ 表示实部；$\text{Im}[\cdot]$ 表示虚部；$|\cdot|$ 表示幅度谱；$\arg[\cdot]$ 表示相位谱。它们都是 ω 的连续周期函数。

由于 ω 的周期性，相位 $\arg[X(e^{j\omega})]$ 不是唯一确定的，在任意 ω 值上都可以加任何 2π

的整数倍而不影响 $X(e^{j\omega})$ 的结果，因此特别限定相位 $\arg[X(e^{j\omega})]$ 取主值区间，也就是 $(-\pi,\pi]$。

下面讨论由 $X(e^{j\omega})$ 求 $x(n)$ 的公式，以证明式（2-19）和式（2-20）是可逆的。将式（2-20）两边乘以 $e^{j\omega m}$，然后在一个周期 $(-\pi,\pi]$ 内做积分，可得

$$\frac{1}{2\pi}\int_{-\pi}^{\pi}X(e^{j\omega})e^{j\omega m}d\omega = \frac{1}{2\pi}\int_{-\pi}^{\pi}\left[\sum_{n=-\infty}^{\infty}x(n)e^{-j\omega n}\right]e^{j\omega m}d\omega$$

如果式（2-20）求和对于所有 ω 一致收敛，即

$$\lim_{M\to\infty}\left|X(e^{j\omega}) - \sum_{n=-M}^{M}x(n)e^{-j\omega n}\right| = 0$$

那么可以变换积分与求和的次序，有

$$\frac{1}{2\pi}\int_{-\pi}^{\pi}X(e^{j\omega})e^{j\omega m}d\omega = \sum_{n=-\infty}^{\infty}x(n)\left[\frac{1}{2\pi}\int_{-\pi}^{\pi}e^{j\omega(m-n)}d\omega\right]$$

由于

$$\frac{1}{2\pi}\int_{-\pi}^{\pi}e^{j\omega(m-n)}d\omega = \begin{cases}1 & n=m \\ 0 & n\neq m\end{cases} = \delta(n-m)$$

则有

$$\frac{1}{2\pi}\int_{-\pi}^{\pi}X(e^{j\omega})e^{j\omega m}d\omega = \sum_{n=-\infty}^{\infty}x(n)\delta(m-n) = x(m)$$

将上式中的 m 换成 n，有

$$\frac{1}{2\pi}\int_{-\pi}^{\pi}X(e^{j\omega})e^{j\omega n}d\omega = x(n)$$

以上证明式（2-19）和式（2-20）可逆。

确定哪一类信号可以用式（2-19）表示的问题，等效于考虑式（2-20）中无限项求和收敛的问题。也就是说，式（2-20）中求和各项必须满足什么条件，才能对全部 ω 使

$$|X(e^{j\omega})| < \infty$$

所以收敛的充分条件为

$$|X(e^{j\omega})| = \left|\sum_{n=-\infty}^{\infty}x(n)e^{-j\omega n}\right| \leq \sum_{n=-\infty}^{\infty}|x(n)e^{-j\omega n}| = \sum_{n=-\infty}^{\infty}|x(n)| < \infty \quad (2\text{-}24)$$

因此，如果 $x(n)$ 是绝对可和的，那么 $X(e^{j\omega})$ 存在。在这种情况下，可以证明该级数一致收敛于一个 ω 的连续函数。

【例 2-7】 求单边指数衰减序列 $x(n) = a^n u(n)$ 的傅里叶变换，并画出频谱图的实部和虚部。其中，a 为实数，且 $0 < a < 1$。

解：序列的傅里叶变换为

$$X(e^{j\omega}) = \sum_{n=-\infty}^{\infty}x(n)e^{-j\omega n} = \sum_{n=-\infty}^{\infty}a^n u(n)e^{-j\omega n} = \sum_{n=0}^{\infty}a^n e^{-j\omega n} = \sum_{n=0}^{\infty}(ae^{-j\omega})^n$$

当 $0 < a < 1$ 时，$|ae^{-j\omega}| = |a| < 1$，级数收敛，故

$$X(e^{j\omega}) = \frac{1}{1 - ae^{-j\omega}}$$

其中

$$\text{Re}[X(e^{j\omega})] = \frac{1 - a\cos\omega}{1 + a^2 - 2a\cos\omega}$$

$$\text{Im}[X(e^{j\omega})] = \frac{-a\sin\omega}{1+a^2-2a\cos\omega}$$

单边指数衰减序列及其频谱的实部与虚部如图 2-4 所示。

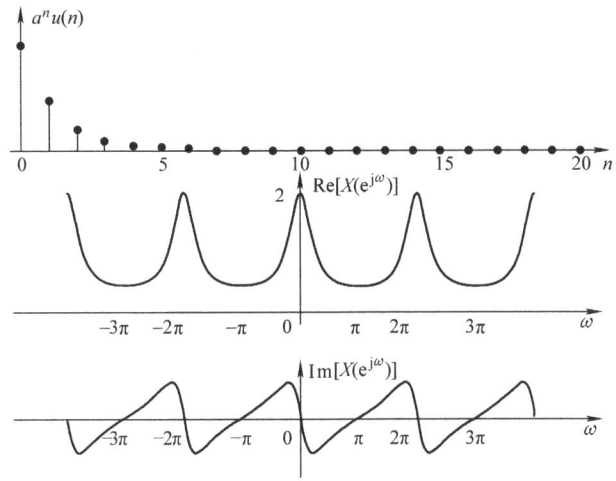

图 2-4　单边指数衰减序列及其频谱的实部与虚部（$a=0.5$）

【例 2-8】　求矩形序列 $x(n) = R_5(n)$ 的傅里叶变换，并画出幅度频谱图和相位频谱图。

解：序列 $R_N(n)$ 的傅里叶变换为

$$X(e^{j\omega}) = \sum_{n=0}^{N-1} e^{-j\omega n} = \frac{1-e^{-j\omega N}}{1-e^{-j\omega}}$$

$$= \frac{e^{-j\frac{N}{2}\omega}(e^{j\frac{N}{2}\omega} - e^{-j\frac{N}{2}\omega})}{e^{-j\frac{1}{2}\omega}(e^{j\frac{1}{2}\omega} - e^{-j\frac{1}{2}\omega})} = e^{-j\frac{N-1}{2}\omega} \frac{\sin\left(\frac{N}{2}\omega\right)}{\sin\left(\frac{1}{2}\omega\right)}$$

取 $N = 5$，有

$$X(e^{j\omega}) = e^{-j2\omega} \frac{\sin(5\omega/2)}{\sin(\omega/2)}$$

由于 $R_5(n)$ 是有限长序列，故一定是绝对可和的，它的傅里叶变换一定存在且连续。$R_5(n)$ 的幅度频谱和相位频谱如图 2-5 所示。需要注意的是，由于 $X(e^{j\omega}) = 0$ 的频率点上，频谱产生了正负变号，使得相位有 π 值的突变。此外，相位规定取区间 $(-\pi, \pi]$，故形成图 2-5b 中卷绕的相位。

绝对可和是傅里叶变换存在的一个充分条件，如果把收敛条件放宽，则满足二次方可和条件的序列，即

$$\sum_{n=-\infty}^{\infty} |x(n)|^2 < \infty \tag{2-25}$$

也存在傅里叶变换。这时序列的能量是有限的，因此式（2-20）均方收敛于 $X(e^{j\omega})$，即满足均方收敛条件

$$\lim_{M\to\infty} \int_{-\pi}^{\pi} \left| X(e^{j\omega}) - \sum_{n=-M}^{M} x(n) e^{-j\omega n} \right|^2 d\omega = 0 \tag{2-26}$$

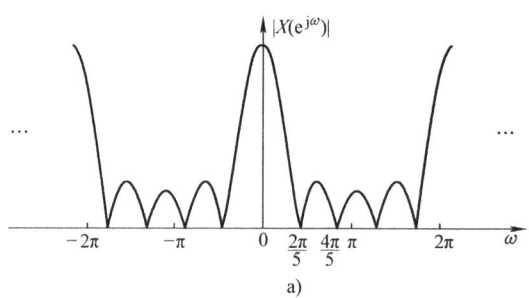

a)

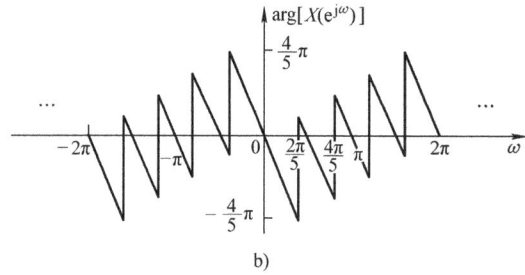

b)

图 2-5 矩形序列的频谱（DTFT）
a）幅度频谱 b）相位频谱

也就是说，误差 $\left| X(e^{j\omega}) - \sum_{n=-M}^{M} x(n) e^{-j\omega n} \right|$ 随 $M \to \infty$ 在每一个 ω 值上可能不趋近于零，但是在误差中的总能量趋近于零。

由于

$$\left[\sum_{n=-\infty}^{\infty} |x(n)| \right]^2 \geq \sum_{n=-\infty}^{\infty} |x(n)|^2$$

所以，若 $x(n)$ 是绝对可和的，则它一定是二次方可和的；反过来则不一定成立。也就是说，一致收敛一定满足均方收敛，而均方收敛不一定满足一致收敛。

以理想低通滤波器为例，它的频率响应为

$$H_{LP}(e^{j\omega}) = \begin{cases} 1 & |\omega| \leq \omega_c \\ 0 & \omega_c < |\omega| \leq \pi \end{cases}$$

可见其周期为 2π。利用式（2-19）可以求得其单位抽样响应为

$$\begin{aligned} h_{LP}(n) &= \frac{1}{2\pi} \int_{-\pi}^{\pi} H_{LP}(e^{j\omega}) e^{j\omega n} d\omega = \frac{1}{2\pi} \int_{-\omega_c}^{\omega_c} e^{j\omega n} d\omega \\ &= \frac{1}{2\pi j n} (e^{j\omega_c n} - e^{-j\omega_c n}) = \frac{\sin(\omega_c n)}{\pi n} \quad -\infty < n < \infty \end{aligned} \quad (2\text{-}27)$$

对于 $n<0$，$h_{LP}(n)$ 不为零，所以理想低通滤波器是非因果的。同时，$n \to \infty$ 时，$h_{LP}(n)$ 以 $\frac{1}{n}$ 趋于零。根据级数理论，$h_{LP}(n)$ 不是绝对可和的序列，这是由于 $H_{LP}(e^{j\omega})$ 在 $\omega = \omega_c$ 是不连续的。因为 $h_{LP}(n)$ 不是绝对可和的，那么

$$\sum_{n=-\infty}^{\infty} h_{\text{LP}}(n) e^{-j\omega n} = \sum_{n=-\infty}^{\infty} \frac{\sin(\omega_c n)}{\pi n} e^{-j\omega n} \tag{2-28}$$

对所有 ω 不能一致收敛于 $H_{\text{LP}}(e^{j\omega})$。在 $\omega = \omega_c$ 的不连续点处有吉布斯（Gibbs）现象存在，即在不连续点两边存在肩峰，且有起伏（波纹）存在。

但是，$h_{\text{LP}}(n)$ 是二次方可和的（能量有限），即

$$\sum_{n=-\infty}^{\infty} |h_{\text{LP}}(n)|^2 = \sum_{n=-\infty}^{\infty} \left| \frac{\sin(\omega_c n)}{\pi n} \right|^2 = \frac{1}{2\pi} \int_{-\pi}^{\pi} |H_{\text{LP}}(e^{j\omega})|^2 d\omega = \frac{1}{2\pi} \int_{-\omega_c}^{\omega_c} d\omega = \frac{\omega_c}{\pi} < \infty$$

上式第二个等号是由帕斯瓦尔定理得到的，在 2.3 节会有详细的证明。故式（2-28）的级数在均方误差为零的意义下收敛于 $H_{\text{LP}}(e^{j\omega})$，即满足

$$\lim_{M \to \infty} \int_{-\pi}^{\pi} |H_{\text{LP}}(e^{j\omega}) - H_M(e^{j\omega})|^2 d\omega = 0$$

其中

$$H_M(e^{j\omega}) = \sum_{n=-M}^{M} \frac{\sin(\omega_c n)}{\pi n} e^{-j\omega n}$$

表示 $h_{\text{LP}}(n)$ 的有限项的傅里叶变换。图 2-6 为 M 为不同值时的 $H_M(e^{j\omega})$，可见 M 越大，间断点附近的波纹更密，更靠近 $H_{\text{LP}}(e^{j\omega})$ 的不连续点 $\omega = \omega_c$，但是波纹肩峰的大小却不改变，仍不能对 $H_{\text{LP}}(e^{j\omega})$ 一致收敛，而只能是在均方误差为零的平均意义上的收敛。

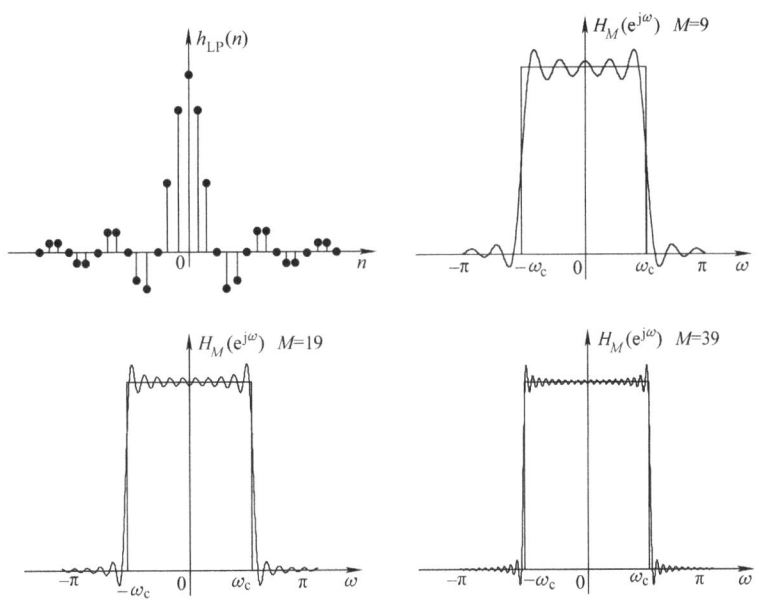

图 2-6 理想低通滤波器的冲激响应 $h_{\text{LP}}(n)$ 及其
傅里叶变换 $H_{\text{LP}}(e^{j\omega})$ 的收敛性（$\omega_c = \pi/3$）

对于某些既不是绝对可和，又不是二次方可和的序列，如周期序列、单位阶跃序列等，其傅里叶变换既不满足一致收敛，也不满足均方收敛。但是，通过引入冲激函数，也可以求出它们的傅里叶变换。下面举例说明。

【例 2-9】 某一序列的傅里叶变换为

$$X(\mathrm{e}^{\mathrm{j}\omega}) = \sum_{k=-\infty}^{\infty} 2\pi\delta(\omega - \omega_0 - 2\pi k) \quad -\pi < \omega_0 < \pi$$

求序列 $x(n)$。

解：$X(\mathrm{e}^{\mathrm{j}\omega})$ 的傅里叶逆变换为

$$x(n) = \frac{1}{2\pi}\int_{-\pi}^{\pi} X(\mathrm{e}^{\mathrm{j}\omega})\mathrm{e}^{\mathrm{j}\omega n}\mathrm{d}\omega = \frac{1}{2\pi}\int_{-\pi}^{\pi} \left[\sum_{k=-\infty}^{\infty} 2\pi\delta(\omega - \omega_0 - 2\pi k)\right]\mathrm{e}^{\mathrm{j}\omega n}\mathrm{d}\omega$$

由于积分只在 $(-\pi,\pi]$ 之间进行，所以上式积分中只需包括 $k=0$ 这一项，因此对任意 n 可以写成

$$x(n) = \frac{1}{2\pi}\int_{-\pi}^{\pi} 2\pi\delta(\omega - \omega_0)\mathrm{e}^{\mathrm{j}\omega n}\mathrm{d}\omega = \mathrm{e}^{\mathrm{j}\omega_0 n}$$

因而可以归纳出以下傅里叶变换对，即

$$\mathrm{e}^{\mathrm{j}\omega_0 n} \xleftrightarrow{\mathrm{DTFT}} \sum_{k=-\infty}^{\infty} 2\pi\delta(\omega - \omega_0 - 2\pi k) \tag{2-29}$$

也就是说，虚指数序列（复正弦序列）$\mathrm{e}^{\mathrm{j}\omega_0 n}$ 的傅里叶变换是以 ω_0 为中心、以 2π 的整数倍为间距的一系列冲激序列，冲激的强度为 2π。

令式（2-29）中的 $\omega_0 = 0$，则有

$$1 \xleftrightarrow{\mathrm{DTFT}} \sum_{k=-\infty}^{\infty} 2\pi\delta(\omega - 2\pi k) \tag{2-30}$$

也就是说，常数序列的傅里叶变换是以 $\omega=0$ 为中心、以 2π 的整数倍为间距的一系列冲激序列，冲激的强度为 2π。

或者将 $x(n)$ 表示为周期为 1 的单位冲激串

$$x(n) = \sum_{i=-\infty}^{\infty} \delta(n - i)$$

于是有

$$\sum_{i=-\infty}^{\infty} \delta(n - i) \xleftrightarrow{\mathrm{DTFT}} \sum_{k=-\infty}^{\infty} 2\pi\delta(\omega - 2\pi k)$$

表 2-1 列出了一些常用序列的傅里叶变换对。利用常用序列的傅里叶变换对，与 2.3 节的 DTFT 的性质相结合，就可以用已知傅里叶变换的序列进行合适的运算，得到较复杂信号的变换对，以简化运算过程。

表 2-1　常用序列的傅里叶变换对

序号	序　列	傅里叶变换
1	$\delta(n)$	1
2	$u(n)$	$\dfrac{1}{1-\mathrm{e}^{-\mathrm{j}\omega}} + \sum\limits_{k=-\infty}^{\infty}\pi\delta(\omega - 2\pi k)$
3	1	$\sum\limits_{k=-\infty}^{\infty} 2\pi\delta(\omega - 2\pi k)$
4	$\mathrm{e}^{\mathrm{j}\omega_0 n}$	$\sum\limits_{k=-\infty}^{\infty} 2\pi\delta(\omega - \omega_0 - 2\pi k)$
5	$\sum\limits_{i=-\infty}^{\infty}\delta(n - iN)$	$\dfrac{2\pi}{N}\sum\limits_{k=-\infty}^{\infty}\delta\left(\omega - \dfrac{2\pi}{N}k\right)$
6	$a^n u(n),\ |a|<1$	$\dfrac{1}{1-a\mathrm{e}^{-\mathrm{j}\omega}}$

(续)

序号	序列	傅里叶变换
7	$(n+1)a^n u(n)$, $|a|<1$	$\dfrac{1}{(1-ae^{-j\omega})^2}$
8	$R_N(n)$	$e^{-j\frac{N-1}{2}\omega}\dfrac{\sin\left(\dfrac{N}{2}\omega\right)}{\sin\left(\dfrac{1}{2}\omega\right)}$
9	$\dfrac{\sin(\omega_c n)}{\pi n}$	$X(e^{j\omega}) = \begin{cases} 1 & |\omega| \leq \omega_c \\ 0 & \omega_c < |\omega| \leq \pi \end{cases}$
10	$\cos(n\omega_0 + \varphi)$	$\pi \sum\limits_{k=-\infty}^{\infty}[e^{j\varphi}\delta(\omega - \omega_0 - 2\pi k) + e^{-j\varphi}\delta(\omega + \omega_0 - 2\pi k)]$
11	$\sin(n\omega_0 + \varphi)$	$-j\pi \sum\limits_{k=-\infty}^{\infty}[e^{j\varphi}\delta(\omega - \omega_0 - 2\pi k) - e^{-j\varphi}\delta(\omega + \omega_0 - 2\pi k)]$

2.3 离散时间信号傅里叶变换的基本性质

离散时间傅里叶变换的性质和连续时间傅里叶变换的性质在许多情况下都很相似,这里的证明一般仅涉及求和或积分的简单变量换算。下面仅对部分性质做简单的证明。

1. 线性

若
$$x_1(n) \xleftrightarrow{\text{DTFT}} X_1(e^{j\omega})$$
$$x_2(n) \xleftrightarrow{\text{DTFT}} X_2(e^{j\omega})$$

则
$$ax_1(n) + bx_2(n) \xleftrightarrow{\text{DTFT}} aX_1(e^{j\omega}) + bX_2(e^{j\omega}) \tag{2-31}$$

2. 时移和频移

若
$$x(n) \xleftrightarrow{\text{DTFT}} X(e^{j\omega})$$

则
$$x(n-m) \xleftrightarrow{\text{DTFT}} e^{-j\omega m} X(e^{j\omega}) \tag{2-32}$$
$$e^{j\omega_0 n} x(n) \xleftrightarrow{\text{DTFT}} X(e^{j(\omega-\omega_0)}) \tag{2-33}$$

可见,序列的时域位移对应频域的相移;序列的时域相移对应频域的频移。式(2-33)也称为序列的调制。

若已知 $\text{DTFT}[\delta(n)] = 1$,很容易由时移性质得到
$$\delta(n-n_0) \xleftrightarrow{\text{DTFT}} e^{-j\omega n_0}$$

3. 反褶序列(时间倒置)

若
$$x(n) \xleftrightarrow{\text{DTFT}} X(e^{j\omega})$$

则
$$x(-n) \xleftrightarrow{\text{DTFT}} X(e^{-j\omega}) \tag{2-34}$$

若 $x(n)$ 是实序列,则该性质简化为
$$x(-n) \xleftrightarrow{\text{DTFT}} X^*(e^{j\omega}) \tag{2-35}$$

4. 频域微分

若
$$x(n) \xleftrightarrow{\text{DTFT}} X(e^{j\omega})$$

则
$$nx(n) \xleftrightarrow{\text{DTFT}} j\frac{dX(e^{j\omega})}{d\omega} \tag{2-36}$$

5. 时域卷积定理

设 $y(n)$ 为 $x(n)$ 与 $h(n)$ 的卷积和，即
$$y(n) = x(n) * h(n) = \sum_{m=-\infty}^{\infty} x(m)h(n-m)$$
$$x(n) \xleftrightarrow{\text{DTFT}} X(e^{j\omega})$$
$$h(n) \xleftrightarrow{\text{DTFT}} H(e^{j\omega})$$

则
$$Y(e^{j\omega}) = X(e^{j\omega})H(e^{j\omega}) \tag{2-37}$$

证明：
$$Y(e^{j\omega}) = \sum_{n=-\infty}^{\infty} y(n)e^{-j\omega n} = \sum_{n=-\infty}^{\infty}\left[\sum_{m=-\infty}^{\infty} x(m)h(n-m)\right]e^{-j\omega n}$$
$$= \sum_{m=-\infty}^{\infty} x(m)e^{-j\omega m}\left[\sum_{m=-\infty}^{\infty} h(n-m)e^{-j\omega(n-m)}\right]$$
$$= H(e^{j\omega})\sum_{m=-\infty}^{\infty} x(m)e^{-j\omega m} = X(e^{j\omega})H(e^{j\omega})$$

卷积定理的推导也可以通过求 $X(e^{j\omega})H(e^{j\omega})$ 的傅里叶逆变换得到。

6. 频域卷积定理（加窗定理）

设
$$w(n) = x(n)y(n)$$
$$x(n) \xleftrightarrow{\text{DTFT}} X(e^{j\omega})$$
$$y(n) \xleftrightarrow{\text{DTFT}} Y(e^{j\omega})$$

则
$$x(n)y(n) \xleftrightarrow{\text{DTFT}} \frac{1}{2\pi}\int_{-\pi}^{\pi} X(e^{j\theta})Y(e^{j(\omega-\theta)})d\theta \tag{2-38}$$

式（2-38）是一个周期卷积，也就是说它是两个周期函数的积，其积分上下限仅取一个周期。在连续时间信号中，时域卷积与频域卷积是完全对偶的，时域的卷积可以用频域的相乘来表示，反之亦然。在离散时间情况下则有所不同，这里傅里叶变换是一个和式，而逆变换是被积函数为周期函数的积分。具体来说，就是序列的卷积等效于相应的周期傅里叶变换的相乘，序列的相乘等效于相应的傅里叶变换的周期卷积。

在 FIR 滤波器设计中会看到，序列 $x(n)$ 和 $y(n)$ 相乘等效于对序列 $x(n)$ 加窗，$y(n)$ 可以看作是窗函数，因此频域卷积定理也称为加窗定理。

证明：
$$W(e^{j\omega}) = \sum_{n=-\infty}^{\infty} x(n)y(n)e^{-j\omega n} = \sum_{n=-\infty}^{\infty} x(n)\left[\frac{1}{2\pi}\int_{-\pi}^{\pi} Y(e^{j\theta})e^{j\theta n}d\theta\right]e^{-j\omega n}$$
$$= \frac{1}{2\pi}\int_{-\pi}^{\pi} Y(e^{j\theta})\left[\sum_{n=-\infty}^{\infty} x(n)e^{-j(\omega-\theta)n}\right]d\theta = \frac{1}{2\pi}\int_{-\pi}^{\pi} Y(e^{j\theta})X(e^{j(\omega-\theta)})d\theta$$

7. 帕斯瓦尔（Parseval）定理

若
$$x(n) \xleftrightarrow{\text{DTFT}} X(e^{j\omega})$$

则
$$E = \sum_{n=-\infty}^{\infty} |x(n)|^2 = \frac{1}{2\pi} \int_{-\pi}^{\pi} |X(e^{j\omega})|^2 d\omega \tag{2-39}$$

由帕斯瓦尔定理可知，信号在时域的总能量等于其在频域的总能量。频域的总能量等于 $|X(e^{j\omega})|^2$ 在一个周期内的积，因此，$|X(e^{j\omega})|^2$ 称为能量密度谱，它决定了能量在频域中是如何分布的。

证明：
$$E = \sum_{n=-\infty}^{\infty} x(n) x^*(n)$$
$$= \sum_{n=-\infty}^{\infty} x^*(n) \left[\frac{1}{2\pi} \int_{-\pi}^{\pi} X(e^{j\omega}) e^{j\omega n} d\omega \right] = \frac{1}{2\pi} \int_{-\pi}^{\pi} X(e^{j\omega}) \left[\sum_{n=-\infty}^{\infty} x^*(n) e^{j\omega n} \right] d\omega$$
$$= \frac{1}{2\pi} \int_{-\pi}^{\pi} X(e^{j\omega}) \left[\sum_{n=-\infty}^{\infty} x(n) e^{-j\omega n} \right]^* d\omega$$
$$= \frac{1}{2\pi} \int_{-\pi}^{\pi} X(e^{j\omega}) X^*(e^{j\omega}) d\omega$$

8. 对称性质

傅里叶变换的对称性质在简化问题的解上往往很有用，下面讨论这些性质。在介绍性质之前，先讨论对称的定义。

共轭对称序列 $x_e(n)$ 定义为满足
$$x_e(n) = x_e^*(-n) \tag{2-40}$$

共轭对称关系的序列。其中 $*$ 表示复数共轭。

当 $x_e(n)$ 是实序列时，共轭对称简化为偶对称，即
$$x_e(n) = x_e(-n) \quad x_e(n) \text{为实数} \tag{2-41}$$

可见，共轭对称是偶对称在复数域的推广。

共轭对称的概念可进一步用实部、虚部的对称性来描述。若
$$x_e(n) = \text{Re}[x_e(n)] + j\text{Im}[x_e(n)]$$

则
$$x_e^*(-n) = \text{Re}[x_e(-n)] - j\text{Im}[x_e(-n)]$$

将上述两式代入式（2-40），有
$$\text{Re}[x_e(n)] = \text{Re}[x_e(-n)] \tag{2-42}$$
$$\text{Im}[x_e(n)] = -\text{Im}[x_e(-n)] \tag{2-43}$$

也就是说，共轭对称序列的实部是偶对称，虚部是奇对称。

同理，共轭反对称序列 $x_o(n)$ 定义为满足
$$x_o(n) = -x_o^*(-n) \tag{2-44}$$

共轭反对称关系的序列。当 $x_o(n)$ 是实序列时，共轭反对称简化为奇对称，即
$$x_o(n) = -x_o(-n) \quad x_o(n) \text{为实数} \tag{2-45}$$

可见，共轭反对称是奇对称在复数域的推广。

共轭反对称也可用实部、虚部的对称性来描述。若
$$x_o(n) = \text{Re}[x_o(n)] + j\text{Im}[x_o(n)]$$

则
$$x_o^*(-n) = \text{Re}[x_o(-n)] - j\text{Im}[x_o(-n)]$$
将上述两式代入式 (2-44)，有
$$\text{Re}[x_o(n)] = -\text{Re}[x_o(-n)] \tag{2-46}$$
$$\text{Im}[x_o(n)] = \text{Im}[x_o(-n)] \tag{2-47}$$
也就是说，共轭反对称序列的实部是奇对称，虚部是偶对称。

任一序列 $x(n)$ 均能表示成一个共轭对称和一个共轭反对称序列之和，即
$$x(n) = x_e(n) + x_o(n) \tag{2-48}$$
其中
$$x_e(n) = \frac{1}{2}[x(n) + x^*(-n)] \tag{2-49}$$
$$x_o(n) = \frac{1}{2}[x(n) - x^*(-n)] \tag{2-50}$$
很容易看出，式 (2-49) 和式 (2-50) 分别满足共轭对称和共轭反对称的定义。

同样，一个序列 $x(n)$ 的傅里叶变换 $X(e^{j\omega})$ 也可分解为共轭对称分量和共轭反对称分量之和，即
$$X(e^{j\omega}) = X_e(e^{j\omega}) + X_o(e^{j\omega}) \tag{2-51}$$
其中
$$X_e(e^{j\omega}) = \frac{1}{2}[X(e^{j\omega}) + X^*(e^{-j\omega})] \tag{2-52}$$
$$X_o(e^{j\omega}) = \frac{1}{2}[X(e^{j\omega}) - X^*(e^{-j\omega})] \tag{2-53}$$

$X_e(e^{j\omega})$ 是频域的共轭对称信号，满足 $X_e(e^{j\omega}) = X_e^*(e^{-j\omega})$，$X_o(e^{j\omega})$ 是共轭反对称信号，满足 $X_o(e^{j\omega}) = -X_o^*(e^{-j\omega})$。若 $X_e(e^{j\omega})$ 和 $X_o(e^{j\omega})$ 分别是频率 ω 的实函数，则分别满足偶对称和奇对称。

下面考察 DTFT 性质的对称性。

若
$$x(n) \xleftrightarrow{\text{DTFT}} X(e^{j\omega})$$
则
$$x^*(n) \xleftrightarrow{\text{DTFT}} X^*(e^{-j\omega}) \tag{2-54}$$

证明：
$$\text{DTFT}[x^*(n)] = \sum_{n=-\infty}^{\infty} x^*(n)e^{-j\omega n} = \left[\sum_{n=-\infty}^{\infty} x(n)e^{j\omega n}\right]^* = X^*(e^{-j\omega})$$

将式 (2-35) 时间倒置性质与式 (2-54) 结合，有
$$x^*(-n) \xleftrightarrow{\text{DTFT}} X^*(e^{j\omega}) \tag{2-55}$$

将式 (2-54) 与式 (2-55) 结合，进一步讨论，有

若
$$x(n) = \text{Re}[x(n)] + j\text{Im}[x(n)]$$
$$X(e^{j\omega}) = X_e(e^{j\omega}) + X_o(e^{j\omega})$$
则
$$\text{Re}[x(n)] \xleftrightarrow{\text{DTFT}} X_e(e^{j\omega}) \tag{2-56}$$

$$j\text{Im}[x(n)] \xleftrightarrow{\text{DTFT}} X_o(e^{j\omega}) \tag{2-57}$$

证明：

因为
$$\text{Re}[x(n)] = \frac{1}{2}[x(n) + x^*(n)]$$

由式（2-54），有
$$\text{Re}[x(n)] \xleftrightarrow{\text{DTFT}} \frac{1}{2}[X(e^{j\omega}) + X^*(e^{-j\omega})] = X_e(e^{j\omega})$$

式（2-57）证明同上。

若
$$x(n) = x_e(n) + x_o(n)$$
$$X(e^{j\omega}) = \text{Re}[X(e^{j\omega})] + j\text{Im}[X(e^{j\omega})]$$

则
$$x_e(n) \xleftrightarrow{\text{DTFT}} \text{Re}[X(e^{j\omega})] \tag{2-58}$$
$$x_o(n) \xleftrightarrow{\text{DTFT}} j\text{Im}[X(e^{j\omega})] \tag{2-59}$$

证明：

因为
$$x_e(n) = \frac{1}{2}[x(n) + x^*(-n)]$$

由式（2-55），有
$$x_e(n) \xleftrightarrow{\text{DTFT}} \frac{1}{2}[X(e^{j\omega}) + X^*(e^{j\omega})] = \text{Re}[X(e^{j\omega})]$$

式（2-59）证明同上。

通常 $x(n)$ 为实序列，则有
$$x(n) = x^*(n)$$

由式（2-54）有
$$X(e^{j\omega}) = X^*(e^{-j\omega}) \tag{2-60}$$

也就是说，若 $x(n)$ 为实序列，则其傅里叶变换 $X(e^{j\omega})$ 满足共轭对称性，即
$$\text{Re}[X(e^{j\omega})] = \text{Re}[X(e^{-j\omega})] \tag{2-61}$$
$$\text{Im}[X(e^{j\omega})] = -\text{Im}[X(e^{-j\omega})] \tag{2-62}$$

所以，实序列的傅里叶变换的实部是 ω 的偶函数，而虚部是 ω 的奇函数。

如果将 $X(e^{j\omega})$ 用极坐标形式表示为
$$X(e^{j\omega}) = |X(e^{j\omega})| e^{j\arg[X(e^{j\omega})]}$$

则
$$|X(e^{j\omega})| = \sqrt{\{\text{Re}[X(e^{j\omega})]\}^2 + \{\text{Im}[X(e^{j\omega})]\}^2}$$
$$\arg[X(e^{j\omega})] = \arctan\left\{\frac{\text{Im}[X(e^{j\omega})]}{\text{Re}[X(e^{j\omega})]}\right\}$$

显然有
$$|X(e^{j\omega})| = |X(e^{-j\omega})| \tag{2-63}$$
$$\arg[X(e^{j\omega})] = -\arg[X(e^{-j\omega})] \tag{2-64}$$

所以，实序列的傅里叶变换的幅度是 ω 的偶函数，而相位是 ω 的奇函数。

例 2-7 中单边指数衰减序列 $x(n) = a^n u(n)$ 是实序列，从图 2-4 可以看到，它满足实部是 ω 的偶函数，而虚部是 ω 的奇函数；例 2-8 中矩形序列 $x(n) = R_5(n)$ 也是实序列，从

图 2-5 可以看到,它的幅度是 ω 的偶函数,而相位是 ω 的奇函数。也可以画出单边指数衰减序列的幅度谱和相位谱,以及矩形序列的频谱的实部和虚部,可以发现同样满足上述对称性质。

序列傅里叶变换的主要性质见表 2-2。

表 2-2 序列傅里叶变换的主要性质

序号	序 列	傅里叶变换
1	$x(n)$	$X(e^{j\omega})$
2	$y(n)$	$Y(e^{j\omega})$
3	$ax(n)+by(n)$	$aX(e^{j\omega})+bY(e^{j\omega})$
4	$x(n-m)$	$e^{-j\omega m}X(e^{j\omega})$
5	$e^{j\omega_0 n}x(n)$	$X(e^{j(\omega-\omega_0)})$
6	$x(-n)$	$X(e^{-j\omega})$
7	$nx(n)$	$j\dfrac{dX(e^{j\omega})}{d\omega}$
8	$x(n)*h(n)$	$X(e^{j\omega})H(e^{j\omega})$
9	$x(n)y(n)$	$\dfrac{1}{2\pi}\int_{-\pi}^{\pi}X(e^{j\theta})Y(e^{j(\omega-\theta)})d\theta$
10	$x^*(n)$	$X^*(e^{-j\omega})$
11	$x^*(-n)$	$X^*(e^{j\omega})$
12	$\text{Re}[x(n)]$	$X_e(e^{j\omega})=\dfrac{1}{2}[X(e^{j\omega})+X^*(e^{-j\omega})]$
13	$j\text{Im}[x(n)]$	$X_o(e^{j\omega})=\dfrac{1}{2}[X(e^{j\omega})+X^*(e^{-j\omega})]$
14	$x_e(n)=\dfrac{1}{2}[x(n)+x^*(-n)]$	$\text{Re}[X(e^{j\omega})]$
15	$x_o(n)=\dfrac{1}{2}[x(n)-x^*(-n)]$	$j\text{Im}[X(e^{j\omega})]$
16	$x(n)$ 为实序列	$\begin{cases} X(e^{j\omega})=X^*(e^{-j\omega}) \\ \text{Re}[X(e^{j\omega})]=\text{Re}[X(e^{-j\omega})] \\ \text{Im}[X(e^{j\omega})]=-\text{Im}[X(e^{-j\omega})] \\ |X(e^{j\omega})|=|X(e^{-j\omega})| \\ \arg[X(e^{j\omega})]=-\arg[X(e^{-j\omega})] \end{cases}$
17		$\displaystyle\sum_{n=-\infty}^{\infty}|x(n)|^2=\dfrac{1}{2\pi}\int_{-\pi}^{\pi}|X(e^{j\omega})|^2 d\omega$ $\displaystyle\sum_{n=-\infty}^{\infty}x(n)y^*(n)=\dfrac{1}{2\pi}\int_{-\pi}^{\pi}X(e^{j\omega})Y^*(e^{j\omega})d\omega$

2.4 z 变换的定义及收敛域

2.4.1 z 变换的定义

序列 $x(n)$ 的 z 变换可以从两个方面引出，一是直接对离散信号给出定义，二是由抽样信号的拉普拉斯变换过渡到 z 变换。这里直接给出 z 变换的定义，关于由拉普拉斯变换过渡到 z 变换的内容将在 2.8 节讨论。

一个序列 $x(n)$ 的 z 变换 $X(z)$ 定义为

$$X(z) = \sum_{n=-\infty}^{\infty} x(n) z^{-n} \tag{2-65}$$

式（2-65）一般是一个无穷项的和或者无穷项幂级数，其中 z 是一个复变量，$z = re^{j\omega}$。$X(z)$ 称为象函数，$x(n)$ 称为原函数。可以看出，z 变换是 z^{-1} 的幂级数，即复变函数中的劳伦（Laurent）级数，$x(n)$ 是劳伦级数的系数。在 z 变换研究中，来自复变函数的许多有用的定理都是可以利用的。

2.4.2 z 变换的收敛域

与拉普拉斯变换类似，z 变换也有一个收敛域的问题。只有当式（2-65）的幂级数收敛时，z 变换才有意义。对于给定的序列，使 z 变换收敛的 z 值的集合称为 z 变换的收敛域。

按照级数理论，z 变换收敛的必要条件是满足绝对可和条件，即

$$\sum_{n} |x(n) z^{-n}| < \infty \tag{2-66}$$

根据阿贝尔（Abel）定理，式（2-65）幂级数的收敛仅仅决定于 $|z| = r$，收敛域是由在 z 平面内以原点为中心的圆环所组成，即 $R_{x-} < |z| < R_{x+}$。收敛域的外边界是一个圆（或者可能向外延伸至无穷大），而内边界也是一个圆（或者退化为原点），R_{x-} 和 R_{x+} 称为收敛半径。

一般情况下，$X(z)$ 为有理分式，即 $X(z) = \dfrac{B(z)}{A(z)}$。使 $X(z) = 0(B(z) = 0)$ 的 z 值称为 z 变换的零点，在 z 平面上用"o"表示；使 $X(z) = \infty (A(z) = 0)$ 的 z 值称为 z 变换的极点，在 z 平面上用"×"表示。图 2-7 为 $X(z)$ 的收敛域和零极点分布图。在极点处 z 变换不存在，因此收敛域中没有极点，收敛域总是用极点限定其边界。

z 平面上收敛域的位置，或者说 R_{x-} 和 R_{x+} 的大小和序列有着密切的关系，分别讨论如下。

1. 有限长序列

有限长序列是指在有限区间 $n_1 \le n \le n_2$ 之内 $x(n)$ 有非零值的序列，即

$$x(n) = \begin{cases} x(n) & n_1 \le n \le n_2 \\ 0 & 其他 n \end{cases} \tag{2-67}$$

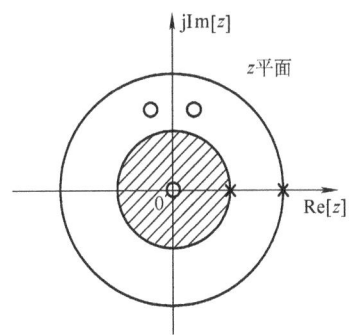

图 2-7 序列的 z 变换的收敛域和零极点分布图

其 z 变换为

$$X(z) = \sum_{n=n_1}^{n_2} x(n)z^{-n} \tag{2-68}$$

此时，$X(z)$是有限项级数之和，故只要级数的每一项都有界，则级数收敛，即要求

$$|x(n)z^{-n}| < \infty \quad n_1 \leq n \leq n_2$$

又因为 $x(n)$ 有界，故要求

$$|z^{-n}| < \infty \quad n_1 \leq n \leq n_2$$

显然，除 0 与 ∞ 两点是否收敛与 n_1 和 n_2 取值情况有关外，整个 z 平面均收敛。如果 $n_1 < 0$，则收敛域不包括 ∞ 点；如果 $n_2 > 0$，则收敛域不包括 $z = 0$ 点。

将开域 $(0, \infty)$ 称为有限 z 平面，有限长序列的收敛域至少是有限 z 平面，在 n_1 和 n_2 取特殊值的情况下，收敛域可以进一步扩大。具体有限长序列的收敛域表示如下：

$n_2 \leq 0$ 时，$0 \leq |z| < \infty$

$n_1 \geq 0$ 时，$0 < |z| \leq \infty$

$n_1 < 0, n_2 > 0$ 时，$0 < |z| < \infty$

【例 2-10】 求单位序列 $x(n) = \delta(n)$ 的 z 变换并指明收敛域。

解：将 $\delta(n)$ 代入 z 变换公式式 (2-65)，即

$$X(z) = \sum_{n=-\infty}^{\infty} x(n)z^{-n} = \sum_{n=-\infty}^{\infty} \delta(n)z^{-n} = 1$$

收敛域为整个 z 平面：$0 \leq |z| \leq \infty$，如图 2-8 所示。

【例 2-11】 求矩形序列 $x(n) = R_N(n)$ 的 z 变换并指明收敛域。

解：将 $R_N(n)$ 代入 z 变换公式式 (2-65)，即

$$X(z) = \sum_{n=-\infty}^{\infty} R_N(n)z^{-n} = \sum_{n=0}^{N-1} z^{-n}$$
$$= 1 + z^{-1} + z^{-2} + \cdots + z^{-(N-1)}$$

这是一个有限项几何级数之和。因此

$$X(z) = \frac{1 - z^{-N}}{1 - z^{-1}} \quad 0 < |z| \leq \infty$$

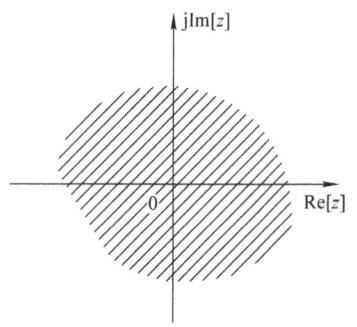

图 2-8 $\delta(n)$ 的 z 变换的收敛域（整个 z 平面）

2. 右边序列

右边序列是指在 $n \geq n_1$ 时 $x(n)$ 有非零值，在 $n < n_1$ 时，$x(n) = 0$ 的序列，即

$$x(n) = \begin{cases} x(n) & n \geq n_1 \\ 0 & \text{其他 } n \end{cases} \tag{2-69}$$

其 z 变换为

$$X(z) = \sum_{n=n_1}^{\infty} x(n)z^{-n} = \sum_{n=n_1}^{-1} x(n)z^{-n} + \sum_{n=0}^{\infty} x(n)z^{-n} \tag{2-70}$$

式 (2-70) 右端第一项为有限长序列的 z 变换，按上面讨论可知，它的收敛域为 $0 \leq |z| < \infty$；而第二项是 z^{-1} 的幂级数，按照级数收敛的阿贝尔定理可推知，存在一个收敛半径 R_{x-}，级数在以原点为中心、以 R_{x-} 为半径的圆外任何点都绝对收敛，即收敛域为

$|z|>R_{x-}$。只有上述两项都收敛时级数才收敛。所以,右边序列 z 变换的收敛域为 $0 \leq |z| < \infty$ 与 $|z|>R_{x-}$ 的交集,即

$$R_{x-} < |z| < \infty$$

因果序列是最重要的一种右边序列,即 $n_1 = 0$ 的右边序列。也就是说,$x(n) = x(n)u(n)$,因此因果序列的 z 变换的收敛域包括 $|z| = \infty$,为

$$|z| > R_{x-}$$

【例 2-12】 设因果信号 $x(n) = a^n u(n)$,求 $x(n)$ 的 z 变换并指明收敛域。

解:将 $x(n)$ 代入 z 变换公式式 (2-65),即

$$X(z) = \sum_{n=-\infty}^{\infty} x(n) z^{-n} = \sum_{n=0}^{\infty} a^n z^{-n} = \sum_{n=0}^{\infty} (az^{-1})^n$$

若 $|az^{-1}| < 1$,即 $|z| > |a|$,该级数收敛,此时

$$X(z) = \frac{1}{1 - az^{-1}} = \frac{z}{z - a} \quad |z| > |a|$$

收敛域如图 2-9 所示,在 $z = a$ 处有一个极点(用"×"表示),在 $z = 0$ 处有一个零点(用"○"表示),收敛域为极点所在圆 $|z| = |a|$ 的外部。

收敛域上函数必须是解析的,因此收敛域内不允许有极点存在。所以,因果序列的 z 变换如果有 N 个有限极点 $\{z_1, z_1, \cdots, z_N\}$ 存在,那么收敛域一定在模值为最大的这一个极点所在圆以外,也即

$$R_{x-} = \max[|z_1|, |z_2|, \cdots, |z_N|]$$

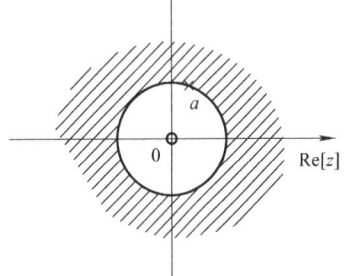

图 2-9 因果序列 $x(n) = a^n u(n)$ 的收敛域

3. 左边序列

左边序列是指在 $n \leq n_2$ 时 $x(n)$ 有非零值,在 $n > n_2$ 时,$x(n) = 0$ 的序列,即

$$x(n) = \begin{cases} x(n) & n \leq n_2 \\ 0 & \text{其他 } n \end{cases} \quad (2-71)$$

其 z 变换为

$$X(z) = \sum_{n=-\infty}^{n_2} x(n) z^{-n} = \sum_{n=-\infty}^{-1} x(n) z^{-n} + \sum_{n=0}^{n_2} x(n) z^{-n}$$
$$= \sum_{n=1}^{\infty} x(-n) z^n + \sum_{n=0}^{n_2} x(n) z^{-n} \quad (2-72)$$

式 (2-72) 右端第二项为有限长序列的 z 变换,按上面讨论可知,它的收敛域为 $0 < |z| \leq \infty$;而第一项是 z 的幂级数,按照级数收敛的阿贝尔定理可推知,存在一个收敛半径 R_{x+},级数在以原点为中心,以 R_{x+} 为半径的圆内任何点都绝对收敛,即收敛域为 $|z| < R_{x+}$。只有上述两项都收敛时级数才收敛。所以,左边序列 z 变换的收敛域为 $0 < |z| \leq \infty$ 与 $|z| < R_{x+}$ 的交集,即

$$0 < |z| < R_{x+}$$

反因果序列 $x(n) = x(n)u(-n-1)$ 的 z 变换的收敛域包括 $|z| = 0$,为

$$|z| < R_{x+}$$

【例 2-13】 设反因果信号 $x(n) = -a^n u(-n-1)$,求 $x(n)$ 的 z 变换并指明收敛域。

解:将 $x(n)$ 代入 z 变换公式式 (2-65),即

$$X(z) = \sum_{n=-\infty}^{\infty} -a^n u(-n-1) z^{-n} = \sum_{n=-\infty}^{-1} -a^n z^{-n} = \sum_{n=1}^{\infty} -(a^{-1}z)^n$$

此等比级数 $|a^{-1}z| < 1$,即 $|z| < |a|$。因此

$$X(z) = \frac{-a^{-1}z}{1-a^{-1}z} = \frac{z}{z-a} = \frac{1}{1-az^{-1}} \quad |z| < |a|$$

收敛域如图 2-10 所示,$X(z)$ 在 $z=a$ 处有一极点,收敛域为极点所在圆 $|z|=|a|$ 的内部。

对于左边序列,如果序列的 z 变换有 N 个有限极点 $\{z_1, z_1, \cdots, z_N\}$ 存在,那么收敛域一定在模值最小的极点所在圆以内,这样 $X(z)$ 才能在整个圆内解析,也即

$$R_{x+} = \min[|z_1|, |z_2|, \cdots, |z_N|]$$

由以上两例可以看出,一个因果序列与一个反因果序列的 z 变换表达式 $X(z)$ 是完全一样的。所以,只给出 z 变换的闭合表达式并不能唯一确定原序列,必须同时给出 $X(z)$ 和其收敛域,才能唯一确定原序列。这就说明了研究收敛域的重要性。

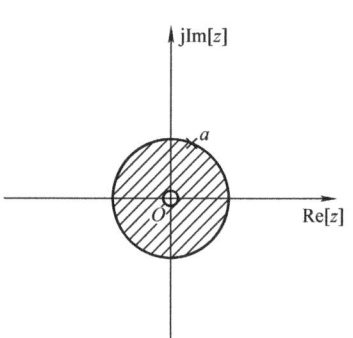

图 2-10 反因果序列 $x(n) = -a^n u(-n-1)$ 的收敛域

4. 双边序列

双边序列是指在 n 为任意值时 $x(n)$ 均有非零值的序列。一个双边序列可以看作一个因果序列和一个反因果序列之和,即

$$X(z) = \sum_{n=-\infty}^{\infty} x(n) z^{-n} = \sum_{n=0}^{\infty} x(n) z^{-n} + \sum_{n=-\infty}^{-1} x(n) z^{-n} \quad (2-73)$$

因而双边序列的收敛域应该是因果序列与反因果序列收敛域的重叠部分。等式右边第一项为因果序列,其收敛域为 $|z| > R_{x-}$,第二项为反因果序列,其收敛域为 $|z| < R_{x+}$。如果 $R_{x-} < R_{x+}$,则存在公共收敛区域,$X(z)$ 的收敛域为

$$R_{x-} < |z| < R_{x+}$$

这是一个环状区域。如果 $R_{x-} > R_{x+}$,则无公共收敛区域,$X(z)$ 无收敛域,也即在 z 平面的任何地方都没有有界的 $X(z)$ 值,因此就不存在 z 变换的解析式,这时 z 变换将失去意义。

【例 2-14】 设双边序列 $x(n) = a^{|n|}$,求 $x(n)$ 的 z 变换并指明收敛域。

解:$x(n) = a^{|n|} = a^n u(n) + a^{-n} u(-n-1)$

将 $x(n)$ 代入 z 变换公式式 (2-65),即

$$X(z) = \sum_{n=-\infty}^{\infty} x(n) z^{-n} = \sum_{n=0}^{\infty} a^n z^{-n} + \sum_{n=-\infty}^{-1} a^{-n} z^{-n}$$

设

$$X_1(z) = \sum_{n=0}^{\infty} a^n z^{-n} = \frac{1}{1-az^{-1}} \quad |z| > |a|$$

$$X_2(z) = \sum_{n=-\infty}^{-1} a^{-n} z^{-n} = \frac{az}{1-az} \quad |z| < \frac{1}{|a|}$$

若$|a|>1$,则$X_1(z)$和$X_2(z)$的收敛域没有公共部分,$X(z)$不收敛。

若$|a|<1$,则存在公共收敛域$|a|<|z|<1/|a|$,使得

$$X(z) = X_1(z) + X_2(z)$$
$$= \frac{1}{1-az^{-1}} + \frac{az}{1-az} = \frac{(1-a^2)z}{(z-a)(1-az)} \quad |a|<|z|<\frac{1}{|a|}$$

$a = 1/2$ 时,收敛域如图 2-11 所示。

由上面的讨论可以看出,z 变换的收敛域问题不仅涉及 z 变换的存在性及唯一性问题,而且,由收敛域的形态(圆内、圆外、圆环),可以大致推断其所对应的信号是左边序列、右边序列、双边序列、因果序列或是有限长序列。

常用序列的 z 变换见表 2-3。

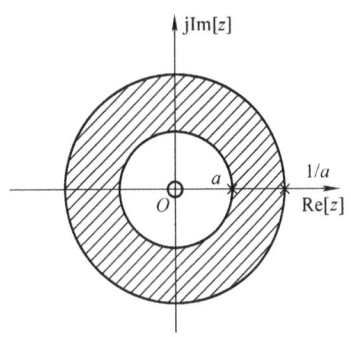

图 2-11 双边序列 $x(n) = a^{|n|}$ 的收敛域 ($a = 1/2$)

表 2-3 常用序列的 z 变换

序号	序列	z 变换	收敛域
1	$\delta(n)$	1	全部 z
2	$u(n)$	$\frac{1}{1-z^{-1}} = \frac{z}{z-1}$	$|z|>1$
3	$u(-n-1)$	$-\frac{1}{1-z^{-1}} = -\frac{z}{z-1}$	$|z|<1$
4	$a^n u(n)$	$\frac{1}{1-az^{-1}} = \frac{z}{z-a}$	$|z|>|a|$
5	$a^n u(-n-1)$	$-\frac{1}{1-az^{-1}} = -\frac{z}{z-a}$	$|z|<|a|$
6	$R_N(n)$	$\frac{1-z^{-N}}{1-z^{-1}}$	$|z|>0$
7	$nu(n)$	$\frac{z^{-1}}{(1-z^{-1})^2} = \frac{z}{(z-1)^2}$	$|z|>1$
8	$na^n u(n)$	$\frac{az^{-1}}{(1-az^{-1})^2} = \frac{az}{(z-a)^2}$	$|z|>|a|$
9	$(n+1)a^n u(n)$	$\frac{1}{(1-az^{-1})^2} = \frac{z^2}{(z-a)^2}$	$|z|>|a|$
10	$\frac{(n+1)(n+2)}{2!}a^n u(n)$	$\frac{1}{(1-az^{-1})^3} = \frac{z^3}{(z-a)^3}$	$|z|>|a|$
11	$\frac{(n+1)(n+2)\cdots(n+m)}{m!}a^n u(n)$	$\frac{1}{(1-az^{-1})^{m+1}} = \frac{z^{m+1}}{(z-a)^{m+1}}$	$|z|>|a|$
12	$na^n u(-n-1)$	$-\frac{az^{-1}}{(1-az^{-1})^2} = -\frac{az}{(z-a)^2}$	$|z|<|a|$
13	$\sin(n\omega_0)u(n)$	$\frac{z^{-1}\sin\omega_0}{1-2z^{-1}\cos\omega_0+z^{-2}} = \frac{z\sin\omega_0}{z^2-2z\cos\omega_0+1}$	$|z|>1$
14	$\cos(n\omega_0)u(n)$	$\frac{1-z^{-1}\cos\omega_0}{1-2z^{-1}\cos\omega_0+z^{-2}} = \frac{z^2-z\cos\omega_0}{z^2-2z\cos\omega_0+1}$	$|z|>1$

2.4.3 序列的 DTFT 与 z 变换的关系

为了便于比较,重写序列傅里叶变换和 z 变换的公式如下:

$$X(e^{j\omega}) = \sum_{n=-\infty}^{\infty} x(n) e^{-j\omega n}$$

$$X(z) = \sum_{n=-\infty}^{\infty} x(n) z^{-n}$$

显然,若序列 $x(n)$ 的 z 变换的收敛域包含单位圆 $|z|=1$,则其傅里叶变换和 z 变换同时存在,此时有

$$X(e^{j\omega}) = X(z)\big|_{z=e^{j\omega}} \qquad (2\text{-}74)$$

即单位圆上的 z 变换就是傅里叶变换。图 2-12 是矩形序列 $x(n) = R_{10}(n)$ 的 z 变换和傅里叶变换的三维图形,可见单位圆上的 z 变换就是傅里叶变换。

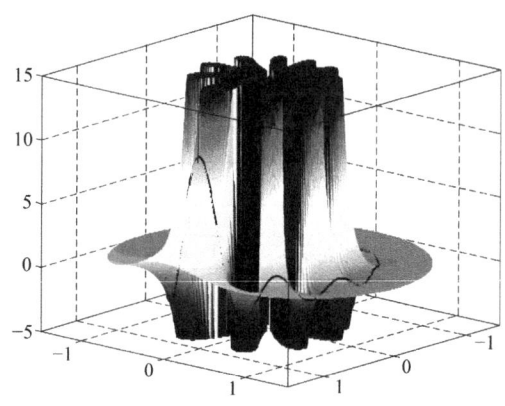

图 2-12 矩形序列 $x(n) = R_{10}(n)$ 的 z 变换和傅里叶变换的三维图形

2.5 z 逆变换

z 逆变换主要用于离散时间线性系统的分析。这种分析往往涉及求序列的 z 变换,再将该代数表达式经过某些运算处理后,求 z 逆变换。

一般求 z 逆变换的常用方法有三种,即围线积分法(留数法)、部分分式展开法和幂级数展开法。

2.5.1 围线积分法

围线积分法是基于复变函数的正规数学方法。围线积分路径如图 2-13 所示。

由柯西积分定理,若函数 $X(z)$ 在环状区域 $R_{x-} < |z| < R_{x+}$ 内解析,也就是函数在该区域收敛,则有

$$x(n) = \frac{1}{2\pi j} \oint_c X(z) z^{n-1} dz \qquad (2\text{-}75)$$

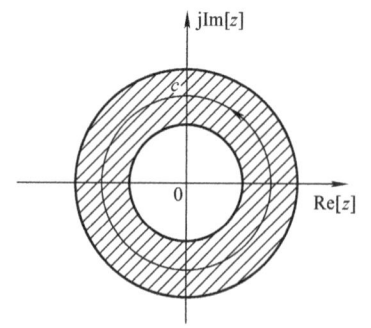

图 2-13 围线积分路径

式（2-75）即为 z 逆变换的公式。其中，围线 c 是在 $X(z)$ 的收敛域内环绕原点的一条逆时针方向的闭合单围线。

直接计算围线积分比较复杂，一般都采用留数定理求解。

1. 留数定理

由留数定理，若函数 $F(z)$ 在围线 c 上连续，其中 c 是 $F(z)$ 收敛域内环绕原点的一条逆时针方向闭合围线，在 c 内 $F(z)$ 有 k 个极点 z_k，在 c 外 $F(z)$ 有 m 个极点 z_m，则

$$\frac{1}{2\pi j}\oint_c F(z)\mathrm{d}z = \sum_k \mathrm{Res}[F(z)]_{z=z_k} \tag{2-76}$$

或

$$\frac{1}{2\pi j}\oint_c F(z)\mathrm{d}z = -\sum_m \mathrm{Res}[F(z)]_{z=z_m} \tag{2-77}$$

其中，式（2-77）的应用条件是 $F(z)$ 的分母多项式 z 的阶数比分子多项式 z 的阶数高二阶或二阶以上；式（2-76）对分母和分子的阶数没有要求。

一般的，若 z_0 为 $F(z)$ 的 s 阶极点，则有

$$\mathrm{Res}[F(z)]_{z=z_0} = \frac{1}{(s-1)!}\frac{\mathrm{d}^{s-1}}{\mathrm{d}z^{s-1}}[(z-z_0)^s F(z)]_{z=z_0} \tag{2-78}$$

特殊的，若 z_0 为 $F(z)$ 的一阶极点，则有

$$\mathrm{Res}[F(z)]_{z=z_0} = [(z-z_0)F(z)]_{z=z_0} \tag{2-79}$$

2. z 逆变换的围线积分法

由留数定理和 z 逆变换的公式，有 z 逆变换的围线积分法，即

$$x(n) = \frac{1}{2\pi j}\oint_c X(z)z^{n-1}\mathrm{d}z = \sum_k \mathrm{Res}[X(z)z^{n-1}]_{z=z_k} \tag{2-80}$$

或

$$x(n) = \frac{1}{2\pi j}\oint_c X(z)z^{n-1}\mathrm{d}z = -\sum_m \mathrm{Res}[X(z)z^{n-1}]_{z=z_m} \tag{2-81}$$

同样的，式（2-81）的应用条件是 $X(z)z^{n-1}$ 的分母多项式 z 的阶数比分子多项式 z 的阶数高二阶或二阶以上；式（2-80）对分母和分子的阶数没有要求。

式（2-80）与式（2-81）等价，选择任意一个公式都可以得到 $x(n)$。为了避开 $z=0$ 和 $z=\infty$ 这两个可能产生多重极点的区域，在具体应用时，可以根据 n 的取值，选取适当的公式。

如果 n 大于某一值时，函数 $X(z)z^{n-1}$ 在 $z=\infty$ 处，即围线外部有多重极点，选 c 的外部极点计算就较复杂，通常选 c 的内部极点计算；如果 n 小于某值时，函数 $X(z)z^{n-1}$ 在 $z=0$ 处，即围线内部有多重极点，这时选 c 外部的极点计算就方便得多。

【例 2-15】 已知 $X(z) = \dfrac{z^2}{(4-z)(z-1/4)}$，$1/4 < |z| < 4$，求 z 逆变换。

【分析】 采用留数法的关键是根据 n 的取值选取适当的公式，避开求高阶极点的留数。

由 z 逆变换公式式（2-75），可得

$$x(n) = \frac{1}{2\pi j}\oint_c \frac{z^2}{(4-z)(z-1/4)}z^{n-1}\mathrm{d}z = \frac{1}{2\pi j}\oint_c \frac{z^{n+1}}{(4-z)(z-1/4)}\mathrm{d}z$$

这里 $n > -1$ 时，z^{n+1} 的阶数为正，即在 $z = \infty$ 为 $(n+1)$ 阶极点，为避开高阶极点，采用围线内积分；$n < -1$ 时，z^{n+1} 的阶数为负，即在 $z = 0$ 为 $-(n+1)$ 阶极点，为避开高阶极点，采用围线外积分；$n = -1$ 时，$n+1 = 0$，在 $z = 0$ 和 $z = \infty$ 处均无极点，可以归为上述两种情况的任一种。

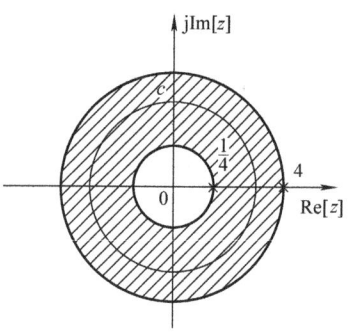

图 2-14 例 2-15 中 $X(z)$ 的收敛域及闭合围线

解：（1）$n \geq 0$。围线内部只有一个一阶极点 $z = 1/4$，采用围线内极点求留数，即

$$x(n) = \text{Res}\left[\frac{z^{n+1}}{(4-z)(z-1/4)}\right]_{z=1/4} = \frac{z^{n+1}}{(4-z)(z-1/4)}(z-1/4)\bigg|_{z=1/4}$$

$$= \frac{z^{n+1}}{4-z}\bigg|_{z=1/4} = \frac{1}{15}\left(\frac{1}{4}\right)^n$$

即

$$x(n) = \frac{1}{15}\left(\frac{1}{4}\right)^n u(n)$$

（2）$n \leq -1$。围线内有一个一阶极点 $z = 1/4$，一个 $-(n+1)$ 阶极点 $z = 0$；围线外部只有一个一阶极点 $z = 4$，且分母阶数比分子阶数高两阶，故采用围线外极点求留数，即

$$x(n) = -\text{Res}\left[\frac{z^{n+1}}{(4-z)(z-1/4)}\right]_{z=4} = -\frac{z^{n+1}}{(4-z)(z-1/4)}(z-4)\bigg|_{z=4}$$

$$= \frac{z^{n+1}}{z-1/4}\bigg|_{z=4} = \frac{1}{15} \times 4^{n+2}$$

即

$$x(n) = \frac{1}{15} \times 4^{n+2} u(-n-1)$$

综合（1）、（2），有

$$x(n) = \frac{1}{15}\left(\frac{1}{4}\right)^n u(n) + \frac{1}{15} \times 4^{n+2} u(-n-1)$$

如图 2-14 所示，例 2-15 的收敛域为一圆环，故可推断该序列是双边序列，z 逆变换的结果证明了这一点。

【例 2-16】 已知 $X(z) = \dfrac{z^2}{(4-z)(z-1/4)}$，$|z| > 4$，求 z 逆变换。

【分析】 该例 z 变换的表达式与例 2-15 一样，但收敛域不同。由 z 逆变换公式式（2-75），可得

解：

$$x(n) = \frac{1}{2\pi\text{j}}\oint_c \frac{z^2}{(4-z)(z-1/4)} z^{n-1} \text{d}z$$

$$= \frac{1}{2\pi\text{j}}\oint_c \frac{z^{n+1}}{(4-z)(z-1/4)} \text{d}z$$

（1）$n \geq 0$。围线内部两个一阶极点 $z_1 = 1/4$ 和 $z_2 = 4$，采用围线内极点求留数，即

$$x(n) = \text{Res}\left[\frac{z^{n+1}}{(4-z)(z-1/4)}\right]_{z=1/4} + \text{Res}\left[\frac{z^{n+1}}{(4-z)(z-1/4)}\right]_{z=4}$$

$$= \frac{z^{n+1}}{(4-z)(z-1/4)}(z-1/4)\bigg|_{z=1/4} + \frac{z^{n+1}}{(4-z)(z-1/4)}(z-4)\bigg|_{z=4}$$

$$= \frac{z^{n+1}}{4-z}\bigg|_{z=1/4} - \frac{z^{n+1}}{z-1/4}\bigg|_{z=4} = \frac{1}{15}\left(\frac{1}{4}\right)^n - \frac{1}{15} \times 4^{n+2}$$

即

$$x(n) = \left[\frac{1}{15}\left(\frac{1}{4}\right)^n - \frac{1}{15} \times 4^{n+2}\right]u(n)$$

(2) $n \le -1$。围线内有两个一阶极点 $z_1 = 1/4$ 和 $z_2 = 4$，一个 $-(n+1)$ 阶极点 $z = 0$；围线外部无极点，且分母阶数比分子阶数高两阶，故采用围线外极点求留数。围线外无极点，故

$$x(n) = 0$$

综合（1）、（2）有

$$x(n) = \left[\frac{1}{15}\left(\frac{1}{4}\right)^n - \frac{1}{15} \times 4^{n+2}\right]u(n)$$

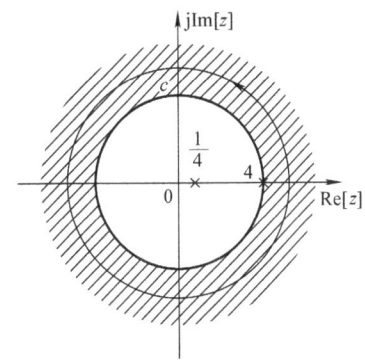

图 2-15　例 2-16 中 $X(z)$ 的收敛域及闭合围线

如图 2-15 所示，例 2-16 的收敛域为圆外区域，故可推断该序列是因果序列，z 逆变换的结果证明了这一点。另外，步骤（2）可以省略，但需说明原因。

2.5.2 幂级数展开法

$x(n)$ 的 z 变换定义为 z^{-1} 的幂级数，$x(n)$ 的值是 z^{-n} 的系数，即

$$X(z) = \sum_{n=-\infty}^{\infty} x(n)z^{-n} = \cdots + x(-1)z^1 + x(0)z^0 + x(1)z^{-1} + \cdots$$

若把已知的 $X(z)$ 在收敛域内展开成 z 的幂级数之和，则该级数的系数就是序列 $x(n)$ 的对应项。

在实际应用中，$X(z)$ 多是有理分式，可以通过长除法直接用分子多项式除以分母多项式，将 $X(z)$ 展开为 z 的幂级数的形式，但需要根据收敛域判断所要得到的 $x(n)$ 的性质。具体来说：

1) $X(z)$ 的收敛域为圆外区域时，$x(n)$ 为右边序列，将 $X(z)$ 展开成 z 的负幂级数。

2) $X(z)$ 的收敛域为圆内区域时，$x(n)$ 为左边序列，将 $X(z)$ 展开成 z 的正幂级数。

3) $X(z)$ 的收敛域为圆环区域时，$x(n)$ 为双边序列，将 $X(z)$ 用部分分式展开后，再根据相应的收敛域展开成正幂级数或负幂级数。

4) $X(z)$ 只在 $z = \infty$ 或 $z = 0$ 有极点时，$x(n)$ 为有限长序列，直接将各因式展开即可。

幂级数展开法尤其适合于有限长序列。对于其他序列，一方面是除法比较繁琐，另一方面系数的规律也不好把握，一般不采用幂级数展开法。

【例 2-17】　$X(z) = z^2\left(1 - \frac{1}{2}z^{-1}\right)(1 + z^{-1})(1 - z^{-1})$，求 z 逆变换 $x(n)$。

【分析】 该 $X(z)$ 的函数表达式的极点在 $z = \infty$ 和 $z = 0$ 处,故 $x(n)$ 是有限长序列,直接将各因式展开,就得到幂级数形式的 z 变换。

解: 将各因式展开,可得

$$X(z) = z^2 - \frac{1}{2}z - 1 + \frac{1}{2}z^{-1}$$

凭观察,有

$$x(n) = \begin{cases} 1 & n = -2 \\ -\dfrac{1}{2} & n = -1 \\ -1 & n = 0 \\ \dfrac{1}{2} & n = 1 \\ 0 & \text{其他 } n \end{cases}$$

即

$$x(n) = \delta(n+2) - \frac{1}{2}\delta(n+1) - \delta(n) + \frac{1}{2}\delta(n-1)$$

2.5.3 部分分式展开法

部分分式展开法的思想是将复杂的有理分式 $X(z)$ 化为简单的有理分式之和,这些简单的有理分式的 z 逆变换可以通过查表得到,将各个逆变换相加,即可得到 $x(n)$。

$X(z)$ 是有理分式,根据常用序列 z 变换对的形式,可将 $X(z)/z$ 展开成部分分式。

1. $X(z)/z$ 为有理真分式

若 $X(z)/z$ 分母为 N 阶多项式,分子为 M 阶多项式,且有 $N > M$,则

$$\frac{X(z)}{z} = \frac{B(z)}{A(z)} = \frac{\sum_{k=0}^{M} b_k z^k}{\sum_{k=0}^{N} a_k z^k} \quad a_0 = 1 \tag{2-82}$$

若 $X(z)/z$ 有 k 个一阶级点 $z = z_m$,$m = 1, \cdots, k$;一个 s 阶级点,$z = z_i$,$k + s = N$,则 $X(z)/z$ 展开为部分分式,即

$$\frac{X(z)}{z} = \frac{B(z)}{(z-z_1)\cdots(z-z_k)(z-z_i)^s} = \sum_{m=1}^{k} \frac{A_m}{z - z_m} + \sum_{j=1}^{s} \frac{B_j}{(z-z_i)^j} \tag{2-83}$$

其中,各系数计算公式为

$$A_m = \text{Res}[X(z)/z]_{z=z_m} \quad m = 1, \cdots, k \tag{2-84}$$

$$B_j = \frac{1}{(s-j)!}\left[\frac{\mathrm{d}^{s-j}}{\mathrm{d}z^{s-j}}(z-z_s)^s \frac{X(z)}{z}\right]_{z=z_s} \quad j = 1, \cdots, s \tag{2-85}$$

于是有

$$X(z) = \sum_{m=1}^{k} \frac{A_m z}{z - z_m} + \sum_{j=1}^{s} \frac{B_j z}{(z-z_i)^j} \tag{2-86}$$

2. $X(z)/z$ 为有理假分式

$X(z)/z$ 分母为 N 阶多项式,分子为 M 阶多项式,且有 $N \leq M$,则先应用长除法将其转化为多项式与有理真分式之和,再将有理真分式展开成部分分式,即

第 2 章 离散时间信号的傅里叶变换与 z 变换　71

$$\frac{X(z)}{z} = \sum_{i=0}^{M-N} C_i z^i + \sum_{m=1}^{k} \frac{A_m}{z-z_m} + \sum_{j=1}^{s} \frac{B_j}{(z-z_i)^j} \tag{2-87}$$

$$X(z) = \sum_{i=0}^{M-N} C_i z^{i+1} + \sum_{m=1}^{k} \frac{A_m z}{z-z_m} + \sum_{j=1}^{s} \frac{B_j z}{(z-z_i)^j} \tag{2-88}$$

其中，各系数计算公式为

$$A_m = \text{Res}[X(z)/z]_{z=z_m} \quad m=1,\cdots,k$$

$$B_j = \frac{1}{(s-j)!}\left[\frac{\mathrm{d}^{s-j}}{\mathrm{d}z^{s-j}}(z-z_s)^s \frac{X(z)}{z}\right]_{z=z_s} \quad j=1,\cdots,s$$

部分分式展开法是最常用的 z 逆变换求法，该方法直观而且简洁，需要熟练掌握。但要注意:

1) 部分分式展开以极点为基础，有 n 个极点，就应该展开为 n 个部分分式，对于多重极点，一定不能丢掉某些项。

2) 部分分式展开的基础是要牢记常用的 z 变换对; 关键是根据极点在 z 变换的收敛域的位置给出正确形式的对应序列。若 $X(z)$ 的收敛域为 $R_{x-} < |z| < R_{x+}$，则: ①给定极点 $|z_k| < R_{x-}$，该极点对应因果序列; ②给定极点 $|z_k| > R_{x+}$，该极点对应反因果序列; ③收敛域内部不存在极点。

【例 2-18】 已知 $X(z) = \dfrac{z^2}{(4-z)(z-1/4)}$，$1/4 < |z| < 4$，求 z 逆变换。

【分析】 该例与例 2-15 一样，可以采用部分分式展开法求解。

解:

$$\frac{X(z)}{z} = \frac{-z}{(z-4)(z-1/4)} = \frac{A_1}{z-4} + \frac{A_2}{z-1/4}$$

其中，各系数分别为

$$A_1 = \text{Res}\left[\frac{-z}{(z-4)(z-1/4)}\right]_{z=4} = \frac{-z}{(z-1/4)}\bigg|_{z=4} = -\frac{16}{15}$$

$$A_2 = \text{Res}\left[\frac{-z}{(z-4)(z-1/4)}\right]_{z=1/4} = \frac{-z}{(z-4)}\bigg|_{z=1/4} = \frac{1}{15}$$

故有

$$\frac{X(z)}{z} = -\frac{16}{15}\frac{1}{z-4} + \frac{1}{15}\frac{1}{z-1/4}$$

即

$$X(z) = -\frac{16}{15}\frac{z}{z-4} + \frac{1}{15}\frac{z}{z-1/4}$$

由 $X(z)$ 的收敛域可以判定，极点 $z=4$ 对应反因果序列，极点 $z=1/4$ 对应因果序列，则有

$$x(n) = \frac{16}{15}4^n u(-n-1) + \frac{1}{15}\left(\frac{1}{4}\right)^n u(n)$$

【例 2-19】 已知 $X(z) = \dfrac{z^2}{(4-z)(z-1/4)}$，$|z|>4$，求 z 逆变换。

【分析】 该例与例 2-16 一样，可以采用部分分式展开法求解。该例的 z 变换表达式和

例 2-18 相同，但收敛域不同，故部分分式展开结果是一样的，只是对应的序列不一样。

解：同例 2-18，有

$$X(z) = -\frac{16}{15}\frac{z}{z-4} + \frac{1}{15}\frac{z}{z-1/4}$$

由 $X(z)$ 的收敛域可以判定，极点 $z=4$ 和 $z=1/4$ 都对应因果序列，则有

$$x(n) = -\frac{16}{15}4^n u(n) + \frac{1}{15}\left(\frac{1}{4}\right)^n u(n)$$

2.6 z 变换的性质

在研究离散时间信号与系统中，z 变换的许多性质都特别有用，z 变换的性质有助于加深对 z 变换的理解，并简化求解复杂信号的 z 变换和逆变换的过程。同时，z 变换的这些性质也是将时域线性常系数差分方程转化为 z 域代数方程的基础，然后又能利用 z 逆变换求得系统的时域解。本节讨论常用的 z 变换的性质。

2.6.1 线性

z 变换是一种线性变换，它满足叠加原理，即若

$$x_1(n) \xleftrightarrow{\text{ZT}} X_1(z) \quad R_{x1-} < |z| < R_{x1+}$$
$$x_2(n) \xleftrightarrow{\text{ZT}} X_2(z) \quad R_{x2-} < |z| < R_{x2+}$$

则

$$ax_1(n) + bx_2(n) \xleftrightarrow{\text{ZT}} aX_1(z) + bX_2(z)$$
$$\max(R_{x1-}, R_{x2-}) < |z| < \min(R_{x1+}, R_{x2+}) \tag{2-89}$$

线性性质可直接由 z 变换的定义得到，其收敛域一般是两个单一收敛域的交集。对于有理 z 变换的序列，若 $aX_1(z) + bX_2(z)$ 的极点由全部 $X_1(z)$ 和 $X_2(z)$ 的极点组成，也就是说没有出现零点和极点抵消的情况，那么收敛域一定完全等于两个单一收敛域的重叠部分。如果线性组合使得引入某些零点抵消了极点，则收敛域可能会扩大。另外，若涉及无限项求和的例子时，可能会引入新的极点，这时收敛域可能会缩小。

实际上，2.5 节讨论 z 逆变换时，其中的部分分式展开法已经使用了 z 变换的线性叠加特性。当时，将 $X(z)$ 展开成一些简单项之和，利用线性性质，z 逆变换等于这些项中每一项 z 逆变换之和。

2.6.2 时移

若

$$x(n) \xleftrightarrow{\text{ZT}} X(z) \quad R_{x-} < |z| < R_{x+}$$

则

$$x(n-m) \xleftrightarrow{\text{ZT}} z^{-m} X(z) \quad R_{x-} < |z| < R_{x+} \tag{2-90}$$

式中，位移 m 为整数，可以为正（右移）也可以为负（左移）。与线性性质的情况一样，ROC 可能由于 z^{-m} 因子改变在 $z=0$ 或 $z=\infty$ 处极点的数目而变化。时移性质证明如下：

第 2 章 离散时间信号的傅里叶变换与 z 变换

证明:

$$Z[x(n-m)] = \sum_{n=-\infty}^{\infty} x(n-m)z^{-n} \xrightarrow{n-m=k} \sum_{k=-\infty}^{\infty} x(k)z^{-(m+k)}$$

$$= z^{-m}\sum_{k=-\infty}^{\infty} x(k)z^{-k} = z^{-m}X(z)$$

【例 2-20】 求序列 $x(n) = u(n) - u(n-N)$（N 为正整数）的 z 变换。

解: 由表 2-3 可得

$$u(n) \xleftrightarrow{ZT} \frac{1}{1-z^{-1}} \quad |z|>1$$

由时移性质,有

$$u(n-N) \xleftrightarrow{ZT} \frac{z^{-N}}{1-z^{-1}} \quad |z|>1$$

所以

$$Z[x(n)] = Z[u(n)] - Z[u(n-N)]$$

$$= \frac{1}{1-z^{-1}} - \frac{z^{-N}}{1-z^{-1}} = \frac{1-z^{-N}}{1-z^{-1}}$$

$$= 1 + z^{-1} + \cdots + z^{-(N-1)} \quad |z|>0$$

可以看出,z 变换后收敛域扩大,极点 $z=1$ 和零点抵消。实际上,$x(n) = R_N(n)$ 是 $n \geq 0$ 的有限长序列,故收敛域是除了 $z=0$ 外的全部 z 平面。

【例 2-21】 求序列 $x(n) = \sum_{m=0}^{\infty} \delta(n-m)$ 的 z 变换。

解: 由表 2-3 可得

$$\delta(n) \xleftrightarrow{ZT} 1 \quad 0 \leq |z| \leq \infty$$

由时移性质,有

$$\delta(n-m) \xleftrightarrow{ZT} z^{-m} \quad 0 < |z| \leq \infty$$

所以

$$Z[x(n)] = Z\left[\sum_{m=0}^{\infty}\delta(n-m)\right] = \sum_{m=0}^{\infty} z^{-m} = \frac{1}{1-z^{-1}} \quad |z|>1$$

可以看出,z 变换后收敛域缩小,无限项求和引入新的极点 $z=1$。实际上,$x(n) = u(n)$ 是因果序列,收敛域为圆外收敛 $|z|>1$。

时移性质常常与其他性质和方法结合在一起,用于求 z 逆变换,下面举例说明。

【例 2-22】 序列的 z 变换为 $X(z) = \frac{1}{z-1/2}$,$|z|>\frac{1}{2}$,求序列 $x(n)$。

解: 从 ROC 可以判断该序列是因果序列,将 $X(z)/z$ 用部分分式展开,即

$$\frac{X(z)}{z} = \frac{1}{z(z-1/2)} = \frac{-2}{z} + \frac{2}{z-1/2}$$

所以

$$X(z) = -2 + \frac{2z}{z-1/2}$$

根据常用信号的 z 变换对,有

$$x(n) = -2\delta(n) + 2\left(\frac{1}{2}\right)^n u(n)$$

实际上,该例利用时移性质会更为简洁,即

$$X(z) = z^{-1}\frac{z}{z-1/2}$$

因为 $\left(\frac{1}{2}\right)^n u(n) \xleftrightarrow{ZT} \frac{z}{z-1/2}$，由时移性质，有

$$x(n) = \left(\frac{1}{2}\right)^{n-1} u(n-1)$$

虽然上述两个结果在表面上看是不同的序列，但逐点对比可知，对于所有的样点 n，它们的样本值都是一样的。这也是序列的特点，即对于同一个序列有不同的表示形式。

2.6.3 乘以指数序列（z 域尺度变换）

若 $x(n) \xleftrightarrow{ZT} X(z)$ $R_{x-} < |z| < R_{x+}$

则 $a^n x(n) \xleftrightarrow{ZT} X(a^{-1}z)$ $|a|R_{x-} < |z| < |a|R_{x+}$ (2-91)

式中，a 为任意复常数。z 域尺度变换性质简单证明如下。

证明：

$$Z[a^n x(n)] = \sum_{n=-\infty}^{\infty} a^n x(n) z^{-n} = \sum_{k=-\infty}^{\infty} x(n)(a^{-1}z)^{-n} = X(a^{-1}z)$$

收敛域为 $R_{x-} < |a^{-1}z| < R_{x+}$，即 $|a|R_{x-} < |z| < |a|R_{x+}$。

在该性质中，全部零极点的位置的尺度均扩大 a 倍。如果 $X(z)$ 在 $z = z_1$ 处有一个极点，则 $X(a^{-1}z)$ 将在 $a^{-1}z = z_1$，即 $z = az_1$ 处有一个极点。若 a 为实数，则表示在 z 平面上的扩大或缩小，零极点在 z 平面上沿径向移动；如果 a 是幅值为 1 的复数，则表示在 z 平面上旋转，即零极点位置沿以原点为中心、以 $|z_1|$ 为半径的圆周变化；若 a 为任意复数，则在 z 平面上，零极点既有幅度伸缩，又有角度旋转。

【**例 2-23**】 已知 $u(n) \xleftrightarrow{ZT} \frac{1}{1-z^{-1}}$，$|z| > 1$，利用 z 域尺度变换性质求 $x(n) = a^n \cos(\omega_0 n) u(n)$ 的 z 变换，这里 a 为正实数。

解： 将 $\cos(\omega_0 n)$ 用欧拉公式展开，即

$$x(n) = \frac{1}{2} a^n (e^{j\omega_0 n} + e^{-j\omega_0 n}) u(n)$$

$$= \frac{1}{2}(ae^{j\omega_0})^n u(n) + \frac{1}{2}(ae^{-j\omega_0})^n u(n)$$

再利用 z 域尺度变换性质，有

$$(ae^{j\omega_0})^n u(n) \xleftrightarrow{ZT} \frac{1}{1-ae^{j\omega_0}z^{-1}} |z| > a$$

$$(ae^{-j\omega_0})^n u(n) \xleftrightarrow{ZT} \frac{1}{1-ae^{-j\omega_0}z^{-1}} |z| > a$$

由线性性质，有

$$X(z) = \frac{1/2}{1-ae^{j\omega_0}z^{-1}} + \frac{1/2}{1-ae^{-j\omega_0}z^{-1}}$$

$$= \frac{1-a\cos\omega_0 z^{-1}}{1-2a\cos\omega_0 z^{-1} + a^2 z^{-2}} |z| > a$$

2.6.4 序列的线性加权（z 域微分）

若
$$x(n) \xleftrightarrow{ZT} X(z) \quad R_{x-} < |z| < R_{x+}$$

则
$$nx(n) \xleftrightarrow{ZT} -z\frac{dX(z)}{dz} \quad R_{x-} < |z| < R_{x+} \tag{2-92}$$

证明：
$$\frac{dX(z)}{dz} = \frac{d}{dz}\left[\sum_{n=-\infty}^{\infty} x(n)z^{-n}\right] \quad R_{x-} < |z| < R_{x+}$$

交换求和与求导的次序，可得
$$\frac{dX(z)}{dz} = \sum_{n=-\infty}^{\infty} x(n)\frac{d}{dz}(z^{-n}) = -z^{-1}\sum_{n=-\infty}^{\infty} nx(n)z^{-n} = -z^{-1}Z[nx(n)]$$

所以
$$nx(n) \xleftrightarrow{ZT} -z\frac{dX(z)}{dz} \quad R_{x-} < |z| < R_{x+}$$

进一步递推可得
$$n^m x(n) \xleftrightarrow{ZT} \left(-z\frac{d}{dz}\right)^m X(z) \quad R_{x-} < |z| < R_{x+}$$

其中，符号 $\left(-z\dfrac{d}{dz}\right)^m$ 表示 m 次对 $X(z)$ 求导后乘以 $(-z)$，即

$$\left(-z\frac{d}{dz}\right)^m = -z\frac{d}{dz}\left(\cdots\left(-z\frac{d}{dz}\left(-z\frac{d}{dz}X(z)\right)\right)\cdots\right)$$

【例 2-24】 已知 $a^n u(n) \xleftrightarrow{ZT} \dfrac{1}{1-az^{-1}}$，$|z| > |a|$，利用 z 域微分性质求 $x(n) = na^n u(n)$ 的 z 变换。

解： 利用 z 域微分性质，有
$$X(z) = -z\frac{d}{dz}\left(\frac{1}{1-az^{-1}}\right) = \frac{az^{-1}}{(1-az^{-1})^2} \quad |z| > |a|$$

2.6.5 复序列的共轭

若
$$x(n) \xleftrightarrow{ZT} X(z) \quad R_{x-} < |z| < R_{x+}$$

则
$$x^*(n) \xleftrightarrow{ZT} X^*(z^*) \quad R_{x-} < |z| < R_{x+} \tag{2-93}$$

式中，符号"*"表示取共轭复数。

证明：
$$Z[x^*(n)] = \sum_{n=-\infty}^{\infty} x^*(n)z^{-n} = \sum_{n=-\infty}^{\infty} [x(n)(z^*)^{-n}]^*$$
$$= \left[\sum_{n=-\infty}^{\infty} x(n)(z^*)^{-n}\right]^* = X^*(z^*) \quad R_{x-} < |z| < R_{x+}$$

2.6.6 反褶序列（时间倒置）

若 $$x(n) \xleftrightarrow{ZT} X(z) \quad R_{x-} < |z| < R_{x+}$$

则 $$x(-n) \xleftrightarrow{ZT} X\left(\frac{1}{z}\right) \quad \frac{1}{R_{x+}} < |z| < \frac{1}{R_{x-}} \tag{2-94}$$

证明：
$$Z[x(-n)] = \sum_{n=-\infty}^{\infty} x(-n)z^{-n} = \sum_{n=-\infty}^{\infty} x(n)z^{n} = \sum_{n=-\infty}^{\infty} x(n)(z^{-1})^{-n} = X\left(\frac{1}{z}\right)$$

收敛域为 $$R_{x-} < |z^{-1}| < R_{x+}$$

故有 $$\frac{1}{R_{x+}} < |z| < \frac{1}{R_{x-}}$$

2.6.7 时域卷积定理

设 $y(n)$ 为 $x(n)$ 与 $h(n)$ 的卷积和，即

$$y(n) = x(n) * h(n) = \sum_{m=-\infty}^{\infty} x(m) h(n-m)$$

$$x(n) \xleftrightarrow{ZT} X(z) \quad R_{x-} < |z| < R_{x+}$$

$$h(n) \xleftrightarrow{ZT} H(z) \quad R_{h-} < |z| < R_{h+}$$

则

$$Y(z) = Z[y(n)] = X(z)H(z) \quad \max[R_{x-}, R_{h-}] < |z| < \min[R_{x+}, R_{h+}] \tag{2-95}$$

可见，$Y(z)$ 的收敛域为 $X(z)$、$H(z)$ 收敛域的公共部分。若有极点被抵消，收敛域可能扩大。

证明：
$$Y(z) = Z[x(n) * h(n)] = \sum_{n=-\infty}^{\infty} [x(n) * h(n)] z^{-n}$$
$$= \sum_{n=-\infty}^{\infty} \sum_{m=-\infty}^{\infty} x(m) h(n-m) z^{-n}$$
$$= \sum_{m=-\infty}^{\infty} x(m) \left[\sum_{n=-\infty}^{\infty} h(n-m) z^{-n} \right]$$
$$= \sum_{m=-\infty}^{\infty} x(m) z^{-m} H(z) = X(z) H(z)$$

在线性移不变系统中，如果输入为 $x(n)$，系统的单位抽样响应为 $h(n)$，则输出 $y(n)$ 是 $x(n)$ 与 $h(n)$ 的卷积。利用卷积定理，通过求出 $X(z)$ 和 $H(z)$，然后求出乘积 $X(z)H(z)$ 的 z 逆变换，从而可得 $y(n)$。这个定理是用变换域方法处理离散系统的基础。

【例 2-25】 设 $x(n) = a^n u(n)$，$h(n) = b^n u(n) - ab^{n-1} u(n-1)$，求 $y(n) = x(n) * h(n)$。

解： $x(n) = a^n u(n) \xleftrightarrow{ZT} \dfrac{1}{1-az^{-1}} \quad |z| > |a|$

$h(n) = b^n u(n) - ab^{n-1} u(n-1) \xleftrightarrow{ZT} \dfrac{1}{1-bz^{-1}} - a \dfrac{z^{-1}}{1-bz^{-1}} = \dfrac{1-az^{-1}}{1-bz^{-1}} \quad |z| > |b|$

所以
$$Y(z) = X(z)H(z) = \frac{1}{1-az^{-1}} \frac{1-az^{-1}}{1-bz^{-1}} = \frac{1}{1-bz^{-1}} \quad |z| > |b|$$

其 z 逆变换为
$$y(n) = x(n) * h(n) = b^n u(n)$$

显然，在 $z=a$ 处，$X(z)$ 的极点被 $H(z)$ 的零点抵消，若 $|b| < |a|$，则 $Y(z)$ 的收敛域比 $X(z)$ 和 $H(z)$ 的收敛域的重叠部分要大。

2.6.8　z 域复卷积定理（序列乘积）

设
$$w(n) = x(n)y(n)$$
$$x(n) \xleftrightarrow{\text{ZT}} X(z) \quad R_{x-} < |z| < R_{x+}$$
$$y(n) \xleftrightarrow{\text{ZT}} Y(z) \quad R_{y-} < |z| < R_{y+}$$

则
$$W(z) = Z[w(n)] = Z[x(n)y(n)] = \sum_{n=-\infty}^{\infty} x(n)y(n)z^{-n}$$
$$= \frac{1}{2\pi j}\oint_c X(v)Y\left(\frac{z}{v}\right)v^{-1}dv \quad R_{x-}R_{y-} < |z| < R_{x+}R_{y+} \tag{2-96}$$

式中，c 为哑变量 v 平面上 $X(v)$ 与 $Y\left(\frac{z}{v}\right)$ 的公共收敛域内环绕原点的一条逆时针旋转的单封闭围线，满足
$$R_{x-} < |v| < R_{x+}$$
$$R_{y-} < \left|\frac{z}{v}\right| < R_{y+}$$

将两个不等式相乘即得 z 平面的收敛域为
$$R_{x-}R_{y-} < |z| < R_{x+}R_{y+}$$

v 平面收敛域为
$$\max\left[R_{x-}, \frac{|z|}{R_{y+}}\right] < |v| < \min\left[R_{x+}, \frac{|z|}{R_{y-}}\right] \tag{2-97}$$

证明：
$$W(z) = Z[w(n)] = Z[x(n)y(n)] = \sum_{n=-\infty}^{\infty} x(n)y(n)z^{-n} = \sum_{n=-\infty}^{\infty}\left[\frac{1}{2\pi j}\oint_c X(v)v^{n-1}dv\right]y(n)z^{-n}$$
$$= \frac{1}{2\pi j}\sum_{n=-\infty}^{\infty} y(n)\left[\oint_c X(v)v^n \frac{dv}{v}\right]z^{-n} = \frac{1}{2\pi j}\oint_c\left[X(v)\sum_{n=-\infty}^{\infty} y(n)\left(\frac{z}{v}\right)^{-n}\right]\frac{dv}{v}$$
$$= \frac{1}{2\pi j}\oint_c X(v)Y\left(\frac{z}{v}\right)v^{-1}dv \quad R_{x-}R_{y-} < |z| < R_{x+}R_{y+}$$

复卷积公式可用留数定理求解，但关键在于确定围线所在的收敛域，即
$$\frac{1}{2\pi j}\oint_c X(v)Y\left(\frac{z}{v}\right)v^{-1}dv = \sum_k \text{Res}\left[X(v)Y\left(\frac{z}{v}\right)v^{-1}, d_k\right] \tag{2-98}$$

根据式 (2-76)，$\{d_k\}$ 为 $X(v)Y\left(\dfrac{z}{v}\right)v^{-1}$ 在围线 c 内的全部极点。

【例 2-26】 设 $x(n) = \left(\dfrac{1}{3}\right)^n u(n)$，$y(n) = \left(\dfrac{1}{2}\right)^n u(n)$，应用复卷积定理求两序列的乘积 $w(n) = x(n)y(n)$。

解：$X(z) = Z[x(n)] = Z\left[\left(\dfrac{1}{3}\right)^n u(n)\right] = \dfrac{1}{1-\dfrac{1}{3}z^{-1}} = \dfrac{z}{z-\dfrac{1}{3}} \quad |z| > \dfrac{1}{3}$

$Y(z) = Z[y(n)] = Z\left[\left(\dfrac{1}{2}\right)^n u(n)\right] = \dfrac{1}{1-\dfrac{1}{2}z^{-1}} = \dfrac{z}{z-\dfrac{1}{2}} \quad |z| > \dfrac{1}{2}$

利用复卷积公式，有

$$W(z) = Z[x(n)y(n)] = \dfrac{1}{2\pi j}\oint_c \dfrac{v}{v-(1/3)} \dfrac{z/v}{(z/v)-(1/2)} v^{-1}\mathrm{d}v$$

$$= \dfrac{1}{2\pi j}\oint_c \dfrac{-2z}{\left(v-\dfrac{1}{3}\right)(v-2z)}\mathrm{d}v$$

根据式 (2-96)，围线 c 所在的收敛域为 $\max\left[\dfrac{1}{3}, 0\right] < |v| < \min[\infty, 2|z|]$。

被积函数有两个极点，$v = 1/3$，$v = 2z$，如图 2-16 所示。但只有极点 $v = 1/3$ 在围线 c 内，而极点 $v = 2z$ 在围线 c 外。由式 (2-76) 可得

$$W(z) = \mathrm{Res}\left[\dfrac{-2z}{\left(v-\dfrac{1}{3}\right)(v-2z)}, \dfrac{1}{3}\right] = \left.\left(v-\dfrac{1}{3}\right)\dfrac{-2z}{\left(v-\dfrac{1}{3}\right)(v-2z)}\right|_{v=\frac{1}{3}} = \dfrac{-2z}{\dfrac{1}{3}-2z} = \dfrac{1}{1-\dfrac{1}{6}z^{-1}}$$

由式 (2-96) 可得 $W(z)$ 的收敛域为 $|z| > 1/6$，则

$$w(n) = Z^{-1}[W(z)] = \left(\dfrac{1}{6}\right)^n u(n)$$

也可以将序列直接相乘验证这个结果，即

$$w(n) = x(n)y(n) = \left(\dfrac{1}{3}\right)^n \left(\dfrac{1}{2}\right)^n u(n)$$

$$= \left(\dfrac{1}{6}\right)^n u(n)$$

则 $\quad W(z) = \dfrac{1}{1-\dfrac{1}{6}z^{-1}} \quad |z| > \dfrac{1}{6}$

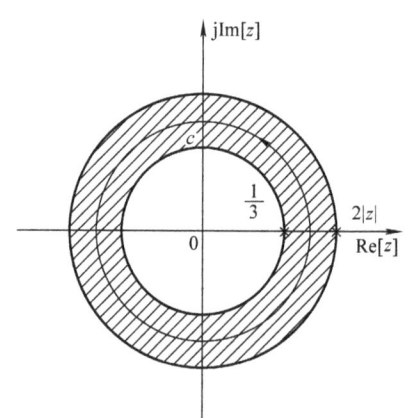

图 2-16 例 2-26 被积函数的极点及积分围线 c

2.6.9 部分和

若 $\qquad x(n) \xleftrightarrow{ZT} X(z) \quad R_{x-} < |z| < R_{x+}$

则 $\displaystyle\sum_{m=-\infty}^{n} x(m) \xleftrightarrow{ZT} \dfrac{z}{z-1}X(z) \quad \max(R_{x-}, 1) < |z| < R_{x+}$ (2-99)

证明：由于

$$x(n) * u(n) = \sum_{m=-\infty}^{\infty} x(m)u(n-m) = \sum_{m=-\infty}^{n} x(m)$$

所以序列 $x(n)$ 的部分和等于 $x(n)$ 与 $u(n)$ 的卷积和。根据卷积定理，有

$$\sum_{m=-\infty}^{n} x(m) = x(n) * u(n) \xleftrightarrow{\text{ZT}} \frac{z}{z-1} X(z)$$

因为引入新序列 $u(n)$，对应象函数的收敛域为 $|z|>1$，故 $\sum_{m=-\infty}^{n} x(m)$ 的象函数的收敛域取 $\max(R_{x-},1) < |z| < R_{x+}$。

【例 2-27】 求序列 $\sum_{m=0}^{n} a^m$（a 为实数）的 z 变换。

解：由于

$$\sum_{m=0}^{n} a^m = \sum_{m=-\infty}^{n} a^m u(m)$$

而

$$a^n u(n) \xleftrightarrow{\text{ZT}} \frac{1}{1-az^{-1}} \quad |z|>|a|$$

故由部分和公式，可得

$$\sum_{m=0}^{n} a^m \xleftrightarrow{\text{ZT}} \frac{z}{z-1} \frac{1}{1-az^{-1}} = \frac{1}{(1-z^{-1})(1-az^{-1})} \quad |z|>\max(|a|,1)$$

顺便指出

$$\sum_{m=0}^{n} a^m = 1 + a + a^2 + \cdots + a^n = \frac{1-a^{n+1}}{1-a} \quad n \geq 0$$

故有

$$\sum_{m=0}^{n} a^m = \frac{1-a^{n+1}}{1-a} u(n) \xleftrightarrow{\text{ZT}} \frac{1}{1-a}\left(\frac{1}{1-z^{-1}} - \frac{a}{1-az^{-1}}\right)$$

$$= \frac{1}{(1-z^{-1})(1-az^{-1})} \quad |z|>\max(|a|,1)$$

2.6.10 初值定理和终值定理

初值定理和终值定理适用于因果序列，它可以由象函数直接求得序列的初值和终值，而无须用 z 逆变换求得原函数。

1. 初值定理

对于因果序列 $x(n)$，有

$$\lim_{z \to \infty} X(z) = x(0) \tag{2-100}$$

证明：由于 $x(n)$ 是因果序列，有

$$X(z) = \sum_{n=0}^{\infty} x(n)z^{-n} = x(0) + x(1)z^{-1} + x(2)z^{-2} + \cdots$$

故

$$\lim_{z \to \infty} X(z) = x(0)$$

2. 终值定理

设 $x(n)$ 为因果序列，且 $X(z) = Z[x(n)]$ 的全部极点，除有一个一阶极点可以在 $z=1$ 处外，其余都在单位圆内，则

$$\lim_{n\to\infty} x(n) = \lim_{z\to 1}[(z-1)X(z)] \qquad (2\text{-}101)$$

证明：利用序列的移位性质，可得

$$Z[x(n+1)-x(n)] = (z-1)X(z) = \sum_{n=-\infty}^{\infty}[x(n+1)-x(n)]z^{-n}$$

再利用 $x(n)$ 为因果序列，可得

$$(z-1)X(z) = \sum_{n=-1}^{\infty}[x(n+1)-x(n)]z^{-n} = \lim_{n\to\infty}\sum_{m=-1}^{n}[x(m+1)-x(m)]z^{-m}$$

由于 $(z-1)X(z)$ 抵消了函数 $X(z)$ 在 $z=1$ 处的可能极点，故 $(z-1)X(z)$ 的收敛域将包括单位圆，对上式两端求极限得

$$\begin{aligned}\lim_{z\to 1}[(z-1)X(z)] &= \lim_{n\to\infty}\sum_{m=-1}^{n}[x(m+1)-x(m)] \\ &= \lim_{n\to\infty}\{[x(0)-0]+[x(1)-x(0)]+[x(2)-x(1)]+\cdots+\\ &\quad [x(n+1)-x(n)]\} \\ &= \lim_{n\to\infty}[x(n+1)] = \lim_{n\to\infty}x(n)\end{aligned}$$

终值定理是取 $z\to 1$ 的极限，因此要求 $z=1$ 在收敛域内，也就是说 $X(z)$ 的全部极点，除有一个一阶极点可以在 $z=1$ 处外（与引入的新极点 $z=1$ 抵消），其余都在单位圆内。

由于 $\lim_{z\to 1}(z-1)X(z)$ 是 $X(z)$ 在 $z=1$ 处的留数，因此终值定理也可用留数表示，即

$$\lim_{z\to 1}(z-1)X(z) = \text{Res}[X(z),1]$$
$$x(\infty) = \text{Res}[X(z),1] \qquad (2\text{-}102)$$

【例 2-28】 某因果序列 $x(n)$ 的 z 变换为 $X(z) = \dfrac{1}{1-az^{-1}}$，$|z|>|a|$（$a$ 为实数），求 $x(0)$ 和 $x(\infty)$。

解：(1) 初值。由式 (2-100)，有

$$x(0) = \lim_{z\to\infty} X(z) = \lim_{z\to\infty}\frac{1}{1-az^{-1}} = \lim_{z\to\infty}\frac{z}{z-a} = 1$$

上述象函数的原序列为 $x(n) = a^n u(n)$，很显然结果是正确的。

(2) 终值。由式 (2-101)，有

$$\lim_{n\to\infty} x(n) = \lim_{z\to 1}[(z-1)X(z)] = \lim_{z\to 1}\left[(z-1)\frac{z}{z-a}\right] = \begin{cases} 0 & a\neq 1 \\ 1 & a=1 \end{cases}$$

对于 $|a|<1$，$z=1$ 在 $X(z)$ 的收敛域内，终值定理成立，故

$$\lim_{n\to\infty} x(n) = 0$$

不难验证，原序列 $x(n) = a^n u(n)$，在 $|a|<1$ 时上述结果正确。

对于 $|a|=1$，当 $a=1$ 时，象函数有一个一阶极点在 $z=1$，终值定理成立，故

$$\lim_{n\to\infty} x(n) = 1$$

这时原序列 $x(n) = u(n)$，结果显然是正确的。

对于 $|a|=1$，当 $a=-1$ 时，不满足终值定理的条件。这时 $\lim_{n\to\infty} x(n) = \lim_{n\to\infty}(-1)^n u(n)$ 不收敛，因而终值定理无效。

对于 $|a|>1$,$z=1$ 不在 $X(z)$ 的收敛域内,终值定理也不成立。这时原序列 $x(n)=a^n u(n)$,$|a|>1$,该序列是发散的。

2.6.11 帕斯瓦尔(Parseval)定理

利用复卷积定理可以得到重要的帕斯瓦尔定理。若有两序列 $x(n)$、$y(n)$,且

$$x(n) \xleftrightarrow{ZT} X(z) \quad R_{x-}<|z|<R_{x+}$$

$$y(n) \xleftrightarrow{ZT} Y(z) \quad R_{y-}<|z|<R_{y+}$$

它们的收敛域满足

$$R_{x-}R_{y-}<1<R_{x+}R_{y+}$$

则

$$\sum_{n=-\infty}^{\infty} x(n)y^*(n) = \frac{1}{2\pi j}\oint_c X(v)Y^*\left(\frac{1}{v^*}\right)v^{-1}dv \tag{2-103}$$

式中,积分闭合围线 c 应在 $X(v)$ 和 $Y^*\left(\frac{1}{v^*}\right)$ 的公共收敛域内,即

$$\max\left[R_{x-},\frac{1}{R_{y+}}\right]<|v|<\min\left[R_{x+},\frac{1}{R_{y-}}\right]$$

证明:令

$$w(n)=x(n)y^*(n)$$

应用复序列的共轭,可得

$$y^*(n) \xleftrightarrow{ZT} Y^*(z^*) \quad R_{y-}<|z|<R_{y+}$$

再利用复卷积公式,可得

$$W(z) = ZT[x(n)y^*(n)] = \frac{1}{2\pi j}\oint_c X(v)Y^*\left(\frac{z^*}{v^*}\right)v^{-1}dv \quad R_{x-}R_{y-}<|z|<R_{x+}R_{y+}$$

由于假设条件中已规定收敛域满足 $R_{x-}R_{y-}<1<R_{x+}R_{y+}$,因此 $|z|=1$ 在收敛域内,也就是说 $W(z)$ 在单位圆上收敛,则

$$W(z)|_{z=1} = \frac{1}{2\pi j}\oint_c X(v)Y^*\left(\frac{1}{v^*}\right)v^{-1}dv$$

同时 $\quad W(z)|_{z=1} = \sum_{n=-\infty}^{\infty} x(n)y^*(n)z^{-n}|_{z=1} = \sum_{n=-\infty}^{\infty} x(n)y^*(n)$

因此 $\quad \sum_{n=-\infty}^{\infty} x(n)y^*(n) = \frac{1}{2\pi j}\oint_c X(v)Y^*\left(\frac{1}{v}\right)v^{-1}dv$

序列 z 变换的主要性质见表 2-4。

表 2-4 序列 z 变换的主要性质

序号	序列	z 变换	收敛域
1	$x(n)$	$X(z)$	$R_{x-}<|z|<R_{x+}$
2	$y(n)$	$Y(z)$	$R_{y-}<|z|<R_{y+}$
3	$ax(n)+by(n)$	$aX(z)+bY(z)$	$\max[R_{x-},R_{y-}]<|z|<\max[R_{x+},R_{y+}]$
4	$x(n-m)$	$z^{-m}X(z)$	$R_{x-}<|z|<R_{x+}$

(续)

序号	序列	z变换	收敛域
5	$a^n x(n)$	$X(z/a)$	$|a|R_{x-} < |z| < |a|R_{x+}$
6	$n^m x(n)$	$(-z\dfrac{d}{dz})^m X(z)$	$R_{x-} < |z| < R_{x+}$
7	$x(-n)$	$X(1/z)$	$1/R_{x+} < |z| < 1/R_{x-}$
8	$x^*(n)$	$X^*(z^*)$	$R_{x-} < |z| < R_{x+}$
9	$x(n)*y(n)$	$X(z)Y(z)$	$\max[R_{x-}, R_{y-}] < |z| < \max[R_{x+}, R_{y+}]$
10	$x(n)y(n)$	$\dfrac{1}{2\pi j}\oint_c X(v)Y\left(\dfrac{z}{v}\right)v^{-1}dv$	$R_{x-}R_{y-} < |z| < R_{x+}R_{y+}$
11	$\sum_{m=0}^{n} x(m)$	$\dfrac{z}{z-1}X(z)$	$|z| > \max(R_{x-}, 1)$, $x(n)$ 为因果序列
12	$\sum_{n=-\infty}^{\infty} x(n)y^*(n)$	$\dfrac{1}{2\pi j}\oint_c X(v)Y^*\left(\dfrac{1}{v^*}\right)v^{-1}dv$	$R_{x-}R_{y-} < |z| < R_{x+}R_{y+}$

2.7 连续时间信号的抽样及抽样定理

实际工作中,由于离散时间信号(或数字信号)的处理更为灵活、方便,在许多应用中,首先将连续信号进行抽样转化为相应的离散时间信号,并进行加工处理,然后再将处理后的离散信号转化为连续信号。连续信号被抽样后,相应的离散信号 $x(n)$ 是否保留了原信号 $x_a(t)$ 的全部信息?即在什么条件下,可以从抽样信号 $\hat{x}_a(t)$ 中无失真地恢复原信号 $x_a(t)$?抽样定理回答了这些问题。抽样定理论述了在一定条件下,一个连续信号完全可以用离散样本值表示。这些样本值包含了该连续信号的全部信息,利用这些样本值可以恢复原信号。可以说,抽样定理在连续信号与离散信号之间架起了一座桥梁,为其互为转换提供了理论依据。

2.7.1 信号的抽样

信号的抽样是由抽样器来完成的。抽样器就是一个开关,电路模型如图2-17所示,$x_a(t)$ 为连续时间信号,$p(t)$ 为抽样脉冲信号,抽样信号 $\hat{x}_a(t)$ 可写为

$$\hat{x}_a(t) = x_a(t)p(t)$$

式中,$p(t)$ 也称为开关函数,若 $p(t)$ 的各脉冲间隔相同(均为 T),则称为均匀抽样;T 为抽样周期;f_s 为抽样频率,$f_s = \dfrac{1}{T}$;Ω_s 为抽样角频率,$\Omega_s = 2\pi f_s = \dfrac{2\pi}{T}$。若 $p(t)$ 的各脉冲间隔不相同,则称为非均匀抽样。本书只讨论均匀抽样。抽样时,电子开关每隔 T 闭合一次,得到输入信号每隔 T 的样本值。对于实际抽样,闭合时间是 τ,但 $\tau \ll T$,如图2-18a所示;对于理想抽样,闭合时间应该是无穷短,抽样脉冲 $p(t)$ 为单位冲激串,如图2-18b所示。为概念清晰起见,下面先讨论理想抽样,然后在此基础上得到实际抽样的结论。

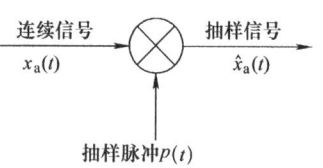

图2-17 抽样器电路模型

第 2 章 离散时间信号的傅里叶变换与 z 变换

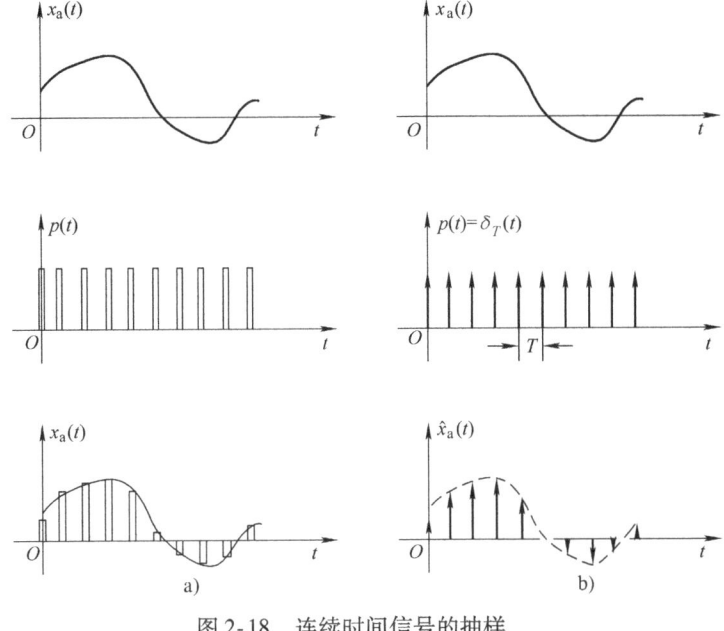

图 2-18 连续时间信号的抽样
a) 实际抽样 b) 理想抽样

1. 理想抽样

在信号的时域抽样过程中，难以看出如何选择合适的抽样间隔 T。利用信号时域与频域一一对应的关系，可以从频域进行分析。

在时域中，有

$$\hat{x}_a(t) = x_a(t)p(t) = x_a(t)\delta_T(t) = \sum_{n=-\infty}^{\infty} x_a(nT)\delta(t-nT) \tag{2-104}$$

其中

$$\delta_T(t) = \sum_{n=-\infty}^{\infty} \delta(t-nT) \tag{2-105}$$

将周期函数 $\delta_T(t)$ 用傅里叶级数展开，有

$$\delta_T(t) = \frac{1}{T}\sum_{k=-\infty}^{\infty} e^{jk\Omega_s t} \tag{2-106}$$

所以

$$\hat{x}_a(t) = x_a(t)\frac{1}{T}\sum_{k=-\infty}^{\infty} e^{jk\Omega_s t} = \frac{1}{T}\sum_{k=-\infty}^{\infty} x_a(t)e^{jk\Omega_s t} \tag{2-107}$$

利用傅里叶变换的频移性质，有

$$\hat{X}_a(j\Omega) = \frac{1}{T}\sum_{k=-\infty}^{\infty} X_a(j\Omega - jk\Omega_s) \tag{2-108}$$

由式（2-108）可以看出，理想抽样信号的频谱是连续时间信号频谱的周期延拓，周期为抽样角频率 $\Omega_s = 2\pi/T$，幅度受 $1/T$ 加权。由于 T 是常数，所以除了一个常数因子的区别外，每一个延拓的频谱分量都和原频谱相同。因此只要各延拓分量与原频谱分量不发生频率上的重叠，则有可能恢复出原信号。

限带信号的幅度频谱如图 2-19a 所示，其最高频谱分量为 Ω_h，如果抽样角频率 $\Omega_s \geqslant 2\Omega_h$，如图 2-19b 所示，那么原信号的频谱和各延拓分量的频谱彼此不重叠。这时用一个截止频率为 $\Omega_s/2$ 的理想低通滤波器就可以不失真地得到原信号的频谱，也就是可以不失真地还原原连续时间信号。

如果抽样角频率 $\Omega_s < 2\Omega_h$，则各周期延拓分量将产生频谱的重叠，如图 2-19c、d 所示，称为频谱的混叠现象。抽样角频率的一半，即 $\Omega_s/2$ 称为折叠频率，它如同一面镜子，当信号的频率超过它时，就会被折叠回来，造成频谱的混叠。频谱混叠后，将无法区分某一频率分量的哪些幅度是由于原信号产生的，哪些幅度是混叠后产生的，因此无法区分原信号频谱和周期延拓频谱，不能无失真地恢复原信号。

2. 矩形脉冲抽样（自然抽样）

实际情况中，抽样脉冲不是单位冲激串，而是一定宽度 τ 的周期性矩形脉冲串 $p(t)$。同样从频域进行分析，$p(t)$ 用数学式表示为

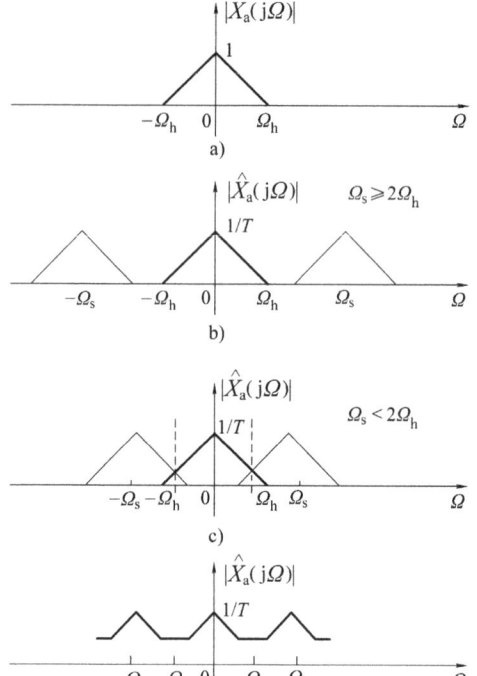

图 2-19 抽样后频谱的周期延拓
a) 原限带信号 b) $\Omega_s \geqslant 2\Omega_h$
c) $\Omega_s < 2\Omega_h$ d) 混叠现象

$$p(t) = \sum_{n=-\infty}^{\infty} g_\tau(t - nT) \quad (2\text{-}109)$$

式中，$g_\tau(t) = u(t + \frac{\tau}{2}) - u(t - \frac{\tau}{2})$ 是宽度为 τ、高度为 1、对称中心在 $t=0$ 处的矩形脉冲。

将周期函数 $p(t)$ 用傅里叶级数展开，有

$$p(t) = \sum_{k=-\infty}^{\infty} C_k e^{jk\Omega_s t} \quad (2\text{-}110)$$

可以求出 $p(t)$ 的傅里叶系数 C_k 为

$$C_k = \frac{1}{T} \int_{-T/2}^{T/2} p(t) e^{-jk\Omega_s t} dt = \frac{1}{T} \int_{-\tau/2}^{\tau/2} e^{-jk\Omega_s t} dt = \frac{\tau}{T} \frac{\sin(\frac{k\Omega_s \tau}{2})}{\frac{k\Omega_s \tau}{2}} \quad (2\text{-}111)$$

与理想抽样的推导过程类似，有

$$\hat{x}_a(t) = x_a(t) \sum_{k=-\infty}^{\infty} C_k e^{jk\Omega_s t} = \sum_{k=-\infty}^{\infty} C_k x_a(t) e^{jk\Omega_s t} \quad (2\text{-}112)$$

利用傅里叶变换的时移性质，有

$$\hat{X}_a(j\Omega) = \sum_{k=-\infty}^{\infty} C_k X_a(j\Omega - jk\Omega_s) = \frac{\tau}{T} \sum_{k=-\infty}^{\infty} \frac{\sin(\frac{k\Omega_s \tau}{2})}{\frac{k\Omega_s \tau}{2}} X_a(j\Omega - jk\Omega_s) \quad (2\text{-}113)$$

定义抽样函数

$$Sa(t) \stackrel{\text{def}}{=\!=} \frac{\sin(t)}{t} \tag{2-114}$$

$Sa(t)$ 是偶函数，当 $t \to 0$ 时，$Sa(t) = 1$；当 $t = \pm n\pi$、$n = 1, 2, 3, \cdots$ 时，$Sa(t) = 0$。其波形如图 2-20 所示。

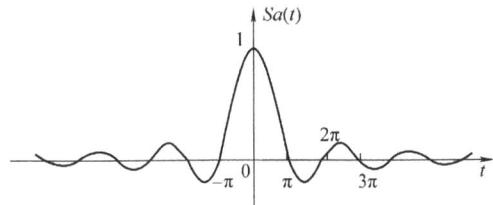

图 2-20 抽样函数 $Sa(t)$ 波形

式 (2-113) 可以改写为

$$\hat{X}_a(j\Omega) = \frac{\tau}{T} \sum_{k=-\infty}^{\infty} Sa\left(\frac{k\Omega_s \tau}{2}\right) X_a(j\Omega - jk\Omega_s) \tag{2-115}$$

由式 (2-115) 可以看出，与理想抽样一样，实际抽样信号的频谱也是连续信号频谱的周期延拓；不同的是频谱分量的幅度有变化，其包络受抽样函数 $Sa\left(\frac{k\Omega_s \tau}{2}\right)$ 调制，包络函数的第一对零点出现在 $\frac{k\Omega_s \tau}{2} = \pm \pi$，即 $\Omega = k\Omega_s = \frac{\pm 2\pi}{\tau}$ 处，这时 $k = \frac{\pm 2\pi}{\tau \Omega_s} = \pm \frac{T}{\tau}$。可见，只要 $T \geqslant \tau$，则 $\hat{X}_a(j\Omega)$ 包络的第一对零点出现在 k 很大的地方，只要频率没有混叠，包络的变化不影响信号的恢复，如图 2-21 所示。

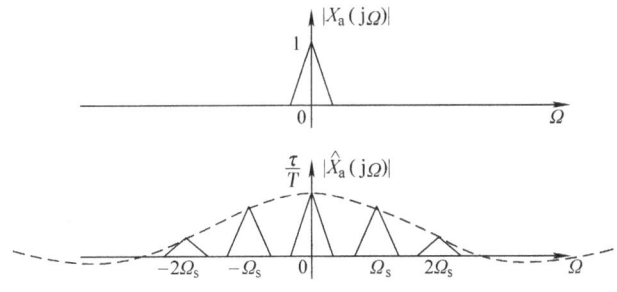

图 2-21 实际抽样后信号频谱的变化

2.7.2 时域抽样定理

通过上面的分析可以归纳出如下的时域抽样定理：

一个频谱在区间 $(-f_h, f_h)$ 以外为零的带限信号 $x_a(t)$，可唯一地由其均匀间隔 T $\left(T < \frac{1}{2f_h}\right)$ 上的样点值 $x_a(nT)$ 确定。

这里需要注意两点：

1) $x_a(t)$必须是带限的,频谱在$|f|>f_h$($|\Omega|>\Omega_h$)各处为零。

2) 抽样频率$f_s>2f_h$,即$T<\dfrac{1}{2f_h}$。通常把最低允许抽样频率$f_s=2f_h$称为奈奎斯特频率;把最大允许抽样间隔$T=\dfrac{1}{2f_h}$称为奈奎斯特间隔。

抽样定理是由奈奎斯特(Nyquist)和香农(Shannon)分别于1928年和1949年提出的,所以又称为奈奎斯特抽样定理,或香农抽样定理。该定理指出了对信号抽样时所必须遵守的基本原则。

在实际对$x_a(t)$进行抽样时,首先要分析$x_a(t)$的最高截止频率,以确定应该选取的抽样频率f_s。若$x_a(t)$不是带限信号,或者对抽样频率、数据处理量或信号带宽有要求,在抽样前应该对$x_a(t)$进行抗混叠滤波(预滤波),滤除$f_s/2$以上的高频成分。这样处理的结果,虽然信号有失真(高频部分滤除了),但是由于保证了低频部分没有混叠,因此恢复的信号是可以接受的。通常信号都不是带限信号,因此抗混叠滤波是抽样前必须进行的步骤。一个典型的例子是电话信道带宽和抽样频率标准设置。人耳能够听到的声音频率为20Hz~20kHz,而300~3400Hz的频率就可以清晰地表示语音信号。因此,电话信道的标准带宽为4kHz,抽样频率为8kHz,高于4kHz的声音信号在输入端需要进行抗混叠滤波。

上面通过对连续时间信号进行理想抽样推导出抽样定理,它表示的是抽样信号$\hat{x}_a(t)$与原连续时间信号$x_a(t)$的频谱之间的关系,以及由抽样信号无失真地恢复原连续时间信号的条件。需要注意的是,这里讨论的$\hat{x}_a(t)$仍是连续时间信号,它是时间间隔为T、强度为$x_a(nT)$的延时冲激加权和,与离散时间信号$x(n)=x_a(nT)$是不一样的。对于$\hat{x}_a(t)$,其在$t\neq nT$的非采样点上信号的幅度为零,而$x(n)=x_a(nT)$在n不为整数时是没有定义的,即相邻两点之间的信号没有定义。序列$x(n)$的频谱与抽样信号$\hat{x}_a(t)$的频谱之间的关系将在2.8节讨论。

2.7.3 信号的恢复

前面讨论了连续信号$x_a(t)$与抽样信号$\hat{x}_a(t)$在时域与频率的关系,指出了如何使抽样信号$\hat{x}_a(t)$保持连续信号$x_a(t)$的全部信息。下面讨论如何由$\hat{x}_a(t)$恢复$x_a(t)$,同样也从时域和频域分别讨论。

1. 频域恢复

设有理想抽样信号$\hat{x}_a(t)$,其抽样角频率$\Omega_s\geq 2\Omega_h$,$\hat{x}_a(t)$及其频谱$\hat{X}_a(j\Omega)$如图2-22所示。为了从$\hat{X}_a(j\Omega)$无失真地恢复$X_a(j\Omega)$,可以选择一个理想低通滤波器,其频率响应的幅度为T,截止角频率为Ω_c($\Omega_h<\Omega_c<\Omega_s-\Omega_h$),即

$$H(j\Omega)=\begin{cases} T & |\Omega|<\Omega_c \\ 0 & |\Omega|>\Omega_c \end{cases} \tag{2-116}$$

抽样信号$\hat{X}_a(j\Omega)$通过低通滤波器输出为$y_a(t)$,其频谱$Y_a(j\Omega)$为

$$Y_a(j\Omega)=\hat{X}_a(j\Omega)H(j\Omega)=X_a(j\Omega) \tag{2-117}$$

即恢复了原信号$x_a(t)$。

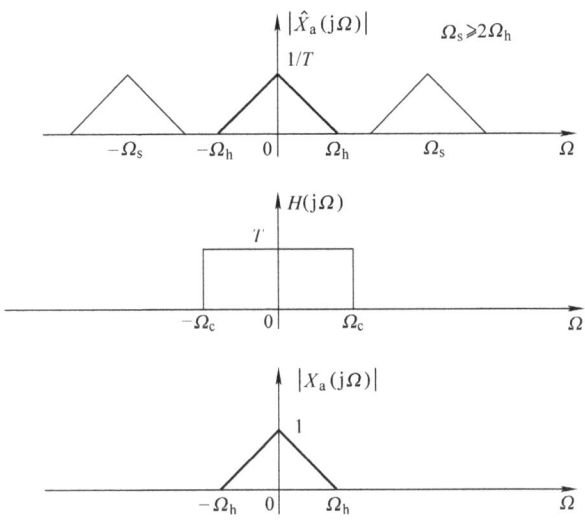

图 2-22　由抽样信号恢复连续信号（频域恢复）

2. 时域恢复

下面从时域研究 $x_a(t)$ 与 $\hat{x}_a(t)$ 的关系。令 $\Omega_c = \dfrac{\Omega_s}{2}$，即 $T = \dfrac{2\pi}{\Omega_s} = \dfrac{\pi}{\Omega_c}$，有

$$\begin{aligned} y_a(t) &= \hat{x}_a(t) * h(t) = \int_{-\infty}^{\infty} \hat{x}_a(\tau) h(t-\tau) \mathrm{d}\tau \\ &= \int_{-\infty}^{\infty} \Big[\sum_{n=-\infty}^{\infty} x_a(nT)\delta(\tau-nT)\Big] h(t-\tau) \mathrm{d}\tau \\ &= \sum_{n=-\infty}^{\infty} x_a(nT) \int_{-\infty}^{\infty} \delta(\tau-nT) h(t-\tau) \mathrm{d}\tau \\ &= \sum_{n=-\infty}^{\infty} x_a(nT) h(t-nT) \end{aligned} \tag{2-118}$$

其中

$$h(t) = \frac{1}{2\pi}\int_{-\infty}^{\infty} H(j\Omega)\mathrm{e}^{j\Omega t}\mathrm{d}\Omega = \frac{\sin(\Omega_s t/2)}{\Omega_s t/2} = \frac{\sin(\pi t/T)}{\pi t/T} \tag{2-119}$$

式（2-118）就是信号恢复的抽样内插公式，它表明连续信号 $x_a(t)$ 可以展开成正交抽样函数（Sa 函数）的无穷级数。该级数的系数为抽样值 $x_a(nT)$。也就是说，若在抽样信号 $x_a(nT)$ 的每一个抽样点处画一个峰值为 $x_a(nT)$ 的 Sa 函数波形，那么其合成的波形就是原信号 $x_a(t)$。换句话说，在每一个抽样点上，只有该点所对应的内插函数不为零，这使得各抽样点上信号值不变，而抽样点之间的信号则由加权内插函数波形延伸叠加而成。内插公式只限于在限带（频带有限）信号上使用。因此，只要知道各抽样值 $x_a(nT)$，就可以唯一地确定原信号 $x_a(t)$。式（2-118）中，$h(t-nT) = \dfrac{\sin[\pi(t-nT)/T]}{\pi(t-nT)/T}$ 称为内插函数。图 2-23 是升余弦脉冲函数 $x_a(t) = \dfrac{1+\cos(\pi t)}{2}$（$|t|<1$）的时域恢复过程，通过频谱分析可以认为升余弦脉冲的最高角频率为 $\Omega_h = 10\mathrm{rad/s}$，取抽样角频率为 $\Omega_s = 20\mathrm{rad/s}$，得到离散信号 $x_a(nT)$；再以 $x_a(nT)$ 为中心画内插函数，则受 $x_a(nT)$ 幅值加权的内插函数的线性组合就能得到原信号 $x_a(t)$。

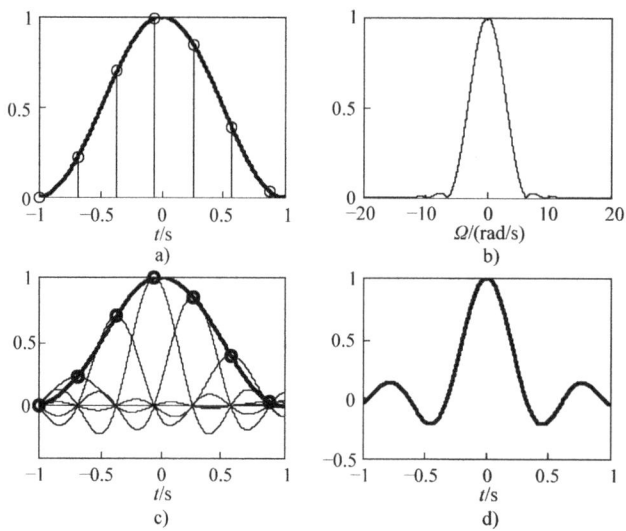

图 2-23 升余弦脉冲的时域恢复
a) 升余弦脉冲 b) 升余弦函数的频谱 c) 由取样点恢复的信号 d) 低通滤波器的冲激响应

2.8 序列的 ZT、DTFT 与连续时间信号的 LT、FT 的关系

本章 2.1 节讨论了连续时间信号的傅里叶变换（CTFT）和拉普拉斯变换（LT）的关系，2.4 节讨论了离散时间信号的傅里叶变换（DTFT）和 z 变换（ZT）的关系，上述讨论说明的是同一信号的频域与复频域的关系。本节讨论连续信号及其抽样得到的离散信号的变换域的关系，显然，抽样定理是联系连续域与离散域的纽带。

2.8.1 序列的 ZT 与连续时间信号的 LT 的关系

1. 序列的 DTFT 与理想抽样信号的 FT 的关系

设连续时间信号为 $x_a(t)$，理想抽样后的抽样信号为 $\hat{x}_a(t)$，根据式（2-104），有

$$\hat{x}_a(t) = \sum_{n=-\infty}^{\infty} x_a(nT)\delta(t-nT)$$

上式可以看作是单位冲激信号的移位加权和，已知

$$\delta(t) \xleftrightarrow{\text{FT}} 1$$

根据时移性质，有

$$\delta(t-nT) \xleftrightarrow{\text{FT}} e^{-j\Omega nT}$$

所以

$$\hat{x}_a(t) = \sum_{n=-\infty}^{\infty} x_a(nT)\delta(t-nT) \xleftrightarrow{\text{FT}} \sum_{n=-\infty}^{\infty} x_a(nT)e^{-j\Omega nT}$$

即理想抽样信号 $\hat{x}_a(t)$ 的傅里叶变换为

$$\hat{X}_a(j\Omega) = \sum_{n=-\infty}^{\infty} x_a(nT)e^{-j\Omega nT} \tag{2-120}$$

如果离散时间信号 $x(n)$ 是由对连续时间信号 $x_a(t)$ 等间隔抽样产生，即在数值上有关系式 $x(n) = x_a(nT)$，则序列 $x(n)$ 的傅里叶变换为

$$X(e^{j\omega}) = \sum_{n=-\infty}^{\infty} x(n) e^{-jn\omega} \tag{2-121}$$

比较式（2-120）和式（2-121）可知，当 $\omega = \Omega T$ 时，序列的傅里叶变换等于理想抽样信号的傅里叶变换，即

$$X(e^{j\omega})\big|_{\omega=\Omega T} = X(e^{j\Omega T}) = \hat{X}_a(j\Omega) \tag{2-122}$$

式（2-122）表明了序列的傅里叶变换与理想抽样信号的傅里叶变换的关系，更重要的是，它表明了数字角频率 ω 与模拟角频率 Ω 之间的线性关系，即

$$\omega = \Omega T \tag{2-123}$$

深刻认识模拟角频率与数字角频率之间的关系在连续时间信号数字处理中很重要，下面结合抽样频率用频率坐标轴示意图说明。抽样周期为 T，则抽样频率为 $f_s = 1/T$，于是有

$$\omega = \Omega T = \frac{\Omega}{f_s} = 2\pi \frac{f}{f_s} \tag{2-124}$$

可见，数字角频率是模拟角频率对采样频率 f_s 的归一化值，它代表了序列值变化的速率，所以它只有相对时间的意义（相对于采样周期 T），而没有绝对时间和频率的意义。这几个频率之间的定标关系很重要，用频率坐标轴表示为如图 2-24 所示。

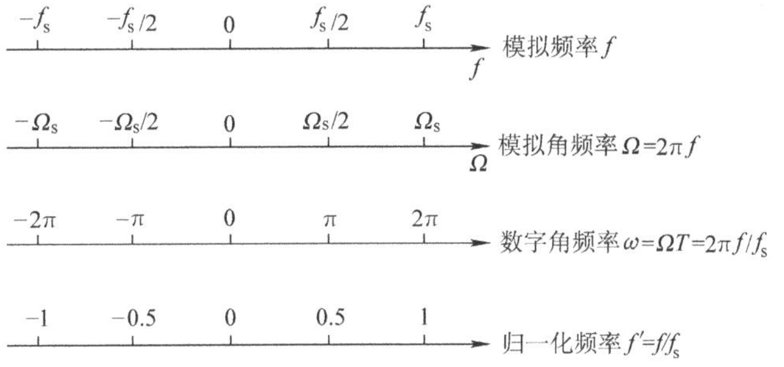

图 2-24 模拟角频率 Ω 与数字角频率 ω 的对应关系

图 2-24 表明，模拟折叠频率 $f_s/2$（角频率 $\Omega_s/2$）对应于数字频率 π。如果满足抽样定理，则要求模拟信号的最高频率 f_h 不能超过 $f_s/2$；如果不满足抽样定理，则在 $f = f_s/2$（或者 $\omega = \pi$）附近将发生频谱混叠。

2. 序列的 ZT 与理想抽样信号的 LT 的关系

连续时间信号 $x_a(t)$ 和理想抽样信号 $\hat{x}_a(t)$ 的 LT 分别为

$$X_a(s) = \int_{-\infty}^{\infty} x_a(t) e^{-st} dt$$

$$\hat{X}_a(s) = \int_{-\infty}^{\infty} \hat{x}_a(t) e^{-st} dt$$

将式（2-104）$\hat{x}_a(t)$ 的表达式代入上式，有

$$\hat{X}_a(s) = \int_{-\infty}^{\infty} \sum_{n=-\infty}^{\infty} x_a(nT) \delta(t-nT) e^{-st} dt = \sum_{n=-\infty}^{\infty} \int_{-\infty}^{\infty} x_a(nT) \delta(t-nT) e^{-st} dt = \sum_{n=-\infty}^{\infty} x_a(nT) e^{-nsT} \tag{2-125}$$

抽样序列 $x(n) = x_a(nT)$ 的 z 变换为

$$X(z) = \sum_{n=-\infty}^{\infty} x(n) z^{-n} \tag{2-126}$$

比较式（2-125）和式（2-126）可知，当 $z = e^{sT}$ 时，抽样序列的 ZT 就等于其理想抽样信号的 LT，即

$$X(z)\big|_{z=e^{sT}} = X(e^{sT}) = \hat{X}_a(s) \tag{2-127}$$

式（2-127）说明，从理想抽样信号的 LT 到序列的 ZT，就是由复变量 s 平面到复变量 z 平面的映射，其映射关系为

$$z = e^{sT} \tag{2-128}$$

下面讨论这一映射关系。根据各自收敛域的特点，将 s 平面用直角坐标表示、z 平面用极坐标表示为

$$s = \sigma + j\Omega, \qquad z = re^{j\omega}$$

将它们代入式（2-128），有

$$re^{j\omega} = e^{(\sigma + j\Omega)T} = e^{\sigma T} e^{j\Omega T}$$

即

$$r = e^{\sigma T}, \quad \omega = \Omega T \tag{2-129}$$

显然，z 的模 r 对应于 s 的实部 σ，z 的相位 ω 对应于 s 的虚部 Ω。这里模拟角频率 Ω 和数字角频率 ω 之间的关系与式（2-123）一致。下面详细讨论 s 复平面与 z 复平面的映射关系。

1）σ 与 r 的关系，即 $r = e^{\sigma T}$。

$\sigma = 0$（s 平面虚轴）对应于 $r = 1$（z 平面单位圆上）。

$\sigma < 0$（s 平面左半平面）对应于 $r < 1$（z 平面单位圆内部）。

$\sigma > 0$（s 平面右半平面）对应于 $r > 1$（z 平面单位圆外部）。

2）Ω 与 ω 的关系，即 $\omega = \Omega T$。

$\Omega = 0$（s 平面实轴）对应于 $\omega = 0$（z 平面正实轴）。

Ω 由 $-\pi/T$ 增至 0 对应于 ω 由 $-\pi$ 增至 0。

Ω 由 0 增至 π/T 对应于 ω 由 0 增至 π。

可见，Ω 由 $-\pi/T$ 增至 π/T，对应于 ω 由 $-\pi$ 经 0 增至 π，即在 z 平面上旋转一周。

综上所述，可得结论：z 平面上宽度为 $2\pi/T$ 的水平带映射到整个 z 平面。同样，每当 Ω 增加一个采样角频率 $\Omega_s = 2\pi/T$，则 ω 相应地增加一个 2π，也即在 z 平面上重复旋转一周，如图 2-25 所示。因此 s 平面到 z 平面的映射是多值映射。

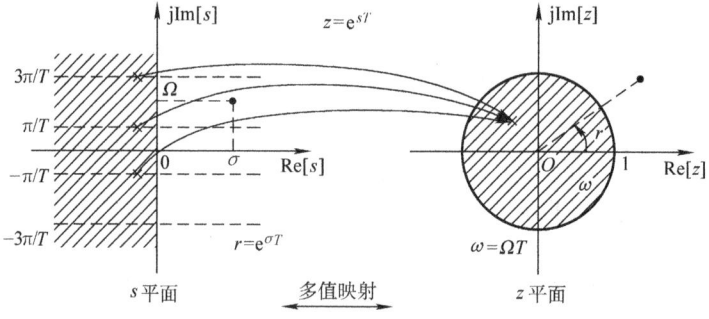

图 2-25　s 平面与 z 平面的映射关系

3. 序列的 ZT 与连续时间信号的 LT 的关系

有了 s 平面到 z 平面的映射关系，就可以进一步通过理想抽样所提供的桥梁，找到连续时间信号 $x_a(t)$ 本身的拉普拉斯变换 $X_a(s)$ 与序列 $x(n)$ 的 z 变换 $X(z)$ 之间的关系。由 2.7 节抽样定理，重写理想抽样信号 $\hat{x}_a(t)$ 与原连续时间信号 $x_a(t)$ 的傅里叶变换的关系为

$$\hat{X}_a(\mathrm{j}\Omega) = \frac{1}{T}\sum_{k=-\infty}^{\infty} X_a(\mathrm{j}\Omega - \mathrm{j}k\Omega_s)$$

根据连续时间信号的傅里叶变换与拉普拉斯变换的关系，将上式中的 $\mathrm{j}\Omega$ 用 s 代替，则有

$$\hat{X}_a(s) = \frac{1}{T}\sum_{k=-\infty}^{\infty} X_a(s - \mathrm{j}k\Omega_s) \tag{2-130}$$

可见，抽样序列的拉普拉斯变换是原信号的拉普拉斯变换沿 $\mathrm{j}\Omega$ 轴（s 平面虚轴）的周期延拓。将式（2-130）代入式（2-127），有

$$X(z)\big|_{z=\mathrm{e}^{sT}} = \frac{1}{T}\sum_{k=-\infty}^{\infty} X_a(s - \mathrm{j}k\Omega_s) = \frac{1}{T}\sum_{k=-\infty}^{\infty} X_a\left(s - \mathrm{j}\frac{2\pi}{T}k\right) \tag{2-131}$$

2.8.2 序列的 DTFT 与连续时间信号的 FT 的关系

已知 CTFT 是 FT 在虚轴上的特例，DTFT 是 ZT 在单位圆上的特例。将 $s=\mathrm{j}\Omega$ 和 $z=\mathrm{e}^{\mathrm{j}\omega}=\mathrm{e}^{\mathrm{j}\Omega T}$ 代入式（2-131），有

$$X(z)\big|_{z=\mathrm{e}^{\mathrm{j}\Omega T}} = X(\mathrm{e}^{\mathrm{j}\Omega T}) = \hat{X}_a(\mathrm{j}\Omega) = \frac{1}{T}\sum_{k=-\infty}^{\infty} X_a\left(\mathrm{j}\Omega - \mathrm{j}\frac{2\pi}{T}k\right) \tag{2-132}$$

式（2-132）说明，抽样序列在单位圆上的 ZT 就等于其理想抽样信号的 FT。进一步，令 $\omega=\Omega T$，有

$$X(z)\big|_{z=\mathrm{e}^{\mathrm{j}\omega}} = X(\mathrm{e}^{\mathrm{j}\omega}) = \frac{1}{T}\sum_{k=-\infty}^{\infty} X_a\left(\mathrm{j}\frac{\omega - 2\pi k}{T}\right) \tag{2-133}$$

单位圆上序列的 z 变换为 DTFT，也称为数字序列的频谱。式（2-133）说明，数字序列的频谱是其被抽样的连续信号频谱周期延拓后再对抽样频率的归一化。

本 章 小 结

本章讨论了信号的四大变换，即连续时间信号的傅里叶变换（CTFT）和拉普拉斯变换（LT）、离散时间信号的傅里叶变换（DTFT）和 z 变换（ZT）。同一信号的频域变换和变换域变换的关系可以认为是频域到复频域的推广，连续与离散之间的关系则通过抽样定理来联系。这四类变换是信号的频域分析和系统的变换域分析的基础。

习　题

2-1　求矩形序列 $R_N(n)$ 的频谱，并画出频谱图（先求出通式，再以 $N=5$ 作图）。

2-2　已知 $x(n)$ 的傅里叶变换为

$$X(\mathrm{e}^{\mathrm{j}\omega}) = \begin{cases} 0 & 0 \leqslant |\omega| \leqslant \omega_0 \\ 1 & \omega_0 < |\omega| \leqslant \pi \end{cases}$$

试求其所对应的信号 $x(n)$。

2-3 设 $X(e^{j\omega})$ 是如图 2-26 所示的 $x(n)$ 信号的傅里叶变换,不必求出 $X(e^{j\omega})$,试完成下列计算:

(1) $X(e^{j0})$

(2) $X(e^{j\pi})$

(3) $\int_{-\pi}^{\pi} X(e^{j\omega}) d\omega$

(4) $\int_{-\pi}^{\pi} |X(e^{j\omega})|^2 d\omega$

(5) 求出并画出傅里叶变换是 $X(e^{-j\omega})$ 的信号。

(6) 求出并画出傅里叶变换是 $\text{Re}[X(e^{j\omega})]$ 的信号。

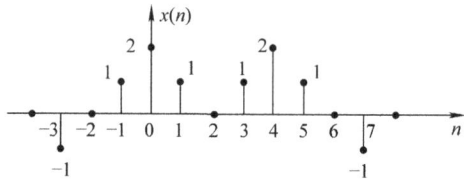

图 2-26 题 2-3 图

2-4 有一序列,其离散时间傅里叶变换为

$$X(e^{j\omega}) = \frac{1-a^2}{(1-ae^{-j\omega})(1-ae^{j\omega})} \quad |a|<1$$

(1) 求序列 $x(n)$。

(2) 计算 $\int_{-\pi}^{\pi} X(e^{j\omega}) \cos(\omega) d\omega$。

2-5 已知 $x(n)$ 的傅立叶变换为 $X(e^{j\omega})$,用 $X(e^{j\omega})$ 表示下列信号的傅里叶变换。

(1) $x_1(n) = x(1-n) + x(-1-n)$

(2) $x_2(n) = \dfrac{x^*(-n) + x(n)}{2}$

2-6 一个信号 $x(n)$ 的自相关序列定义为

$$R_x(n) = \sum_{k=-\infty}^{\infty} x^*(k) x(n+k)$$

(1) 证明:适当地选择 $y(n)$,有 $R_x(n) = x(n) * y(n)$,并确认该 $y(n)$。

(2) 证明:$R_x(n)$ 的离散时间傅里叶变换为 $|X(e^{j\omega})|^2$。

2-7 求下列序列的 z 变换,并注明收敛域。

(1) $x(n) = (\dfrac{1}{2})^{|n|} \quad n=0,\pm 1,\pm 2,\cdots$

(2) $x(n) = 2^n u(-n-1) + (\dfrac{1}{3})^n u(n)$

(3) $x(n) = (\dfrac{1}{2})^n u(n)$

(4) $x(n) = (-\dfrac{1}{2})^{-n} u(n)$

(5) $x(n) = \cos(\dfrac{n\pi}{4}) u(n)$

(6) $x(n) = \sin(\dfrac{n\pi}{2} + \dfrac{\pi}{4}) u(n)$

2-8 画出序列 $x(n) = \delta(n+1) + \delta(n) - 0.5\delta(n-3)$ 的图形，求其 z 变换，并指出收敛域。

2-9 求下列 $X(z)$ 的 z 逆变换。

(1) $X(z) = \dfrac{1 - z^{-1}}{1 - \dfrac{1}{4}z^{-1}}$ $|z| < \dfrac{1}{4}$

(2) $X(z) = \dfrac{z - a}{1 - az}$ $|z| > \left|\dfrac{1}{a}\right|$

(3) $X(z) = -2z^{-2} + 2z + 1$ $0 < |z| < \infty$

2-10 利用 z 变换的性质求下列序列的 z 变换。

(1) $n\sin(\dfrac{n\pi}{2})u(n)$

(2) $\dfrac{a^n - b^n}{n}u(n-1)$

(3) $\dfrac{a^n}{n+1}u(n)$

(4) $\sum\limits_{i=0}^{n}(-1)^m$

2-11 画出 $X(z) = \dfrac{-3z^{-1}}{2 - 5z^{-1} + 2z^{-2}}$ 的零极点图，并确定在以下三种收敛域下，哪一种是左边序列、右边序列或双边序列，再求出其对应序列。

(1) $|z| > 2$ (2) $|z| < 0.5$ (3) $0.5 < |z| < 2$

2-12 已知 $x(n)$ 的 z 变换为 $X(z)$，用 $X(z)$ 表示下列信号的 z 变换。

(1) $x_1(n) = x(n) - x(n-1)$

(2) $x_2(n) = \begin{cases} x(\dfrac{n}{2}) & n \text{ 为偶数} \\ 0 & n \text{ 为奇数} \end{cases}$

(3) $x_3(n) = x(2n)$

2-13 有一信号 $y(n)$，它与另两个信号 $x_1(n)$ 和 $x_2(n)$ 的关系是 $y(n) = x_1(n+3) * x_2(-n+1)$，其中 $x_1(n) = (\dfrac{1}{2})^n u(n)$，$x_2(n) = (\dfrac{1}{3})^n u(n)$，已知 $\text{ZT}[a^n u(n)] = \dfrac{1}{1 - az^{-1}}$，$|z| > a$，利用 z 变换性质求 $y(n)$ 的 z 变换。

2-14 连续时间信号 $x(t) = 2\cos(140\pi t + \dfrac{\pi}{4})$，现用 $f_s = 100\text{Hz}$ 的抽样频率对该信号进行抽样，并利用 DTFT 近似计算信号的频谱，谱线将出现在何处？

2-15 有一调幅信号

$$x(t) = [1 + \cos(2\pi \times 100t)]\cos(2\pi \times 600t)$$

用 DTFT 进行频谱分析，要求能分辨 $x(t)$ 的所有频率分量，问：

(1) 抽样频率应该为多少赫兹？
(2) 抽样时间间隔应该为多少秒？
(3) 抽样点数应该为多少点？

MATLAB 函数与练习

傅里叶变换和 z 变换常用命令见表 2-5。

表 2-5 傅里叶变换和 z 变换常用命令

模 块	傅里叶变换	
序 号	函数名称	函数功能
1	fft	快速傅里叶变换
2	ifft	快速傅里叶逆变换

模 块	z 变换	
序 号	函数名称	函数功能
1	freqz	求解离散系统的频率响应
2	zplane	显示离散系统的零极点图
3	residuez	z 变换部分分式展开
4	tf2zp	将传递函数参数转化为零极点增益参数
5	zp2tf	将零极点增益参数转化为传递函数参数
6	zp2sos	将零极点增益参数转换为二阶参数
7	roots	求多项式根

M2-1 已知序列 $x(n)$ 的离散时间傅里叶变换为 $X(e^{j\omega}) = \dfrac{2 + e^{-j\omega}}{1 - 0.6e^{-j\omega}}$，利用 freqz 函数画出 $X(e^{j\omega})$ 的实部和虚部，幅度和相位。

M2-2 序列 $x_1(n) = \{\underset{\uparrow}{1}, 2, 3, 4, 5, 6\}$，序列 $x_2(n) = \{0, 0, \underset{\uparrow}{1}, 2, 3, 4, 5, 6\}$ 是 $x_1(n)$ 的移位序列，分别画出两个序列的幅度谱和相位谱，观察 DTFT 的时移性质。

M2-3 以升余弦脉冲 $f(t) = \dfrac{1 + \cos(\pi t)}{2}$ 为例，讨论信号的抽样与恢复。

（1）编写程序，画出升余弦脉冲的频谱图，求其最高频率。
（2）根据求出的最高频率，确定抽样频率 f_s，画出抽样后的信号。
（3）根据抽样后得到的序列，采用内插函数恢复连续时间信号，并与原信号比较。
（4）改变抽样频率，如取 $f_s/2$、$2f_s$，观察恢复信号的变化，说明原因。

M2-4 理想低通滤波器的频率响应为

$$H_{LP}(e^{j\omega}) = \begin{cases} 1 & |\omega| \leq \omega_c \\ 0 & \omega_c < |\omega| \leq \pi \end{cases}$$

单位冲激响应为

$$h_{LP}(n) = \frac{\sin(\omega_c n)}{\pi n} \quad -\infty < n < \infty$$

其有限项和为

$$H_M(e^{j\omega}) = \sum_{n=-M}^{M} \frac{\sin(\omega_c n)}{\pi n}$$

令 $M = 9, 19, 39$，观察吉布斯（Gibbs）现象。

第 3 章 离散傅里叶变换

对信号变换的目的是为了对信号进行准确、有效的分析处理,特别是能利用现代计算机技术进行数字化处理。前面讨论了序列的傅里叶变换和 z 变换表示,但由于序列在时域和频域均为无限长,且频域是连续的,无法应用计算机进行处理,因此需要研究有限长序列的离散傅里叶变换。离散傅里叶变换除了作为有限长序列的一种傅里叶表示法在理论上相当重要之外,还由于存在着计算离散傅里叶变换的有效快速算法——快速傅里叶变换,因此离散傅里叶变换在各种数字信号处理的算法中起着核心作用。

3.1 周期序列的离散傅里叶级数及其性质

所谓傅里叶变换就是在以时间为自变量的信号与以频率为自变量的频谱函数之间的某种变换关系。当自变量时间和频率取连续和离散形式的不同组合时,就可以形成四种傅里叶变换对。前面已经学习了三种傅里叶变换,分别是时间非周期连续与频率非周期连续的傅里叶变换,时间周期连续与频率非周期离散的傅里叶级数,时间非周期离散与频率周期连续的傅里叶变换,这里将研究时间离散周期与频率离散周期的傅里叶变换,并作为进一步研究有限长离散傅里叶变换的基础。

3.1.1 离散傅里叶级数的定义

设 $\tilde{x}(n)$ 是周期为 N 的一个周期序列,其中上标"~"表示信号的周期性,则
$$\tilde{x}(n) = \tilde{x}(n+rN) \quad r \text{ 为任意整数}$$

周期序列不是绝对可和的,所以不能用 z 变换表示,因为在任何 z 值下,其 z 变换都不收敛,即
$$\sum_{n=-\infty}^{\infty} |\tilde{x}(n)\| z^{-n}| = \infty$$

但是,正如连续时间周期信号一样,周期序列也可以用离散傅里叶级数来表示,也就是用周期为 N 的虚指数序列(代表正弦型序列)来表示。

周期为 N 的虚指数序列的基频序列为
$$e_1(n) = e^{j\frac{2\pi}{N}n}$$

其 k 次谐波序列为
$$e_k(n) = e^{j\frac{2\pi}{N}kn}$$

式中,$e_k(n)$ 是以 N 为周期的周期函数,即
$$e_{k+rN}(n) = e^{j\frac{2\pi}{N}(k+rN)n} = e^{j\frac{2\pi}{N}kn} = e_k(n) \quad k \text{、} r \text{ 为任意整数}$$

因此,离散傅里叶级数的谐波成分只有 N 个是独立成分。因而对离散傅里叶级数,只能取 $k = 0 \sim N-1$ 个独立谐波分量,不然就会产生二义性。因此,$\tilde{x}(n)$ 可展开成如下傅里叶级

数,即

$$\tilde{x}(n) = \frac{1}{N}\sum_{k=0}^{N-1}\tilde{X}(k)\mathrm{e}^{\mathrm{j}\frac{2\pi}{N}kn} \tag{3-1}$$

式中,$1/N$ 是一个常用的常数,选取它是为了下面的 $\tilde{X}(k)$ 表达式成立的需要;$\tilde{X}(k)$ 为 k 次谐波的系数。下面求解系数 $\tilde{X}(k)$,这要利用以下性质,即

$$\frac{1}{N}\sum_{n=0}^{N-1}\mathrm{e}^{\mathrm{j}\frac{2\pi}{N}rn} = \frac{1}{N}\frac{1-\mathrm{e}^{\mathrm{j}\frac{2\pi}{N}rN}}{1-\mathrm{e}^{\mathrm{j}\frac{2\pi}{N}r}} = \begin{cases} 1 & r=mN,m \text{ 为整数} \\ 0 & \text{其他 } r \end{cases} \tag{3-2}$$

将式 (3-1) 两端同乘以 $\mathrm{e}^{-\mathrm{j}\frac{2\pi}{N}rn}$,然后从 $n=0 \sim N-1$ 的一个周期内求和,得

$$\sum_{n=0}^{N-1}\tilde{x}(n)\mathrm{e}^{-\mathrm{j}\frac{2\pi}{N}rn} = \frac{1}{N}\sum_{n=0}^{N-1}\sum_{k=0}^{N-1}\tilde{X}(k)\mathrm{e}^{\mathrm{j}\frac{2\pi}{N}(k-r)n} = \sum_{k=0}^{N-1}\tilde{X}(k)\left[\frac{1}{N}\sum_{n=0}^{N-1}\mathrm{e}^{\mathrm{j}\frac{2\pi}{N}(k-r)n}\right] = \tilde{X}(r)$$

把 r 换成 k,可得

$$\tilde{X}(k) = \sum_{n=0}^{N-1}\tilde{x}(n)\mathrm{e}^{-\mathrm{j}\frac{2\pi}{N}kn} \tag{3-3}$$

这就是求 $k=0 \sim N-1$ 的 N 个谐波系数 $\tilde{X}(k)$ 的公式。同时可以看出,$\tilde{X}(k)$ 也是一个以 N 为周期的周期序列,即

$$\tilde{X}(k+mN) = \sum_{n=0}^{N-1}\tilde{x}(n)\mathrm{e}^{-\mathrm{j}\frac{2\pi}{N}(k+mN)n} = \sum_{n=0}^{N-1}\tilde{x}(n)\mathrm{e}^{-\mathrm{j}\frac{2\pi}{N}kn} = \tilde{X}(k)$$

这与式 (3-1) 的虚指数一样,只在 $k=0,1,\cdots,N-1$ 时才各不相同,即离散傅里叶级数只有 N 个不同的系数 $\tilde{X}(k)$ 的说法是一致的。可以看出,时域周期序列的离散傅里叶级数在频域(即其系数)也是一个周期序列。因而,可将式 (3-1) 与式 (3-3) 一起看作是周期序列的离散傅里叶级数(DFS)对。

为了表示方便,常常利用复数量 W_N 来表示式 (3-1) 和式 (3-3)。W_N 定义为

$$W_N = \mathrm{e}^{-\mathrm{j}\frac{2\pi}{N}}$$

则式 (3-1) 与式 (3-3) 可表示为

$$\text{正变换} \quad \tilde{X}(k) = \mathrm{DFS}[\tilde{x}(n)] = \sum_{n=0}^{N-1}\tilde{x}(n)\mathrm{e}^{-\mathrm{j}\frac{2\pi}{N}nk} = \sum_{n=0}^{N-1}\tilde{x}(n)W_N^{nk} \tag{3-4}$$

$$\text{逆变换} \quad \tilde{x}(n) = \mathrm{IDFS}[\tilde{X}(k)] = \frac{1}{N}\sum_{k=0}^{N-1}\tilde{X}(k)\mathrm{e}^{\mathrm{j}\frac{2\pi}{N}nk} = \frac{1}{N}\sum_{k=0}^{N-1}\tilde{X}(k)W_N^{-nk} \tag{3-5}$$

式中,DFS [·] 表示离散傅里叶级数正变换;IDFS [·] 表示离散傅里叶级数逆变换;W_N^{-nk} 称为旋转因子(Tuiddle Factor)。

由上可知,只要知道周期序列的一个周期的内容,也就知道了该序列其他周期的内容。所以,实际上只有 N 个序列值(而不是无穷个序列值)有信息,式 (3-4) 与式 (3-5) 都只取 N 点序列值正好说明了这一意义。因而,周期序列和有限长序列有着本质的联系。

周期序列 $\tilde{X}(k)$ 可以看作是对 $\tilde{x}(n)$ 的一个周期 $x(n)$ 进行 z 变换,然后将 z 变换在 z 平面单位圆上按等间隔角 $\frac{2\pi}{N}$ 抽样得到。令

$$x(n) = \tilde{x}(n)R_N(n) = \begin{cases} \tilde{x}(n) & 0 \leq n \leq N-1 \\ 0 & \text{其他 } n \end{cases}$$

则 $x(n)$ 的 z 变换为

$$X(z) = \sum_{n=-\infty}^{\infty} x(n) z^{-n} = \sum_{n=0}^{N-1} \widetilde{x}(n) z^{-n} \quad (3-6)$$

将式（3-6）与式（3-4）比较可知

$$\widetilde{X}(k) = X(z) \big|_{z = W_N^{-k} = e^{j\frac{2\pi}{N}k}} \quad (3-7)$$

可以看出，$\widetilde{X}(k)$ 是在 z 平面单位圆上（从 $\omega = 0$ 到 $\omega = 2\pi$）的 N 个等间隔角（$2\pi k/N$，$k = 0, 1, \cdots, N-1$）上对 z 变换 $X(z)$ 的抽样，而第一个抽样点为 $k = 0$，即出现在 $z = 1$ 处，如图 3-1 所示。

综合四种傅里叶变换表达式可见，傅里叶变换的时间函数与频率函数存在对应关系，即**一个域的连续对应另一个域的非周期，一个域的离散必然对应另一个域的周期延拓**。表 3-1 对四种傅里叶变换形式的特点做了简要归纳。

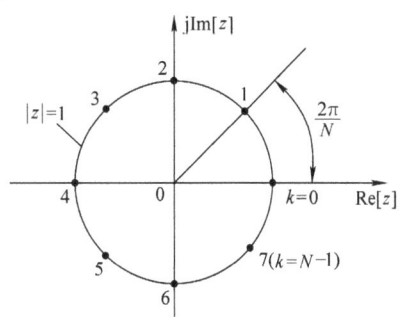

图 3-1 $X(z)$ 在 z 平面单位圆上抽样的各抽样点

表 3-1 四种傅里叶变换形式的特点归纳

变换	时间函数	频率函数
傅里叶变换	连续	非周期
	非周期	连续
傅里叶级数	连续	非周期
	周期（T_0）	离散（$\Omega_0 = \frac{2\pi}{T_0}$）
序列的傅里叶变换	离散（T）	周期（$\Omega_s = \frac{2\pi}{T}$）
	非周期	连续
离散傅里叶级数	离散（T）	周期（$\Omega_s = \frac{2\pi}{T}$）
	周期（T_0）	离散（$\Omega_0 = \frac{2\pi}{T_0}$）

3.1.2 离散傅里叶级数的性质

由于可以用抽样 z 变换来解释 DFS，因此它的许多性质与 z 变换的性质非常相似。但是，由于 $\widetilde{x}(n)$ 和 $\widetilde{X}(k)$ 两者都具有周期性，这就使得它与 z 变换的性质还有一些重要差别。此外，DFS 在时域和频域之间具有严格的对偶关系，这是序列的 z 变换表示所没有的。

设 $\widetilde{x}_1(n)$ 和 $\widetilde{x}_2(n)$ 皆为周期为 N 的周期序列，它们各自的 DFS 分别为

$$\widetilde{X}_1(k) = \text{DFS}[\widetilde{x}_1(n)], \widetilde{X}_2(k) = \text{DFS}[\widetilde{x}_2(n)]$$

1. 线性

$$\text{DFS}[a\widetilde{x}_1(n) + b\widetilde{x}_2(n)] = a\widetilde{X}_1(k) + b\widetilde{X}_2(k) \quad (3-8)$$

式中，a 和 b 为任意常数，所得到的频域序列也是周期序列，周期为 N。这一性质可由 DFS

定义直接证明，此处不再赘述。

2. 周期序列的移位

$$\text{DFS}[\tilde{x}(n+m)] = W_N^{-mk}\tilde{X}(k) = e^{j\frac{2\pi}{N}mk}\tilde{X}(k) \tag{3-9}$$

$$\text{DFS}[W_N^{nl}\tilde{x}(n)] = \tilde{X}(k+l) \text{ 或 IDFS}[\tilde{X}(k+l)] = W_N^{nl}\tilde{x}(n) \tag{3-10}$$

证明：

$$\text{DFS}[\tilde{x}(n+m)] = \sum_{n=0}^{N-1}\tilde{x}(n+m)W_N^{nk} \quad (\text{令 } i = n+m)$$

$$= \sum_{i=m}^{N-1+m}\tilde{x}(i)W_N^{ki}W_N^{-mk}$$

由于 $\tilde{x}(i)$ 及 W_N^{ki} 都是以 N 为周期的周期函数，故

$$\text{DFS}[\tilde{x}(n+m)] = W_N^{-mk}\sum_{i=0}^{N-1}\tilde{x}(i)W_N^{ki} = W_N^{-mk}\tilde{X}(k)$$

由于 $\tilde{x}(n)$ 与 $\tilde{X}(k)$ 的对称特点，可以用相似的方法证明式 (3-10)，即

$$\text{DFS}[W_N^{nl}\tilde{x}(n)] = \sum_{i=0}^{N-1}W_N^{nl}\tilde{x}(n)W_N^{kn} = \sum_{n=0}^{N-1}\tilde{x}(n)W_N^{(l+k)n} = \tilde{X}(k+l)$$

3. 周期卷积和

若
$$\tilde{Y}(k) = \tilde{X}_1(k)\tilde{X}_2(k)$$

则
$$\tilde{y}(n) = \text{IDFS}[\tilde{Y}(k)] = \sum_{m=0}^{N-1}\tilde{x}_1(m)\tilde{x}_2(n-m) = \sum_{m=0}^{N-1}\tilde{x}_2(m)\tilde{x}_1(n-m) \tag{3-11}$$

证明：
$$\tilde{y}(n) = \text{IDFS}[\tilde{X}_1(k)\tilde{X}_2(k)] = \frac{1}{N}\sum_{k=0}^{N-1}\tilde{X}_1(k)\tilde{X}_2(k)W_N^{-kn}$$

代入
$$\tilde{X}_1(n) = \sum_{m=0}^{N-1}\tilde{x}_1(m)W_N^{mk}$$

得
$$\tilde{y}(n) = \frac{1}{N}\sum_{k=0}^{N-1}\sum_{m=0}^{N-1}\tilde{x}_1(m)\tilde{X}_2(k)W_N^{-(n-m)k}$$

$$= \sum_{m=0}^{N-1}\tilde{x}_1(m)\left[\frac{1}{N}\sum_{k=0}^{N-1}\tilde{X}_2(k)W_N^{-(n-m)k}\right]$$

$$= \sum_{m=0}^{N-1}\tilde{x}_1(m)\tilde{x}_2(n-m)$$

将变量进行简单换元，即可得等价的表达式，即

$$\tilde{y}(n) = \sum_{m=0}^{N-1}\tilde{x}_2(m)\tilde{x}_1(n-m)$$

式 (3-11) 是一个卷积和公式，但是它与非周期序列的线性卷积和不同。首先，$\tilde{x}_1(m)$ 和 $\tilde{x}_2(n-m)$ 或 $\tilde{x}_2(m)$ 和 $\tilde{x}_1(n-m)$ 都是变量 m 的周期序列，周期为 N，故乘积也是周期为 N 的周期序列；其次，求和只在一个周期上进行，即 $m = 0 \sim N-1$，所以称为周期卷积。

周期卷积的过程可以用图 3-2 来说明，这是一个 $N=7$ 的周期卷积。每一个周期里 $\tilde{x}_1(n)$ 有一个宽度为 4 的矩形脉冲，$\tilde{x}_2(n)$ 有一个宽度为 3 的矩形脉冲，图中画出了对应于 $n=0,1,2$ 时的 $\tilde{x}_2(n-m)$。周期卷积过程中一个周期的某一序列值移出计算区间时，相邻

周期的同一位置的序列值就从另一端移入本周期的计算区间。运算在 $m=0\sim N-1$ 区间内进行，即在一个周期内将 $\widetilde{x}_2(n-m)$ 与 $\widetilde{x}_1(m)$ 逐点相乘后求和，先计算出 $n=0,1,\cdots,N-1$ 的结果，然后将所得结果周期延拓，就得到所求的整个周期序列 $\widetilde{y}(n)$。

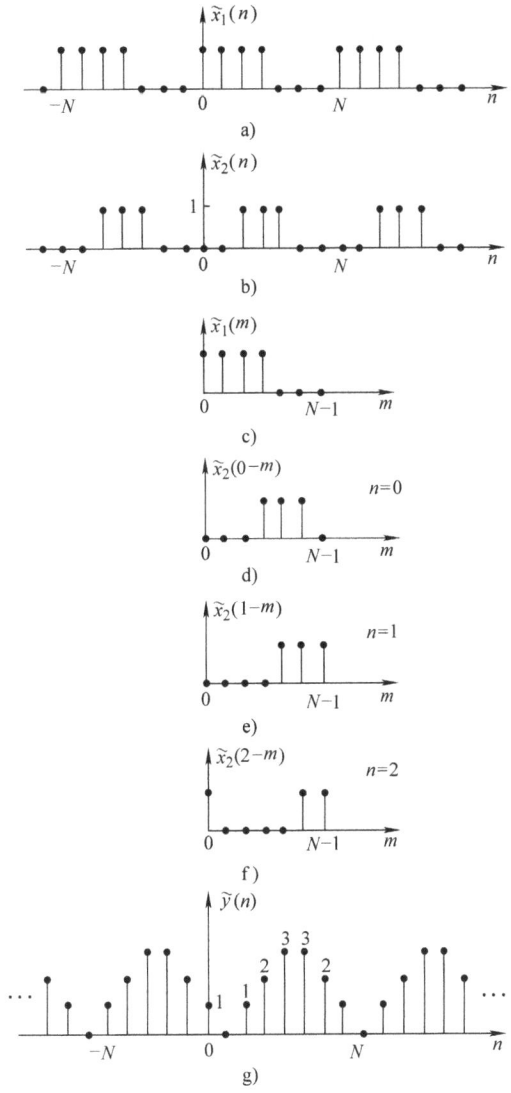

图 3-2　两个周期序列 ($N=7$) 的周期卷积过程

由于 DFS 和 IDFS 变换的对称性，同样可以证明时域周期序列的乘积对应频域周期序列的周期卷积，即如果

$$\widetilde{y}(n) = \widetilde{x}_1(n)\widetilde{x}_2(n)$$

则

$$\widetilde{Y}(k) = \text{DFS}[\widetilde{y}(n)] = \sum_{n=0}^{N-1} \widetilde{y}(n) W_N^{nk} = \frac{1}{N}\sum_{l=0}^{N-1}\widetilde{X}_1(l)\widetilde{X}_2(k-l)$$

$$= \frac{1}{N}\sum_{l=0}^{N-1}\widetilde{X}_2(l)\widetilde{X}_1(k-l) \tag{3-12}$$

3.2 有限长序列的离散傅里叶变换及其性质

3.1 节讨论的周期序列实际上只有有限个序列值有意义，因此它和有限长序列有着本质的联系。本节将根据周期序列和有限长序列之间的关系，由周期序列的离散傅里叶级数表达式推导得到有限长序列的离散频域表示，即离散傅里叶变换（DFT）。

3.2.1 离散傅里叶变换的定义

设 $x(n)$ 为长度为 N 的有限长序列，可表示为

$$x(n) = \begin{cases} x(n) & 0 \leq n \leq N-1 \\ 0 & \text{其他 } n \end{cases}$$

为了引用周期序列的概念，有限长序列 $x(n)$ 可看作周期为 N 的周期序列 $\tilde{x}(n)$ 的一个周期，而 $\tilde{x}(n)$ 可看作 $x(n)$ 的以 N 为周期的周期延拓，即表示为

$$x(n) = \begin{cases} \tilde{x}(n) & 0 \leq n \leq N-1 \\ 0 & \text{其他 } n \end{cases} \tag{3-13}$$

$$\tilde{x}(n) = \sum_{r=-\infty}^{\infty} x(n+rN) \tag{3-14}$$

通常把 $\tilde{x}(n)$ 的第一个周期 $n = 0 \sim N-1$ 定义为主值区间，故 $x(n)$ 是 $\tilde{x}(n)$ 的主值序列，即主值区间上的序列；而 $\tilde{x}(n)$ 称为 $x(n)$ 的周期延拓。对不同 r 值，$x(n+rN)$ 之间彼此并不重叠，故式 (3-14) 可写为

$$\tilde{x}(n) = x(n \bmod N) = x((n))_N \tag{3-15}$$

式中，$((n))_N$ 表示 $(n \bmod N)$，在数学上就是表示 n 对 N 取余数，或称 n 对 N 取模值。令

$$n = n_1 + mN \quad 0 \leq n_1 \leq N-1, m \text{ 为整数}$$

则 n_1 为 n 对 N 的余数。

例如，$\tilde{x}(n)$ 为周期为 $N=9$ 的序列，则有

$$\tilde{x}(8) = x((8))_9 = x(8)$$
$$\tilde{x}(13) = x((13))_9 = x(4)$$
$$\tilde{x}(22) = x((22))_9 = x(4)$$
$$\tilde{x}(-1) = x((-1))_9 = x(8)$$

利用前面的矩形序列 $R_N(n)$，式 (3-13) 可写为

$$x(n) = \tilde{x}(n) R_N(n) \tag{3-16}$$

同理，频域的周期序列 $\tilde{X}(k)$ 也可看作是对有限长序列 $X(k)$ 的周期延拓，而有限长序列 $X(k)$ 可看作是周期序列 $\tilde{X}(k)$ 的主值序列，即

$$\tilde{X}(k) = X((k))_N \tag{3-17}$$

$$X(k) = \tilde{X}(k) R_N(k) \tag{3-18}$$

下面再看表示离散傅里叶级数与其逆变换的式 (3-4) 和式 (3-5)，这两个公式的求和都只限定在 $n = 0 \sim N-1$ 和 $k = 0 \sim N-1$ 的主值区间进行，它们完全适用于主值序列 $x(n)$ 与 $X(k)$，因此，可以得到有限长序列的离散傅里叶变换的定义

正变换
$$X(k) = \text{DFT}[x(n)] = \sum_{n=0}^{N-1} x(n) W_N^{nk} \quad 0 \leq k \leq N-1 \tag{3-19}$$

逆变换
$$x(n) = \text{IDFT}[X(k)] = \frac{1}{N} \sum_{k=0}^{N-1} X(k) W_N^{-nk} \quad 0 \leq n \leq N-1 \tag{3-20}$$

或简练地表示为
$$X(k) = \left[\sum_{n=0}^{N-1} x(n) W_N^{nk}\right] R_N(k) = \widetilde{X}(k) R_N(k) \tag{3-21}$$

$$x(n) = \left[\frac{1}{N} \sum_{k=0}^{N-1} X(k) W_N^{-nk}\right] R_N(n) = \widetilde{x}(n) R_N(n) \tag{3-22}$$

$x(n)$ 和 $X(k)$ 是一个有限长序列的离散傅里叶变换对。已知其中一个序列,就能唯一地确定另一个序列。这是因为 $x(n)$ 与 $X(k)$ 都是点数为 N 的序列,都有 N 个独立值(可以是复数),所以信息当然等量。

此外,需要强调的是,在使用离散傅里叶变换时,必须注意所处理的有限长序列都是作为周期序列的一个周期来表示的。换句话说,离散傅里叶变换隐含着周期性。

3.2.2 离散傅里叶变换的性质

本节讨论的 DFT 的性质,本质上与周期序列的 DFS 概念有关,而且是由有限长序列及其 DFT 表达式隐含的周期性得出的。以下讨论的序列都是 N 点有限长序列,用 DFT[·] 表示 N 点 DFT,且设

$$\text{DFT}[x_1(n)] = X_1(k) \quad \text{DFT}[x_2(n)] = X_2(k)$$

1. 线性

$$\text{DFT}[ax_1(n) + bx_2(n)] = aX_1(k) + bX_2(k)$$

式中,a、b 为任意常数。该式可根据 DFT 定义自行证明。

需要说明的是:

1)如果 $x_1(n)$ 和 $x_2(n)$ 皆为 N 点序列,即在 $0 \leq n \leq N-1$ 范围内有定义,则 $aX_1(k) + bX_2(k)$ 也是 N 点序列。

2)若 $x_1(n)$ 和 $x_2(n)$ 的点数不相等,设 $x_1(n)$ 为 N_1 点 $(0 \leq n \leq N_1 - 1)$ 序列,而 $x_2(n)$ 为 N_2 点 $(0 \leq n \leq N_2 - 1)$ 序列,则 $ax_1(n) + bx_2(n)$ 应为 $N = \max[N_1, N_2]$ 点序列,故 DFT 必须按 N 点计算。例如,若 $N_1 < N_2$,则取 $N = N_2$,那么需要将 $x_1(n)$ 补上 $N_2 - N_1$ 个零值点后变为 N_2 点的序列,然后进行 N_2 点的 DFT,即

$$X_1(k) = \left[\sum_{n=0}^{N_2-1} x_1(n) W_{N_2}^{nk}\right] R_{N_2}(k) = \left[\sum_{n=0}^{N_1-1} x_1(n) W_{N_2}^{nk}\right] R_{N_2}(k)$$

$$X_2(k) = \left[\sum_{n=0}^{N_2-1} x_2(n) W_{N_2}^{nk}\right] R_{N_2}(k)$$

2. 序列的圆周移位

一个长度为 N 的有限长序列 $x(n)$ 的圆周移位定义为

$$x_m(n) = x((n+m))_N R_N(n) \tag{3-23}$$

式（3-23）所表达的圆周移位过程示意图如图 3-3a～d 所示。首先，将 $x(n)$ 以 N 为周期进行周期延拓得到周期序列 $\tilde{x}(n) = x((n))_N$，再将 $\tilde{x}(n)$ 加以移位，即

$$x((n+m))_N = \tilde{x}(n+m) \tag{3-24}$$

然后，再对移位的周期序列 $\tilde{x}(n+m)$ 取主值区间（$n = 0 \sim N-1$）上的序列值，即 $x((n+m))_N R_N(n)$。所以，一个有限长序列 $x(n)$ 的圆周移位序列 $x_m(n)$ 仍然是一个长度为 N 的有限长序列。

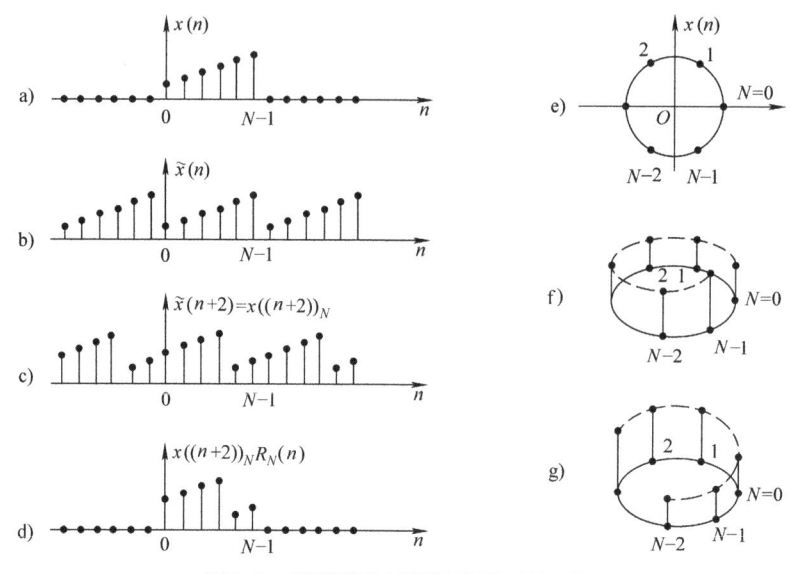

图 3-3 圆周移位过程示意图（$N=6$）

由图 3-3a～d 可以看出，由于是周期序列的移位，只观察 $0 \leq n \leq N-1$ 主值区间，当某一抽样从该区间的一端移出时，与其相同值的抽样又从该区间的另一端循环移进。因而，可以想象 $x(n)$ 是排列在一个 N 等分的圆周上，序列 $x(n)$ 的圆周移位，就相当于 $x(n)$ 在此圆周上旋转，如图 3-3e～g 所示，因而称为圆周移位。若将 $x(n)$ 向左圆周移位，则此圆为顺时针旋转；若将 $x(n)$ 向右圆周移位，则此圆为逆时针旋转。此外，如果围绕圆周观察几圈，那么看到的就是周期序列 $\tilde{x}(n)$。

时域圆周移位定理如下：

设 $x(n)$ 是长度为 N 的有限长序列，$x_m(n) = x((n+m))_N R_N(n)$ 为 $x(n)$ 的圆周移位，则圆周移位后的 DFT 为

$$X_m(k) = \text{DFT}[x_m(n)] = \text{DFT}[x((n+m))_N R_N(n)] = W_N^{-mk} X(k) \tag{3-25}$$

下面利用周期序列的移位性质加以证明。

证明：

$$\text{DFS}[x((n+m))_N] = \text{DFS}[\tilde{x}(n+m)] = W_N^{-mk} \tilde{X}(k)$$

由 DFS 和 DFT 的关系，可得

$$\text{DFT}[x((n+m))_N R_N(n)] = \text{DFT}[\tilde{x}(n+m) R_N(n)] = W_N^{-mk} \tilde{X}(k) R_N(k) = W_N^{-mk} X(k)$$

这表明有限长序列的圆周移位在离散频域中引入一个和频率成正比的线性相移 $W_N^{-km} = e^{(j\frac{2\pi}{N}k)m}$，而对频谱的幅度没有影响。

对于频域有限长序列 $X(k)$，也可看成是分布在一个 N 等分的圆周上，所以对于 $X(k)$

的圆周移位,利用频域与时域的对偶关系,可以证明以下性质,即

若
$$X(k) = \text{DFT}[x(n)]$$

则
$$\text{IDFT}[X((k+l))_N R_N(k)] = W_N^{nl} x(n) = e^{-j\frac{2\pi}{N}nl} x(n) \tag{3-26}$$

这就是调制特性,即频域圆周移位定理。该定理表明时域序列的调制等效于频域的圆周移位。由此还可以得出以下两个公式,即

$$\text{DFT}\left[x(n)\cos\left(\frac{2\pi nl}{N}\right)\right] = \frac{1}{2}[X((k-l))_N + X((k+l))_N] R_N(k) \tag{3-27}$$

$$\text{DFT}\left[x(n)\sin\left(\frac{2\pi nl}{N}\right)\right] = \frac{1}{2j}[X((k-l))_N - X((k+l))_N] R_N(k) \tag{3-28}$$

3. 圆周共轭对称性

设有限长序列为 $x(n)$,长度为 N 点,它的以 N 为周期的周期延拓序列为 $\tilde{x}(n)$,则周期序列 $\tilde{x}(n)$ 的共轭对称分量 $\tilde{x}_e(n)$ 及共轭逆对称分量 $\tilde{x}_o(n)$ 分别为

$$\tilde{x}_e(n) = \frac{1}{2}[\tilde{x}(n) + \tilde{x}^*(-n)] = \frac{1}{2}[x((n))_N + x^*((N-n))_N] \tag{3-29}$$

$$\tilde{x}_o(n) = \frac{1}{2}[\tilde{x}(n) - \tilde{x}^*(-n)] = \frac{1}{2}[x((n))_N - x^*((N-n))_N] \tag{3-30}$$

则长度为 N 的有限长序列 $x(n)$ 的圆周共轭对称分量 $x_{\text{ep}}(n)$ 和圆周共轭逆对称分量 $x_{\text{op}}(n)$ 分别定义为

$$x_{\text{ep}}(n) = \tilde{x}_e(n) R_N(n) = \frac{1}{2}[x((n))_N + x^*((N-n))_N] R_N(n) \tag{3-31}$$

$$x_{\text{op}}(n) = \tilde{x}_o(n) R_N(n) = \frac{1}{2}[x((n))_N - x^*((N-n))_N] R_N(n) \tag{3-32}$$

可以证明两者满足

$$x_{\text{ep}}(n) = x_{\text{ep}}^*(N-n) \quad 0 \le n \le N-1 \tag{3-33}$$

$$x_{\text{op}}(n) = -x_{\text{op}}^*(N-n) \quad 0 \le n \le N-1 \tag{3-34}$$

式中, $x_{\text{ep}}(N) = x_{\text{ep}}(0)$, $x_{\text{op}}(N) = -x_{\text{op}}(0)$ 。

如同任何实函数都可以分解成偶对称分量和奇对称分量一样,任何有限长序列 $x(n)$ 都可以表示成其圆周共轭对称分量 $x_{\text{ep}}(n)$ 和圆周共轭逆对称分量 $x_{\text{op}}(n)$ 之和,即

$$x(n) = x_{\text{ep}}(n) + x_{\text{op}}(n) \quad 0 \le n \le N-1 \tag{3-35}$$

利用式 (3-33) ~ 式 (3-35),可得圆周共轭对称分量及圆周共轭逆对称分量具有如下性质。

1) $\text{DFT}[x^*(n)] = X^*((-k))_N R_N(k) = X^*((N-k))_N R_N(k)$ (3-36)

式中, $x^*(n)$ 为 $x(n)$ 的共轭复序列。

证明:

$$\begin{aligned}\text{DFT}[x^*(n)] &= \sum_{n=0}^{N-1} x^*(n) W_N^{nk} R_N(k) = \left[\sum_{n=0}^{N-1} x(n) W_N^{-nk}\right]^* R_N(k) \\ &= X^*((-k))_N R_N(k) = \left[\sum_{n=0}^{N-1} x(n) W_N^{(N-k)n}\right]^* R_N(k) \\ &= X^*((N-k))_N R_N(k) = X^*(N-k)\end{aligned}$$

其中

$$W_N^{nN} = e^{-j\frac{2\pi}{N}nN} = e^{-j2\pi n} = 1$$

2) $\mathrm{DFT}[x^*((-n))_N R_N(n)] = \mathrm{DFT}[x^*((N-n))_N R_N(n)] = X^*(k)$ (3-37)

证明：

$$\begin{aligned}
\mathrm{DFT}[x^*((-n))_N R_N(n)] &= \sum_{n=0}^{N-1} x^*((-n))_N R_N(n) W_N^{nk} R_N(k) \\
&= \left[\sum_{n=0}^{N-1} x((-n))_N W_N^{-nk}\right]^* R_N(k) \\
&= \left[\sum_{n=-(N-1)}^{0} x((n))_N W_N^{nk}\right]^* R_N(k) \\
&= \left[\sum_{n=0}^{N-1} x((n))_N W_N^{nk}\right]^* R_N(k) = \left[\sum_{n=0}^{N-1} x(n) W_N^{nk}\right]^* R_N(k) \\
&= X^*(k)
\end{aligned}$$

3) 设 $\mathrm{DFT}[x(n)] = \mathrm{DFT}\{\mathrm{Re}[x(n)] + j\mathrm{Im}[x(n)]\}$，则有

$$\mathrm{DFT}\{\mathrm{Re}[x(n)]\} = X_{\mathrm{ep}}(k) = \frac{1}{2}[X(k) + X^*(N-k)] \tag{3-38}$$

$$\mathrm{DFT}\{j\mathrm{Im}[x(n)]\} = X_{\mathrm{op}}(k) = \frac{1}{2}[X(k) - X^*(N-k)] \tag{3-39}$$

证明： 由 $\mathrm{Re}[x(n)] = \frac{1}{2}[x(n) + x^*(n)]$，可得

$$\begin{aligned}
\mathrm{DFT}\{\mathrm{Re}[x(n)]\} &= \frac{1}{2}\{\mathrm{DFT}[x(n)] + \mathrm{DFT}[x^*(n)]\} \\
&= \frac{1}{2}[X(k) + X^*(N-k)] = X_{\mathrm{ep}}(k)
\end{aligned}$$

同理，由 $j\mathrm{Im}[x(n)] = \frac{1}{2}[x(n) - x^*(n)]$ 可证明式 (3-39)。

这说明复序列实部的 DFT 等于序列 DFT 的圆周共轭对称分量，复序列虚部乘以 j 的 DFT 等于序列 DFT 的圆周共轭逆对称分量。

4) 对于有限长序列 $x(n)$ 的圆周共轭对称分量 $x_{\mathrm{ep}}(n)$ 和圆周共轭逆对称分量 $x_{\mathrm{op}}(n)$，有

$$\mathrm{DFT}[x_{\mathrm{ep}}(n)] = \mathrm{Re}[X(k)] \tag{3-40}$$

$$\mathrm{DFT}[x_{\mathrm{op}}(n)] = j\mathrm{Im}[X(k)] \tag{3-41}$$

证明：

$$\mathrm{DFT}[x_{\mathrm{ep}}(n)] = \mathrm{DFT}\left\{\frac{1}{2}[x(n) + x^*(N-n)]\right\} = \frac{1}{2}\mathrm{DFT}[x(n)] + \frac{1}{2}\mathrm{DFT}[x^*(N-n)]$$

利用式 (3-37)，可得

$$\mathrm{DFT}[x_{\mathrm{ep}}(n)] = \frac{1}{2}[X(k) + X^*(k)] = \mathrm{Re}[X(k)]$$

则式 (3-40) 得证。同理可证明式 (3-41)。

5) 若 $x(n)$ 是实序列，这时 $x(n) = x^*(n)$，则由式 (3-36) 有

$$X(k) = X^*(N-k) \tag{3-42}$$

可见，$X(k)$ 只有圆周共轭对称分量。

6) 若 $x(n)$ 是纯虚序列，这时 $x(n) = -x^*(n)$，则显然 $X(k)$ 只有圆周共轭逆对称分量，即满足

$$X(k) = -X^*(N-k) \tag{3-43}$$

可见，对于 $x(n)$ 是实序列和纯虚序列的情况，只要知道一半数目的 $X(k)$ 即可，另一半可由对称性求得，这在计算 DFT 时可以简化运算，提高效率。

综上所述，可以归纳出 $x(n)$ 与 $X(k)$ 的奇、偶、虚、实关系，见表 3-2。利用这些关系可以减少 DFT 的运算量。

表 3-2 序列及其 DFT 的奇、偶、虚、实关系

$x(n)$（或 $X(k)$）	$X(k)$（或 $x(n)$）
偶对称	偶对称
奇对称	奇对称
实数	实部为偶对称、虚部为奇对称
虚数	实部为奇对称、虚部为偶对称
实数偶对称	实数偶对称
实数奇对称	虚数奇对称
虚数偶对称	虚数偶对称
虚数奇对称	实数奇对称

当然，这里对有限长序列 $x(n)$（或 $X(k)$）的奇偶是指把序列映射在一个圆周上，以 $n=0$（$k=0$）为对称中心的奇偶对称。表 3-2 的证明留给读者自行练习。

【例 3-1】 设 $x_1(n)$ 和 $x_2(n)$ 都是 N 点实序列，且

$$X_1(k) = \text{DFT}[x_1(n)], \quad X_2(k) = \text{DFT}[x_2(n)]$$

利用共轭对称性，试用一次复序列 DFT 计算两个实序列的 DFT。

解：将两个实序列构成一个复数序列，即 $w(n) = x_1(n) + jx_2(n)$，则

$$W(k) = \text{DFT}[w(n)] = \text{DFT}[x_1(n) + jx_2(n)]$$
$$= \text{DFT}[x_1(n)] + j\text{DFT}[x_2(n)] = X_1(k) + jX_2(k)$$

又 $x_1(n) = \text{Re}[w(n)]$，$x_2(n) = \text{Im}[w(n)]$，则由式 (3-38)、式 (3-39) 得

$$X_1(k) = \text{DFT}\{\text{Re}[w(n)]\} = W_{\text{ep}}(k) = \frac{1}{2}[W(k) + W^*((N-k))_N R_N(k)]$$

$$X_2(k) = \text{DFT}\{\text{Im}[w(n)]\} = \frac{1}{j}W_{\text{op}}(k) = \frac{1}{2j}[W(k) - W^*((N-k))_N R_N(k)]$$

因此，用 DFT 求出 $W(k)$ 后，再按以上两式即可求得两实序列的 DFT。求解的 MATLAB 程序如下：

```
% 直接计算 DFT 的函数
function X = DFT(x)
N = length(x);
n = (1:N);
for k = 1:N
    X(k) = sum(x.*exp(-i*2*pi*(n-1)*(k-1)/N));
end
% 利用一次复序列 DFT 计算两个实序列的 DFT 程序
```

```
N = 8;x1 = rand(1,N);x2 = rand(1,N);% 产生两个 N 点实序列
wn = complex(x1,x2);
Wk = DFT(wn);
for k = 0:N-1
    Wke(k+1) = conj(Wk(1+mod(N-k,N)));% 计算共轭对称序列
end
% 比较直接 DFT 和利用一次复序列 DFT 计算两个实序列的 DFT 结果
X1a = DFT(x1);X1b = 0.5*(Wk+Wke);
X2a = DFT(x2);X2b = -i*0.5*(Wk-Wke);
```

4. DFT 形式下的帕斯瓦尔定理

$$\sum_{n=0}^{N-1} x(n)y^*(n) = \frac{1}{N}\sum_{k=0}^{N-1} X(k)Y^*(k) \tag{3-44}$$

证明：

$$\sum_{n=0}^{N-1} x(n)y^*(n) = \sum_{n=0}^{N-1} x(n)\left[\frac{1}{N}\sum_{k=0}^{N-1} Y(k)W_N^{-kn}\right]^*$$

$$= \frac{1}{N}\sum_{k=0}^{N-1} Y^*(k)\sum_{n=0}^{N-1} x(n)W_N^{kn} = \frac{1}{N}\sum_{k=0}^{N-1} X(k)Y^*(k)$$

如果令 $y(n) = x(n)$，则式 (3-44) 变为

$$\sum_{n=0}^{N-1} x(n)x^*(n) = \frac{1}{N}\sum_{k=0}^{N-1} X(k)X^*(k)$$

即

$$\sum_{n=0}^{N-1} |x(n)|^2 = \frac{1}{N}\sum_{k=0}^{N-1} |X(k)|^2 \tag{3-45}$$

这表明一个序列在时域计算的能量与在频域计算的能量是相等的。

5. 圆周卷积和

设 $x_1(n)$ 和 $x_2(n)$ 都是点数为 N 的有限长序列（$0 \leq n \leq N-1$），且

$$\text{DFT}[x_1(n)] = X_1(k), \quad \text{DFT}[x_2(n)] = X_2(k)$$

若

$$Y(k) = X_1(k)X_2(k)$$

则

$$y(n) = \text{IDFT}[Y(k)] = \sum_{m=0}^{N-1} x_1(m)x_2((n-m))_N R_N(n)$$

$$= \sum_{m=0}^{N-1} x_2(m)x_1((n-m))_N R_N(n) \tag{3-46}$$

证明：

式（3-46）卷积相当于周期序列 $\tilde{x}_1(n)$ 和 $\tilde{x}_2(n)$ 进行周期卷积后再取其主值序列。

先将 $Y(k)$ 周期延拓，即

$$\tilde{Y}(k) = \tilde{X}_1(k)\tilde{X}_2(k)$$

根据 DFS 的周期卷积公式

$$\tilde{y}(n) = \sum_{m=0}^{N-1} \tilde{x}_1(m)\tilde{x}_2(n-m) = \sum_{m=0}^{N-1} x_1((m))_N x_2((n-m))_N$$

由于主值区间为 $0 \leqslant m \leqslant N-1$,故 $x_1((m))_N = x_1(m)$,因此

$$y(n) = \tilde{y}(n)R_N(n) = \Big[\sum_{m=0}^{N-1} x_1(m)x_2((n-m))_N\Big]R_N(n)$$

将 $\tilde{y}(n)$ 式经过简单换元,也可证明

$$y(n) = \Big[\sum_{m=0}^{N-1} x_2(m)x_1((n-m))_N\Big]R_N(n)$$

圆周卷积用符号 Ⓝ 来表示。圆周内的 N 表示所进行的是 N 点圆周卷积和,则

$$x_1(n) \text{Ⓝ} x_2(n) = \Big[\sum_{m=0}^{N-1} x_1(m)x_2((n-m))_N\Big]R_N(n)$$
$$= \Big[\sum_{m=0}^{N-1} x_2(m)x_1((n-m))_N\Big]R_N(n) = x_2(n)\text{Ⓝ}x_1(n) \quad (3-47)$$

式(3-47)表示的运算称为圆周卷积和,其卷积过程如图 3-4 所示。圆周卷积过程中,求和变量为 m,n 为参变量。先将 $x_2(m)$ 周期化,形成 $x_2((m))_N$($x_2(m)$ 长度不足 N 点时补零至 N 点),再反转形成 $x_2((-m))_N$,取主值序列则得到 $x_2((-m))_N R_N(m)$,通常称之为 $x_2(m)$ 的圆周反转。对 $x_2(m)$ 的圆周反转序列圆周右移 n,形成 $x_2((n-m))_N R_N(m)$,当 $n=0,1,2,\cdots,N-1$ 时,分别将 $x_1(m)$ 与 $x_2((n-m))_N R_N(m)$ 相乘,并在 $m=0 \sim N-1$ 区间内求和,便得到圆周卷积 $y(n)$。

可以看出,圆周卷积过程和周期卷积过程是一样的,只不过这里要取主值序列。需要特别注意的是,两个长度小于等于 N 的序列的 N 点圆周卷积长度仍为 N,这与一般的线性卷积不同。

若 $x_1(n)$、$x_2(n)$ 皆为 N 点有限长序列,$y(n) = x_1(n)x_2(n)$,则

$$Y(k) = \text{DFT}[y(n)] = \frac{1}{N}X_1(k)\text{Ⓝ}X_2(k) \quad (3-48)$$

证明:利用时域与频域的对称性,可以证明频域圆周卷积定理,即

$$Y(k) = \text{DFT}[y(n)] = \Big[\frac{1}{N}\sum_{l=0}^{N-1} X_1(l)X_2((k-l))_N\Big]R_N(k)$$
$$= \Big[\frac{1}{N}\sum_{l=0}^{N-1} X_2(l)X_1((k-l))_N\Big]R_N(k)$$
$$= \frac{1}{N}X_1(k)\text{Ⓝ}X_2(k)$$

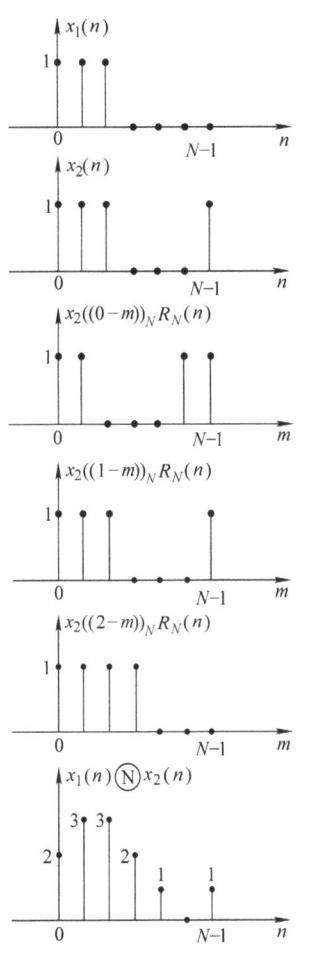

图 3-4 圆周卷积过程示意图($N=7$)

可见,时域序列相乘,乘积的 DFT 等于各个 DFT 的圆周卷积再乘以 $1/N$。

6. 有限长序列的线性卷积与圆周卷积

时域圆周卷积在频域上相当于两序列的 DFT 的乘积，而计算 DFT 可以采用它的快速算法——快速傅里叶变换（FFT）（见第 4 章），因此圆周卷积与线性卷积相比，可以大大加快计算速度。但实际工作中大多要求解线性卷积，例如信号通过线性移不变系统，其输出就是输入信号与系统的单位抽样响应的线性卷积，如果信号以及系统的单位抽样响应都是有限长序列，那么是否能用圆周卷积运算来代替线性卷积运算而不失真呢？下面就来讨论这个问题。

设 $x_1(n)$ 是 N_1 点的有限长序列（$0 \leq n \leq N_1 - 1$），$x_2(n)$ 是 N_2 点的有限长序列（$0 \leq n \leq N_2 - 1$）。它们的线性卷积为

$$y_1(n) = x_1(n) * x_2(n) = \sum_{m=-\infty}^{\infty} x_1(m) x_2(n-m) = \sum_{m=0}^{N_1-1} x_1(m) x_2(n-m) \quad (3-49)$$

$x_1(m)$ 的非零区间为 $\qquad 0 \leq m \leq N_1 - 1$
$x_2(n-m)$ 的非零区间为 $\qquad 0 \leq n - m \leq N_2 - 1$
将以上两个不等式相加，可得 $\qquad 0 \leq n \leq N_1 + N_2 - 2$

在上述区间外，不是 $x_1(n) = 0$ 就是 $x_2(n-m) = 0$，因而 $y_1(n) = 0$。所以 $y_1(n)$ 是 $N_1 + N_2 - 1$ 点有限长序列，即线性卷积的长度等于参与卷积的两序列的长度之和减 1。例如，图 3-5 中，$x_1(n)$ 为 $N_1 = 4$ 的矩形序列，如图 3-5a 所示，$x_2(n)$ 为 $N_2 = 5$ 的矩形序列如图 3-5b 所示，则它们的线性卷积 $y_1(n)$ 为 $N = N_1 + N_2 - 1 = 8$ 的有限长序列，如图 3-5c 所示。

再来看 $x_1(n)$ 与 $x_2(n)$ 的圆周卷积。先假设进行 L 点的圆周卷积，再讨论 L 取何值时，圆周卷积才能代表线性卷积。

设 $y(n) = x_1(n) \text{Ⓛ} x_2(n)$ 是两序列的 L 点圆周卷积，$L \geq \max[N_1, N_2]$，这就要将 $x_1(n)$ 与 $x_2(n)$ 都看成是 L 点的序列。在这 L 个序列值中，$x_1(n)$ 只有前 N_1 个是非零值，后 $L - N_1$ 个均为补充的零值。同样，$x_2(n)$ 只有前 N_2 个是非零值，后 $L - N_2$ 个均为补充的零值。则

$$y(n) = x_1(n) \text{Ⓛ} x_2(n) = \left[\sum_{m=0}^{L-1} x_1(m) x_2((n-m))_L \right] R_L(n) \quad (3-50)$$

为了分析其圆周卷积，先将序列 $x_1(n)$ 与 $x_2(n)$ 以 L 为周期进行周期延拓，即

$$\widetilde{x}_1(n) = x_1((n))_L = \sum_{k=-\infty}^{\infty} x_1(n+kL)$$

$$\widetilde{x}_2(n) = x_2((n))_L = \sum_{r=-\infty}^{\infty} x_2(n+rL)$$

周期延拓的两序列的周期卷积序列为

$$\widetilde{y}(n) = \sum_{m=0}^{L-1} \widetilde{x}_1(m) \widetilde{x}_2(n-m)_L = \sum_{m=0}^{L-1} x_1(m) \sum_{r=-\infty}^{\infty} x_2(n+rL-m)$$

$$= \sum_{r=-\infty}^{\infty} \sum_{m=0}^{L-1} x_1(m) x_2(n+rL-m) = \sum_{r=-\infty}^{\infty} y_1(n+rL) \quad (3-51)$$

前面已经分析得知 $y_1(n)$ 具有 $N_1 + N_2 - 1$ 个非零值。因此可以看到，如果周期卷积的周期 $L < N_1 + N_2 - 1$，那么 $y_1(n)$ 的周期延拓就必然有一部分非零序列值发生交叠，从而出现混叠现象。只有在 $L \geq N_1 + N_2 - 1$ 时，序列值才没有交叠现象。这时，在 $y_1(n)$ 的周期延拓

$\tilde{y}_1(n)$ 中，每一个周期 L 内，前 $N_1 + N_2 - 1$ 个序列值正好是 $y_1(n)$ 的全部非零序列值，而剩下的 $L - (N_1 + N_2 - 1)$ 个点上的序列值则是补充的零值。

圆周卷积正是周期卷积取主值序列，即

$$y(n) = x_1(n) \text{\textcircled{L}} x_2(n) = \tilde{y}(n) R_L(n)$$

因此
$$y(n) = \Big[\sum_{r=-\infty}^{\infty} y_1(n+rL) \Big] R_L(n)$$

所以，要使圆周卷积等于线性卷积而不产生混叠的必要条件为

$$L \geqslant N_1 + N_2 - 1 \tag{3-52}$$

满足此条件后就有 $y(n) = y_1(n)$，即

$$x_1(n) \text{\textcircled{L}} x_2(n) = x_1(n) * x_2(n)$$

图 3-5d~f 反映了式（3-50）的圆周卷积与线性卷积的关系。在图 3-5d 中，$L = 6 < N_1 + N_2 - 1 = 8$，这时产生了混叠现象，其圆周卷积不等于线性卷积；而在图 3-5e、f 中，$L = 8$ 和 $L = 10$，这时圆周卷积结果与线性卷积相同，所得 $y(n)$ 的前 8 点序列值正好代表线性卷积结果。所以，只要 $L \geqslant N_1 + N_2 - 1$，圆周卷积结果就能完全代表线性卷积。

7. 圆周相关

在随机信号分析与处理中，相关概念十分重要。通常利用相关函数来分析随机信号的功率谱密度，它对确定信号的分析也有一定的作用。所谓相关是指两个确定性（随机）信号之间的相互关系，在随机信号的数字处理中，可以利用相关函数来描述一个平稳随机信号的统计特性。与卷积概念一样，相关分为线性相关和圆周相关。

（1）线性相关函数 线性相关函数定义为

$$r_{xy}(m) = \sum_{n=-\infty}^{\infty} x(n) y^*(n-m) \tag{3-53}$$

由定义可见，相关的求解与卷积的求解相似，但没有翻褶这一步骤，仅包含平移、相乘与相加三个步骤，另外相关函数 $r_{xy}(m)$ 不满足交换律，这一点与卷积不同。即有

$$r_{yx}(m) = \sum_{n=-\infty}^{\infty} y(n) x^*(n-m) = \sum_{k=-\infty}^{\infty} x^*(k) y(k+m)$$

$$= \sum_{n=-\infty}^{\infty} x^*(n) y[n-(-m)]$$

$$= r_{xy}^*(-m) \neq r_{xy}(m) \tag{3-54}$$

当 $y(n) = x(n)$ 时，$r_{xx}(m)$ 称为 $x(n)$ 自相关

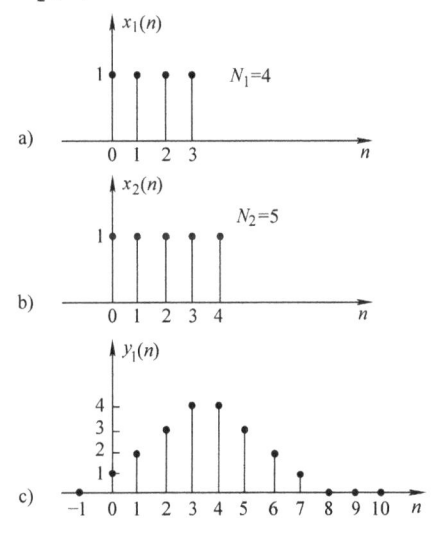

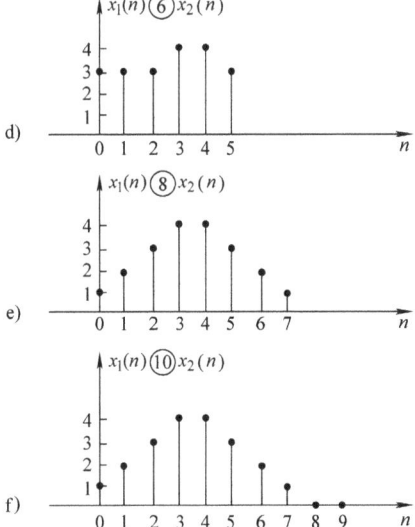

图 3-5 有限长序列的线性卷积与圆周卷积

函数，即

$$r_{xx}(m) = \sum_{n=-\infty}^{\infty} x(n)x^*(n-m) = \sum_{n=-\infty}^{\infty} x^*(n)x(n+m) = r_{xx}^*(-m) \quad (3-55)$$

对相关函数 $r_{xy}(m)$ 求 z 变换，可得

$$\begin{aligned}
R_{xy}(z) = Z[r_{xy}(m)] &= \sum_{m=-\infty}^{\infty} r_{xy}(m)z^{-m} = \sum_{m=-\infty}^{\infty} \sum_{n=-\infty}^{\infty} x(n)y^*(n-m)z^{-m} \\
&= \sum_{n=-\infty}^{\infty} x(n) \sum_{m=-\infty}^{\infty} y^*(n-m)z^{-m} = \sum_{n=-\infty}^{\infty} x(n)z^{-n} \sum_{m=-\infty}^{\infty} y^*(n-m)z^{-(m-n)} \\
&= \sum_{n=-\infty}^{\infty} x(n)z^{-n} \sum_{k=-\infty}^{\infty} y^*(k)z^{k} = \sum_{n=-\infty}^{\infty} x(n)z^{-n} \left[\sum_{k=-\infty}^{\infty} y(k)\left(\frac{1}{z^*}\right)^{-k} \right]^* \\
&= X(z)Y^*\left(\frac{1}{z^*}\right)
\end{aligned}$$

代入 $z = e^{j\omega}$，可得其频谱为

$$R_{xy}(e^{j\omega}) = R_{xy}(z)\big|_{z=e^{j\omega}} = X(e^{j\omega})Y^*(e^{j\omega}) \quad (3-56)$$

同理可得

$$R_{xx}(e^{j\omega}) = |X(e^{j\omega})|^2 \quad (3-57)$$

由此可知，相关函数仅包含两个信号所共有的频率成分。

(2) 圆周相关定理 若

$$R_{xy}(k) = X(k)Y^*(k)$$

则

$$\begin{aligned}
r_{xy}(m) = \text{IDFT}[R_{xy}(k)] &= \sum_{n=0}^{N-1} y^*(n)x((n+m))_N R_N(m) \\
&= \sum_{n=0}^{N-1} x(n)y^*((n-m))_N R_N(m)
\end{aligned} \quad (3-58)$$

证明：先将 $Y^*(k)$、$X(k)$ 周期延拓成周期序列，即

$$\widetilde{R}_{xy}(k) = \widetilde{X}(k)\widetilde{Y}^*(k)$$

则

$$\begin{aligned}
\widetilde{r}_{xy}(m) = \text{IDFT}[\widetilde{R}_{xy}(k)] &= \frac{1}{N}\sum_{k=0}^{N-1} \widetilde{X}(k)\widetilde{Y}^*(k)W_N^{-mk} \\
&= \frac{1}{N}\sum_{k=0}^{N-1} \widetilde{Y}^*(k)\left(\sum_{n=0}^{N-1} \widetilde{x}(n)W_N^{nk}\right)W_N^{-mk} = \sum_{n=0}^{N-1} \widetilde{x}(n)\frac{1}{N}\sum_{k=0}^{N-1} \widetilde{Y}^*(k)W_N^{(n-m)k} \\
&= \sum_{n=0}^{N-1} \widetilde{x}(n)\left[\frac{1}{N}\sum_{k=0}^{N-1} \widetilde{Y}(k)W_N^{-(n-m)k}\right]^* = \sum_{n=0}^{N-1} \widetilde{x}(n)\widetilde{y}^*(n-m) \\
&= \sum_{n=0}^{N-1} \widetilde{y}^*(n)\widetilde{x}(n+m)
\end{aligned}$$

等式两边取主值序列，即得

$$r_{xy}(m) = \left[\sum_{n=0}^{N-1} y^*(n)x((n+m))_N\right]R_N(m) = \left[\sum_{n=0}^{N-1} x(n)y^*((n-m))_N\right]R_N(m)$$

当 $x(n)$、$y(n)$ 为实序列时，有

$$r_{xy}(m) = \left[\sum_{n=0}^{N-1} y(n)x((n+m))_N\right]R_N(m) = \left[\sum_{n=0}^{N-1} x(n)y((n-m))_N\right]R_N(m) \tag{3-59}$$

可见，$x((n+m))_N$ 是在 $n=0\sim N-1$ 范围内 $x(n)$ 的圆周移位，变量为 n，且无须翻褶，求和在主值区间 $0 \leq n \leq N-1$ 内进行，故称为圆周相关。

表 3-3 中列出了 DFT 的性质，以供参考。

表 3-3　DFT 的性质（序列长皆为 N 点）

序号	序　　列	离散傅里叶变换（DFT）
1	$ax_1(n) + bx_2(n)$	$aX_1(k) + bX_2(k)$
2	$x((n+m))_N R_N(n)$	$W_N^{-mk} X(k)$
3	$W_N^{nl} x(n)$	$X((k+l))_N R_N(k)$
4	$x_1(n) \text{ⓝ} x_2(n) = \left[\sum_{m=0}^{N-1} x_1(m)x_2((n-m))_N\right]R_N(n)$	$X_1(k)X_2(k)$
5	$x_1(n)x_2(n)$	$\left[\dfrac{1}{N}\sum_{l=0}^{N-1} X_1(l)X_2((k-l))_N\right]R_N(k)$
6	$x^*(n)$	$X^*(N-k)$
7	$x^*(N-n)$	$X^*(k)$
8	$x_{ep}(n) = \dfrac{1}{2}[x(n) + x^*(N-n)]$	$\text{Re}[X(k)]$
9	$x_{op}(n) = \dfrac{1}{2}[x(n) - x^*(N-n)]$	$j\text{Im}[X(k)]$
10	$\text{Re}[x(n)] = \dfrac{1}{2}[x(n) + x^*(n)]$	$X_{ep}(k) = \dfrac{1}{2}[X(k) + X^*(N-k)]$
11	$j\text{Im}[x(n)] = \dfrac{1}{2}[x(n) - x^*(n)]$	$X_{op}(k) = \dfrac{1}{2}[X(k) - X^*(N-k)]$
12	$\sum_{n=0}^{N-1} x(n)y^*(n) = \dfrac{1}{N}\sum_{k=0}^{N-1} X(k)Y^*(k)$ $\sum_{n=0}^{N-1} \|x(n)\|^2 = \dfrac{1}{N}\sum_{k=0}^{N-1} \|X(k)\|^2$	DFT 形式下的帕斯瓦尔定理

3.3　频域抽样定理

3.3.1　DFT 与 z 变换的关系

对于一个长度为 N 的序列 $x(n)$，其 z 变换与 DFT 分别为

$$X(z) = \sum_{n=-\infty}^{\infty} x(n)z^{-n} = \sum_{n=0}^{N-1} x(n)z^{-n}$$

$$X(k) = \sum_{n=0}^{N-1} x(n) W_N^{nk}$$

两式对比可知

$$X(k) = X(z)\big|_{z=W_N^{-k}}$$

因为 $z = W_N^{-k} = e^{j\frac{2\pi}{N}k}$，所以可将 $X(k)$ 看成是 $X(z)$ 在单位圆上的值，即 $x(n)$ 的傅里叶变换 $X(e^{j\omega}) = X(z)\big|_{z=e^{j\omega}}$ 进行频域等距离抽样的结果，其频率抽样间隔为 $\omega_N = \dfrac{2\pi}{N}$，而 $X(k) = X(e^{j\omega})\big|_{\omega=\frac{2\pi}{N}k}$ ($0 \leqslant k \leqslant N-1$) 为第 k 个抽样值。由此可见：

1) $X(z)$ 在 z 平面单位圆上的取值即傅里叶变换 $X(e^{j\omega})$。

2) DFT 所得的 $X(k)$ 是傅里叶变换 $X(e^{j\omega})$ 的主值区间的抽样值，抽样间隔为 $\omega_N = \dfrac{2\pi}{N}$。

注意：$X(e^{j\omega})$ 是周期为 2π 的周期函数，若对 $X(e^{j\omega})$ 全部抽样，即不限制 $0 \leqslant k \leqslant N-1$，则可得频域周期序列 $\widetilde{X}(k) = X(e^{j\omega})\big|_{\omega=\frac{2\pi}{N}k}$ ($-\infty < k < \infty$)，即 DFS。

3.3.2 频域抽样定理

与时域抽样类似，下面研究由 $X(e^{j\omega})$ 或 $X(z)$ 经过频域抽样得到 DFT 后，其信息有无损失的问题。

频域抽样定理：对于一个任意的绝对可和的序列 $x(n)$，其傅里叶变换为 $X(e^{j\omega})$。若将 $X(e^{j\omega})$ 按抽样间隔 $\omega_N = \dfrac{2\pi}{N}$ 进行频域抽样，得到 $\widetilde{X}(k) = X(e^{j\omega})\big|_{\omega=\frac{2\pi}{N}k}$，则 $\widetilde{X}(k)$ 所对应的时域周期序列 $\widetilde{x}(n) = \text{IDFT}[\widetilde{X}(k)]$ 应为 $x(n)$ 以周期为 N 的周期延拓序列，即

$$\widetilde{x}(n) = \sum_{r=-\infty}^{\infty} x(n+rN) \tag{3-60}$$

证明：

$$\widetilde{x}(n) = \text{IDFT}[\widetilde{X}(k)] = \frac{1}{N}\sum_{k=0}^{N-1} \widetilde{X}(k) W_N^{-kn} = \frac{1}{N}\sum_{k=0}^{N-1}\left[\sum_{m=-\infty}^{\infty} x(m) W_N^{km}\right] W_N^{-kn}$$

$$= \frac{1}{N}\sum_{k=0}^{N-1}\sum_{m=-\infty}^{\infty} x(m) W_N^{-k(n-m)} = \sum_{m=-\infty}^{\infty} x(m) \frac{1}{N}\sum_{k=0}^{N-1} W_N^{-k(n-m)}$$

因为

$$\frac{1}{N}\sum_{k=0}^{N-1} W_N^{-k(n-m)} = \frac{1}{N}\sum_{k=0}^{N-1} e^{j\frac{2\pi}{N}k(n-m)} = \begin{cases} 1 & m = n+rN, r \text{ 为任意整数} \\ 0 & \text{其他 } m \end{cases}$$

所以

$$\widetilde{x}(n) = \sum_{r=-\infty}^{\infty} x(n+rN)$$

与时域抽样定理对应，对频域抽样定理说明如下：

1) 频域抽样将导致信号在时域上的周期延拓，当频域抽样间隔为 $\dfrac{2\pi}{N}$ 时，其时域延拓周

期为 N。

2）若 $x(n)$ 为有限长序列，长度为 M，当 $N \geq M$ 时，时域延拓不会产生混叠现象，即 $\tilde{x}(n)$ 的主值序列即为 $x(n)$；当 $N < M$ 时，时域周期延拓过程将产生混叠现象，此时 $\tilde{x}(n)$ 的主值序列将不等于 $x(n)$。

3）对于无限长序列，即 $M \to \infty$，频域抽样肯定会引入失真，即 $\tilde{x}(n)$ 的主值序列一定不等于 $x(n)$，其解决方法是首先将 $x(n)$ 进行截尾，令 $x_N(n) = x(n)R_N(n)$；然后再按 $\omega_N = \dfrac{2\pi}{N}$ 进行频域抽样，这时引入的误差最小。

频域抽样不失真的条件是：频率抽样点数 $N \geq M$，即 $\dfrac{2\pi}{\omega_N} \geq M$ 或 $\omega_N \leq \dfrac{2\pi}{M}$。

3.3.3 $X(k)$ 与 $X(z)$ 之间的内插公式

下面讨论在频域抽样不产生失真的情况下，能否由抽样后的 $X(k)$ 来恢复原来的连续函数 $X(\mathrm{e}^{\mathrm{j}\omega})$ 或 $X(z)$ 的问题。

令 N 点序列 $x(n)$ 的 N 点 DFT 为 $X(k)$，则 $x(n)$ 的 z 变换为

$$X(z) = \sum_{n=0}^{N-1} x(n) z^{-n} = \sum_{n=0}^{N-1} \left[\frac{1}{N} \sum_{k=0}^{N-1} X(k) W_N^{-kn} \right] z^{-n} = \frac{1}{N} \sum_{k=0}^{N-1} X(k) \sum_{n=0}^{N-1} (W_N^{-k} z^{-1})^n$$

$$= \frac{1}{N} \sum_{k=0}^{N-1} X(k) \frac{1 - W_N^{-kN} z^{-N}}{1 - W_N^{-k} z^{-1}} = \frac{1 - z^{-N}}{N} \sum_{k=0}^{N-1} \frac{X(k)}{1 - W_N^{-k} z^{-1}}$$

这就是用 N 个频率抽样来恢复 $X(z)$ 的插值公式，它可以表示为

$$X(z) = \frac{1 - z^{-N}}{N} \sum_{k=0}^{N-1} \frac{X(k)}{1 - W_N^{-k} z^{-1}} = \sum_{k=0}^{N-1} X(k) \phi_k(z) \tag{3-61}$$

式中，$\phi_k(z)$ 称为插值函数，且

$$\phi_k(z) = \frac{1}{N} \frac{1 - z^{-N}}{1 - W_N^{-k} z^{-1}} \tag{3-62}$$

令其分子为零，得 $z = \mathrm{e}^{\mathrm{j}\frac{2\pi}{N}r}$，$r = 0, 1, \cdots, k, \cdots, N-1$，即有 N 个零点，而令分母为零，则得 $z = W_N^{-k} = \mathrm{e}^{\mathrm{j}\frac{2\pi}{N}k}$，即有一个极点，它将和第 k 个零点相抵消，因而 $\phi_k(z)$ 只在本身抽样点 $\mathrm{e}^{\mathrm{j}\frac{2\pi}{N}k}$ 上不为零，而在其他 $N-1$ 个抽样点 i（$i \neq k$）上都为零，并且在 $z = 0$ 处有 $N-1$ 阶极点。如图 3-6 所示。

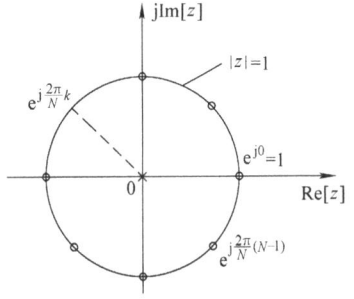

图 3-6 插值函数 $\phi_k(z)$ 的零极点分布（$z=0$ 处有 $N-1$ 阶极点）

当 $z = \mathrm{e}^{\mathrm{j}\omega}$ 在 z 平面单位圆上时，频率响应 $X(\mathrm{e}^{\mathrm{j}\omega})$ 与 $X(k)$ 的关系为

$$X(\mathrm{e}^{\mathrm{j}\omega}) = \frac{1 - \mathrm{e}^{-\mathrm{j}\omega N}}{N} \sum_{k=0}^{N-1} \frac{X(k)}{1 - \mathrm{e}^{\mathrm{j}\frac{2\pi}{N}k} \mathrm{e}^{-\mathrm{j}\omega}} = \sum_{k=0}^{N-1} X(k) \phi_k(\mathrm{e}^{\mathrm{j}\omega}) \tag{3-63}$$

而

$$\phi_k(e^{j\omega}) = \frac{1}{N}\frac{1-e^{-j\omega N}}{1-e^{-j(\omega-\frac{2\pi}{N}k)}} = \frac{1}{N}\frac{1-e^{-jN(\omega-\frac{2\pi}{N}k)}}{1-e^{-j(\omega-\frac{2\pi}{N}k)}}$$

$$= \frac{1}{N}\frac{\sin\left[N\left(\frac{\omega}{2}-\frac{\pi}{N}k\right)\right]}{\sin\left(\frac{\omega}{2}-\frac{\pi}{N}k\right)}e^{-j\frac{N-1}{2}(\omega-\frac{2\pi}{N}k)} = \phi\left(\omega-\frac{2\pi}{N}k\right) \quad (3\text{-}64)$$

其中
$$\phi(\omega) = \frac{1}{N}\frac{\sin\frac{N\omega}{2}}{\sin\frac{\omega}{2}}e^{-j\frac{N-1}{2}\omega} \quad (3\text{-}65)$$

则
$$X(e^{j\omega}) = \sum_{k=0}^{N-1}X(k)\phi\left(\omega-\frac{2\pi}{N}k\right) \quad (3\text{-}66)$$

频域插值函数 $\phi(\omega)$ 的幅频特性及相频特性如图 3-7 所示。当其变量 $\omega=0$ 时，$\phi(\omega)=1$，当 $\omega=i\frac{2\pi}{N}$ ($i=1, 2, \cdots, N-1$) 时，$\phi(\omega)=0$，因此，$\phi\left(\omega-\frac{2\pi}{N}k\right)$ 满足

$$\phi\left(\omega-\frac{2\pi}{N}k\right) = \begin{cases} 1 & \omega = k\frac{2\pi}{N} = \omega_k \\ 0 & \omega = i\frac{2\pi}{N} = \omega_i, i \neq k \end{cases} \quad (3\text{-}67)$$

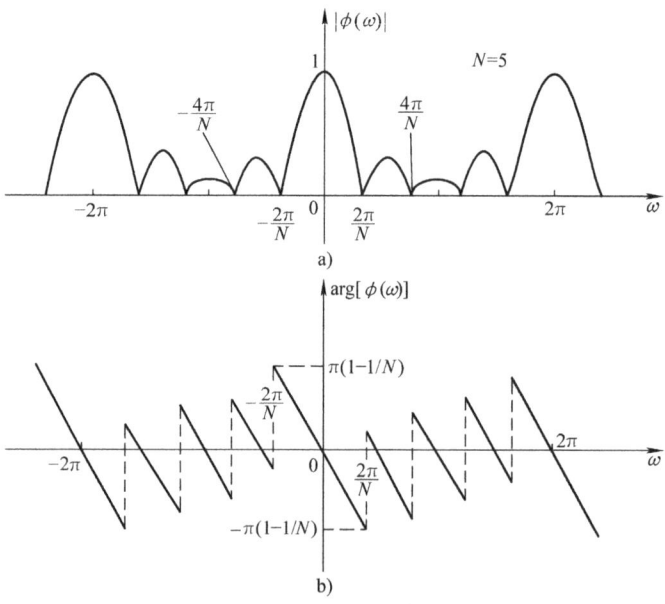

图 3-7　频域插值函数 $\phi(\omega)$ 的幅频特性和相频特性 ($N=5$)
a) 幅频特性　b) 相频特性

也就是说，频域插值函数 $\phi\left(\omega-\frac{2\pi}{N}k\right)$ 在本抽样点 $\left(\omega=k\frac{2\pi}{N}\right)$ 上，$\phi\left(\omega-\frac{2\pi}{N}k\right)=1$，而在其他抽样点 $\left(\omega_i=i\frac{2\pi}{N}, i\neq k\right)$ 上，$\phi\left(\omega-\frac{2\pi}{N}k\right)=0$，整个 $X(e^{j\omega})$ 就是由 N 个 $\phi\left(\omega-\frac{2\pi}{N}k\right)$ 分

别乘上 $X(k)$ 后求和。很明显，在每个抽样点上 $X(\mathrm{e}^{\mathrm{j}\omega})$ 精确地等于 $X(k)$，即 $X(\mathrm{e}^{\mathrm{j}\omega})|_{\omega=\frac{2\pi}{N}k}=X(k)$。各抽样点之间的 $X(\mathrm{e}^{\mathrm{j}\omega})$ 值，则由各抽样点的加权内插值函数在所求点上的值叠加获得，如图 3-8 所示。

由 $\phi(\omega)$ 的表达式可知，插值函数具有线性相位（见图 3-7）。

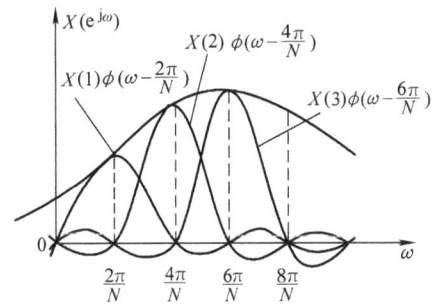

图 3-8 由频域插值函数求得 $X(\mathrm{e}^{\mathrm{j}\omega})$ 的示意图

注意：图 3-8 是假定 $X(\mathrm{e}^{\mathrm{j}\omega})$ 为实数的示意图，一般来说，$X(\mathrm{e}^{\mathrm{j}\omega})$ 和 $X(k)$ 都是复数。

在后续章节中将会看到，频率抽样理论为 FIR 滤波器的结构设计，以及 FIR 滤波器传递函数的逼近提供了又一个有力的工具。

3.4 用 DFT 计算线性卷积和线性相关

线性卷积和线性相关是离散信号处理中两类重要的运算，可以用线性卷积来求离散时间线性移不变系统的响应，用线性相关来实现信号的检测。第 1 章讨论了线性相关和线性卷积的关系，用卷积来计算相关。本章 3.2 节讨论了圆周卷积和圆周相关定理，可以用 DFT 来计算圆周卷积和圆周相关。由于 N 点序列的 DFT 和 IDFT 都存在快速算法，因而利用 DFT 来实现序列的线性卷积和线性相关，可以极大地提高计算线性卷积和线性相关的效率。

3.4.1 两个有限长序列的线性卷积

以 FIR 滤波器为例，它的输出等于有限长单位抽样响应 $h(n)$ 与有限长输入信号 $x(n)$ 的离散线性卷积。设 $x(n)$ 为 L 点序列，$h(n)$ 为 M 点序列，输出 $y(n)$ 为

$$y(n) = \sum_{m=0}^{M-1} h(m)x(n-m)$$

式中，$y(n)$ 也是有限长序列，其点数为 $L+M-1$ 点。序列 $y(n)$ 的起点等于序列 $x(n)$ 的起点和序列 $h(n)$ 的起点之和，终点等于序列 $x(n)$ 的终点和序列 $h(n)$ 的终点之和。

用 DFT 算法也就是用圆周卷积来代替线性卷积时，为了不产生混叠，其必要条件是使 $x(n)$、$h(n)$ 都补零值点，补到至少 $N=M+L-1$ 点，即

$$x(n) = \begin{cases} x(n) & 0 \leq n \leq L-1 \\ 0 & L \leq n \leq N-1 \end{cases} \quad h(n) = \begin{cases} h(n) & 0 \leq n \leq M-1 \\ 0 & M \leq n \leq N-1 \end{cases}$$

然后计算圆周卷积，即

$$y(n) = x(n) \text{Ⓝ} h(n)$$

这时，$y(n)$ 就能代表线性卷积的结果。

因此，用 DFT 计算 $y(n)$ 的步骤如下：

1）将序列 $x(n)$ 和 $h(n)$ 分别补零至长度为 N 点的序列 $x_N(n)$ 和 $h_N(n)$，且满足 $N=M+L-1$。

2）计算 $x_N(n)$ 和 $h_N(n)$ 的 N 点 DFT，并将之相乘得 $Y(k)$，即

$$Y(k) = \text{DFT}[x_N(n)]\text{DFT}[h_N(n)]。$$

3) 对 $Y(k)$ 求 N 点 IDFT 得 $y(n) = \text{IDFT}[Y(k)]$，即为线性卷积的结果。

上述计算过程如图 3-9 所示。

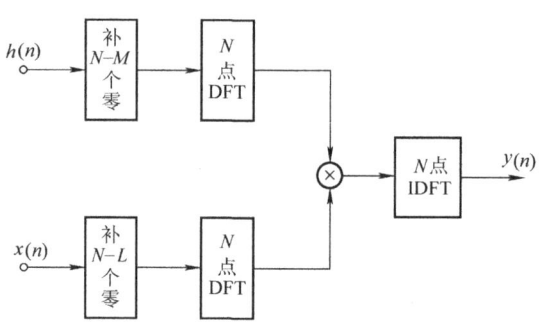

图 3-9 用 DFT 计算线性卷积框图

3.4.2 有限长序列和无限长序列的线性卷积

在某些情况下，线性卷积的两个序列中一个长度较短，而另一个很长或不确定。例如，当 $x(n)$ 的点数很多时，即当 $L \gg M$ 时，通常不允许等 $x(n)$ 全部采集齐后再进行卷积，否则，将使输出相对于输入有较长的延时。此外，若 $N = L + M - 1$ 太大，则 $h(n)$ 必须补很多个零值点，这样利用 DFT 计算线性卷积的效果很差，因此需要采用分段卷积（或称分段过滤）的方法，即将 $x(n)$ 分成点数和 $h(n)$ 相仿的段，分别求出每段的卷积结果，然后再用一定方式把它们整合在一起，便可得到总的输出，其中每一段的卷积均采用 DFT 方法处理。分段卷积的方法有两种，即重叠相加法和重叠保留法。

1. 重叠相加法

设 $h(n)$ 的点数为 M，信号 $x(n)$ 为很长的序列。将 $x(n)$ 分解为很多段，每段为 L 点，L 选择与 M 的数量级相同，用 $x_i(n)$ 表示 $x(n)$ 的第 i 段，即

$$x_i(n) = \begin{cases} x(n) & iL \leq n \leq (i+1)L - 1 \\ 0 & \text{其他 } n \end{cases} \quad i = 0, 1, \cdots \quad (3-68)$$

则输入序列可表示为

$$x(n) = \sum_{i=0}^{\infty} x_i(n) \quad (3-69)$$

$x(n)$ 和 $h(n)$ 的线性卷积等于各 $x_i(n)$ 与 $h(n)$ 的线性卷积之和，即

$$y(n) = x(n) * h(n) = \sum_{i=0}^{\infty} x_i(n) * h(n) \quad (3-70)$$

每一个 $x_i(n) * h(n)$ 都可用 DFT 法计算。由于 $x_i(n) * h(n)$ 为 $L + M - 1$ 点，故先对 $x_i(n)$ 及 $h(n)$ 补零值点，补到 N 点。为便于利用基 -2 FFT 算法（见第 4 章），一般取 $N = 2^m \geq L + M - 1$，然后进行 N 点的圆周卷积，即

$$y_i(n) = x_i(n) \text{ⓝ} h(n)$$

由于 $x_i(n)$ 为 L 点序列，而 $y_i(n)$ 为 $(L + M - 1)$ 点（设 $N = L + M - 1$）序列，故相邻两段输出序列必然有 $(M - 1)$ 个点发生重叠，即前一段的后 $(M - 1)$ 个点和后一段的前

($M-1$) 个点相重叠,如图 3-10 所示。按照式 (3-70),应该将重叠部分相加再和不重叠的部分共同组成输出 $y(n)$。

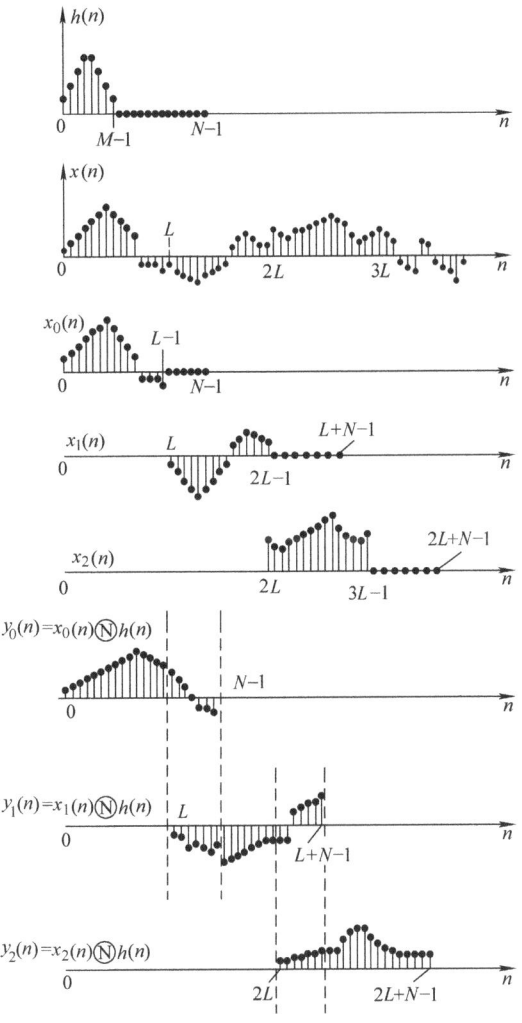

图 3-10 重叠相加法示意图

重叠相加法正是将各输出段的重叠部分相加而得名。用 DFT 法实现重叠相加法的步骤如下:

1) 计算 N 点 DFT, $H(k) = \text{DFT}[h(n)]$。
2) 计算 N 点 DFT, $X_i(k) = \text{DFT}[x_i(n)]$。
3) 相乘, $Y_i(k) = X_i(k)H(k)$。
4) 计算 N 点 IDFT, $y_i(n) = \text{IDFT}[Y_i(k)]$。
5) 将各段 $y_i(n)$ (包括重叠部分) 相加, $y(n) = \sum_{i=0}^{\infty} y_i(n)$。

2. 重叠保留法

重叠保留法与重叠相加法稍有不同。该方法先将 $x(n)$ 分段,每段为 $L = N - M + 1$ 点,这一步骤是相同的。不同之处在于序列中补零处不补零，而在每一段的前边补上前一段保留下来的 $(M-1)$ 个输入序列值，组成 $L+M-1$ 点序列 $x_i(n)$，如图 3-11a 所示。如果 $L+M-1<2^m$，则可在每段序列末端补零值点，补到长度为 2^m，这时如果用 DFT 法实现 $h(n)$ 和 $x_i(n)$ 的圆周卷积，则其每段圆周卷积结果的前 $(M-1)$ 点的值不等于线性卷积值，必须舍去，如图 3-11b 所示。

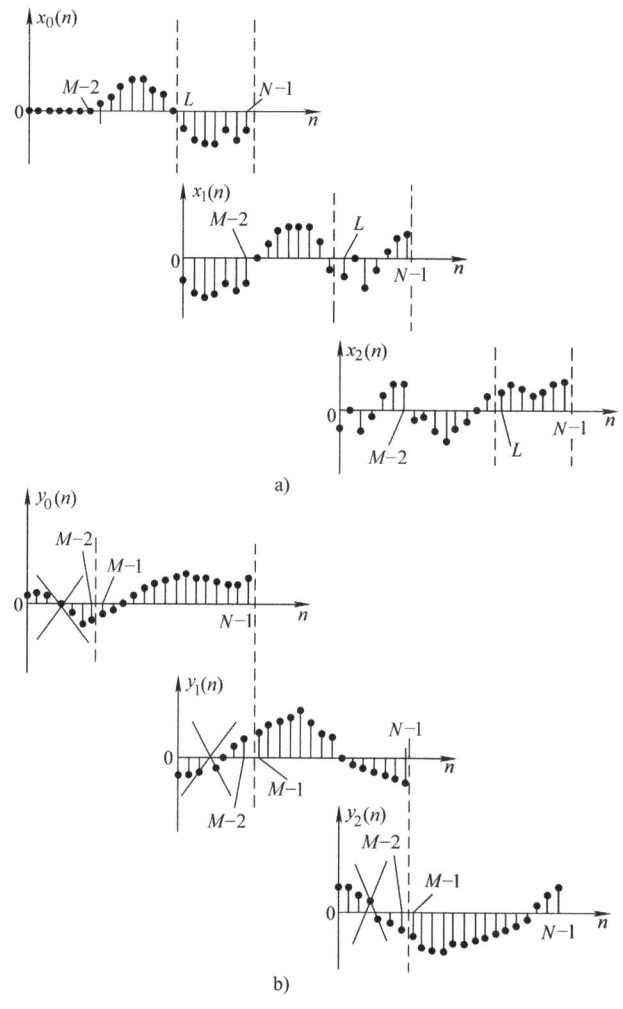

图 3-11 重叠保留法示意图

图 3-12 说明了以上分析的正确性。任一段 $x_i(n)$（N 点序列）与 $h(n)$（原为 M 点序列，补零值后也为 N 点序列）的 N 点圆周卷积为

$$y_i(n) = x_i(n) \text{\textcircled{N}} h(n) = \sum_{m=0}^{N-1} x_i(m) h((n-m))_N R_N(m) \tag{3-71}$$

由于 $h(m)$ 为 M 点序列，补零后进行 N 点圆周移位时，在 $n=0,1,\cdots,M-2$ 每种情况下，$h((n-m))_N R_N(m)$ 在 $0 \leqslant m \leqslant N-1$ 范围的末端出现非零值，而此处 $x_i(m)$ 是有数值存在的，如图 3-12c、d 所示 $n=0$、$n=M-2$ 的情况，所以在 $0 \leqslant n \leqslant M-2$ 这一部分的 $y_i(n)$ 值中将混入 $x_i(m)$ 尾部与 $h((n-m))_N R_N(m)$ 尾部的乘积值，从而使这些点的 $y_i(n)$ 不同于

线性卷积结果。但是从 $n=M-1$ 开始到 $n=N-1$，$h((n-m))_N R_N(m) = h(n-m)$，如图 3-12e、f 所示，圆周卷积值完全与线性卷积值一样，$y_i(n)$ 就是正确的线性卷积值。因而必须把每一段圆周卷积结果的前 $(M-1)$ 个值去掉，如图 3-12g 所示。

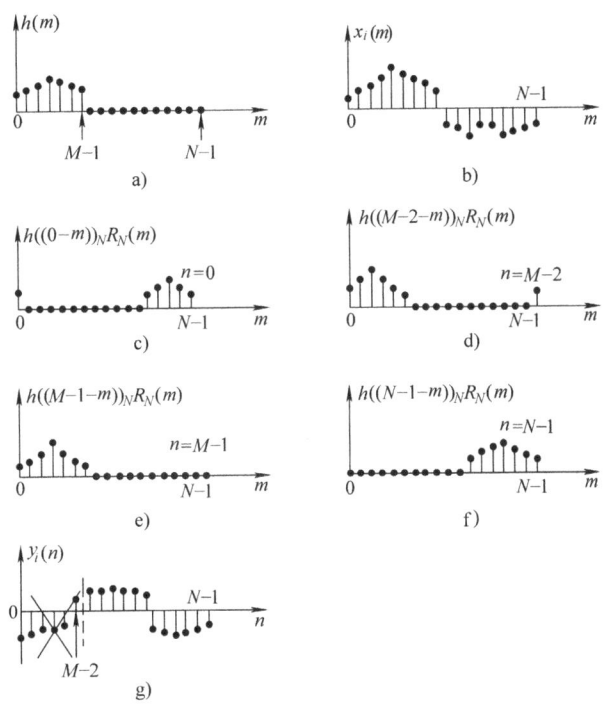

图 3-12 用保留信号代替补零后的局部混叠现象

因此，为了不造成输出信号的遗漏，对输入分段时，就需要使相邻两段有 $M-1$ 点重叠（对于第一段，即 $x_0(n)$，由于没有前一段保留信号，则需要在序列前补充 $M-1$ 个零值点），这样，若原输入序列为 $x'(n)$（$n \geq 0$ 时有值），则应重新定义输入序列为

$$x(n) = \begin{cases} 0 & 0 \leq n \leq M-2 \\ x'[n-(M-1)] & M-1 \leq n \end{cases} \tag{3-72a}$$

而

$$x_i(n) = \begin{cases} x[n+i(N-M+1)] & 0 \leq n \leq N-1 \\ 0 & \text{其他 } n \end{cases} \quad i=0,1,\cdots \tag{3-72b}$$

式 (3-72) 中，已经把每一段的时间原点放在该段的起始点，而不是 $x(n)$ 的原点。这种分段方法将每段 $x_i(n)$ 和 $h(n)$ 的圆周卷积结果以 $y_i(n)$ 表示，如图 3-12g 所示，图中已标出每一段输出段开始的 $(M-1)$ 个点，$0 \leq n \leq M-2$ 部分舍掉不用。将相邻各输出段留下的序列衔接起来，就构成了最后的正确输出，即

$$y(n) = \sum_{i=0}^{\infty} y'_i[n-i(N-M+1)] \tag{3-73}$$

其中

$$y'_i(n) = \begin{cases} y_i(n) & M-1 \leq n \leq N-1 \\ 0 & \text{其他 } n \end{cases} \tag{3-74}$$

这时，每段输出的时间原点放在 $y'_i(n)$ 的起始点，而不是 $y(n)$ 的原点。

重叠保留法正是因为每一组相继的输入段均由 $(N-M+1)$ 个新点和前一段保留下来的 $(M-1)$ 个点组成而得名。

【例 3-2】 在 MATLAB 中分别用直接线性卷积、快速卷积、重叠相加（保留）法实现线性卷积计算。

解：MATLAB 中直接计算线性卷积的函数有 conv、conv2、convn，分别用于计算一维、二维、n 维线性卷积。conv 的调用格式为

$$y = \text{conv}(h, x)$$

使用快速卷积实现线性卷积可以按照 3.4.1 节的实现步骤，这里使用 FFT（将在第 4 章讨论）代替 DFT 求解，当然也可以自己编写 DFT 和 IDFT 的子程序（参考例 3-1）。

MATLAB 中由函数 fftfilt.m 使用重叠相加法实现线性卷积，调用格式为

$$y = \text{fftfilt}(h, x)$$

这里结果 y 的长度等于 x 的长度，因此需要对 x 补零。

综上，使用 FFT 实现线性卷积计算的程序如下：

```
N1 = 10; N2 = 121;
h = randn (1, N1); x = rand (1, N2);        %产生两个随机实序列
L = N1 + N2 - 1;                             %卷积的最大长度
y1 = conv (h, x);                            %线性卷积
y2 = ifft (fft (h, L) .* fft (x, L));        %快速卷积
y3 = fftfilt (h, x);                         %重叠相加法计算卷积；长度等于序列
                                              x 的长度
subplot (3, 1, 1); plot (y1);
subplot (3, 1, 2); plot (y2);
subplot (3, 1, 3); plot (y3);
```

程序运行结果如图 3-13 所示。

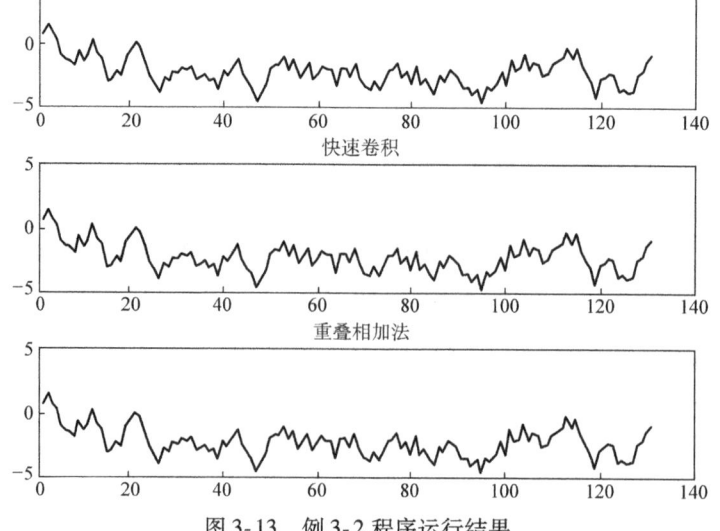

图 3-13　例 3-2 程序运行结果

3.4.3 用 DFT 计算线性相关

与线性卷积的快速计算类似，可以用 DFT 计算线性相关。线性相关的定义见式(1-21)，式（1-31）已表明可以用卷积来计算相关，即

$$r_{xy}(m) \stackrel{\text{def}}{=} \sum_{n=-\infty}^{\infty} x(n)y(n-m) = x(m) * y(-m) \tag{3-75}$$

既然线性相关可以用线性卷积来计算，那么前面讨论的用 DFT 计算线性卷积的方法就可以完全用于线性相关的计算，也就是说，可以用 DFT 来实现线性相关的计算。

设 $x(n)$ 为 N 点、$y(n)$ 为 M 点有限长序列，其线性相关为

$$r_{xy}(m) = \sum_{n=-(M-1)}^{N-1} x(n)y(n-m) \tag{3-76}$$

需要注意的是，DFT 计算出来的圆周相关的序号范围为 $0 \leq m \leq L-1$，而线性相关的序号范围为 $-(M-1) \leq m \leq N-1$，故结果需要修正，由式（3-76）可知，序号从 $m = -(M-1)$ 开始。

参考用 DFT 计算线性卷积的步骤，线性相关的计算步骤如下：
1) 将 $x(n)$、$y(n)$ 补零到 $L \geq N + M - 1$ 点，即

$$x(n) = \begin{cases} x(n) & 0 \leq n \leq N-1 \\ 0 & N \leq n \leq L-1 \end{cases}$$

$$y(n) = \begin{cases} y(n) & 0 \leq n \leq M-1 \\ 0 & M \leq n \leq L-1 \end{cases}$$

2) 求 $X(k) = \text{DFT}[x(n)]$，L 点；$Y(k) = \text{DFT}[y(n)]$，L 点。
3) 求 $R_{xy}(k) = X(k)Y^*(k)$，L 点。
4) $r_{xy}(m) = \text{IDFT}[R_{xy}(k)]$，$L$ 点。
5) 修正结果，$r_{xy}(m)$ 的序号从 $m = -(M-1)$ 开始。

3.5 用 DFT 分析连续信号频谱

当已知连续信号的数学表达式时，信号的频谱密度可以利用解析法精确求解。当不知道连续信号的数学表达式时，可以用数值计算法进行近似分析。实际上，通过计算机利用 DFT 对信号进行分析与合成是当前主要的应用方法。

3.5.1 计算过程

图 3-14 是利用 DFT 分析时域连续信号频谱的过程。前置低通滤波器（LPF）（预滤波器）的引入，是为了消除或减少时域连续信号转换成序列时可能出现的频谱混叠的影响。在实际工作中，时域离散信号 $x(n)$ 的时宽是很长的，甚至是无限长的（如语音或音乐信号）。由于 DFT 的需要（实际应用 FFT 计算），必须把 $x(n)$ 限制在一定的时间区间之内，即进行数据截断，相当于加窗处理。因此，在 DFT 计算之前，用一个时域有限的窗函数 $w(n)$ 加到 $x(n)$ 上是非常必要的。

图 3-14 中，$x_c(t)$ 通过 A/D 转换器转换（忽略其幅度量化误差）成抽样序列 $x(n)$，其

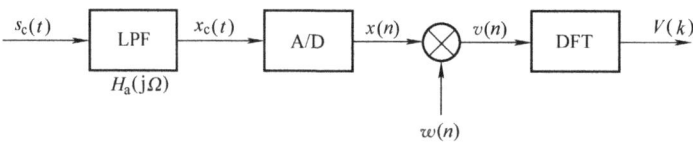

图 3-14 利用 DFT 分析时域连续信号频谱的过程

频谱用 $X(e^{j\omega})$ 表示，它是频率 ω 的周期函数，即

$$X(e^{j\omega}) = \frac{1}{T}\sum_{m=-\infty}^{\infty} X_c\left(j\frac{\omega}{T} - j\frac{2\pi m}{T}\right) \tag{3-77}$$

式中，$X_c(j\Omega)$ 或 $X_c\left(j\frac{\omega}{T}\right)$ 为 $x_c(t)$ 的频谱。

在实际应用中，前置低通滤波器的阻带不可能无限衰减，故由 $X_c(j\Omega)$ 周期延拓得到的 $X(e^{j\omega})$ 有非零重叠，即出现频谱混叠现象。

由于 DFT 计算的需要，必须对序列 $x(n)$ 进行加窗处理，即 $v(n) = x(n)w(n)$，加窗对频域的影响，用卷积表示为

$$V(e^{j\omega}) = \frac{1}{2\pi}\int_{-\pi}^{\pi} X(e^{j\theta}) W(e^{j(\omega-\theta)}) d\theta \tag{3-78}$$

最后进行 DFT 计算。加窗后的 DFT 为

$$V(k) = \sum_{n=0}^{N-1} v(n) e^{-j\frac{2\pi}{N}nk} \quad 0 \le k \le N-1 \tag{3-79}$$

式（3-79）中，假设窗函数长度 L 小于等于 DFT 的长度 N，为进行 FFT 计算，可选择 N 为 2 的整数幂次，即 $N = 2^m$。

有限长序列 $v(n) = x(n)w(n)$ 的 DFT 相当于 $v(n)$ 傅里叶变换的等间隔抽样，即

$$V(k) = V(e^{j\omega})\big|_{\omega=\frac{2\pi}{N}k} \tag{3-80}$$

$V(k)$ 便是 $s_c(t)$ 的离散频率函数。因为 DFT 对应的数字域频率间隔为 $\Delta\omega = 2\pi/N$，且模拟频率 Ω 和数字频率 ω 间的关系为 $\omega = \Omega T$，其中 $\Omega = 2\pi f$。所以，离散的频率函数的第 k 点对应的模拟频率为

$$\Omega_k = \frac{\omega}{T} = \frac{2\pi k}{NT} \tag{3-81}$$

$$f_k = \frac{k}{NT} \tag{3-82}$$

由式（3-82）可以看出，数字域频率间隔 $\Delta\omega = 2\pi/N$ 对应的模拟域谱线间距为

$$F = \frac{1}{NT} = \frac{f_s}{N} \tag{3-83}$$

谱线间距又称频率分辨率（Hz）。所谓频率分辨率是指可分辨两频率的最小间距。如设某频谱分析的 $F = 5\text{Hz}$，那么信号中频率相差小于 5Hz 的两个频率分量在此频谱图中可分辨。

长度 $N = 16$ 的时间信号 $v(n) = (1.1)^n R_{16}(n)$ 的波形如图 3-15a 所示，其 16 点的 DFT $V(k)$ 的示例如图 3-15b 所示。其中，T 为抽样时间间隔（s）；f_s 为抽样频率（Hz）；t_p 为截取连续时间信号的样本长度（又称记录长度，s）；F 为频率分辨率（Hz）。注意：$V(k)$ 示例图给出的谱线间距 F 及 N 个频率点之间的频率 f_s 为对应的模拟域频率（Hz）。

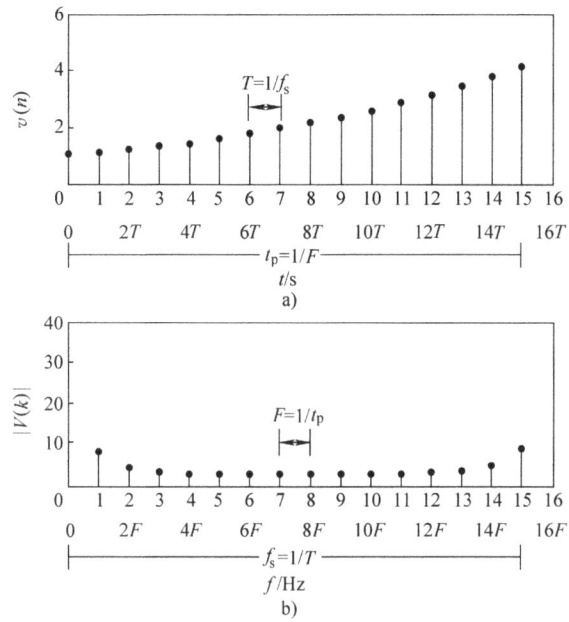

图 3-15 $N=16$ 点的时间信号 $v(n)=(1.1)^n R_{16}(n)$ 的时域、频域波形

由图 3-15 可得

$$t_p = NT \tag{3-84}$$

$$F = \frac{f_s}{N} = \frac{1}{NT} = \frac{1}{t_p} \tag{3-85}$$

在实际应用中,需要根据信号最高频率 f_h 和频率分辨率 F 的要求,来确定 T、t_p 和 N 的大小,步骤如下:

1)首先,由抽样定理,为保证抽样信号不失真,即 $f_s \geqslant 2f_h$(f_h 为信号频率的最高频率分量,即前置低通滤波器阻带的截止频率),应使抽样周期 T 满足

$$T \leqslant \frac{1}{2f_h} \tag{3-86}$$

2)由 F 和 T 确定 N,即

$$N = \frac{f_s}{F} = \frac{1}{FT} \tag{3-87}$$

为了使用 FFT 计算,这里选择 N 为 2 的幂次,即 $N=2^m$,由式(3-85)可知,N 越大,频率分辨率越好,但会增加样本记录时间 t_p。

3)最后由 N、T 确定最小记录长度,即 $t_p = NT$。

【例 3-3】 有一频谱分析用的 DFT 处理器,其抽样点数必须是 2 的整数幂次,假定没有采用任何特殊的数据处理措施,已给条件为频率分辨率 $F \leqslant 10 \text{Hz}$;信号最高频率 $f_h \leqslant 4 \text{kHz}$。试确定:

(1)最小记录长度 t_p。

(2)最大抽样间隔 T(即最小抽样频率)。

(3)在一个记录中的最少点数 N。

解：(1) 由分辨率的要求确定最小长度 $t_p \geq \dfrac{1}{F} = \dfrac{1}{10}\text{s} = 0.1\text{s}$，所以记录长度为 $t_p = 0.1\text{s}$。

(2) 由信号的最高频率确定最大可能的抽样间隔 T（即最小抽样频率 $f_s = 1/T$）。按抽样定理 $f_s \geq 2f_h$，即

$$T \leq \dfrac{1}{2f_h} = \dfrac{1}{2 \times 4 \times 10^3}\text{s} = 0.125 \times 10^{-3}\text{s}$$

(3) 最少记录点数 N 应满足

$$N > \dfrac{2f_h}{F} = \dfrac{2 \times 4 \times 10^3}{10} = 800$$

若用 FFT 计算，可取

$$N = 2^m = 2^{10} = 1024 > 800$$

如果事先不知道信号的最高频率，可以根据信号的时域波形图来估计它。例如，某信号的波形如图 3-16 所示。先找出相邻的波峰与波谷之间的距离，如图中 t_1、t_2、t_3、t_4。然后，选出其中最小的一个，如 t_4。t_4 可能就是由信号的最高频率分量形成的，因此，峰与谷之间的距离就是周期的一半。即最高频率为

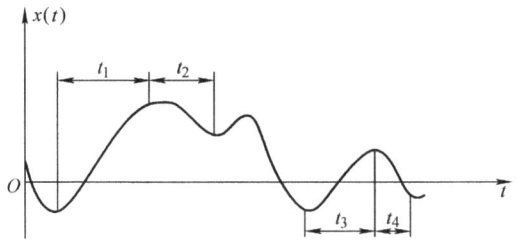

图 3-16 估算信号的最高频率

$$f_h = \dfrac{1}{2t_4}\ (\text{Hz})$$

知道 f_h 后就能确定抽样频率，即

$$f_s > 2f_h$$

3.5.2 误差问题

利用 DFT 对连续信号进行傅里叶分析时可能造成的误差如下。

1. 频谱混叠失真

在图 3-14 利用 DFF 分析时域连续信号频谱的过程中，A/D 转换前利用前置低通滤波器进行预滤波，使 $x_c(t)$ 频谱中最高频率分量不超过 f_h。假设 A/D 转换器的抽样频率为 f_s，按照奈奎斯特抽样定理，为了不产生混叠，必须满足 $f_s \geq 2f_h$，也就是说抽样间隔 T 满足 $T = \dfrac{1}{f_s} \leq \dfrac{1}{2f_h}$，一般应取 $f_s = (2.5 \sim 3.0)f_h$。如果不满足 $f_s \geq 2f_h$，就会产生频谱混叠失真。

对于 DFT 来说，频率函数也要抽样，变成离散的序列，其抽样间隔为 F（即频率分辨率）。由式（3-85）可得

$$t_p = \dfrac{1}{F} \tag{3-88}$$

可见，信号的最高频率分量 f_h 与频率分辨率 F 之间存在矛盾关系，要想 f_h 增加，则时域抽样间隔 T 就一定减小，而 f_s 就增加，由式（3-85）可知，此时若固定 N，必然要增加 F，即分辨率下降。反之，要提高分辨率（减小 F），就要增加 t_p，当 N 给定时，必然导致 T 增

加（f_s 减小）。若要不产生混叠失真，则必然会减小高频容量（信号的最高频率分量）f_h。

综上，要想兼顾高频容量 f_h 与频率分辨率 F，即一个性能提高而另一个性能不变（或也得提高）的唯一方法就是增加记录长度的点数 N，即要满足

$$N = \frac{f_s}{F} > \frac{2f_h}{F} \tag{3-89}$$

式（3-89）是在未采用任何特殊数据处理（如加窗处理）的情况下，为实现基本 DFT 算法所必须满足的最低条件。如果采用加窗处理，相当于时域相乘，则频域周期卷积必然加宽频谱分量，频率分辨率就可能变差。为了保证频率分辨率不变，则必须增加数据长度 t_p。

2. 栅栏效应

利用 DFT 计算频谱，若只给出离散点 $\omega_k = 2\pi k/N$ 或 $\Omega_k = 2\pi k/(NT)$ 上的频谱抽样值，则不可能得到连续频谱函数，这就像通过一个"栅栏"观看信号频谱，只能在离散点上看到信号频谱，称之为栅栏效应，如图 3-15 所示。此时如果在两个离散的谱线之间有一个特别大的频谱分量，就无法检测出来。

减小栅栏效应的一个方法就是要使频域抽样更密，即增加频域抽样点数 N，在不改变时域数据的情况下，必然是在数据末端添加一些零值点，使一个周期内的点数增加，但并不改变原有的记录数据。频谱抽样为 $2\pi k/N$，N 增加，必然使样点间距更近（单位圆上样点更多），谱线更密，谱线变密后就有可能看到原来看不到的谱分量。

必须指出，补零在改变计算 DFT 的周期时，不能改变所用窗函数的宽度。换句话说，必须按照数据记录的原来的实际长度选择窗函数，而不能按照补零后的长度来选择窗函数。

补零不能提高频率分辨率，这是因为数据的实际长度仍为补零前的数据长度。

3. 频谱泄漏与谱间干扰

对信号进行 DFT 计算，首先必须使其变成有限时宽的信号，这就相当于信号在时域乘一个窗函数，如矩形窗，而窗内数据并不改变。时域相乘即 $v(n) = x(n)w(n)$，加窗对频域的影响，可用式（2-38）卷积公式表示为

$$V(e^{j\omega}) = \frac{1}{2\pi} \int_{-\pi}^{\pi} X(e^{j\theta}) W(e^{j(\omega-\theta)}) d\theta$$

卷积的结果造成所得到的频谱 $V(e^{j\omega})$ 与原来的频谱 $X(e^{j\omega})$ 不相同，有失真。这种失真最主要的是造成频谱的扩散（拖尾、变宽），这就是所谓的频谱泄漏。

应该说明，泄漏也会造成混叠，因为泄漏将会导致频谱的扩展，从而使最高频率有可能超过折叠频率（$f_s/2$），从而造成频率响应的混叠失真。

泄漏造成的后果是降低频谱的分辨率。此外，由于在主谱线两边形成很多旁瓣，引起不同频率分量间的干扰（简称谱间干扰），特别是强信号谱的旁瓣可能淹没弱信号的主谱线，或者把强信号谱的旁瓣误认为是另一信号的谱线，从而造成假信号，从而会使谱分析产生较大偏差。

在进行 DFT 计算时，时域截断是必然的，从而频谱泄漏和谱间干扰也是不可避免的。为尽量减小泄漏和谱间干扰的影响，需增加窗的时域宽度（频域主瓣变窄），但这又将导致运算量及存储量增加；其次，数据不能突然截断，也就是不能加矩形窗，而是要加各种缓变的窗，如三角形窗、升余弦窗、改进的升余弦窗等，使得窗谱的旁瓣能量更小，卷积后造成的泄漏减小。这个问题在 FIR 滤波器设计时将会讨论。

本章小结

本章重点讨论了有限长序列的离散傅里叶变换（DFT）的定义及性质，以及利用 DFT 计算连续信号频谱的过程。本章涉及离散信号分析与处理的重要的理论基础，这些理论将贯穿本书的其余各章节。

习 题

3-1 如图 3-17 所示，$x(n)$ 是周期为 6 的周期性序列，试求其傅里叶级数的系数。

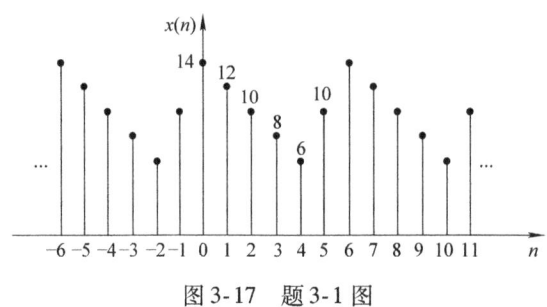

图 3-17 题 3-1 图

3-2 设 $x(n) = R_4(n)$，$\tilde{x}(n) = x((n))_6$，试求 $\tilde{X}(k)$，分别作图表示 $\tilde{x}(n)$、$\tilde{X}(k)$ 的幅度 $|\tilde{X}(k)|$ 和相应 $\arg[\tilde{X}(k)]$。

3-3 设 $x(n) = \begin{cases} n+1 & 0 \leqslant n \leqslant 4 \\ 0 & \text{其他 } n \end{cases}$，$h(n) = R_4(n-2)$，令 $\tilde{x}(n) = x((n))_6$，$\tilde{h}(n) = h((n))_6$，试求 $\tilde{x}(n)$ 与 $\tilde{h}(n)$ 的周期卷积并作图。

3-4 已知 $x(n)$ 如图 3-18 所示，试画出 $x((-n))_5$，$x((-n))_6 R_6(n)$，$x((n))_3 R_3(n)$，$x((n))_6$，$x((n-3))_5 R_5(n)$，$x((n))_7 R_7(n)$ 等序列。

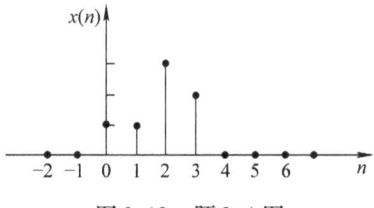

图 3-18 题 3-4 图

3-5 试求以下有限长序列的 N 点 DFT（闭合形式表达式）。

(1) $x(n) = a(\cos\omega_0 n) R_N(n)$

(2) $x(n) = a^n R_N(n)$

(3) $x(n) = \delta(n - n_0) \quad 0 < n_0 < N$

(4) $x(n) = n R_N(n)$

(5) $x(n) = n^2 R_N(n)$

3-6 图 3-19 画出了几个周期序列 $\tilde{x}(n)$，这些序列可以表示成傅里叶级数为

$$\tilde{x}(n) = \frac{1}{N} \sum_{k=0}^{N-1} \tilde{X}(k) e^{j(2\pi/N)nk}$$

试问：

(1) 哪些序列能够通过选择时间原点使所有的 $X(k)$ 成为实数？

(2) 哪些序列能够通过选择时间原点使所有的 $X(k)$（除 $X(0)$ 外）成为虚数？

(3) 哪些序列能做到 $\tilde{x}(k) = 0$，$k = \pm 2, \pm 4, \pm 6, \cdots$？

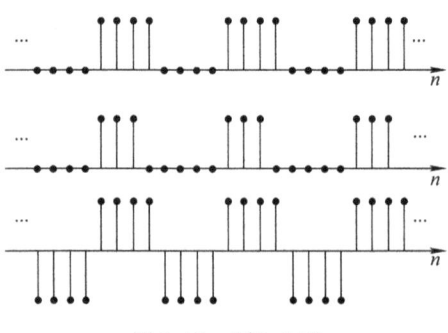

图 3-19 题 3-6 图

3-7 图 3-20 中画出了两个有限长序列，试画出它们的 6 点圆周卷积。

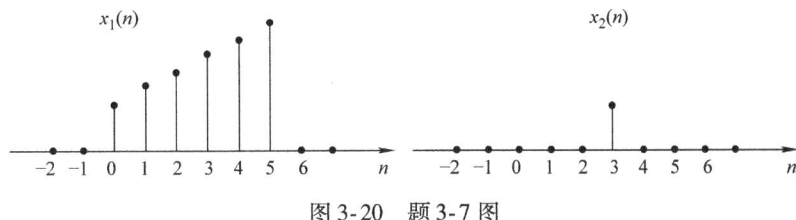

图 3-20 题 3-7 图

3-8 图 3-21 表示一个 5 点序列 $x(n)$。

(1) 试画出 $y_1(n) = x(n) * x(n)$。
(2) 试画出 $y_2(n) = x(n) ⑥ x(n)$。
(3) 试画出 $y_3(n) = x(n) ⑩ x(n)$。

3-9 设有两个序列

$$x(n) = \begin{cases} x(n) & 0 \leq n \leq 5 \\ 0 & 其他 n \end{cases} \quad y(n) = \begin{cases} y(n) & 0 \leq n \leq 14 \\ 0 & 其他 n \end{cases}$$

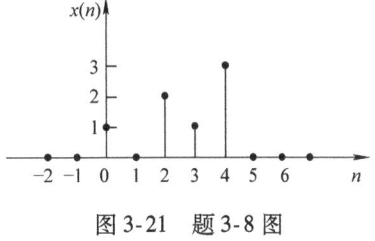

图 3-21 题 3-8 图

各进行 15 点 DFT 计算，然后将两个 DFT 相乘，再求乘积的 IDFT，设所得结果为 $f(n)$，问 $f(n)$ 的哪些点（用序号 n 表示）对应于 $x(n) * y(n)$ 应该得到的点？

3-10 已知两个有限长序列为

$$x(n) = \begin{cases} n+1 & 0 \leq n \leq 3 \\ 0 & 4 \leq n \leq 6 \end{cases} \quad y(n) = \begin{cases} -1 & 0 \leq n \leq 4 \\ 1 & 5 \leq n \leq 6 \end{cases}$$

试作图表示 $x(n)$、$y(n)$ 以及 $f(n) = x(n) ⑦ y(n)$。

3-11 用一个单位抽样响应为 $N = 50$ 个抽样的有限冲激响应滤波器来过滤一串很长的数据，要求利用重叠保留法通过快速傅里叶变换来实现这种滤波器，为了实现这个目标，要求：

(1) 输入各段必须重叠 P 个抽样点。

(2) 必须从每一段产生的输出中取出 Q 个抽样点，使这些从每一段得到的抽样连接在一起时，得到的序列就是所要求的滤波输出。假设输入各段长度为 100 个抽样点，而离散傅里叶变换的长度为 128 点。进一步假设，圆周卷积的输出序列标号为 $n = 0 \sim 127$，则：

(1) 求 P。

(2) 求 Q。

(3) 求取出的 Q 个点的起点和终点的标号，即确定从圆周卷积的 128 点中要取出哪些点，去与前一段的点衔接？

3-12 已知 $x(n)$ 是 N 点有限长序列，$X(k) = \text{DFT}[x(n)]$。现将长度变成 rN 点的有限长序列 $y(n)$，即

$$y(n) = \begin{cases} x(n) & 0 \leq n \leq N-1 \\ 0 & N \leq n \leq rN-1 \end{cases}$$

试求 rN 点 $\text{DFT}[y(n)]$ 与 $X(k)$ 的关系。

3-13 已知 $x(n)$ 是 N 点有限长序列，$X(k) = \text{DFT}[x(n)]$。现将 $x(n)$ 的每两点之间补进 $r-1$ 个零值点，得到一个 rN 点的有限长序列 $y(n)$，即

$$y(n) = \begin{cases} x(n/r) & n = ir, 0 \leq i \leq N \\ 0 & 其他 n \end{cases}$$

试求 rN 点 $\text{DFT}[y(n)]$ 与 $X(k)$ 的关系。

3-14 频谱分析的模拟信号以 8kHz 被抽样，计算了 512 个抽样的 DFT，试确定频谱抽样之间的频率间隔，并证明该结论。

3-15 设有一谱分析用的信号处理器，抽样点数必须为 2 的整数幂次，假定没有采用任何特殊数据处

理措施,要求频谱的分辨率≤10Hz,如果采用的抽样时间间隔为 0.1ms,试确定:

(1) 最小记录长度。

(2) 所允许处理的信号的最高频率。

(3) 在一个记录中的最少点数。

3-16 令 $X(k)$ 表示 N 点序列 $x(n)$ 的 N 点离散傅里叶变换,试证明:

(1) 如果 $x(n)$ 满足关系式 $x(n) = -x(N-1-n)$,则 $X(0) = 0$。

(2) 当 N 为偶数时,如果 $x(n) = x(N-1-n)$,则 $X(N/2) = 0$。

3-17 设 $x_1(n) = R_5(n)$,求:

(1) $X_1(e^{j\omega}) = \text{DTFT}[x_1(n)]$,画出它的幅频特性和相频特性。

(2) $X_1(k) = \text{DFT}[x_1(n)]$,画出它的幅频特性。

(3) $X_2(k) = \text{DFT}[x_1((n))_{10}R_{10}(n)]$,画出它的幅频特性。

(4) $X_3(k) = \text{DFT}[(-1)^n x_1((n))_{10}R_{10}(n)]$,画出它的幅频特性。

(5) $x_4(n) = \text{IDFT}[X_{2ep}(k)]$。

(6) $x_5(n) = \text{IDFT}[\text{Im}[X_2(k)]]$。

(7) $x_6(n) = \text{IDFT}[X_2((N-1-k))_N R_N(k)]$。

(8) $x_7(n) = \text{IDFT}[W_{10}^{-2k} X_2(k) X_2(k)]$。

3-18 复数有限长序列 $f(n)$ 由两个实有限长序列 $x(n)$ 和 $y(n)$ ($0 \leq n \leq N-1$) 组成,$f(n) = x(n) + jy(n)$,已知 $F(k) = \text{DFT}[f(n)]$ 有以下两种表达式:

(1) $F(k) = \dfrac{1-a^N}{1-aW_N^k} + j\dfrac{1-b^N}{1-bW_N^k}$ (2) $F(k) = 1 + jN$

其中,a、b 为实数。试用 $F(k)$ 求 $X(k) = \text{DFT}[x(n)]$,$Y(k) = \text{DFT}[y(n)]$,$x(n)$,$y(n)$。

3-19 已知序列 $x(n) = a^n u(n)$,$0 < a < 1$,现对 $x(n)$ 的 z 变换在单位圆上 N 等分抽样,抽样值为 $X(k) = X(z)|_{z=W_N^{-k}}$,试求有限长序列 $\text{IDFT}[X(k)]$,N 点。

3-20 若 $\text{DFT}[x(n)] = X(k)$,问:

(1) $\text{DFT}[X(n)] = ?$

(2) 用各 $x(n)$ 表示 $X(0)$。

(3) 用 $X(k)$ 表示 $x(0)$。

3-21 设 $x(n)$、$y(n)$ 的 DTFT 分别是 $X(e^{j\omega})$ 和 $Y(e^{j\omega})$,试证明

$$\sum_{n=-\infty}^{\infty} x(n) y^*(n) = \frac{1}{2\pi} \int_{-\pi}^{\pi} X(e^{j\omega}) Y^*(e^{j\omega}) d\omega$$

这一关系称为两个序列的帕斯瓦尔定理。若 $x(n)$、$y(n)$ 都是 N 点序列,其 DFT 分别是 $X(k)$ 和 $Y(k)$,试导出类似的关系。

MATLAB 函数与练习

离散傅里叶变换的常用函数见表 3-4。

表 3-4 离散傅里叶变换的常用函数

模 块	离散傅里叶变换	
序 号	函数名称	函数功能
1	fft	快速傅里叶变换
2	ifft	快速傅里叶逆变换
3	abs	绝对值和复数的模

模 块	离散傅里叶变换	
序 号	函数名称	函数功能
4	angle	相位角
5	imag	求信号的虚部
6	real	求信号的实部

M3-1 已知 $x(n)$ 是 $2N$ 点的实序列 ($0 \leq n \leq 2N-1$),其离散傅里叶变换为 $X(k) = \text{DFT}[x(n)]$,$2N$ 点,试用一个 N 点 FFT 运算求此 $X(k)$,推导相应的算法,并编写相关程序。

M3-2 设有一长序列

$$x(n) = \begin{cases} n/5 & 0 \leq n \leq 50 \\ 20 - n/5 & 50 < n \leq 99 \\ 0 & \text{其他} \end{cases}$$

令 $x(n)$ 通过一离散系统,其单位抽样响应为

$$h(n) = \begin{cases} 1/2^n & 0 \leq n \leq 2 \\ 0 & \text{其他} \end{cases}$$

试编写一主程序用重叠相加法实现该系统对 $x(n)$ 的滤波,并画出 $y(n)$ 的图形。

M3-3 关于正弦信号抽样的实验中,给定信号 $x(t) = \sin(2\pi f_0 t)$,$f_0 = 50\text{Hz}$,现对 $x(t)$ 进行 $N=16$ 点抽样得 $x(n)$。如果抽样率及抽样长度合适,$x(n)$ 的 DFT 将是在 $\pm f_0$ 处的 δ 函数。由帕斯瓦尔定理得

$$E_t = \sum_{n=0}^{N-1} x^2(n) = \frac{2}{N} |X_{50}|^2 = E_f$$

X_{50} 是 $x(n)$ 的 DFT 在 50Hz 处的谱线,若上式不成立,说明 $X(k)$ 在频域有泄露。给定抽样频率 $f_s = 100\text{Hz}$、$f_s = 150\text{Hz}$ 和 $f_s = 200\text{Hz}$,分别求出 $x(n)$ 并编程计算 $X(k)$,然后用帕斯瓦尔定理研究其泄露情况,观察得到的 $x(n)$ 和 $X(k)$,总结出对正弦信号抽样的规律。

第4章 快速傅里叶变换

由于有限长序列在其频域也可以离散化为有限长序列,因此离散傅里叶变换(DFT)在数字信号处理中非常有用。例如,在信号的频谱分析、系统的分析、设计和实现中都会用到 DFT 计算。但是,在相当长的时间里,由于 DFT 的计算量太大,即使采用计算机也很难对问题进行实时处理,所以 DFT 并没有得到真正的运用。直到 1965 年,库利(J. W. Cooley)和图基(J. W. Tukey)在《计算数学》(Mathematics of Computation)杂志上发表了著名的"机器计算机傅里叶级数的一种算法"的文章,提出了 DFT 的一种快速算法。后来,又有桑德(G. Sande)和图基的快速算法相继出现,情况才发生了根本的变化。人们开始认识到 DFT 计算的一些内在规律,从而很快地发展和完善出一套高速有效的计算方法,即快速傅里叶变换(FFT)算法。FFT 的出现使 DFT 计算大大简化,计算时间一般可缩短一二个数量级,从而使 DFT 计算在实际中真正得到了广泛的应用。

4.1 直接计算 DFT 的问题及改进途径

4.1.1 直接计算 DFT 的计算量

设 $x(n)$ 为 N 点有限长序列,其 DFT 变换对为
正变换(DFT)

$$X(k) = \sum_{n=0}^{N-1} x(n) W_N^{nk} \quad k = 0, 1, \cdots, N-1 \tag{4-1}$$

逆变换(IDFT)

$$x(n) = \frac{1}{N} \sum_{k=0}^{N-1} X(k) W_N^{-nk} \quad n = 0, 1, \cdots, N-1 \tag{4-2}$$

二者的差别只在于 W_N 的指数符号不同,以及差一个常数乘因子 $1/N$,所以 IDFT 与 DFT 具有相同的计算量。因此这里只讨论 DFT 的计算量。

一般来说,$x(n)$ 和 W_N^{nk} 都是复数,$X(k)$ 也是复数,因此每计算一个 $X(k)$ 值,需要 N 次复数乘法($x(n)$ 和 W_N^{nk} 相乘)和 $N-1$ 次复数加法。而 $X(k)$ 一共有 N 个点(k 从 0 取到 $N-1$),所以完成整个 DFT 运算总共需要 N^2 次复数乘法及 $N(N-1)$ 次复数加法。上述运算中,乘法运算要比加法运算复杂,需要的计算时间也多一些。复数运算实际上是由实数运算来完成的,这时 DFT 计算式可写为

$$\begin{aligned} X(k) &= \sum_{n=0}^{N-1} x(n) W_N^{nk} = \sum_{n=0}^{N-1} \{\operatorname{Re}[x(n)] + \mathrm{j}\operatorname{Im}[x(n)]\}\{\operatorname{Re}[W_N^{nk}] + \mathrm{j}\operatorname{Im}[W_N^{nk}]\} \\ &= \sum_{n=0}^{N-1} \{\operatorname{Re}[x(n)]\operatorname{Re}[W_N^{nk}] - \operatorname{Im}[x(n)]\operatorname{Im}[W_N^{nk}] + \\ &\quad \mathrm{j}(\operatorname{Re}[x(n)]\operatorname{Im}[W_N^{nk}] + \operatorname{Im}[x(n)]\operatorname{Re}[W_N^{nk}])\} \end{aligned} \tag{4-3}$$

由此可见，一次复数乘法需用四次实数乘法和两次实数加法；一次复数加法需两次实数加法。因而，每计算一个 $X(k)$ 需用 $4N$ 次实数乘法和 $2N+2(N-1)=2(2N-1)$ 次实数加法。所以，整个 DFT 计算总共需要 $4N^2$ 次实数乘法和 $2N(2N-1)$ 次实数加法。

上述计算统计结果与实际需要的计算次数稍有出入，因为某些 W_N^{nk} 可能是 1 或 j 而不必相乘，如 $W_N^0=1$，$W_N^{N/2}=-1$，$W_N^{N/4}=-j$ 等就不需要进行乘法。但是为了便于和其他计算方法做比较，一般都不考虑这些特殊情况，而是把 W_N^{nk} 都看成复数，当 N 很大时，这种特例的影响很小。

从上面的统计可以看到，直接计算 DFT，乘法次数和加法次数都是与 N^2 成正比，当 N 很大时，计算量很可观，有时计算量大到无法忍受。

【例 4-1】 根据式（4-1），对一幅 $N \times N$ 点的二维图像进行 DFT 变换，如用每秒可做 10 万次复数乘法的计算机，当 $N=1024$ 时，需要多少时间（不考虑加法计算时间）？

解：直接计算 DFT 所需复乘次数为 $(N^2)^2 = (1024^2)^2 \approx 10^{12}$ 次，因此用每秒可做 10 万次复数乘法的计算机，计算时间则需要近 3000h。

这对实时性很强的信号处理来说，需要提高计算速度，导致对计算机速度的要求太高。因此，只能通过改进 DFT 的计算方法，以大大减少计算次数。

4.1.2 改进途径

仔细观察 DFT 的计算可以看出，利用系数 W_N^{nk} 的以下固有特性，即可减少计算量。

1) W_N^{nk} 的对称性，即

$$(W_N^{nk})^* = W_N^{-nk}$$

2) W_N^{nk} 的周期性，即

$$W_N^{nk} = W_N^{(n+N)k} = W_N^{n(k+N)}$$

3) W_N^{nk} 的可约性，即

$$W_N^{nk} = W_{mN}^{nmk}, \quad W_N^{nk} = W_{N/m}^{nk/m}$$

另外

$$W_N^{n(N-k)} = W_N^{(N-n)k} = W_N^{-nk}, \quad W_N^{N/2} = -1, \quad W_N^{(k+N/2)} = -W_N^k$$

利用上述固有特性，可以在 DFT 计算中合并某些项；可以将长序列的 DFT 计算分解为更少点数的 DFT 计算。由于 DFT 的计算量与 N^2 成正比，小点数序列的 DFT 比大点数序列的 DFT 的计算量要小，所以 N 越小对计算越有利。

FFT 算法正是基于上述基本思想发展起来的。它的算法形式有很多种，但基本上可以分成两大类，即按时间抽取（decimation-in-time, DIT）法和按频率抽取（decimation-in-frequency, DIF）法。

4.2 按时间抽取的基-2 FFT 算法

4.2.1 算法原理

设序列 $x(n)$ 的长度为 N，且满足 $N=2^L$，L 为正整数。如果不满足这个条件，可以补加

若干零值点，使之满足这一条件。这种 N 为 2 的整数次幂的 FFT 也称为基 –2FFT。

将长度为 N 的序列 $x(n)$ 按 n 的奇偶分解为两个子序列，即

$$\begin{cases} x(2r) = x_1(r) \\ x(2r+1) = x_2(r) \end{cases} \quad r = 0, 1, \cdots, \frac{N}{2} - 1 \tag{4-4}$$

则可将 DFT 化简为

$$X(k) = \text{DFT}[x(n)] = \sum_{n=0}^{N-1} x(n) W_N^{nk} = \sum_{\substack{n=0 \\ n\text{为偶数}}}^{N-1} x(n) W_N^{nk} + \sum_{\substack{n=0 \\ n\text{为奇数}}}^{N-1} x(n) W_N^{nk}$$

$$= \sum_{r=0}^{\frac{N}{2}-1} x(2r) W_N^{2rk} + \sum_{r=0}^{\frac{N}{2}-1} x(2r+1) W_N^{(2r+1)k} = \sum_{r=0}^{\frac{N}{2}-1} x_1(r)(W_N^2)^{rk} + W_N^k \sum_{r=0}^{\frac{N}{2}-1} x_2(r)(W_N^2)^{rk}$$

利用 W_N^{nk} 的可约性，即 $W_N^2 = e^{-j\frac{2\pi}{N}2} = e^{-j\frac{2\pi}{N/2}} = W_{N/2}$，上式可表示为

$$X(k) = \sum_{r=0}^{\frac{N}{2}-1} x_1(r) W_{N/2}^{rk} + W_N^k \sum_{r=0}^{\frac{N}{2}-1} x_2(r) W_{N/2}^{rk} = X_1(k) + W_N^k X_2(k) \tag{4-5}$$

式中，$X_1(k)$ 与 $X_2(k)$ 分别为 $x_1(r)$ 及 $x_2(r)$ 的 $N/2$ 点 DFT，即

$$X_1(k) = \sum_{r=0}^{\frac{N}{2}-1} x_1(r) W_{N/2}^{rk} = \sum_{r=0}^{\frac{N}{2}-1} x(2r) W_{N/2}^{rk} \tag{4-6}$$

$$X_2(k) = \sum_{r=0}^{\frac{N}{2}-1} x_2(r) W_{N/2}^{rk} = \sum_{r=0}^{\frac{N}{2}-1} x(2r+1) W_{N/2}^{rk} \tag{4-7}$$

可见，一个 N 点 DFT 已分解成两个 $N/2$ 点的 DFT。这两个 $N/2$ 点的 DFT 再按照式 (4-5) 可以组合成一个 N 点 DFT。$X_1(k)$、$X_2(k)$ 只有 $N/2$ 个点，即 $k = 0, 1, \cdots, N/2 - 1$，而 $X(k)$ 却有 N 个点，即 $k = 0, 1, \cdots, N-1$，故用式 (4-5) 计算得到的只是 $X(k)$ 的前半部分的结果，要用 $X_1(k)$、$X_2(k)$ 表示全部的 $X(k)$ 值，还必须应用系数的周期性，即

$$W_{N/2}^{r(k+\frac{N}{2})} = W_{N/2}^{rk}$$

可得

$$X_1\left(\frac{N}{2} + k\right) = \sum_{r=0}^{\frac{N}{2}-1} x_1(r) W_{N/2}^{r(\frac{N}{2}+k)} = \sum_{r=0}^{\frac{N}{2}-1} x_1(r) W_{N/2}^{rk} = X_1(k) \tag{4-8}$$

同理，可得

$$X_2\left(\frac{N}{2} + k\right) = X_2(k) \tag{4-9}$$

式 (4-8)、式 (4-9) 说明后半部分 k 值（$N/2 \leq k \leq N-1$）所对应的 $X_1(k)$、$X_2(k)$ 分别等于前半部分 k 值（$0 \leq k \leq N/2 - 1$）所对应的 $X_1(k)$、$X_2(k)$。

考虑到 W_N^k 的性质，有

$$W_N^{(\frac{N}{2}+k)} = W_N^{N/2} W_N^k = -W_N^k \tag{4-10}$$

将式 (4-8)~式 (4-10) 代入式 (4-5)，即可将 $X(k)$ 表示为前后两部分，即

前半部分

$$X(k) = X_1(k) + W_N^k X_2(k) \quad k = 0, 1, \cdots, \frac{N}{2} - 1 \quad (4\text{-}11)$$

后半部分

$$X\left(k + \frac{N}{2}\right) = X_1\left(k + \frac{N}{2}\right) + W_N^{\left(k + \frac{N}{2}\right)} X_2\left(k + \frac{N}{2}\right)$$

$$= X_1(k) - W_N^k X_2(k) \quad k = 0, 1, \cdots, \frac{N}{2} - 1 \quad (4\text{-}12)$$

只要求出 $0 \sim N/2 - 1$ 区间内所有的 $X_1(k)$ 和 $X_2(k)$ 值，即可求出 $0 \sim N - 1$ 区间内所有的 $X(k)$ 值，从而大大节省了计算量。

式（4-11）和式（4-12）的计算可以用图 4-1 的蝶形运算流图符号表示。流图的表示法将在第 5 章中讨论。当支路上没有标出系数时，该支路的传输系数为 1。

可以看出，每个蝶形运算需要一次复数乘法 $W_N^k X_2(k)$ 和两次复数加（减）法。

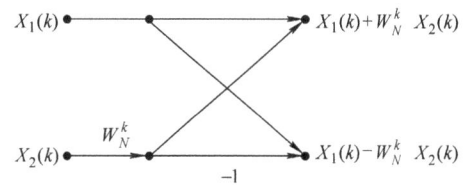

图 4-1 时间抽取法蝶形运算流图符号

据此，一个 N 点 DFT 可以分解为两个 $N/2$ 点 DFT，如图 4-2 所示，每一个 $N/2$ 点 DFT 只需 $\left(\frac{N}{2}\right)^2 = \frac{N^2}{4}$ 次复数乘法和 $\frac{N}{2}\left(\frac{N}{2} - 1\right)$ 次复数加法。两个 $N/2$ 点 DFT 共需 $2 \times \left(\frac{N}{2}\right)^2 = \frac{N^2}{2}$ 次复数乘法和 $2 \times \frac{N}{2}\left(\frac{N}{2} - 1\right)$ 次复数加法。此外，把两个 $N/2$ 点 DFT 合成为 N 点 DFT 时，有 $N/2$ 个蝶形运算，还需要 $N/2$ 次复数乘法及 $2 \times N/2 = N$ 次复数加法。因此，通过第一步分解后，总共需要 $\frac{N^2}{2} + \frac{N}{2} = \frac{N(N+1)}{2} \approx \frac{N^2}{2}$ 次复数乘法和 $N\left(\frac{N}{2} - 1\right) + N = \frac{N^2}{2}$ 次复数加法。由此可见，通过分解后计算量差不多节省了一半。

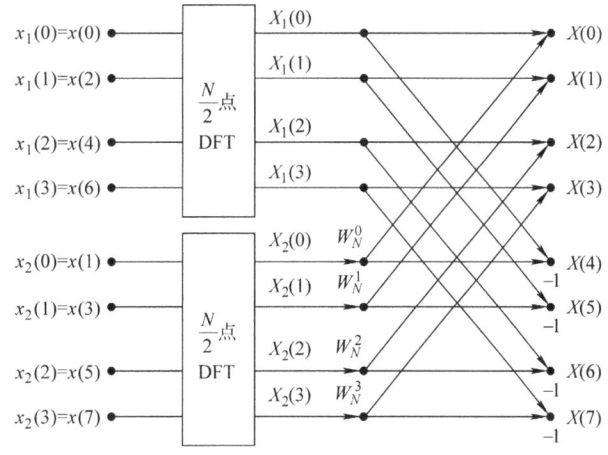

图 4-2 按时间抽取法将一个 N 点 DFT 分解为两个 $N/2$ 点 DFT

既然上述分解对减小计算量有效，由于 $N = 2^L$，因而 $N/2$ 仍是偶数，可以进一步把每个 $N/2$ 点子序列再按其奇偶部分分解为两个 $N/4$ 点的子序列。先将 $x_1(r)$ 进行分解，即

$$\begin{cases} x_1(2l) = x_3(l) \\ x_1(2l+1) = x_4(l) \end{cases} \quad l = 0, 1, \cdots, \frac{N}{4} - 1 \quad (4\text{-}13)$$

$$X_1(k) = \sum_{l=0}^{\frac{N}{4}-1} x_1(2l) W_{N/2}^{2lk} + \sum_{l=0}^{\frac{N}{4}-1} x_1(2l+1) W_{N/2}^{(2l+1)k} = \sum_{l=0}^{\frac{N}{4}-1} x_3(l) W_{N/4}^{lk} + W_{N/2}^{k} \sum_{l=0}^{\frac{N}{4}-1} x_4(l) W_{N/4}^{lk}$$

$$= X_3(k) + W_{N/2}^{k} X_4(k) \qquad k = 0, 1, \cdots, \frac{N}{4} - 1$$

且

$$X_1\left(\frac{N}{4} + k\right) = X_3(k) - W_{N/2}^{k} X_4(k) \quad k = 0, 1, \cdots, \frac{N}{4} - 1$$

其中

$$X_3(k) = \sum_{l=0}^{\frac{N}{4}-1} x_3(l) W_{N/4}^{lk} \quad (4\text{-}14)$$

$$X_4(k) = \sum_{l=0}^{\frac{N}{4}-1} x_4(l) W_{N/4}^{lk} \quad (4\text{-}15)$$

图 4-3 给出了 $N=8$ 时，将一个 $N/2$ 点 DFT 分解成两个 $N/4$ 点 DFT，由这两个 $N/4$ 点 DFT 组合成一个 $N/2$ 点 DFT 的流图。

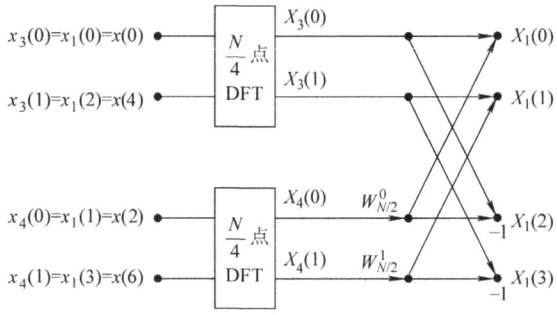

图 4-3　由两个 $N/4$ 点 DFT 组合成一个 $N/2$ 点 DFT

$x_2(r)$ 也可进行同样的分解，得到

$$\begin{cases} X_2(k) = X_5(k) + W_{N/2}^{k} X_6(k) \\ X_2\left(\frac{N}{4} + k\right) = X_5(k) - W_{N/2}^{k} X_6(k) \end{cases} \quad k = 0, 1, \cdots, \frac{N}{4} - 1$$

其中

$$X_5(k) = \sum_{l=0}^{\frac{N}{4}-1} x_5(l) W_{N/4}^{lk} = \sum_{l=0}^{\frac{N}{4}-1} x_2(2l) W_{N/4}^{lk} \quad (4\text{-}16)$$

$$X_6(k) = \sum_{l=0}^{\frac{N}{4}-1} x_6(l) W_{N/4}^{lk} = \sum_{l=0}^{\frac{N}{4}-1} x_2(2l+1) W_{N/4}^{lk} \quad (4\text{-}17)$$

将系数统一为 $W_{N/2}^{k} = W_{N}^{2k}$，则一个 $N=8$ 点 DFT 可分解为四个 $N/4 = 2$ 点 DFT，从而可得到如图 4-4 所示的流图。

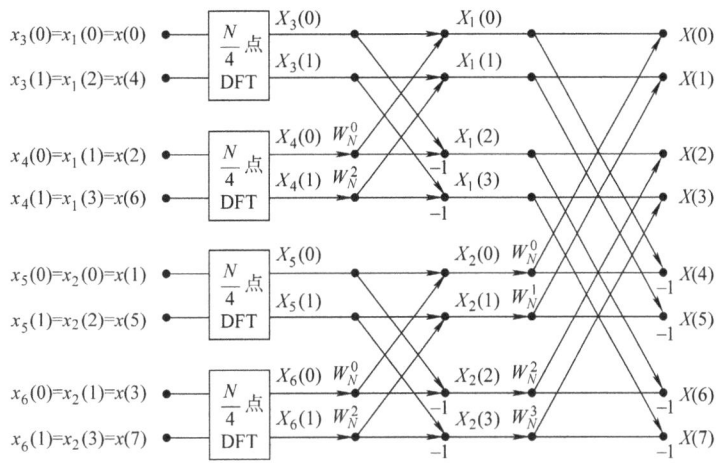

图 4-4 按时间抽取法将一个 N 点 DFT 分解为四个 $N/4$ 点 DFT（$N=8$）

由上述分析可知，利用四个 $N/4$ 点 DFT 和两级蝶形组合运算来计算 N 点 DFT，比只用一次分解蝶形组合方式的计算量又减少了大约一半。

最后，剩下的 2 点 DFT，对于此例 $N=8$，即四个 $N/4=2$ 点 DFT，其输出为 $X_3(k)$、$X_4(k)$、$X_5(k)$、$X_6(k)$，$k=0,1$，可由式（4-14）～式（4-17）计算得出。例如，由式（4-14）可得

$$X_3(0) = x_3(0) + W_2^0 x_3(1) = x(0) + W_2^0 x(4) = x(0) + W_N^0 x(4) \tag{4-18}$$

$$X_3(1) = x_3(0) + W_2^1 x_3(1) = x(0) + W_2^1 x(4) = x(0) - W_N^0 x(4) \tag{4-19}$$

式中，$W_2^1 = e^{-j\frac{2\pi}{2} \times 1} = e^{-j\pi} = -1 = -W_N^0$，故上式不需要乘法。类似地，可求出 $X_4(k)$、$X_5(k)$、$X_6(k)$，这些 2 点 DFT 都可用一个蝶形结表示。由此可得出一个按时间抽取计算的完整的 8 点 FFT 流图，如图 4-5 所示。

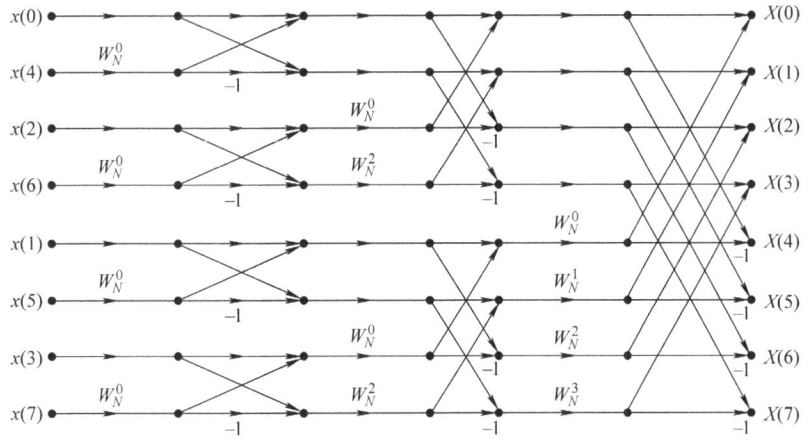

图 4-5 按时间抽取法 $N=8$ 点 FFT 算法流图

上述方法的每一步分解，都是按输入序列在时间上的次序是属于偶数还是属于奇数来分解为两个更短的子序列，所以称为按时间抽取法。

4.2.2 计算量

由按时间抽取法的 FFT 算法流图可见,当 $N = 2^L$ 时,共有 L 级蝶形,每级都由 $N/2$ 个蝶形运算组成,每个蝶形需要一次复数乘法、两次复数加法,因此每级运算都需要 $N/2$ 次复数乘法和 N 次复数加法,这样 L 级运算总共需要

复数乘法数为

$$m_F = \frac{N}{2}L = \frac{N}{2}\log_2 N$$

复数加法数为

$$a_F = NL = N\log_2 N$$

实际计算量与这个数字稍有不同,因为 $W_N^0 = 1$,$W_N^{N/2} = -1$,$W_N^{N/4} = -j$,这几个系数都不用乘法运算,但是这些情况在直接 DFT 算法中也是存在的。此外,当 N 较大时,这些特例相对而言就很少。所以,为了统一做比较起见,下面都不考虑这些特例。

由于计算机中乘法运算所需的时间比加法运算所需的时间要多得多,故以乘法为例,直接 DFT 复数乘法次数是 N^2,FFT 复数乘法次数为 $\frac{N}{2}\log_2 N$。直接 DFT 算法与 FFT 算法的计算量之比为

$$\frac{N^2}{\frac{N}{2}L} = \frac{N^2}{\frac{N}{2}\log_2 N} = \frac{2N}{\log_2 N} \tag{4-20}$$

表 4-1 比较了 FFT 算法与直接 DFT 算法的计算量,可以直观地看出 FFT 算法的优越性,尤其是当点数 N 越大时,FFT 的优越性更明显。

表 4-1 FFT 算法与直接 DFT 算法计算量的比较

N	N^2	$\frac{N}{2}\log_2 N$	$N^2 \big/ \frac{N}{2}\log_2 N$
2	4	1	4.0
4	16	4	4.0
8	64	12	5.4
16	256	32	8.0
32	1024	80	12.8
64	4096	192	21.4
128	16384	448	36.6
256	65536	1024	64.0
512	262144	2304	113.8
1024	1048576	5120	204.8
2048	4194304	11264	372.4

【例 4-2】 用 FFT 算法处理一幅 $N \times N$ 点的二维图像,如用每秒可做 10 万次复数乘法的计算机,当 $N = 1024$ 时,需要多少时间(不考虑加法运算时间)?

解:当 $N = 1024$ 点时,FFT 算法处理一幅二维图像所需复数乘法约为 $\frac{N^2}{2}\log_2 N^2 \approx 10^7$ 次,

仅为直接 DFT 算法所需时间的十万分之一。

在 MATLAB 中，利用 FFT 计算 DFT 的程序如下：
% DFT 及 FFT 算法及计算速度
n = 15; N = 2^n;
x = randn(1,N);
% FFT 算法
t0 = clock;
X_fft = fft(x);
t1 = etime(clock,t0)
% DFT 算法
t0 = clock;
X_dft = DFT(x); % 见例 3-1
t2 = etime(clock,t0)
subplot(2,1,1);plot(abs(X_fft));
subplot(2,1,2);plot(abs(X_dft));

计算耗时随计算机性能不同而不同，读者可自行测试。

4.2.3 按时间抽取的基 −2 FFT 算法的特点

为了得出任何 $N = 2^L$ 点的按时间抽取的基 −2 FFT 信号流图，首先考虑按时间抽取法在运算方式上的特点，进而可得出 FFT 算法的程序流程图。

1. 原位运算（同址运算）

图 4-5 按时间抽取法的 FFT 算法很有规律，其每级（每列）运算都是由 $N/2$ 个蝶形运算构成，每一个蝶形结构完成以下基本迭代运算，即

$$X_m(k) = X_{m-1}(k) + X_{m-1}(j) W_N^r \tag{4-21a}$$
$$X_m(j) = X_{m-1}(k) - X_{m-1}(j) W_N^r \tag{4-21b}$$

式中，m 为第 m 列迭代；k、j 为数据所在行数。式（4-21）的蝶形运算如图 4-6 所示，由一次复数乘法和两次复数加（减）法组成。

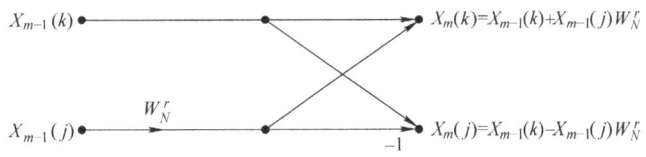

图 4-6 按时间抽取的蝶形运算流图

由图 4-6 可以看出，某一列的任何两个节点 k 和 j 的节点变量进行蝶形运算后，所得结果为下一列 k、j 两节点的节点变量，而与其他节点变量无关，因此可以采用原位运算，即某一列的 N 个数据送到存储器后，经蝶形运算，其结果为下一列数据，它们以蝶形为单位仍存储在同一组存储器中，直到最后输出，中间无须其他存储器。也就是说，蝶形的两个输出值仍放回蝶形的两个输入所在的存储器中。每列的 $N/2$ 个蝶形运算全部完成后，再开始下一列的蝶形运算，这样存储器数据只需 N 个存储单元。下一级的运算仍采用这种原位方

式,只不过进入蝶形结的组合关系有所不同。这种原位运算结构可以节省存储单元,降低设备成本。

2. 倒位序规律

观察图4-5的原位运算结构可以发现,当运算完成后,FFT 的输出 $X(k)$ 按正常顺序排列在存储单元中,即按 $X(0)$、$X(1)$、$\cdots$、$X(7)$ 的顺序排列,但此时输入 $x(n)$ 却不是按自然顺序存储,而是按 $x(0)$、$x(4)$、$\cdots$、$x(7)$ 的顺序存入存储单元,看起来好像是混乱无序的,实际上却是有规律的,这种排序规律称为倒位序。

造成倒位序的原因是输入 $x(n)$ 按标号 n 的偶奇不断分组。如果 n 用二进制数表示为 $(n_2 n_1 n_0)_2$(当 $N = 8 = 2^3$ 时,二进制为3位),第一次分组,由图4-2可见,n 为偶数(相当于 n 的二进制数的最低位 $n_0 = 0$)在上半部分,n 为奇数(相当于 n 的二进制数的最低位 $n_0 = 1$)在下半部分。第二次则根据次最低位 n_1 为"0"或是"1"来分偶奇(而不管原来的子序列是偶序列还是奇序列),如此继续分下去,直到最后 N 个长度为1的子序列。图4-7的树状图描述了上述分成偶数子序列和奇数子序列的过程。

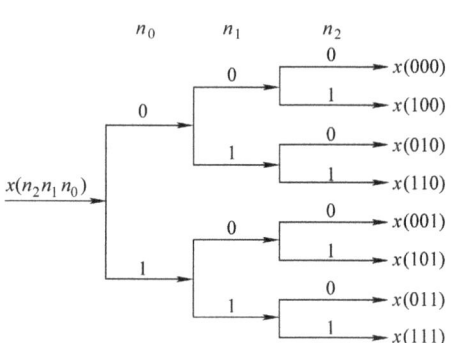

图4-7 描述倒位序的树状图

一般实际运算中,总是先按自然顺序将输入序列存入存储单元,然后通过变址运算得到倒位序的排列。如果输入序列的自然顺序号 i 用二进制数表示,如 $n_2 n_1 n_0$,则其倒位序 j 对应的二进制数为 $n_0 n_1 n_2$,这样,在原来自然顺序时应该存放 $x(i)$ 的单元,现在倒位序后应存放 $x(j)$。例如,$N=8$ 时,$x(3)$ 的标号是 $i=3$,它的二进制数是011,倒位序的二进制数是110,即 $j=6$,所以原来存放在 $x(011)$ 单元的数据现在应该存放在 $x(110)$ 内。表4-2列出了 $N=8$ 时的自然顺序二进制数及相应的倒位序二进制数。

表4-2 $N=8$ 时的自然顺序二进制数及相应的倒位序二进制数

自然顺序（i）	二进制数	倒位序二进制数	倒位序（j）
0	000	000	0
1	001	100	4
2	010	010	2
3	011	110	6
4	100	001	1
5	101	101	5
6	110	011	3
7	111	111	7

由表4-2可见,自然顺序数 i 增加1,即在顺序数的二进制数最低位加1,向左进位。而倒序数 j 则是在二进制数最高位加1,逢2向右进位。例如,在(000)最高位加1,则得(100),再在(100)最高位加1,向右进位,则得(010)。因(100)最高位为1,所以最高位加1要向次高位进位,其实质是将最高位变为0,再在次高位加1。用这种算法,可以

从当前任一倒序值求得下一个倒序值。

对于 $N=2^L$,L 为二进制数最高位,其权值为 $N/2$,且从左向右二进制位的权值依次为 $N/4$,$N/8$,…,2,1。因此,最高位加 1 相当于十进制运算 $j+N/2$。如果最高位是 0($j<N/2$),则直接由 $j+N/2$ 得到下一个倒序值;如果最高位是 1($j \geq N/2$),则要将最高位变为 0($j \leftarrow j-N/2$),次高位加 1($j+N/4$)。但次高位加 1 时,同样要判断次高位的 0、1 值,如果为 0($j<N/4$),则直接加 1($j \leftarrow j+N/4$);否则,将次高位变为 0($j \leftarrow j-N/4$),再判断下一位;以此类推,直到完成最高位加 1、逢 2 向右进位的运算。

将按自然顺序存放在存储单元中的数据,换成 FFT 原位运算流图所要求的倒位序的变址功能如图 4-8 所示,当 $i=j$ 时,不必调换,当 $i \neq j$ 时,必须将原来存放数据 $x(i)$ 的存储单元内调入数据 $x(j)$,而将存放 $x(j)$ 的存储单元内调入 $x(i)$。为了避免把已调换过的数据再次调换,保证只调换一次(否则又回到原状),只需看 j 是否比 i 小。若 j 比 i 小,则意味着此 $x(i)$ 之前已和 $x(j)$ 互相调换过,不必再调换;只有当 $j>i$ 时,才将原存放 $x(i)$ 及存放 $x(j)$ 的存储单元内的内容互换。这样即可得到输入所需的倒位序列的顺序。可以看出,其结果与图 4-5 的要求是一致的。

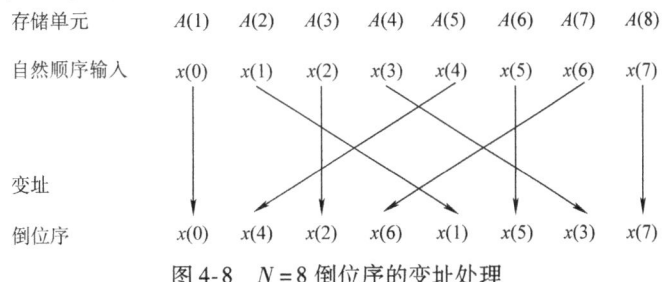

图 4-8 $N=8$ 倒位序的变址处理

3. 蝶形运算两节点的距离

以图 4-5 的 8 点 FFT 为例,其输入是倒位序,输出是自然顺序。第一级(第一列)每个蝶形的两节点间的距离为 1,第二级每个蝶形的两节点间的距离为 2,第三级每个蝶形的两节点间的距离为 4。以此类推,对 $N=2^L$ 点 FFT,当输入为倒位序、输出为正常顺序时,其第 m 级运算,每个蝶形的两节点间的距离为 2^{m-1}。

4. W_N^r 的确定

由于对第 m 级运算,一个 DFT 蝶形运算的两节点间的距离为 2^{m-1},因此式(4-21)可写为

$$X_m(k) = X_{m-1}(k) + X_{m-1}(k+2^{m-1})W_N^r \qquad (4\text{-}22\text{a})$$

$$X_m(k+2^{m-1}) = X_{m-1}(k) - X_{m-1}(k+2^{m-1})W_N^r \qquad (4\text{-}22\text{b})$$

为了完成式(4-22)的运算,还必须知道系数 W_N^r 的变换规律。仔细观察图 4-5 的流图,可以发现 r 的变换规律为:

1)把式(4-22)中蝶形运算两节点中的第一个节点标号值,即 k 值,表示成 L 位($N=2^L$)二进制数。

2)把此二进制数乘上 2^{L-m},即将此 L 位二进制数左移 $L-m$ 位(m 为第 m 级运算),把右边空出的位置补零,此数即为所求 r 的二进制数。

由图 4-5 可以看出,W_N^r 因子最后一列有 $N/2$ 种,顺序为 W_N^0,W_N^1,…,$W_N^{(\frac{N}{2}-1)}$,其余可类推。

4.2.4 按时间抽取的基-2 FFT算法的其他形式流图

显然，对于任何流图，只要保持各节点所连的支路及传输系数不变，则不论节点位置如何排列所得流图总是等效的，所得最后结果都是 $x(n)$ 的 DFT 计算的正确结果，只是数据的提取和存放的次序不同而已。这样就可得到按时间抽取的 FFT 算法的若干其他形式流图。

将图 4-5 中和 $x(4)$ 水平相连的所有节点和 $x(1)$ 水平相连的所有节点位置对调，再将和 $x(6)$ 水平相连的所有节点与和 $x(3)$ 水平相连的所有节点对调，其余诸节点保持不变，可得图 4-9 的流图。图 4-9 与图 4-5 的蝶形相同，计算量也一样，不同点如下：

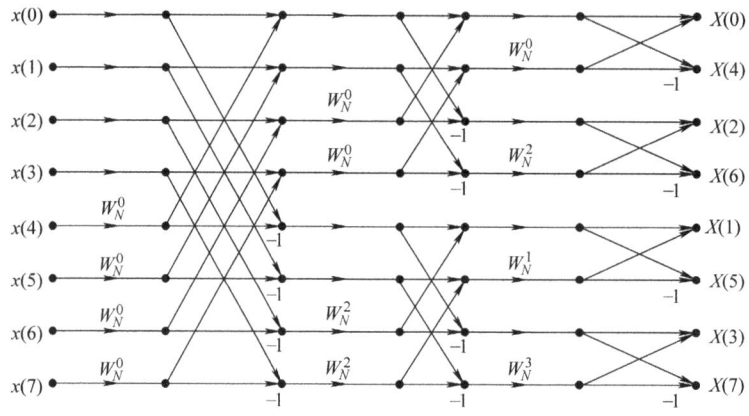

图 4-9 按时间抽取的输入自然顺序、输出倒位序的 FFT 流图

1) 数据存放的方式不同。图 4-5 是输入倒位序、输出自然顺序；图 4-9 是输入自然顺序、输出倒位序。

2) 取用系数的顺序不同。图 4-5 的最后一列是按 W_N^0、W_N^1、W_N^2、W_N^3 的顺序取用系数，且其前一列所用系数是后一列所用系数中具有偶数次幂的系数，如 W_N^0、W_N^2、…；图 4-9 的最后一列是按 W_N^0、W_N^2、W_N^1、W_N^3 的顺序取用系数，且其前一列所用系数是后一列所用系数的前半部分，这种流图是最初由库利和图基给出的时间抽取法。

经过简单变换，也可得到输入与输出都是按自然顺序排列的流图以及其他各种形式的流图，如图 4-10 ~ 图 4-12 所示。

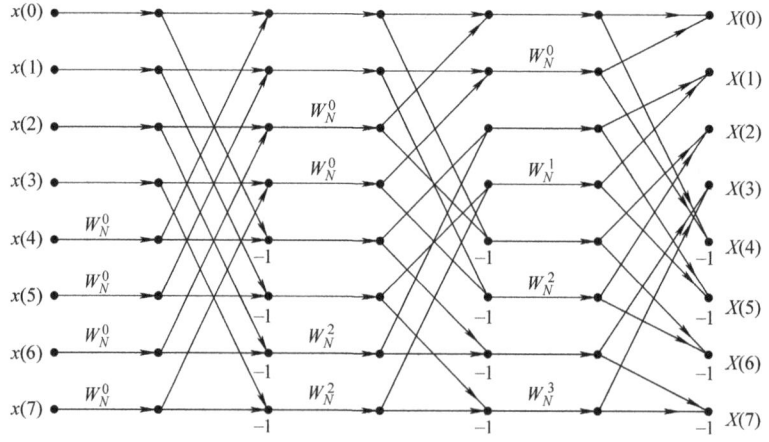

图 4-10 按时间抽取的输入、输出皆为自然顺序的 FFT 流图

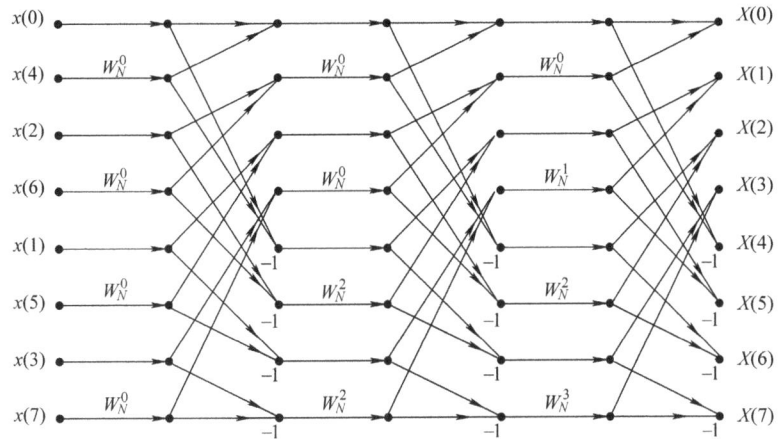

图 4-11 按时间抽取的各级具有相同几何形状、输入倒位序、输出自然顺序的 FFT 流图

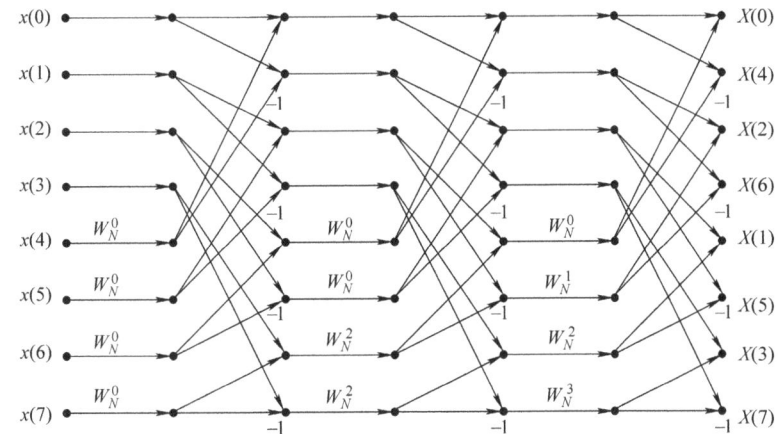

图 4-12 按时间抽取的各级具有相同几何形状、输入自然顺序、输出倒位序的 FFT 流图

4.3 按频率抽取的基 –2 FFT 算法

本节讨论另一种 FFT 算法,称为按频率抽取的基 – 2 FFT 算法,它是把输出序列 $X(k)$ (也为 N 点序列)按其顺序的奇偶分解为越来越短的序列。

4.3.1 算法原理

仍设序列点数为 $N=2^L$,L 为正整数。在把输出 $X(k)$ 按 k 的奇偶分组之前,先把输入序列按前半部分、后半部分分开(不是按偶数、奇数分开),把 N 点 DFT 写成两部分。

$$X(k) = \sum_{n=0}^{N-1} x(n) W_N^{nk} = \sum_{n=0}^{\frac{N}{2}-1} x(n) W_N^{nk} + \sum_{n=\frac{N}{2}}^{N-1} x(n) W_N^{nk}$$

$$= \sum_{n=0}^{\frac{N}{2}-1} x(n) W_N^{nk} + \sum_{n=0}^{\frac{N}{2}-1} x\left(n+\frac{N}{2}\right) W_N^{\left(n+\frac{N}{2}\right)k} = \sum_{n=0}^{\frac{N}{2}-1} \left[x(n) + x\left(n+\frac{N}{2}\right) W_N^{Nk/2} \right] W_N^{nk} \quad k = 0,1,\cdots,N-1$$

式中用的是 W_N^{nk} 而不是 $W_{N/2}^{nk}$，因而这并不是 $N/2$ 点 DFT。由于 $W_N^{N/2} = -1$，故 $W_N^{Nk/2} = (-1)^k$，可得

$$X(k) = \sum_{n=0}^{\frac{N}{2}-1}\left[x(n) + (-1)^k x\left(n + \frac{N}{2}\right)\right]W_N^{nk} \quad k = 0, 1, \cdots, N-1 \quad (4\text{-}23)$$

当 k 为偶数时，$(-1)^k = 1$；当 k 为奇数时，$(-1)^k = -1$。因此，按 k 的奇偶可将 $X(k)$ 分为两部分，即

$$X(2r) = \sum_{n=0}^{\frac{N}{2}-1}\left[x(n) + x\left(n + \frac{N}{2}\right)\right]W_N^{2nr}$$

$$= \sum_{n=0}^{\frac{N}{2}-1}\left[x(n) + x\left(n + \frac{N}{2}\right)\right]W_{N/2}^{nr} \quad r = 0, 1, \cdots, \frac{N}{2} - 1 \quad (4\text{-}24)$$

$$X(2r+1) = \sum_{n=0}^{\frac{N}{2}-1}\left[x(n) - x\left(n + \frac{N}{2}\right)\right]W_N^{n(2r+1)}$$

$$= \sum_{n=0}^{\frac{N}{2}-1}\left\{\left[x(n) - x\left(n + \frac{N}{2}\right)\right]W_N^n\right\}W_{N/2}^{nr} \quad r = 0, 1, \cdots, \frac{N}{2} - 1 \quad (4\text{-}25)$$

式（4-24）为前半部分输入与后半部分输入之和的 $N/2$ 点 DFT，式（4-25）为前半部分输入与后半部分输入之差再与 W_N^n 之积的 $N/2$ 点 DFT。令

$$\begin{cases} x_1(n) = x(n) + x\left(n + \frac{N}{2}\right) \\ x_2(n) = \left[x(n) - x\left(n + \frac{N}{2}\right)\right]W_N^n \end{cases} \quad n = 0, 1, \cdots, \frac{N}{2} - 1 \quad (4\text{-}26)$$

式（4-26）所表示的运算关系可以用图 4-13 所示的蝶形运算来表示。

图 4-13 将一个 N 点 DFT 按 k 的奇偶分解为两个 $N/2$ 点的 DFT。当 $N=8$ 时，上述分解过程如图 4-14 所示。

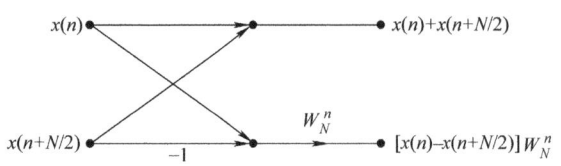

图 4-13 按频率抽取的蝶形运算流图符号

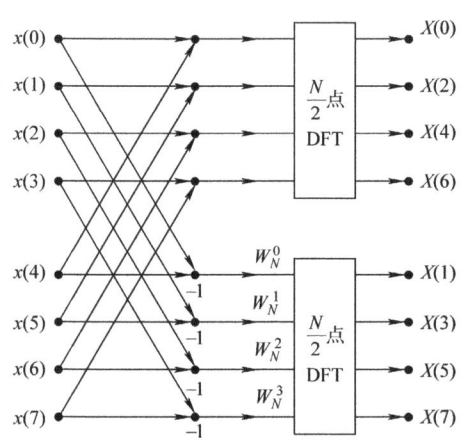

图 4-14 按频率抽取的 N 点 DFT 分解为两个 $N/2$ 点 DFT 的组合（$N=8$）

与时间抽取法的推导过程一样,由于 $N=2^L$,$N/2$ 仍是一个偶数,因而可以将每个 $N/2$ 点 DFT 的输出再分解为偶数组与奇数组,这就将 $N/2$ 点 DFT 进一步分解为两个 $N/4$ 点 DFT。这两个 $N/4$ 点 DFT 的输入也是先将 $N/2$ 点 DFT 的输入上下对半分开后通过蝶形运算而形成的,图 4-15 所示为进一步分解的过程。

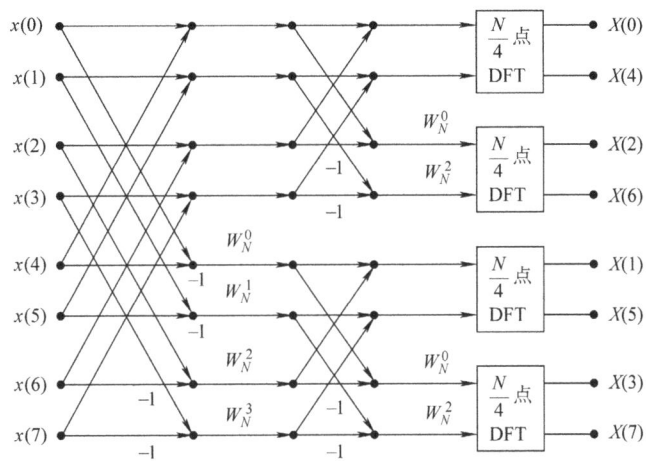

图 4-15　按频率抽取的 N 点 DFT 分解为 4 个 $N/4$ 点 DFT 的组合($N=8$)

上述分解可以一直进行到第 L 次($N=2^L$),第 L 次实际上是进行两点 DFT 计算,它只有加减运算。然而,为了有统一的运算结构,仍然用一个系数为 W_N^0 的蝶形运算来表示,$N/2$ 个两点 DFT 的 N 个输出就是 $x(n)$ 的 N 点 DFT 的结果 $X(k)$。图 4-16 为一个完整的 $N=8$ 按频率抽取的基 -2 FFT 运算结构。

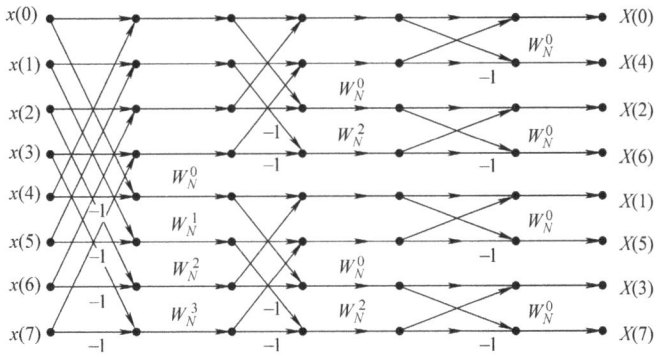

图 4-16　按频率抽取的基 -2 FFT 运算结构($N=8$)

4.3.2　按频率抽取的基 -2 FFT 算法的特点

按频率抽取法的运算特点与时间抽取法基本相同。从图 4-17 可以看出,它也是通过 $(N/2)L$ 个蝶形运算完成的。每一个蝶形结构完成以下基本迭代运算,即

$$\begin{cases} X_m(k) = X_{m-1}(k) + X_{m-1}(j) \\ X_m(j) = [X_{m-1}(k) - X_{m-1}(j)]W_N^r \end{cases} \tag{4-27}$$

式中,m 为 m 列迭代;k、j 为整数所在行数。

式（4-27）的蝶形运算结构也需要一次复数乘法和两次复数加法。

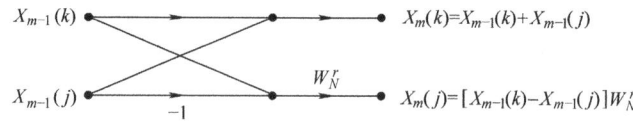

图 4-17 按频率抽取的蝶形运算结构

比较图 4-16 与图 4-5，初看起来，按频率抽取（DIF）法与按时间抽取（DIT）法的区别是：图 4-16 的 DIF 输入是自然顺序，输出是倒位序，这与图 4-5 的 DIT 法正好相反。但这并不是两者实质性的区别，因为 DIF 法与 DIT 法一样，都可将输入或输出进行重新排序，使两者的输入或输出顺序变成自然顺序或倒位序顺序。DIF 的基本蝶形（见图 4-17）与 DIT 的基本蝶形（见图 4-6）有所不同，这才是两者实质性的区别，DIF 的复数乘法只出现在减法之后，DIT 则是先进行复数乘法后再进行加减法。

但就计算量而言，DIF 与 DIT 是相同的，即都有 L 级（列）运算，每级运算需 $N/2$ 个蝶形运算来完成，总共需要 $m_F = (N/2)\log_2 N$ 次复数乘法与 $\alpha_F = N\log_2 N$ 次复数加法，DIF 法与 DIT 法都可以进行原位运算。按频率抽取的 FFT 算法的输入是自然顺序，输出是倒位序。因此运算完毕后，要通过变址运算将倒位序转换成自然位序，然后再输出。转换方法与时间抽取法相同。

由按时间抽取法与按频率抽取法的基本蝶形（见图 4-6 与图 4-17）运算可以看出，如果将 DIT 的基本蝶形加以转置，就得到 DIF 的基本蝶形；反过来，将 DIF 的基本蝶形加以转置，就得到 DIT 的基本蝶形，因此 DIT 法与 DIF 法的基本蝶形是互为转置的。按照转置定理，两个流图的输入-输出特性必然相同。转置就是将流图的所有支路方向都反向，并且交换输入与输出，但节点变量值不交换，这样即可从图 4-6 得到图 4-17 或者从图 4-17 得到图 4-6，因此对每一种按时间抽取的 FFT 流图都存在一个按频率抽取的 FFT 流图。将图 4-9 ~ 图 4-12 的流图分别加以转置，即可得到不同 DIF 的 FFT 流图。因此，可以说，有多少种按时间抽取的 FFT 流图就存在多少种按频率抽取的 FFT 流图。频率抽取法与时间抽取法是两种等价的 FFT 运算。

4.4 N 为复合数的 FFT 算法

上面讨论的是序列的点数 N 为 2 的幂次（即 $N = 2^L$）情况下，按时间抽取和按频率抽取的基-2FFT 算法的基本原理。因为基-2 FFT 算法的程序简单，效率高，使用方便，因此在实际中使用得最多。

实际上无法保证序列长度总是为 2 的整数幂次。若不满足 $N = 2^L$，则可采用以下几种方法：

1）将 $x(n)$ 增补一些零值点，使 N 增加到最邻近的一个 $N = 2^L$ 数值。由 DFT 的性质可知，有限长序列补零之后，并不影响其频谱 $X(e^{j\omega})$，只不过其频谱的抽样点数增加，所造成的结果是计算量增加而已。但是，有时计算量增加太多，浪费较大。例如，$x(n)$ 的点数 $N = 300$，则需补到 $N = 2^9 = 512$，要补 212 个零值点，因此 $N \neq 2^L$ 时的 FFT 算法应运而生。

2）若 N 是一个复合数，即它可以分解成一些因子的乘积，则可以用 FFT 的一般算法，即混合基 FFT 算法，而基 -2 FFT 算法只是 FFT 一般算法的特例。

3) 如果 N 是素数，则只能利用直接 DFT 算法，或者用后面将要介绍的 CZT（chirp - z 变换）算法。

总之，不管采用什么方法，计算 DFT 的高效算法是把计算长度为 N 的序列的 DFT 逐次分解成计算长度较短序列的 DFT。这是很多高效算法的标准方法和基本原理。

4.4.1 整数的多基多进制表示形式

1) 对于二进制，$N = 2^L$，则任一个 $N = 2^L$ 的正整数 n，可以用 2 为基数表示成二进制形式 $(n_{L-1}n_{L-2}\cdots n_1 n_0)_2$，其中 n_i 为 0 或 1，$i = 0, 1, \cdots, L-1$。该二进制数所表示的数值为

$$(n)_{10} = n_{L-1}2^{L-1} + n_{L-2}2^{L-2} + \cdots + n_1 2 + n_0 \tag{4-28}$$

将此二进制倒位序后变为 $[\rho(n)]_2 = (n_0 n_1 \cdots n_{L-2} n_{L-1})_2$，其所表示的数值为

$$[\rho(n)]_{10} = n_0 2^{L-1} + n_1 2^{L-2} + \cdots + n_{L-2} 2 + n_{L-1} \tag{4-29}$$

2) 对于 r 进制（多进制），设 $N = r^L$，r 和 L 均为大于 1 的整数（$r = 2$ 时，即为二进制），则任一个 $N < r^L$ 的正整数 n，可以用 r 为基数表示成 r 进制形式 $(n_{L-1}n_{L-2}\cdots n_1 n_0)_r$，其中 $n_i = 0, 1, \cdots, r-1$，$i = 0, 1, \cdots, L-1$。该 r 进制数所表示的数值为

$$(n)_{10} = (n_{L-1}r^{L-1} + n_{L-2}r^{L-2} + \cdots + n_1 r + n_0) \tag{4-30}$$

将此 r 进制数倒位序后变成 $[\rho(n)]_r = (n_0 n_1 \cdots n_{L-2} n_{L-1})_r$，其所表示的数值为

$$[\rho(n)]_{10} = n_0 r^{L-1} + n_1 r^{L-2} + \cdots + n_{L-2} r + n_{L-1} \tag{4-31}$$

3) 对于多基多进制（或称混合基），N 可表示成复合数 $N = r_1 r_2 \cdots r_L$，则对于 $n < r_1 r_2 \cdots r_L$ 的任何一个正整数 n，可以按 L 个基 $r_1, r_2, \cdots, r_L$ 表示为多基多进制形式 $(n_{L-1}n_{L-2}\cdots n_1 n_0)_{r_1 r_2 \cdots r_L}$，该多基多进制数所表示的数值为

$$(n)_{10} = n_{L-1}(r_2 r_3 \cdots r_L) + n_{L-2}(r_3 r_4 \cdots r_L) + \cdots + n_1 r_L + n_0 \tag{4-32}$$

其倒位序形式为 $[\rho(n)]_{r_L r_{L-1} \cdots r_2 r_1} = (n_0 n_1 \cdots n_{L-2} n_{L-1})_{r_L r_{L-1} \cdots r_2 r_1}$，其所表示的数值为

$$[\rho(n)]_{10} = n_0(r_1 r_2 \cdots r_{L-1}) + n_1(r_1 r_2 \cdots r_{L-2}) + \cdots + n_{L-2} r_1 + n_{L-1} \tag{4-33}$$

其中

$$n_0 = 0, 1, \cdots, r_L - 1$$
$$n_1 = 0, 1, \cdots, r_{L-1} - 1$$
$$\vdots$$
$$n_{L-1} = 0, 1, \cdots, r_1 - 1$$

可记为

$$n_i = 0, 1, \cdots, r_{L-i} - 1, \quad i = 0, 1, \cdots, L-1 \tag{4-34}$$

多基多进制（混合基）是最普遍的形式，它包含了单基（二进制或多进制）形式。当 $r_1 = r_2 = \cdots = r_L = 2$ 时，$N = 2^L$ 为基 -2 的二进制形式；当 $r_1 = r_2 = \cdots = r_L = r$ 时，$N = r^L$ 为基 -r 的 r 进制形式。

【例 4-3】 $N = 3 \times 5 = r_1 r_2$，则有

$$(n)_{10} = n_1 r_2 + n_0 = 5n_1 + n_0$$
$$[\rho(n)]_{10} = n_0 r_1 + n_1 = 3n_0 + n_1$$

其中 $n_1 = 0, 1, 2$；$n_0 = 0, 1, 2, 3, 4$

例如 $(6)_{10} = 5 \times 1 + 1 = (11)_{3 \times 5}$，$[\rho(6)]_{10} = 3 \times 1 + 1 = (4)_{10}$

$(2)_{10} = 5 \times 0 + 2 = (02)_{3 \times 5}$，$[\rho(2)]_{10} = 3 \times 2 + 0 = (6)_{10}$

【例 4-4】 $N = 4 \times 4 = r_1 r_2$，则有

$$(n)_{10} = n_1 r_2 + n_0 = 4n_1 + n_0$$

$$[\rho(n)]_{10} = n_0 r_1 + n_1 = 4n_0 + n_1$$

其中 $n_1 = 0, 1, 2, 3$；$n_0 = 0, 1, 2, 3$

例如 $(3)_{10} = 4 \times 0 + 3 = (03)_{4 \times 4}$，$[\rho(3)]_{10} = 4 \times 3 + 0 = (12)_{10}$

$(7)_{10} = 4 \times 1 + 3 = (13)_{4 \times 4}$，$[\rho(7)]_{10} = 4 \times 3 + 1 = (13)_{10}$

$(14)_{10} = 4 \times 3 + 2 = (32)_{4 \times 4}$，$[\rho(14)]_{10} = 4 \times 2 + 3 = (11)_{10}$

【例 4-5】 $N = 4 \times 3 \times 2 = r_1 r_2 r_3$，则有

$$(n)_{10} = n_2 r_2 r_3 + n_1 r_3 + n_0 = 6n_2 + 2n_1 + n_0$$

$$[\rho(n)]_{10} = n_0 r_1 r_2 + n_1 r_1 + n_2 = 12n_0 + 4n_1 + n_2$$

其中 $n_2 = 0, 1, 2, 3$；$n_1 = 0, 1, 2$；$n_0 = 0, 1$

例如 $(5)_{10} = 6 \times 0 + 2 \times 2 + 1 = (021)_{4 \times 3 \times 2}$，$[\rho(5)]_{10} = 12 \times 1 + 4 \times 2 + 0 = (20)_{10}$

$(14)_{10} = 6 \times 2 + 2 \times 1 + 0 = (210)_{4 \times 3 \times 2}$，$[\rho(14)]_{10} = 12 \times 0 + 4 \times 1 + 2 = (6)_{10}$

$(21)_{10} = 6 \times 3 + 2 \times 1 + 1 = (311)_{4 \times 3 \times 2}$，$[\rho(21)]_{10} = 12 \times 1 + 4 \times 1 + 3 = (19)_{10}$

4.4.2 $N = r_1 r_2$ 的快速算法

1. 算法原理

要计算的 N 点 DFT 为

$$X(k) = \sum_{n=0}^{N-1} x(n) W_N^{nk} \quad k = 0, 1, \cdots, N-1 \tag{4-35}$$

设 N 是一个复合数，$N = r_1 r_2$，按照上面的讨论，可将 n ($n < N$) 表示为

$$n = n_1 r_2 + n_0 \quad \begin{cases} n_1 = 0, 1, \cdots, r_1 - 1 \\ n_0 = 0, 1, \cdots, r_2 - 1 \end{cases} \tag{4-36}$$

同样，若令 $N = r_2 r_1$，则可将频率变量 $k(k < N)$ 表示为

$$k = k_1 r_1 + k_0 \quad \begin{cases} k_1 = 0, 1, \cdots, r_2 - 1 \\ k_0 = 0, 1, \cdots, r_1 - 1 \end{cases} \tag{4-37}$$

式中，n 为 r_2 进制数，n_0 为末位，n_1 为其进位；k 为 r_1 进制数，k_0 为末位，k_1 为其进位。实际上是将原来的序号 n、k 用矩阵形式来表示。例如，设 $r_1 = 4$，$r_2 = 2$，则

$$N = r_1 r_2 = 4 \times 2 = 8$$

那么

$$n = 2n_1 + n_0 \quad \begin{cases} n_1 = 0, 1, 2, 3 \\ n_0 = 0, 1 \end{cases}$$

则可将 n_0 看成列序号，把 n_1 看成行序号，$r_2 = 2$ 为列的数目。$r_1 = 4$ 为行的数目。按式 (4-36) 组合这两个变量，就得到单一的变量 n ($n = 0, 1, \cdots, N-1$)，排列见表 4-3。

表 4-3　$N=8=4\times 2$ 时，将 n 排列为矩阵形式

n_1	n	
	$n_0=0$	$n_0=1$
0	0	1
1	2	3
2	4	4
3	6	5

同样，若 $N=r_2 r_1=2\times 4$，则

$$k=4k_1+k_0 \quad \begin{cases} k_1=0,\ 1 \\ k_0=0,\ 1,\ 2,\ 3 \end{cases}$$

式中，k_1 为变换后的列变量，k_0 为行变量，$r_2=2$ 为列的数目，$r_1=4$ 为行的数目。按式 (4-37) 组合这两个变量，就得到单一的变量 k（$k=0,\ 1,\ \cdots,\ N-1$）。

将式 (4-36) 与式 (4-37) 代入式 (4-35)，可得

$$\begin{aligned} X(k) &= X(r_1 k_1+k_0) = X(k_1,k_0) = \sum_{n=0}^{N-1} x(n) W_N^{nk} \\ &= \sum_{n_0=0}^{r_2-1} \sum_{n_1=0}^{r_1-1} x(r_2 n_1+n_0) W_N^{(r_2 n_1+n_0)(r_1 k_1+k_0)} \\ &= \sum_{n_0=0}^{r_2-1} \sum_{n_1=0}^{r_1-1} x(n_1,n_0) W_N^{r_2 n_1 k_0} W_N^{n_0 k_1} W_N^{n_0 k_0} W_N^{r_1 r_2 n_1 k_1} \\ &= \sum_{n_0=0}^{r_2-1} \sum_{n_1=0}^{r_1-1} x(n_1,n_0) W_N^{r_2 n_1 k_0} W_N^{n_0 k_1} W_N^{n_0 k_0} \end{aligned} \tag{4-38}$$

式中，$W_N^{r_2 n_1 k_1} = W_{r_1 r_2}^{r_1 r_2 n_1 k_1}=1$。这里 n 用 n_1 和 n_0 表示，所以要对 n_1 和 n_0 的所有位求和，则由 n 的一个求和号变成了 n_1 和 n_0 的两个求和号。

式 (4-38) 可进一步表示为

$$\begin{aligned} X(k_1,k_0) &= \sum_{n_0=0}^{r_2-1} \Big\{ \Big[\sum_{n_1=0}^{r_1-1} x(n_1,n_0) W_N^{r_2 n_1 k_0} \Big] W_N^{n_0 k_0} \Big\} W_N^{r_1 n_0 k_1} \\ &= \sum_{n_0=0}^{r_2-1} \Big\{ \Big[\sum_{n_1=0}^{r_1-1} x(n_1,n_0) W_{r_1}^{n_1 k_0} \Big] W_N^{n_0 k_0} \Big\} W_{r_2}^{n_0 k_1} \\ &= \sum_{n_0=0}^{r_2-1} \Big[X_1(k_0,n_0) W_N^{n_0 k_0} \Big] W_{r_2}^{n_0 k_1} \\ &= \sum_{n_0=0}^{r_2-1} X_1'(k_0,n_0) W_{r_2}^{n_0 k_1} = X_2(k_0,k_1) \end{aligned} \tag{4-39}$$

式中，$x(n_1,n_0)$ 表示 $x(n)$ 的 n 为 r_2 进制顺序排列；$X(k_1,\ k_0)$ 表示 $X(k)$ 的 k 为 r_1 进制顺序排列；$x(n_0,\ n_1)$ 表示 $x(n)$ 的 n 为 r_2 进制倒位序排列；$X(k_0,\ k_1)$ 表示 $X(k)$ 的 k 为 r_1 进制倒位序排列。其中

$$X_1(k_0,n_0) = \sum_{n_1=0}^{r_1-1} x(n_1,n_0) W_{r_1}^{n_1 k_0}, k_0=0,1,\cdots,r_1-1 \tag{4-40}$$

$$X_1'(k_0,n_0) = X_1(k_0,n_0) W_N^{n_0 k_0} \tag{4-41}$$

$$X_2(k_0,k_1) = \sum_{n_0=0}^{r_2-1} X_1'(k_0,n_0) W_{r_2}^{n_0 k_1} \tag{4-42}$$

$$X(k_1,k_0) = X_2(k_0,k_1) \tag{4-43}$$

式（4-40）表示 n_0 为参量时（$n_0 = 0, 1, \cdots, r_2 - 1$）输入变量 n_1 与输出变量 k_0 之间的 r_1 点 DFT，总共有 r_2 个（n_0 的数目）r_1 点 DFT，而 $X_1(k_0, n_0)$ 的序列值为 $r_2 \times r_1 = N$。式（4-41）表示式（4-40）的 $X_1(k_0, n_0)$ 乘以 $W_N^{n_0 k_0}$ 因子所组成的新序列 $X_1'(k_0, n_0)$，$W_N^{n_0 k_0}$ 称为旋转因子（twiddle factor）。式（4-42）表示 k_0 为参量时（$k_0 = 0, 1, \cdots, r_1 - 1$）输入变量 n_0 与输出变量 k_1 之间的 r_2 点 DFT，总共有 r_1 个（k_0 的数目）r_2 点 DFT，而 $X_2(k_0, k_1)$ 的序列值为 $r_1 \times r_2 = N$。同时可以看出，$X_2(k_0, k_1)$ 中的变量是按 r_1 进位制倒位序排列。式（4-43）则表示，最后要利用 $k = k_1 r_1 + k_0$ 进行整序，以恢复出 $X(k_1, k_0) = X(k)$。

因此，可将 N 为复合数 $N = r_1 r_2$ 的 DFT 算法的步骤归纳如下：

1) 将 $x(n)$ 改写成 $x(n_1, n_0)$，利用

$$x(n) = x(r_2 n_1 + n_0) = x(n_1, n_0) \quad \begin{cases} n_1 = 0, 1, \cdots, r_1 - 1 \\ n_0 = 0, 1, \cdots, r_2 - 1 \end{cases}$$

2) 利用式（4-40）进行 r_2 个 r_1 点 DFT，得 $X_1(k_0, n_0)$。
3) 利用式（4-41）把 N 个 $X_1(k_0, n_0)$ 乘以相应的旋转因子 $W_N^{n_0 k_0}$，组成 $X_1'(k_0, n_0)$。
4) 利用式（4-42）进行 r_1 个 r_2 点 DFT，得 $X_2(k_0, k_1)$。
5) 利用式（4-43）进行整序，得到 $X(k_1, k_0) = X(k)$，其中 $k = k_1 r_1 + k_0$。

对于 $N = r_1 r_2 = 4 \times 2 = 8$（其中 $r_1 = 4$，$r_2 = 2$）的例子，重写 n 和 k 的表达式为

$$n = 2n_1 + n_0 \quad \begin{cases} n_1 = 0, 1, 2, 3 \\ n_0 = 0, 1 \end{cases}$$

$$k = 4k_1 + k_0 \quad \begin{cases} k_1 = 0, 1 \\ k_0 = 0, 1, 2, 3 \end{cases}$$

由式（4-40）可得

$$X_1(k_0, n_0) = \sum_{n_1=0}^{3} x(n_1, n_0) W_4^{n_1 k_0}$$

上式有两组（对应于 $k_1 = 0, 1$）4 点 DFT。式（4-41）和式（4-42）分别变为

$$X_1'(k_0, n_0) = X_1(k_0, n_0) W_8^{n_0 k_0}$$

$$X_2(k_0, k_1) = \sum_{n_0=0}^{1} X_1'(k_0, n_0) W_2^{n_0 k_1}$$

后一式子共有四组（对应于 $k_0 = 0, 1, 2, 3$）2 点 DFT，式（4-43）变为

$$X(k_1, k_0) = X_2(k_0, k_1)$$

由上可以得到 $N = 4 \times 2 = 8$ 的 FFT 运算流图，如图 4-18 所示。图中省略了一个 4 点 DFT 的流图，读者可利用上面的分析方法自行画出。

另外，还可以采用先乘旋转因子再计算 DFT 的方法，即

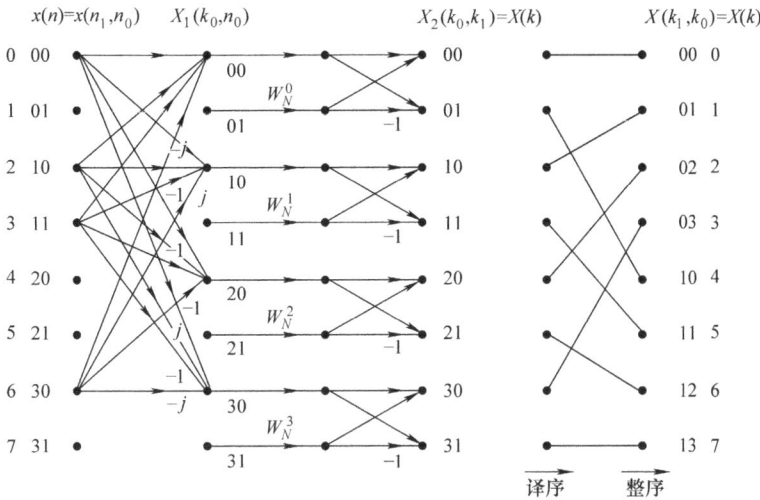

图 4-18 $N=4\times2=8$ 的 FFT 运算流图（部分）

$$X(k_1,k_0) = \sum_{n_0=0}^{r_2-1}\left\{\left[\sum_{n_1=0}^{r_1-1}x(n_1,n_0)W_N^{r_2n_1k_0}\right]W_N^{n_0k_0}\right\}W_N^{r_1n_0k_1}$$

$$= \sum_{n_0=0}^{r_2-1}\left\{\left[\sum_{n_1=0}^{r_1-1}x(n_1,n_0)W_{r_1}^{n_1k_0}\right]W_N^{n_0k_0}\right\}W_{r_2}^{n_0k_1} \tag{4-44}$$

式（4-44）和式（4-39）不同之处在于：首先把时间序列乘以旋转因子 $W_N^{n_0k_0}$，然后计算 r_1 点 (k_0,n_1) 的 DFT，在计算 r_2 点 (k_1,n_0) 的 DFT。这里序列先乘以 $W_N^{n_0k_0}$，反映了按时间抽选；式（4-39）是先进行变换再乘以 $W_N^{n_0k_0}$，反映了按频率抽选。

以上讨论的是 $N=r_1r_2$ 即 N 分解为两个素数的情况。若 N 为高组合素数，则可按上述方法连续地分解为小点数的 DFT，如 $N=r_1M$，$M=r_2r_3$，则 $N=r_1r_2r_3$，仍可以导出其流图。

前面已讲过，$N=2^L$ 的 FFT 称为基 -2 FFT。更一般的情况是，N 为一个复合数，可以分解为一些因子的乘积，即

$$N=r_1r_2r_3\cdots r_L$$

但分解的方法不唯一，例如

$$30=2\times3\times5=5\times3\times2=5\times6=3\times10$$

当 $r_1=r_2=\cdots=r_L$ 时，可通过 L 级 r 点的 DFT 来实现 N 点 DFT，称为基 $-r$ 算法，$r=2$ 时称为基 -2 算法，$r=4$ 时称为基 -4 算法。当 $N=r_1r_2r_3\cdots r_L$，而各 r_i 不相同时，称为混合基 FFT 算法，或称基 $r_1\times r_2\times\cdots\times r_L$ 算法。

计算机中采用基 -2 或基 -4 算法更为方便，且计算量较小。

2. N 为复合数时 FFT 计算量的估计

当 $N=r_1r_2$ 时，如果不算译序、整序的工作量，由式（4-40）到式（4-42）可以看出，其计算量为

直接法求 r_2 个 r_1 点 DFT：$\begin{cases}复数乘法 & r_2r_1^2 \\ 复数加法 & r_2r_1(r_1-1)\end{cases}$

乘以 N 个旋转因子：复数乘法 N

直接法求 r_1 个 r_2 点 DFT：$\begin{cases} 复数乘法 & r_1 r_2^2 \\ 复数加法 & r_1 r_2 (r_2 - 1) \end{cases}$

合计：复数乘法 $r_2 r_1^2 + N + r_1 r_2^2 = N(r_1 + r_2 + 1)$

复数加法 $r_2 r_1 (r_1 - 1) + r_1 r_2 (r_2 - 1) = N(r_1 + r_2 - 2)$

而直接计算一个 N 点 DFT 的计算量为

复数乘法 N^2

复数加法 $N(N-1)$

因而混合基算法可节省的计算量倍数为

复数乘法 $R_\times = \dfrac{N^2}{N(r_1 + r_2 + 1)} = \dfrac{N}{r_1 + r_2 + 1}$

复数加法 $R_+ = \dfrac{N(N-1)}{N(r_1 + r_2 - 2)} = \dfrac{(N-1)}{r_1 + r_2 - 2}$

例如，当 $N = r_1 r_2 = 5 \times 7 = 35$ 时，$R_\times = \dfrac{35}{13} = 2.6$，直接 DFT 算法的计算量是混合基算法的 2.6 倍。

同样，当 $N = r_1 r_2 r_3$ 时，一定有 $r_2 r_3$ 个 r_1 点 DFT，一定有 $r_1 r_3$ 个 r_2 点 DFT，一定有 $r_1 r_2$ 个 r_3 点 DFT，加上两次乘旋转因子，因而总乘法次数为 $N(r_1 + r_2 + r_3 + 2)$。

可以推算出，当 $N = r_1 r_2 r_3 \cdots r_L$ 时，采用混合基算法所需总乘法次数为

$$N\left[\left(\sum_{i=1}^{L} r_i\right) + L - 1\right] \tag{4-45}$$

则直接 DFT 算法与之相比，计算量之比为

$$R_\times = \dfrac{N^2}{N\left[\left(\sum_{i=1}^{L} r_i\right) + L - 1\right]} = \dfrac{N}{\left(\sum_{i=1}^{L} r_i\right) + L - 1} \tag{4-46}$$

式（4-46）用于每个 r_i 均为素数（但 $r_i \neq 2$）的情况计算是精确的，此时将 r_i 点变换看成乘法次数为 r_i^2 是正确的。但当 r_i 不是素数或 $r_i = 2$ 时，则不一定正确。例如，当 $r_i = 2$ 时，是两点变换，没有乘法运算，$r_i = 4$ 与 $r_i = 2$ 类似，而当 $r_i = 8$ 时，所需运算次数比 $8^2 = 64$ 次乘法少得多，所以当 r_i 分别为 2、4、8 时，式（4-46）几乎失效，也就是说，$N = 2^L$ 时，式（4-46）完全不适用。

4.5 分裂基 FFT 算法

分裂基（split-radix）FFT 算法又称基 -2/4 FFT 算法或混合基算法，它既和基 -2 FFT 算法有关，又和基 -4 FFT 算法有关。因此本节先简要介绍基 -4 FFT 算法，再讨论分裂基 FFT 算法。

4.5.1 基 -4 FFT 算法

令 $N = 2^L$，对 N 点 DFT 可按频率抽取为

$$X(k) = \sum_{n=0}^{N-1} x(n) W_N^{nk}$$
$$= \sum_{n=0}^{N/4-1} x(n) W_N^{nk} + \sum_{n=N/4}^{N/2-1} x(n) W_N^{nk} + \sum_{n=N/2}^{3N/4-1} x(n) W_N^{nk} + \sum_{n=3N/4}^{N-1} x(n) W_N^{nk} \quad (4\text{-}47)$$

如果按时间抽取，则有

$$X(k) = \sum_{l=0}^{3} W_N^{lk} \sum_{n=0}^{N/4-1} x(4n+l) W_{N/4}^{nk} \quad (4\text{-}48)$$

分别令 $k = 4r$，$k = 4r + 2$，$k = 4r + 1$，$k = 4r + 3$，而 $r = 0, 1, \cdots, N/4 - 1$，由式（4-47）有

$$X(4r) = \sum_{n=0}^{N/4-1} \left[x(n) + x\left(n + \frac{N}{2}\right) + x\left(n + \frac{N}{4}\right) + x\left(n + \frac{3N}{4}\right) \right] W_{N/4}^{nr}$$

$$X(4r+2) = \sum_{n=0}^{N/4-1} \left\{ \left[x(n) + x\left(n + \frac{N}{2}\right) \right] + \left[x\left(n + \frac{N}{4}\right) + x\left(n + \frac{3N}{4}\right) \right] \right\} W_N^{2n} W_{N/4}^{nr}$$

$$X(4r+1) = \sum_{n=0}^{N/4-1} \left\{ \left[x(n) - x\left(n + \frac{N}{2}\right) \right] - j\left[x\left(n + \frac{N}{4}\right) - x\left(n + \frac{3N}{4}\right) \right] \right\} W_N^{n} W_{N/4}^{nr}$$

$$X(4r+3) = \sum_{n=0}^{N/4-1} \left\{ \left[x(n) - x\left(n + \frac{N}{2}\right) \right] + j\left[x\left(n + \frac{N}{4}\right) - x\left(n + \frac{3N}{4}\right) \right] \right\} W_N^{3n} W_{N/4}^{nr}$$

若 $N = 16$，通过上述推导即可把一个 16 点 DFT 分成四个 4 点 DFT，其信号流图如图 4-19 所示。图中最右边的四个 4 点 DFT，每个都是基 - 4 FFT 的基本单元，如图中虚线框所示。可以看出，每个基本的 4 点 FFT 算法中只有乘旋转因子才有复数乘法，而每一个 4 点 DFT 算法只有 3 次乘旋转因子（旋转因子 $W_N^0 = 1$ 不需要乘）。而每一级（基 - 4FFT 的一级）有 $N/4$ 个 4 点 DFT，因而每一级总共需要 $3N/4$ 次复数乘法，由于 $N = 4^L$，则共有 L 级，但由于这里第一级运算不乘旋转因子，因此总的复数乘法次数（考虑到 $N = 4^L = 2^{2L}$）为

$$M_F = \frac{3}{4} N(L-1) = \frac{3}{4} N \left(\frac{1}{2} \log_2 N - 1 \right) \approx \frac{3}{8} N \log_2 N \quad (4\text{-}49)$$

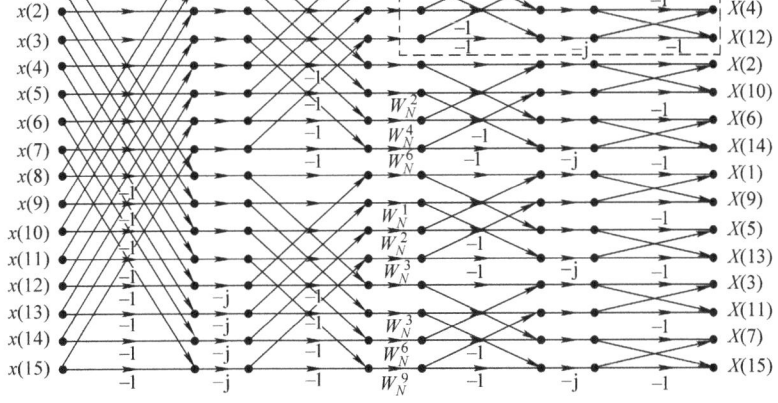

图 4-19 按频率抽取的 $N = 16$ 点基 - 4 FFT 信号流图

4.5.2 分裂基算法

从按时间和按频率抽取基 – 2 FFT 算法的推导过程可以看出，每级抽取时，每一组偶序号部分（时间抽取看输入序号，频率抽取看输出序号）都不乘旋转因子，乘旋转因子都出现在奇序号上，考虑到基 – 4 FFT 算法比基 – 2 FFT 算法更有效，杜哈梅尔（P. Do ha mel）和霍尔曼（H. Hollman）在 1984 年提出了分裂基 FFT 算法。该算法的基本想法是对偶序号使用基 – 2 FFT 算法，对奇序号使用基 – 4 FFT 算法。就目前所知，分裂基 FFT 算法是在针对 $N=2^L$ 的算法中具有最少乘法次数，且具有基 – 2 FFT 算法同样优秀的同址运算结构，因此被认为是最好的 FFT 算法。

分裂基 FFT 算法推导如下：

对于 $N=2^L$ 点 DFT，重写式（4-24）DIF 的偶序号输出项，得

$$X(2r) = \sum_{n=0}^{N/2-1} \left[x(n) + x(n+\frac{N}{2}) \right] W_{N/2}^{nr} \quad r=0,1,\cdots,\frac{N}{2}-1 \quad (4\text{-}50\text{a})$$

对 $X(k)$ 的奇序号用基 –4FFT 算法，即

$$X(4r+1) = \sum_{n=0}^{N/4-1} \left\{ \left[x(n) - x(n+\frac{N}{2}) \right] - j\left[x(n+\frac{N}{4}) - x(n+\frac{3N}{4}) \right] \right\} W_N^n W_{N/4}^{nr} \quad (4\text{-}50\text{b})$$

$$X(4r+3) = \sum_{n=0}^{N/4-1} \left\{ \left[x(n) - x(n+\frac{N}{2}) \right] + j\left[x(n+\frac{N}{4}) - x(n+\frac{3N}{4}) \right] \right\} W_N^{3n} W_{N/4}^{nr} \quad (4\text{-}50\text{c})$$

式中，$r=0,1,\cdots,\frac{N}{4}-1$。

式（4-50）构成了分裂基的 L 型算法结构，如图 4-20 所示。

下面以 $N=16$ 为例，推导分裂基算法过程，得出其信号流图。令

$a(n) = x(n) + x(n+8) \quad n=0,1,\cdots,7$
$b(n) = x(n) - x(n+8) \quad n=0,1,2,3$
$c(n) = x(n+4) - x(n+12) \quad n=0,1,2,3$
$d(n) = [b(n) - jc(n)] W_{16}^n \quad n=0,1,2,3$
$e(n) = [b(n) + jc(n)] W_{16}^{3n} \quad n=0,1,2,3$

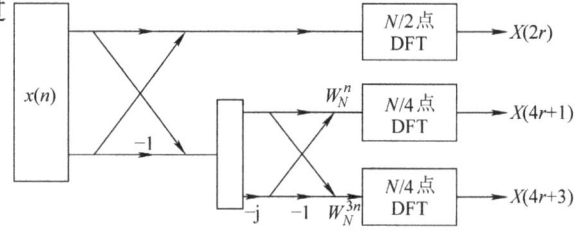

图 4-20 分裂基的 L 型算法的示意图

由式（4-50），得

$$X(2r) = \sum_{n=0}^{7} a(n) W_8^{nr} \quad r=0,1,\cdots,7 \quad (4\text{-}51\text{a})$$

$$X(4r+1) = \sum_{n=0}^{3} d(n) W_4^{nr} \quad r=0,1,2,3 \quad (4\text{-}51\text{b})$$

$$X(4r+3) = \sum_{n=0}^{3} e(n) W_4^{nr} \quad r=0,1,2,3 \quad (4\text{-}51\text{c})$$

式（4-51b）和式（4-51c）已经是 4 点 DFT，无须再分。对式（4-51a）再进行分裂基

算法，分别令 $r=2r$，$r=4l+1$，$r=4l+3$，并令

$$f(n) = a(n) + a(n+8)$$
$$g(n) = a(n) - a(n+4)$$
$$h(n) = a(n+2) - x(n+6)$$
$$u(n) = [g(n) - jh(n)]W_{16}^{2n}$$
$$v(n) = [g(n) + jh(n)]W_{16}^{6n}$$

则

$$X(4l) = \sum_{n=0}^{3} f(n) W_4^{nl} \quad l = 0,1,2,3 \tag{4-52a}$$

$$X(8l+2) = \sum_{n=0}^{1} u(n) W_2^{nl} \quad l = 0,1 \tag{4-52b}$$

$$X(8l+6) = \sum_{n=0}^{1} v(n) W_2^{nl} \quad l = 0,1 \tag{4-52c}$$

由此可得 $N=16$ 时，两级分裂基 FFT 算法的结构如图 4-21 所示。

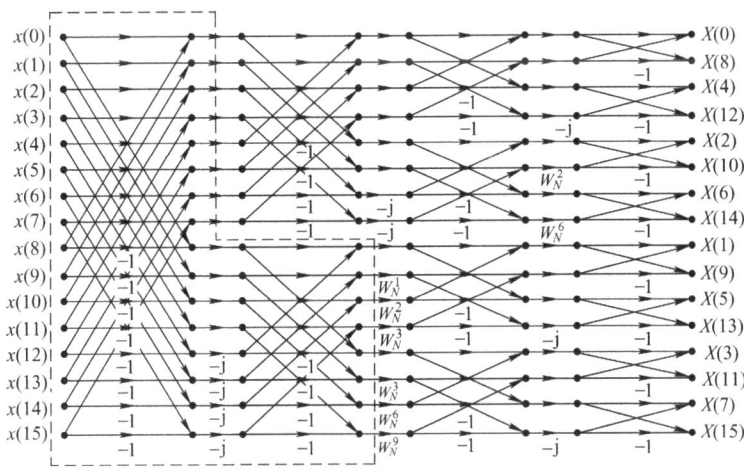

图 4-21 按频率抽取的 $N=16$ 分裂基 FFT 算法流图

4.5.3 分裂基 FFT 算法的计算量

由上述分析可知，基 -2、基 -4 即 FFT 算法的基本蝶形节是没有乘法的，而一个分裂基即 FFT 算法的蝶形有两次复数乘法，因而复数乘法的个数与分裂基蝶形数有关。

当 $l=2$，$N=2^2=4$ 时，蝶形数为 $B_2=0$；

当 $l=3$，$N=2^3=8$ 时，蝶形数为 $B_3=2$；

当 $l=4$，$N=2^4=16$ 时，蝶形数为 $B_4=B_3+2^{4-2}+2B_2=6$；

当 $l=5$，$N=2^5=32$ 时，蝶形数为 $B_5=B_4+2^{5-2}+2B_3=18$；

可以验证，如果 $N=2^l$，用分裂基 FFT 算法，它所具有的分裂基蝶形数 B_l 的递推关系为

$$B_l = 2^{l-2} + B_{l-1} + 2B_{l-2}$$

经过迭代推导，也可得出蝶形数 B_l（$l \geq 4$）的更方便的表达式为

$$B_l = a_{l-2}2^{l-2} + a_{l-3}2^{l-3} + a_{l-4}2^{l-4} + \cdots + a_2 2^2 + a_1 B_3$$

其中，$a_{l-2} = 1$，$\begin{cases} a_{l-i} = 2a_{l-i+1} - 1, & i = 3, 5, 7, \cdots \\ a_{l-i} = 2a_{l-i+1} + 1, & i = 4, 6, 8, \cdots \end{cases}$

由于每个分裂基蝶形节有两次复数乘法，当 l 为不同值时，复数乘法次数 M_l 也不同。分裂基 FFT 算法所需的蝶形数和复数乘法次数见表 4-4。

表 4-4 分裂基 FFT 算法的复数乘法次数 M_l 及其所含分裂基蝶形数 B_l

l	2	3	4	5	6	7	8	9	10
$N = 2^l$	4	8	16	32	64	128	256	512	1024
B_l	0	2	6	18	46	114	270	626	1422
M_l	0	4	12	36	92	228	540	1252	2844

需要说明的是，实际需要的复数乘法次数比表 4-4 要少，如 $W_N^0 = 1$ 不必进行乘法，可以减少乘法次数。分裂基 FFT 算法比基 -2、基 -4 FFT 算法所需的乘法次数都要少，如 $N = 64$，$M_l = 92$，而基 -2 FFT 算法所需的复数乘法次数为 $(N/2) \log_2 N = 192$，基 -4 FFT 算法需要的复数乘法次数为 $(3N/8) \log_2 N = 144$。分裂基 FFT 算法和基 -2、基 -4 FFT 算法一样有规则的结构，并且可以同址运算。由于其计算量最少，因此在 $N = 2^l$ 点 FFT 算法中是较为理想的一种算法。

以上讨论的是按时间抽取的情况，按频率抽取的分裂基 FFT 算法请读者自行推导。

4.6 线性调频 z 变换算法

由上可知，采用 FFT 算法可以很快计算出全部 DFT 值，即可以快速计算出有限长序列 $x(n)$ 的 z 变换 $X(k)$ 在 z 平面单位圆上 N 个等间隔抽样点 z_k 处的抽样值。它要求 N 为高度复合数。

实际上常常只对信号的某一频段感兴趣，也就是说只需要计算单位圆上某一段的频谱值。如对于窄带信号，希望在窄带内频率的抽样能够非常密集，以提高计算的分辨率，窄带外则不予考虑；而如果用 DFT 算法，则需要增加频域抽样点数，从而增加了窄带之外不需要的计算量。另外，有时也对非单位圆上的抽样感兴趣，如语音信号处理中，常常需要知道其 z 变换的极点所在处的复频率，如果极点的位置离单位圆较远，则利用单位圆上的频谱很难知道极点所在处的复频率，此时就需要抽样点在接近这些极点的曲线上。再有，如果 N 是大素数，不能加以分解，又该如何有效计算这些序列的 DFT？z 变换采用螺线抽样就可以解决上述三方面的问题。它采用 FFT 算法实现快速计算，称这种变换为**线性调频 z 变换**（**CZT**）。它是适用于更为一般情况下由 $x(n)$ 求 $X(z_k)$ 的快速变换算法。

4.6.1 算法原理

已知 $x(n)$（$0 \leq n \leq N-1$）是有限长序列，其 z 变换为

$$X(z) = \sum_{n=0}^{N-1} x(n) z^{-n} \tag{4-53}$$

为适应 z 可以沿 z 平面更一般的路径取值,故沿 z 平面上的一段螺线做等分角的采样,z 的这些采样点 z_k 可表示为

$$z_k = AW^{-k} \quad k = 0, 1, \cdots, M-1 \tag{4-54}$$

式中,M 为所要分析的复频率的点数,即采样点的总数,不一定等于 N;A 和 W 都是任意复数,可表示为

$$A = A_0 \mathrm{e}^{\mathrm{j}\theta_0} \tag{4-55}$$

$$W = W_0 \mathrm{e}^{-\mathrm{j}\phi_0} \tag{4-56}$$

将式(4-55)与式(4-56)代入式(4-54),可得

$$z_k = A_0 \mathrm{e}^{\mathrm{j}\theta_0} W_0^{-k} \mathrm{e}^{\mathrm{j}k\phi_0} = A_0 W_0^{-k} \mathrm{e}^{\mathrm{j}(\theta_0 + k\phi_0)} \tag{4-57}$$

因此有

$$z_0 = A_0 \mathrm{e}^{\mathrm{j}\theta_0}$$

$$z_1 = A_0 W_0^{-1} \mathrm{e}^{\mathrm{j}(\theta_0 + \phi_0)}$$

$$\vdots$$

$$z_k = A_0 W_0^{-k} \mathrm{e}^{\mathrm{j}(\theta_0 + k\phi_0)}$$

$$\vdots$$

$$z_{M-1} = A_0 W_0^{-(M-1)} \mathrm{e}^{\mathrm{j}[\theta_0 + (M-1)\phi_0]}$$

抽样点在 z 平面上所沿的周线如图 4-22 所示。由以上讨论和图 4-22 可以看出:

1)A_0 表示起始采样点 z_0 的矢量半径长度,通常 $A_0 \leq 1$,否则 z_0 将处于单位圆 $|z|=1$ 的外部。

2)θ_0 表示起始采样点 z_0 的相位,它可以是正值或负值。

3)ϕ_0 表示两相邻采样点之间的相位差。ϕ_0 为正时,表示 z_k 的路径是逆时针旋转;ϕ_0 为负时,表示 z_k 的路径是顺时针旋转。

4)W_0 的大小表示螺线的伸展率。$W_0 > 1$ 时,随着 k 的增加螺线内缩;$W_0 < 1$ 时,则随 k 的增加螺线外伸;$W_0 = 1$ 时,表示螺线是半径为 A_0 的一段圆弧。若又有 $A_0 = 1$,则这段圆弧是单位圆的一部分。

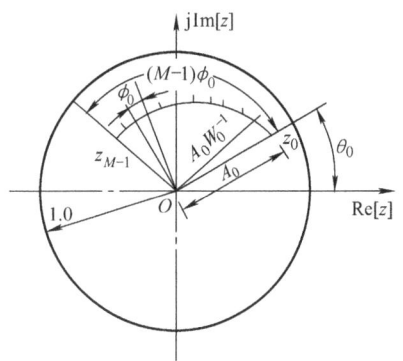

图 4-22 线性调频 z 变换在 z 平面的螺线抽样

当 $M=N$,$A = A_0 \mathrm{e}^{\mathrm{j}\theta_0} = 1$,$W = W_0 \mathrm{e}^{-\mathrm{j}\phi_0} = \mathrm{e}^{-\mathrm{j}\frac{2\pi}{N}}$(即 $W_0 = 1$,$\phi_0 = \frac{2\pi}{N}$)这一特殊情况时,各 z_k 将均匀等间隔地分布在单位圆上,这就是求序列的 DFT。此时,如果取 $A_0 = 1$,θ_0 为任意值,则所求的 DFT 是一段任意频率范围的频谱,即单位圆上某一段的频谱。这与直接计算 DFT 求整个范围的频谱是不一样的,即使调整 N 的大小,如增加 N,也只是增加了一段频率范围的计算量而已。

将式(4-54)代入变换表达式(4-53),可得

$$X(z_k) = \sum_{n=0}^{N-1} x(n) z_k^{-n} = \sum_{n=0}^{N-1} x(n) A^{-n} W^{nk} \quad 0 \leq k \leq M-1 \tag{4-58}$$

直接计算式（4-58）与直接计算 DFT 相似，总共计算 M 个采样点，需要 NM 次复数乘法与 $(N-1)M$ 次复数加法。当 N、M 很大时，计算量很大，从而限制了运算速度。但通过一定的变换，以上运算可以转换为卷积形式，从而可以采用 FFT 算法大大提高运算速度。

令 nk 为

$$nk = \frac{1}{2}\left[n^2 + k^2 - (k-n)^2\right] \qquad (4\text{-}59)$$

将式（4-59）代入式（4-58），可得

$$\begin{aligned} X(z_k) &= \sum_{n=0}^{N-1} x(n) A^{-n} W^{\frac{n^2}{2}} W^{-\frac{(k-n)^2}{2}} W^{\frac{k^2}{2}} \\ &= W^{\frac{k^2}{2}} \sum_{n=0}^{N-1} \left[x(n) A^{-n} W^{\frac{n^2}{2}}\right] W^{-\frac{(k-n)^2}{2}} \end{aligned} \qquad (4\text{-}60)$$

如果定义

$$g(n) = x(n) A^{-n} W^{\frac{n^2}{2}}, \quad h(n) = W^{-\frac{n^2}{2}} \quad n = 0,1,\cdots,N-1$$

则它们的卷积为

$$g(k) * h(k) = \sum_{n=0}^{N-1} g(n) h(k-n) = \sum_{n=0}^{N-1} \left[x(n) A^{-n} W^{\frac{n^2}{2}}\right] W^{-\frac{(k-n)^2}{2}} \qquad (4\text{-}61)$$

式中，$k=0,1,\cdots,M-1$。式（4-61）正好是式（4-60）的一部分，因此式（4-60）又可以用卷积的形式表示为

$$X(z_k) = W^{\frac{k^2}{2}}\left[g(k) * h(k)\right] \quad k = 0,1,\cdots,M-1 \qquad (4\text{-}62)$$

由于系统的单位抽样响应 $h(n) = W^{-\frac{n^2}{2}}$ 可以想象为频率随时间（n）呈线性增长的虚指数序列。在雷达系统中，这种信号称为线性调频信号（chirp signal），因此，这种变换称为线性调频 z 变换（CZT）。

式（4-62）的 CZT 运算流程如图 4-23 所示。

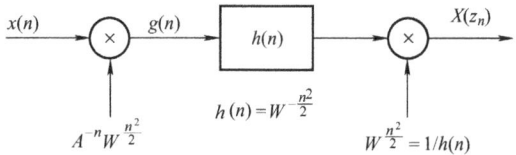

图 4-23 CZT 运算流程

4.6.2 CZT 的实现步骤

由式（4-61）可以看出，线性系统 $h(n)$ 是非因果的，当 n 的取值为 $0 \sim N-1$，k 的取值为 $0, 1, \cdots, M-1$ 时，$h(n)$ 在 $n = -(N-1) \sim M-1$ 取值。也就是说，$h(n)$ 是一个有限长序列，点数为 $N+M-1$，如图 4-24a 所示。输入信号 $g(n)$ 也是有限长序列，点数为 N。$g(n) * h(n)$ 的点数为 $2N+M-2$，因此，用圆周卷积代替线性卷积且不产生混叠失真的条件是圆周卷积的点数应大于等于 $2N+M-2$。但由于只需要前 M 个值 $X(z_k)$（$k=0, 1, \cdots, M-1$），以后的其他值是否有混叠失真并不在研究范围内，从而可将圆周卷积的点数缩减到最小为 $N+M-1$。当然，为了进行基 -2 FFT 运算，圆周卷积的点数应取为 $L \geq N+M-1$ 且满足 $L = 2^m$ 的最小 L。可将 $h(n)$ 先补零值点，补到点数等于 L，也就是从 $n=M$ 开始补 $L-$

$(N+M-1)$ 个零值点，补到 $n=L-N$ 处，或补 $L-(N+M-1)$ 个任意序列值，然后将此序列以 L 为周期进行周期延拓，再取主值序列，从而得到进行圆周卷积的一个序列，如图 4-24b 所示。进行圆周卷积的另一个序列 $g(n)$ 只需要补上零值点，使之成为 L 点序列即可，如图 4-24f 所示。

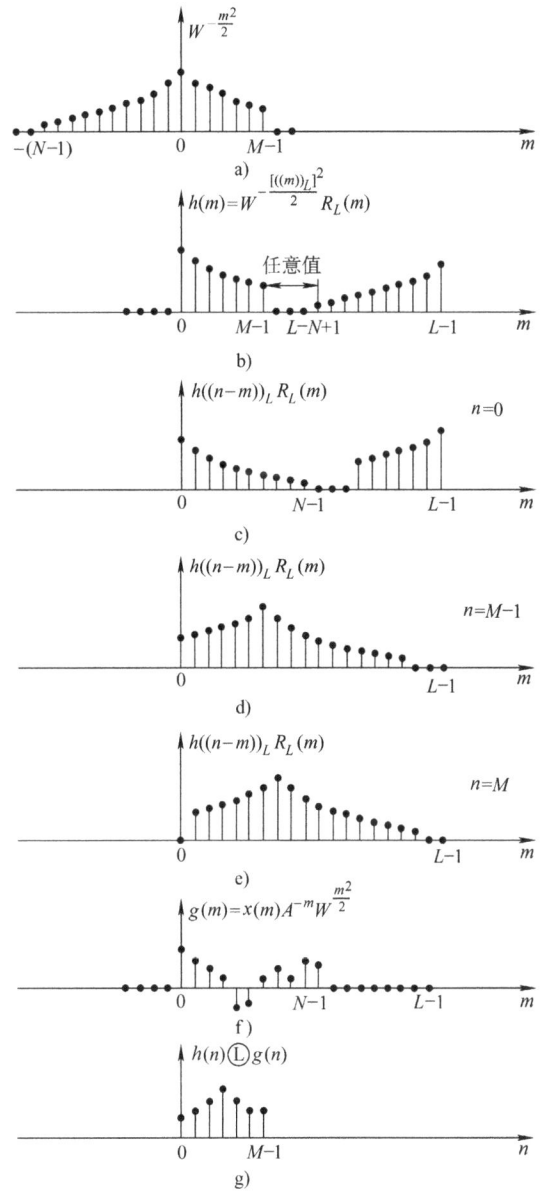

图 4-24 CZT 的圆周卷积图

($M \leqslant n \leqslant L-1$ 时 $h(n)$ 和 $g(n)$ 的圆周卷积不代表线性卷积)

综上，可以列出 CZT 运算的实现步骤如下：

1) 选择一个最小的整数 L，使其满足 $L \geqslant N+M-1$，同时满足 $L=2^m$，以便采用基 -2 FFT 算法。

2）将 $g(n)=x(n)A^{-n}W^{\frac{n^2}{2}}$（见图 4-24f）补上零值点，变为 L 点序列，因而有

$$g(n) = \begin{cases} x(n)A^{-n}W^{\frac{n^2}{2}} & 0 \leq n \leq N-1 \\ 0 & N \leq n \leq L-1 \end{cases} \quad (4\text{-}63)$$

并利用 FFT 法求此序列的 L 点 DFT，即

$$G(r) = \sum_{n=0}^{N-1} g(n) e^{-j\frac{2\pi}{L}rn} \quad 0 \leq r \leq L-1$$

3）形成 L 点序列 $h(n)$，如上所述，在 $n=0 \sim M-1$ 这一段取 $h(n)=W^{-\frac{n^2}{2}}$，在 $n=M \sim L-N(n=M)$ 一段取 $h(n)$ 为任意值（一般为零），在 $L=N+M-1 \sim L-1$ 段取 $h(n)$ 为 $W^{-\frac{n^2}{2}}$ 的周期延拓序列 $W^{-\frac{(L-n)^2}{2}}$，即有

$$h(n) = \begin{cases} W^{-\frac{n^2}{2}} & 0 \leq n \leq M-1 \\ 0(\text{或任意值}) & M \leq n \leq L-N \\ W^{-\frac{(L-n)^2}{2}} & L-N+1 \leq n \leq L-1 \end{cases} \quad (4\text{-}64)$$

序列 $h(n)$ 如图 4-24b 所示。它实际上就是图 4-24a 的序列 $W^{-\frac{n^2}{2}}$ 以 L 为周期的周期延拓序列的主值序列。

对式（4-64）定义的 $h(n)$ 序列，用 FFT 算法求其 L 点 DFT，即

$$H(r) = \sum_{n=0}^{L-1} h(n) e^{-j\frac{2\pi}{L}rn} \quad 0 \leq r \leq L-1$$

4）将 $H(r)$ 和 $G(r)$ 相乘，得 $Q(r)=H(r)G(r)$，$Q(r)$ 为 L 点频域离散序列。

5）用 FFT 算法求 $Q(r)$ 的 L 点 IDFT，得 $h(n)$ 和 $g(n)$ 的圆周卷积为

$$h(n) \textcircled{L} g(n) = q(n) = \frac{1}{L}\sum_{r=0}^{L-1} H(r)G(r) e^{j\frac{2\pi}{L}rn} \quad (4\text{-}65)$$

从图 4-24c~e 可以看出，式（4-65）中前 M 个值等于 $h(n)$ 和 $g(n)$ 的线性卷积结果 $[h(n)*g(n)]$；$N \geq M$ 的值没有意义，不必去求。$g(n)*h(n)$ 即 $g(n)$ 与 $h(n)$ 圆周卷积的前 M 个值，如图 4-24g 所示。

6）最后求 $X(z_k)$，即

$$X(z_k) = W^{\frac{k^2}{2}} q(k) \quad 0 \leq k \leq M-1$$

4.6.3 计算量估计

采用 CZT 算法求 $X(z_k)$ 比直接求 $X(z_k)$ 的算法更有效。CZT 所需的乘法次数包括：

1）形成 L 点序列 $g(n)=(A^{-n}W^{\frac{n^2}{2}})x(n)$。但只有其中 N 点序列值，需要 N 次复数乘法，而系数 $A^{-n}W^{\frac{n^2}{2}}$ 可预先完成计算，不必在实时分析时计算。

2）形成 L 点序列 $h(n)$。由于 $h(n)$ 是由 $W^{-\frac{n^2}{2}}$ 在 $-(N-1) \leq n \leq M-1$ 的序列值构成的，而 $W^{-\frac{n^2}{2}}$ 是偶对称序列，如果设 $N>M$，则只需要求得 $0 \leq n \leq M-1$ 这一段的 N 点序列值即可；$h(n)$ 也可预先完成计算，不必在实时分析时计算。同时，$h(n)$ 的 L 点 FFT 即 $H(r)$ 也可

预先完成计算。因此，可不用考虑 $h(n)$ 和 $H(r)$ 的计算量。

3）计算 $G(r)$、$q(n)$，需要两次 L 点 FFT（或 IFFT），共需要 $L\log_2 L$ 次复数乘法。

4）计算 $Q(r) = G(r)H(r)$，需要 L 次复数乘法。

5）计算 $X(z_k) = W^{\frac{k^2}{2}} q(k) (0 \leq k \leq M-1)$，需要 M 次复数乘法。

综上所述，CZT 总的复数乘法次数为

$$m_c = L\log_2 L + N + M + L \tag{4-66}$$

前面说过，直接计算式（4-58）的 $X(z_k)$ 需要 NM 次复数乘法。可以看出，当 N、M 都较大时（如 N、M 都大于 50 时），CZT 的 FFT 算法比直接 FFT 算法的计算量要小得多。

【例 4-6】 设 $x(n)$ 由三个实正弦信号组成，频率分别为 8Hz、8.22Hz 和 9Hz，抽样频率为 40Hz，时域取 128 点，试计算其频谱，并分辨出每个频率点。

解：MATLAB 中 CZT 函数的调用格式为

$$X = \text{czt}(x, M, W, A)$$

式中，x 为待变换的时域信号 $x(n)$，其长度为 N；M 为变换长度；W 确定变换的步长；A 确定变换的起点。若 M = N，A = 1，则 CZT 等同于 FFT。

图 4-25a 为用 FFT 算法直接求出的信号频谱，图 4-25b 为用 CZT 求得的频谱，其参数 M = N，A = 1。可见，图 4-25a、b 中 8Hz 和 8.22Hz 两个频率不易分辨。图 4-25c 为 7 ~ (7 + M * 0.05)Hz 这一段的 CZT，它的分辨率较细，三个谱线均能准确分辨。实现例 4-6 的程序如下：

```
f = [8, 8.22, 9]; fs = 40; N = 128;
for n = 1:N;
x(n) = sum(sin(2 * pi * f * (n - 1)/fs));
end
X_fft = fft(x);                     % FFT 变换
M = N; W = exp(-j * 2 * pi/M);
X_czt1 = czt(x, M, W, 1);           % CZT = FFT
n1 = 0:N/2 - 1;
subplot(3,1,1); plot(n1 * 40/M, abs(X_fft(1:N/2)));
subplot(3,1,2); plot(n1 * 40/M, abs(X_czt1(1:N/2)));
% M = 60,7 ~ (7 + M * 0.05)Hz 区间的 CZT
M = 60; f0 = 7.0; delf = 0.05;
A = exp(j * 2 * pi * f0/fs);
W = exp(-j * 2 * pi * delf/fs);
X_czt2 = czt(x, M, W, A);
n = f0: delf: f0 + (M - 1) * delf;
subplot(3,1,3); plot(n, abs(X_czt2));
```

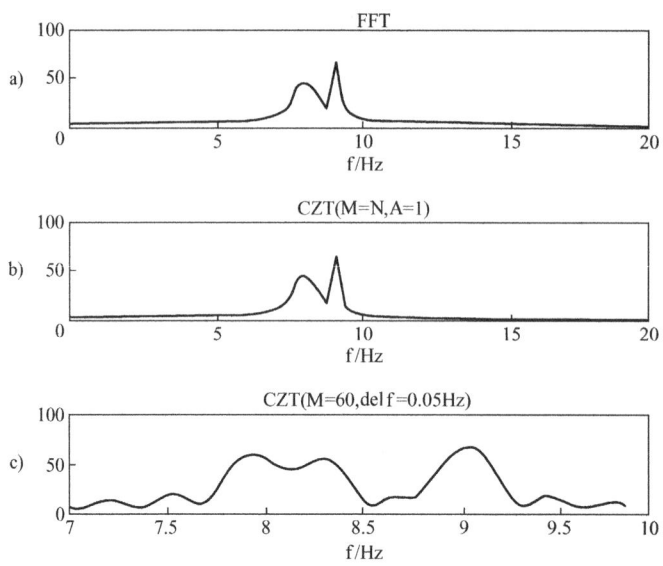

图 4-25 使用直接 FFT 和 CZT 算法计算信号的频谱

4.7 FFT 算法的有限字长效应

以上讨论的数字信号处理运算是无限精度的。但实际上任何一个数字信号处理算法所得出的运算结果，总是存储在有限字长的存储单元中，只能以有限位数来表示。对于抽样信号处理系统，数模输入信号经抽样及模/数（A/D）转换后也会变成有限字长的数字信号。所有这些都使算法的精度受到限制。因此，实际实现的算法相对于理论分析就出现了误差，甚至使所实现的算法达不到理论要求。在满足实际要求的范围内，确定适当的字长是十分必要的。

下面首先了解二进制的表示方法，然后讨论有限位二进制数表示 FFT 算法的参数的不精确性而产生的量化误差。

4.7.1 二进制数的表示与量化误差

二进制数最常用的表示方法有原码、反码和补码三种，它们的算术运算分为定点运算、浮点运算和分组浮点运算三类。由于字长限制，常需将二进制数的算术运算结果进行截尾或舍入处理，这就不可避免地会引入截尾或舍入误差，这些误差便是数字信号处理中有限字长效应的主要根源之一。对于二进制数的不同表示方法和运算方法，截尾误差或舍入误差有所不同。本节的主要目的是复习二进制数的主要表示方法和运算方法，并讨论二进制数不同的表示和运算方法下的截尾误差和舍入误差。

1. 三种算术运算法

在二进制表数法中，任意数 x 可表示为

$$x = 2^c M \tag{4-67}$$

式中，c 和 M 都是二进制数。c 称为阶码或阶，它表示小数点的位置；M 称为尾数，表示 x

的全部有效位数。

(1) 定点制　在整个运算过程中，二进制数的小数点的位置固定不变（即 c 为常数），称为定点运算。小数点左边各位是整数部分，右边各位是小数部分。显然，小数点位于最低有效位右边，是纯整数情况；小数点位于二进制数中间任何位置，则是既有整数部分又有小数部分的情况；若小数点位于最高有效位左边，则是纯小数情况，这种情况下小数点左边是符号位。

定点运算中，一般不采用纯整数运算。因为两定点整数相乘得到的仍然是定点整数，但其位数等于参加运算的两整数的位数之和。为了把和的位数限制到规定的字长，必须采用截尾或舍入处理，从而引入误差。若将小数点固定在二进制数中间任何位置，那么每次乘法运算之后都必须重新确定小数点在乘积中的正确位置，显然这是很不方便的。定点纯小数不存在上述两方面的问题，因为两个定点纯小数的乘积仍然是定点纯小数，虽然乘积的位数也要增加，但截尾或舍入处理造成的误差不会很大。此外，定点纯小数相乘的结果永远不会产生溢出。虽然定点纯小数相加有可能产生溢出，但这可通过乘以比例因子来避免。因此，定点运算中通常都用纯小数来参加运算。为此，在用二进制数表示之前，通常都要将十进制数乘以一个适当的比例因子，使它的数值限制在 $(-1,1)$ 范围内，即将它变成纯小数。

(2) 浮点制　定点二进制数的缺点是动态范围（或表数范围）小，且需要考虑加法运算中的溢出问题。二进制数的浮点表示法克服了这两个缺点，它有大的动态范围，而且溢出的可能性也很小。

在整个运算过程中，阶码 c 的数值可随意调整，这种二进制运算称为浮点运算。在浮点数中，尾数和阶码都用带符号的定点数表示，为了充分利用尾数的有效位，总是使尾数的最高位等于1，这种浮点制表数方式称为规格化浮点形式，此时尾数 $0.5 \leqslant |M| < 1$。浮点数在做乘法运算时，是尾数相乘、阶码相加，其结果往往是非规格化形式，最后再调整为规格化浮点数的形式；浮点数做加法运算时，首先对阶，调整阶码，使两个数的阶码相同，然后尾数相加，最后规格化处理。可见浮点数在运算时比定点数复杂，设备量大，运算速度慢。

浮点制的优点是动态范围大，如果由 (b_M+1) 位表示尾数（决定数的精度），(b_c+1) 位表示阶码（决定数的范围），则浮点制的表数范围为

$$0.5 \times 2^{-2^{b_c}} \leqslant |x| \leqslant 2^{(2^{b_c}-1)}(1-2^{-b_M}) \tag{4-68}$$

(3) 分组浮点制　定点制的优点是快速简单，只有乘法才出现舍入或截尾误差，其缺点是动态范围小，可能出现溢出。为防止溢出，就要压缩输入信号电平，这样就减小了输出信号与量化噪声的比值。而浮点制的优点是数的动态范围大，缺点是运算速度慢，并且其加法和乘法运算都会产生舍入或截尾误差。作为这两种运算法的折中，在数字信号处理设备中也采用分组浮点制。

分组浮点制是将数按需要分成若干组，每一组数中最大数的阶码作为该组数的共同阶码，在同一数组中的数进行运算时就采用该单一阶码，因而运算简单，简化了系统。分组浮点制特别适用于要运算的数比较多，而数值间又比较相近的情况，最适用于快速傅里叶变换算法。

2. 符号数的表示

在信号处理的数值运算中，总会遇到有符号的数，其表示方法有三种：原码、补码和反码。不论是定点制还是浮点制的尾数都是将整数位用作符号位，小数位代表尾数值。设

($b+1$)位码的形式为

$$a_0. a_1 a_2 \cdots a_b \tag{4-69}$$

式中，整数位 a_0 表示符号位；小数位 $a_1 a_2 \cdots a_b$ 表示 b 位字长的尾数值；$a_i(i=1,2,\cdots,b)$ 表示第 i 位二进制码，取值可为 0 或 1。

(1) 原码 原码也称符号-幅度码。符号位 a_0 代表正负号，$a_0 = 0$ 表示正数，$a_0 = 1$ 表示负数；尾数 $a_1 a_2 \cdots a_b$ 是小数的绝对值（即幅度大小）。按原码的性质可以表示为

$$[x]_{原} = \begin{cases} |x| & 0 \leqslant x < 1 \\ 1 + |x| (\text{或} 1 - x) & -1 < x \leqslant 0 \end{cases} \tag{4-70}$$

式（4-69）表示的十进制数值为

$$x = (-1)^{a_0} \sum_{i=1}^{b} a_i 2^{-i} \tag{4-71}$$

原码表数的优点是直观，乘除方便，但做加减运算时要判别符号位是否异同，因而增加了运算时间。另外，原码中"零"的表示不是唯一的，如 $b = 3$，则 0.000 和 1.000 都表示"零"。原码的表数范围为

$$-(1 - 2^{-b}) \leqslant x \leqslant 1 - 2^{-b} \tag{4-72}$$

(2) 补码

补码又称 2 的补码。正数的补码表示与其原码相同，而负数的补码采用 2 的补数来表示，所以补码定义为

$$[x]_{补} = \begin{cases} |x| & 0 \leqslant x < 1 \\ 2 - |x| & -1 < x \leqslant 0 \end{cases} \tag{4-73}$$

式（4-69）表示的十进制数值为

$$x = -a_0 + \sum_{i=1}^{b} a_i 2^{-i} \tag{4-74}$$

如 $x = -0.625$，原码表示为 1.101，在补码中则为 $2 - 0.625 = 1.375$，其补码表示为 1.011。负数补码的求取可以将 $|x|$ 的原码逐位取反，再末位加 1。

补码运算的一个特点是两数的加法和减法运算都统一为加法运算，而且符号位也同样参与运算，如果符号位发生进位，则舍弃进位的 1 即可，因而运算非常方便；其次，在补码表数中，"零"的表示是唯一的，因而字长为 $b+1$ 位数中可以表示 2^{b+1} 个不同的数。

(3) 反码 反码又称 1 的补码。和补码一样，正数的反码表示与其原码相同，而负数的反码由其绝对值按位求反后得到。反码定义为

$$[x]_{反} = \begin{cases} |x| & 0 \leqslant x < 1 \\ (2 - 2^{-b}) - |x| & -1 < x \leqslant 0 \end{cases} \tag{4-75}$$

式（4-69）表示的十进制数值为

$$x = -a_0(1 - 2^{-b}) + \sum_{i=1}^{b} a_i 2^{-i} \tag{4-76}$$

"零"在反码中有两种表示，即 0.000 与 1.111，因此，$b+1$ 位字长可表示 $2^{b+1} - 1$ 个不同的数；反码在做加法运算时，如果符号位相加后出现进位，则要把它送回到数的最低位进行相加，称为循环进位。

一般来说,三种码各有优缺点,选择哪种表示法取决于程序设计和(或)硬件设备方面的综合考虑。例如,加法器硬件习惯上多采用补码制,而串行乘法器通常用原码表示。

3. 量化误差

将二进制数限制到规定的字长有截尾和舍入两种方法。设二进制数原来的字长是 b_1+1 位(包括小数点左边的符号位),要求将其限制到 $b+1$ 位。截尾的方法是去掉最右边的 b_1-b 位。舍入的方法是:当右边的 b_1-b 位的值大于 2^{-b-1} 时,在舍去最右边的 b_1-b 位的同时,要在剩下的数的末位(位权是 2^{-b})上加1,此即所谓的"入";而当最右边的 b_1-b 位的值小于 2^{-b-1} 时,直接舍去,此即所谓"舍"。

截尾或舍入带来的误差分别称为截尾误差和舍入误差。对于不同的二进制数表示方法(原码、补码和反码)以及不同的运算方法(定点制或浮点制),由于截尾或舍入引入的误差是不同的,下面分别进行讨论。

(1)定点运算中的截尾误差和舍入误差

1)截尾误差。对于正小数 x,三种码(原码、反码、补码)的表示法相同,因而量化影响也相同。一个 b_1+1 位正小数 x 的十进制数值为

$$x = \sum_{i=1}^{b_1} a_i 2^{-i} \tag{4-77}$$

截尾处理后为 $b+1$ 位字长,用 $Q[\cdot]$ 表示量化处理,$Q_T[\cdot]$ 表示截尾量化处理,则有

$$Q_T[x] = \sum_{i=1}^{b} a_i 2^{-i} \tag{4-78}$$

若以 E_T 表示截尾误差,则有

$$E_T = Q_T[x] - x = \sum_{i=1}^{b} a_i 2^{-i} - \sum_{i=1}^{b_1} a_i 2^{-i} = - \sum_{i=b+1}^{b_1} a_i 2^{-i} \tag{4-79}$$

可以看出,正小数截尾后数值变小,故截尾误差总是负的。当被截位 $a_i(i=b+1$ 到 $i=b_1)$ 均为1时,为最大截尾误差,即

$$E_{T\max} = - \sum_{i=b+1}^{b_1} a_i 2^{-i} = -(2^{-b} - 2^{-b_1}) \tag{4-80}$$

从而有

$$-(2^{-b} - 2^{-b_1}) \leq E_T \leq 0 \tag{4-81}$$

若令 $q=2^{-b}$,则 q 为截尾后二进制数末位的位权,称为量化间距或量化步阶,且有

$$-q < -(q - 2^{-b_1}) \leq E_T \leq 0 \tag{4-82}$$

或

$$-q < E_T \leq 0 \quad x > 0 \tag{4-83}$$

对于负小数 $x<0$,由于不同码制数的表示法各不相同,因而产生的量化误差也不相同,下面分别加以讨论。

① 原码。由式(4-71)有

$$x = (-1)^{a_0} \sum_{i=1}^{b_1} a_i 2^{-i} = - \sum_{i=1}^{b_1} a_i 2^{-i} \tag{4-84}$$

$$Q_T[x] = -\sum_{i=1}^{b} a_i 2^{-i} \tag{4-85}$$

所以
$$E_T = Q_T[x] - x = \sum_{i=b+1}^{b_1} a_i 2^{-i} \tag{4-86}$$

满足
$$0 \leq E_T < q \quad x < 0 \tag{4-87}$$

可见，截尾后由于负小数的绝对值变小，截尾误差为正。

② 补码。由式（4-74）有

$$x = -a_0 + \sum_{i=1}^{b_1} a_i 2^{-i} = -1 + \sum_{i=1}^{b_1} a_i 2^{-i} \tag{4-88}$$

$$Q_T[x] = -1 + \sum_{i=1}^{b} a_i 2^{-i} \tag{4-89}$$

所以
$$E_T = Q_T[x] - x = -\sum_{i=b+1}^{b_1} a_i 2^{-i} \tag{4-90}$$

满足
$$-q < E_T \leq 0 \quad x < 0 \tag{4-91}$$

可见，负小数补码的截尾误差是负数，与正小数的截尾误差相同。

③ 反码。由式（4-76）有

$$x = -a_0(1 - 2^{-b_1}) + \sum_{i=1}^{b_1} a_i 2^{-i} = -(1 - 2^{-b_1}) + \sum_{i=1}^{b_1} a_i 2^{-i} \tag{4-92}$$

$$Q_T[x] = -(1 - 2^{-b}) + \sum_{i=1}^{b} a_i 2^{-i} \tag{4-93}$$

所以
$$E_T = Q_T[x] - x = (2^{-b} - 2^{-b_1}) - \sum_{i=b+1}^{b_1} a_i 2^{-i} \tag{4-94}$$

满足
$$0 \leq E_T < q \quad x < 0 \tag{4-95}$$

由以上分析可得出以下结论：

原码与反码的截尾误差与数的正负有关：正数时误差为负，负数时误差为正，即：当 $x \geq 0$ 时，$-q < E_T \leq 0$；当 $x < 0$ 时，$0 \leq E_T < q$。

补码的截尾误差皆为负数，即对所有的 x，有 $-q < E_T \leq 0$。定点制截尾处理的量化特性 ($q = 2^{-b}$) 如图 4-26 所示。

2) 舍入误差。舍入处理是根据最右边 $b_1 - b$ 位数的绝对值相对于 2^{-b-1} 的大小来决定的，与原数的正负无关，所以与二进制数采用什么码无关。显然，舍入误差总是处在 $\pm q/2$ 之间，若用 $Q_R[x]$ 表示对 x 做舍入处理，E_R 表示舍入误差，有

$$E_R = Q_R[x] - x \tag{4-96}$$

$$-q/2 \leq E_R \leq q/2 \tag{4-97}$$

定点制舍入处理的量化特性如图 4-27 所示。

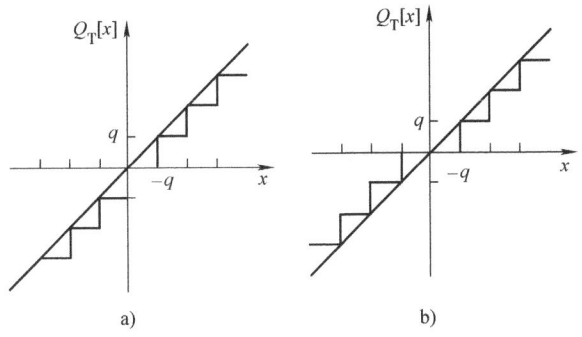

图 4-26 定点制截尾处理的量化特性
a) 补码 b) 原码、反码

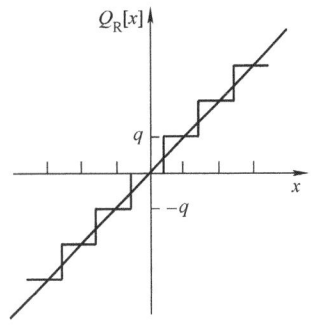

图 4-27 定点制舍入处理的量化特性

表 4-5 归纳了以上讨论的定点运算中的截尾和舍入误差的公式。

表 4-5 定点运算中的截尾和舍入误差 ($q = 2^{-b}$)

类型		截尾误差	舍入误差
正 数		$-q < E_T \leq 0$	$-q/2 \leq E_R \leq q/2$
负数	原码	$0 \leq E_T < q$	
	反码	$0 \leq E_T < q$	
	补码	$-q < E_T \leq 0$	

(2) 浮点运算中的截尾误差和舍入误差　浮点数的截尾和舍入处理是对尾数进行的，但阶码对截尾和舍入误差的大小有影响。具体来说，尾数相同的误差，阶码越大的浮点数，其误差越大。因此，对于浮点数的截尾和舍入误差，应当采用相对误差的概念。浮点数 $x = 2^c M$ 的相对误差定义为

$$\varepsilon = \frac{Q[x] - x}{x} \tag{4-98}$$

式中，$Q[x]$ 为尾数截尾或舍入后的浮点数。根据式 (4-98)，绝对误差可表示为

$$E = Q[x] - x = \varepsilon x \tag{4-99}$$

这是相乘性误差，而不是像定点制那样是相加性误差。

下面分别就浮点舍入和浮点截尾分析 ε 的误差范围。

1) 舍入误差。设尾数用舍入方法来处理，尾数的舍入误差表示为 E_R，则 $x = 2^c M$ 中尾数 M 的误差范围为

$$-q/2 \leq E_R \leq q/2 \tag{4-100}$$

若 x 的阶码为 c，则

$$-2^c \frac{q}{2} \leq Q_R[x] - x = \varepsilon_R x \leq 2^c \frac{q}{2} \tag{4-101}$$

式中，ε_R 为由于尾数进行舍入处理而造成的浮点数的相对误差。对于规格化浮点数来说，由于 $0.5 \leq M < 1 (M > 0)$ 或 $-1 < M \leq -0.5 (M < 0)$，故有 $2^{c-1} \leq x < 2^c (x > 0)$ 或 $-2^c < x < -2^{c-1} (x < 0)$，因此，由式 (4-101) 可得舍入相对误差为

$$-q < \varepsilon_R \leq q \tag{4-102}$$

2）截尾误差。设尾数用截尾方法来处理，尾数的截尾误差表示为 E_T。利用定点制的结果，分正数和负数两种情况分析相对误差的范围。

当 $x>0$ 时，$a_0=0$，三种码制的截尾误差均为 $-q<E_T\leqslant 0$，因此有

$$-2^c q<\varepsilon_T x\leqslant 0 \quad x>0$$

由于 $2^{c-1}\leqslant x<2^c$，取 $x_{\min}=2^{c-1}$，可得

$$-2q<\varepsilon_T\leqslant 0 \quad x>0 \tag{4-103}$$

当 $x<0$ 时，$a_0=1$，原码和反码的截尾误差均为 $0\leqslant E_T<q$，因此有

$$0\leqslant \varepsilon_T x<2^c q \quad x<0$$

由于 $-2^c<x\leqslant -2^{c-1}$，取 $x_{\min}=2^{c-1}$，可得

$$-2q<\varepsilon_T\leqslant 0 \quad x<0 \tag{4-104}$$

对于补码，截尾误差为 $-q<E_T\leqslant 0$，可得

$$0\leqslant \varepsilon_T<2q \quad x<0 \tag{4-105}$$

表 4-6 归纳了浮点运算中的相对误差。

表 4-6　浮点运算中的相对误差（$q=2^{-b}$）

类　型		截　尾	舍　入
正　数		$-2q<\varepsilon_T\leqslant 0$	$-q<\varepsilon_R\leqslant q$
负数	原码	$-2q<\varepsilon_T\leqslant 0$	
	反码	$-2q<\varepsilon_T\leqslant 0$	
	补码	$0\leqslant \varepsilon_T<2q$	

4.7.2　FFT 算法的有限字长效应

下面主要以时间抽取 DIT 为例进行有限字长效应分析，并且针对的是舍入情况，其他 FFT 算法及截尾运算结果相似。

1. 蝶形运算的统计模型

对于基 -2 FFT 算法，设序列长度为 $N=2^M$，则需要分解成 $M=\log_2 N$ 级，每级为 N 个数构成的数列，若采用 DIT 算法，则每级有 $N/2$ 个单独的蝶形，由 m 列到 $m+1$ 列的蝶形运算可表示为

$$\begin{cases} X_{m+1}(i)=X_m(i)+W_N^r X_m(j) \\ X_{m+1}(j)=X_m(i)-W_N^r X_m(j) \end{cases} \tag{4-106}$$

式中，i、j 为同一列中一对蝶形节点在这一列中的位置（行的数值），此蝶形运算结构见图 4-6。

定点运算中只有乘法引入量化误差，加法运算不引入误差，因此蝶形运算中只在乘系数时引入一个误差源 $e(m,j)$。以加性误差来考虑相乘舍入的影响，则此蝶形运算的定点舍入统计模型如图 4-28 所示。图中，$X_0(i)=x(n)$，表示输入序列；$X_{m+1}(i)=X(i)$，表示输出序

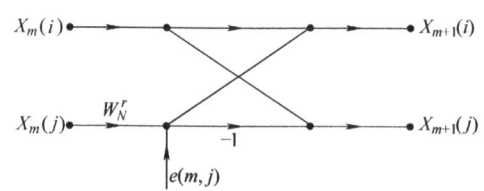

图 4-28　DIT 蝶形运算统计分析模型

列，即为所求的离散傅里叶变换。

由于 $W_N^r X_m(j)$ 是复数相乘，所产生的舍入误差 $e(m,j)$ 是一个复数。一个复数相乘要由四个实数相乘来构成，每个实数相乘都将引入一个相应的误差，因此共有四个误差 $e_1(m,j)$、$e_2(m,j)$、$e_3(m,j)$、$e_4(m,j)$。如不考虑系数 W_N^r 的量化误差，则经舍入后，可表示为

$$Q_R[W_N^r X_m(j)] = W_N^r X_m(j) + e(m,j)$$
$$= \{\text{Re}[W_N^r]\text{Re}[X_m(j)] + e_1(m,j) - \text{Im}[W_N^r]\text{Im}[X_m(j)] + e_2(m,j)\} +$$
$$j\{\text{Im}[W_N^r]\text{Re}[X_m(j)] + e_3(m,j) + \text{Re}[W_N^r]\text{Im}[X_m(j)] + e_4(m,j)\}$$
(4-107)

$$e(m,j) = e_1(m,j) + e_2(m,j) + j[e_3(m,j) + e_4(m,j)] \quad (4\text{-}108)$$

为计算方便，采用统计分析方法，因此对每个舍入误差 $e_i(m,j)$ 做如下统计特性假设：

1）误差 $e_i(m,j)$ 是白噪声，在 $(-q/2, q/2]$ 范围内均匀分布，因此其平均值为零，方差为 $q^2/12$。

2）各误差 $e_i(m,j)$ 彼此互不相关，且某一复数乘法的四个误差源与其他复数乘法的误差源也互不相关。

3）所有误差 $e_i(m,j)$ 与输入不相关，因而与输出也互不相关。

在上述假设条件下，一次复数乘法引入的量化噪声为

$$|e(m,j)|^2 = [e_1(m,j) + e_2(m,j)]^2 + [e_3(m,j) + e_4(m,j)]^2 \quad (4\text{-}109)$$

由于各 $e_i(m,j)$ 互不相关，并记复数量化噪声 e_m 的方差为 σ_B^2，则有

$$\sigma_B^2 = E[|e(m,j)|^2] = 4 \times \frac{q^2}{12} = \frac{q^2}{3} \quad (4\text{-}110)$$

因为通过加、减运算不影响方差，通过乘系数 W_N^r 后方差也不受影响，即有

$$E[|e_m W_N^r|^2] = |W_N^r|^2 E[|e_m|^2] = \sigma_B^2$$

所以，$e(m,j)$ 通过所有后级蝶形时，其方差保持不变。在计算 FFT 的最后输出误差时，只需知道节点共连接有多少个蝶形即可，每个蝶形产生误差的方差为 σ_B^2。若以 $F(k)$ 表示 $X(k)$ 上叠加的输出误差，观察图 4-5 可以看出，它和末级的一个蝶形连接，和末前级的两个蝶形连接，依此类推，每往前一级，引入的误差源就增加一倍，因此，连接到 $X(k)$ 末端的误差源总数为

$$1 + 2 + 2^2 + \cdots + 2^{M-1} = 2^M - 1 = N - 1$$

可见，每一个输出端都与 $N-1$ 个蝶形相连接，即有 $N-1$ 个量化噪声源对每个输出端有贡献。因此，在终端，即在离散傅里叶变换 $X(k)$ 上叠加的输出噪声的均方值为

$$\sigma_F^2 = (N-1)\sigma_B^2 \quad (4\text{-}111)$$

当 N 很大时，可以近似认为

$$\sigma_F^2 \approx N\sigma_B^2 = \frac{Nq^2}{3} \quad (4\text{-}112)$$

即输出噪声的总方差正比于 N。

2. 防止溢出和 FFT 输出的信噪比

为了计算 FFT 输出的信噪比，要考察 FFT 的信号动态范围。按蝶形运算表示式式 (4-106)，有

$$|X_{m+1}(i)| \leq |X_m(i)| + |W_N^r||X_m(j)| = |X_m(i)| + |X_m(j)|$$
$$\leq 2\max[|X_m(i)|, |X_m(j)|]$$

及
$$|X_{m+1}(j)| \leq 2\max[|X_m(i)|, |X_m(j)|]$$

因此有
$$\max[|X_{m+1}(i)|, |X_{m+1}(j)|] \leq 2\max[|X_m(i)|, |X_m(j)|] \tag{4-113}$$

同时，由（4-106）还可得到
$$X_{m+1}(i) + X_{m+1}(j) = 2X_m(i)$$
$$X_{m+1}(i) - X_{m+1}(j) = 2W_N^r X_m(j)$$

或
$$|X_m(i)| = \frac{1}{2}|X_{m+1}(i) + X_{m+1}(j)| \leq \max[|X_{m+1}(i)|, |X_{m+1}(j)|]$$

$$|X_m(j)| = \frac{1}{2}|X_{m+1}(i) - X_{m+1}(j)| \leq \max[|X_{m+1}(i)|, |X_{m+1}(j)|]$$

因此有
$$\max[|X_{m+1}(i)|, |X_{m+1}(j)|] \geq \max[|X_m(i)|, |X_m(j)|] \tag{4-114}$$

由式（4-113）和式（4-114）可得
$$\max[|X_m(i)|, |X_m(j)|] \leq \max[|X_{m+1}(i)|, |X_{m+1}(j)|] \leq$$
$$2\max[|X_m(i)|, |X_m(j)|] \tag{4-115}$$

式（4-115）表明，从前一级到后一级，最大模值是逐级非减的，且不超过一倍。只要最后一级不出现溢出，则前一级计算一定不会溢出。

防止溢出的办法有以下三种：

（1）输入端一次衰减法　由于蝶形运算输出的最大模值不超过输入端最大模值的 2 倍，总共有 $M = \log_2 N$ 级蝶形，因此 FFT 最后输出最大值小于等于输入最大值的 $2^M = N$ 倍，即
$$\max[|X(k)|] \leq 2^M \max[|x(n)|] = N\max[|x(n)|]$$

为防止溢出，即 $\max[|X(k)|] \leq 1$，要求输入应满足条件
$$|x(n)| \leq 1/N \tag{4-116}$$

假设 $x(n)$ 是白色的，其实部虚部在 $\left(-\frac{1}{N\sqrt{2}}, \frac{1}{N\sqrt{2}}\right)$ 区间内均匀等概率分布，且二者互不相关，则 $x(n)$ 在 $\left(-\frac{1}{N}, \frac{1}{N}\right)$ 区间内等概率分布，因此 $x(n)$ 的方差为
$$\sigma_x^2 = E[|x(n)|^2] = \frac{1}{3N^2} \tag{4-117}$$

由于 $X(k) = \sum_{n=0}^{N-1} x(n) W_N^{kn}$，输出信号的方差为
$$E[|X(k)|^2] = \sum_{n=0}^{N-1} E[|x(n)|^2]|W_N^{kn}|^2 = N\sigma_x^2 = \frac{1}{3N} \tag{4-118}$$

此时的输出信噪比为
$$\text{SNR} = \frac{E[|X(k)|^2]}{\sigma_F^2} = \frac{1}{N^2 q^2} \tag{4-119}$$

从式（4-119）可以看出，当输入是白噪声信号且满足 $|x(n)| \leq 1/N$ 时，信噪比与 N^2 成反比，N 增加一倍，SNR 下降 4 倍。或者说，若保持运算精度不变，每增加一级运算，q^2 必须降低 4 倍，也就是字长需相应增加一位。

如果输入不是白噪声，信噪比仍然与 N^2 成反比，只不过比例常数有所改变而已。

这种防止溢出的办法，使得输入幅度被限制得过小，造成输出信号/噪声比值过小。

（2）逐级衰减法　由（4-115）可以看出，由于 FFT 运算是逐级增大的，而每级运算输出的最大值又不超过输入幅度最大值的 2 倍，又知输入是满足 $|x(n)| < 1$ 的，因此，可以在每一级蝶形的输入端都乘上比例因子 1/2，这种情况的统计模型如图 4-29 所示，从而可以保证蝶形运算不发生溢出，对于 M 级蝶形，就相当于设置了 $(1/2)^M = 1/N$ 的比例因子。

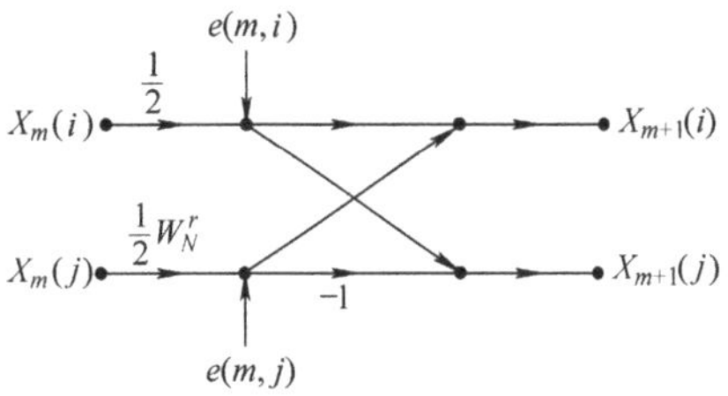

由图 4-29 可以看出，由于引入 1/2 的比例因子，因而每个蝶形有两个乘法运算，即有两个误差源 $e(m,i)$、$e(m,j)$ 相连。由于 $e(m,i)$ 是由 $X_m(i)$ 乘以实系数 1/2 所引入的，而 $e(m,j)$ 是 $X_m(j)$ 乘以复系数 $W_N^r/2$ 所引入的，因此，$e(m,i)$ 的方差应不大于 $e(m,j)$ 的方差 σ_B^2。这样，一个蝶形乘以 1/2 后所形成的总的误差为

图 4-29　乘比例因子 1/2 后的蝶形统计模型

$$\sigma_{B'}^2 = E[|e(m,i)|^2] + E[|e(m,j)|^2] \leq 2\sigma_B^2$$

由于系数 1/2 存在，各误差源到输出端的传输系数不再是 ± 1 或 W_N^r 的连乘积，而是 $\frac{1}{2}W_N^r$ 或 $-\frac{1}{2}W_N^r$ 的连乘积，连乘次数与蝶形位置有关。因此第 m 级蝶形的误差源在输出端的误差方差 σ_Q^2 为

$$\sigma_Q^2 = \sigma_B^2 2^{-2(M-m)}$$

总的输出方差为

$$\sigma_F^2 = \sum_{m=1}^{M} 2^{M-m} \sigma_Q^2 = \sum_{m=1}^{M} 2^{M-m} \sigma_B^2 2^{-2(M-m)} = \sum_{m=1}^{M} 2^{-(M-m)} \sigma_B^2$$
$$= 2\left(1 - \frac{1}{N}\right)\sigma_{B'}^2 = 4\left(1 - \frac{1}{N}\right)\sigma_B^2 \approx 4\sigma_B^2 = \frac{4}{3}q^2 \quad (4-120)$$

输出信噪比为

$$\text{SNR} = \frac{E[|X(k)|^2]}{\sigma_F^2} = \frac{1/(3N)}{4q^2/3} = \frac{1}{4Nq^2} \quad (4-121)$$

与输入端一次衰减法相比，信噪比有了很大的提高。为保证运算精度不变，N 增加 4 倍，字长只需增加一位。

（3）成组浮点运算　这种方法是在 FFT 运算每级输出的 N 个数中，取绝对值最大的那个数。例如 $X_{m+1}(i) = 2^c \times p$，是第 m 级输出的最大值，c 为阶码，$1/2 \leq p < 1$ 是尾数，那么第 m 级输出其他数对 $X_{m+1}(i)$ 归一化，则可抽出比例因子 2^c，c 成为该列数组的公共阶码，余下尾数部分都是绝对值小于 1 的数，然后按定点运算规则进行其他计算。每次迭代之后检验是否溢出，若发现溢出，整个数列除以 2，同时公共阶码 c 加上 1，再继续运算。显然这种方法可以提高 FFT 的输出信噪比。但每级输出均要增加检验溢出的判断，而且最后输出的量化噪声和溢出发生的次数、溢出发生所在级的位置及输入信号性质等均有很大关系，难

以分析确定，在工程设计中可以通过实际仿真来确定。

【例 4-7】 设输入信号是具有白噪声性质的复序列 $x(n) = x_r(n) + jx_i(n)$，其实部和虚部幅度在 $\left(-\frac{1}{\sqrt{2}}x_{\max}, \frac{1}{\sqrt{2}}x_{\max}\right)$ 间均匀分布，保证输出端不溢出情况下：

(1) 求 FFT 输出端的信噪比（SNR）。
(2) 若要求在 $N = 1024 = 2^{10}$ 点的 FFT 输出 SNR 为 30dB，求要求的位数 b。

解：(1) 确定输出 $X(k)$ 不溢出时的输入信号动态范围。由 DFT 的定义式得

$$|X(k)| = \left|\sum_{n=0}^{N-1} x(n) W_N^{nk}\right| \leq \sum_{n=0}^{N-1} |x(n)| \leq N|x_{\max}| \leq 1$$

因而要求：$|x_{\max}| \leq \frac{1}{N}$，输入信号方差 $\sigma_x^2 = \frac{1}{3}x_{\max}^2 = \frac{1}{3N^2}$，输出信号方差为

$$\sigma_X^2 = E[|X(k)|^2] = E\left[\left(\sum_{n=0}^{N-1} x(n) W_N^{nk}\right)\left(\sum_{m=0}^{N-1} x(m) W_N^{mk}\right)^*\right]$$

$$= \sum_{n=0}^{N-1}\sum_{m=0}^{N-1} E[x(n)x^*(m)] W_N^{(n-m)k}$$

$$= \left(\sum_{n=0}^{N-1}\sum_{m=0}^{N-1} \delta(n-m) W_N^{(n-m)k}\right)\sigma_x^2 = N\sigma_x^2 = \frac{1}{3N}$$

(2) 求 SNR 为 30dB 时运算的位数 b。若采用一次衰减法，按式（4-119）有

$$\text{SNR} = \frac{1}{N^2 q^2} = \frac{1}{N^2} 2^{2b}$$

由此得

$$b = \log_2 N + \frac{1}{2}\log_2 \text{SNR} = \log_2 1024 + \frac{1}{2}\log_2 10^{30/10} \approx 15（位）$$

若采用逐级衰减法，按式（4-121）有

$$\text{SNR} = \frac{1}{4Nq^2} = \frac{2^{2b}}{4N}$$

由此得

$$b = 2 + \frac{1}{2}(\log_2 N + \log_2 \text{SNR}) = 2 + \frac{1}{2}(\log_2 1024 + \log_2 10^{30/10}) = 12（位）$$

本 章 小 结

本章分析了直接计算 DFT 存在的问题，较为全面地介绍了 DFT 的快速算法，包括：经典的针对 $N = 2^L$ 点的 Cooley – Tukey 基 – 2DIF、DIT 算法，和复数乘法次数最少的分裂基算法；N 为复合数的 FFT 算法；用于计算窄带频谱的 Chirp – z 变换算法。实际应用中可根据需要灵活运用。

本章还分析了使用有限字长时对 FFT 算法性能的影响，指出对 FFT 算法中的量化效应，以及如何使用统计分析方法得到有用的信噪比估值。

习　题

4-1　如果一台通用计算机的速度为平均每次复乘 5μs，每次复加 0.5μs，用它来计算 512 点的 DFT$[x(n)]$，问直接计算需要多少时间？用 FFT 运算需要多少时间。

4-2　$N=16$ 时，画出基 -2 按时间抽选法及按频率抽选法的 FFT 流图（按时间抽选采用输入倒位序，输出自然顺序；按频率抽选采用输入自然顺序，输出倒位序）。

4-3　$N=16$ 时，试用 N 为复合数时的 FFT 算法导出基 -4 FFT 公式，画出流图，并就运算量与基 -2 的 FFT 相比较（不计乘 ± 1 及 $\pm j$ 的运算量）。

4-4　试用 N 为复合数时的 FFT 算法求 $N=12$ 的结果（采用基 -3×4），并画出流图。

4-5　同上题 4-4 导出 $N=30=3\times 2\times 5$ 的结果，并画出流图。

4-6　研究一个长度为 M 点的有限长序列

$$x(n)=\begin{cases}x(n) & 0\leqslant n\leqslant M-1\\ 0 & \text{其他 }n\end{cases}$$

计算求 z 变换 $X(z)=\sum_{n=0}^{M-1}x(n)z^{-n}$ 在单位圆上 N 个等间隔点上的抽样，即在 $z=\mathrm{e}^{\mathrm{j}\frac{2\pi}{N}k}$（$k=0,1,\cdots,N-1$）上的抽样，试对下列情况，找出用一个 N 点 DFT 就能计算 $X(z)$ 的 N 个抽样的方法，并证明之：

（1）$N\leqslant M$　　（2）$N>M$

4-7　已知一个 8 点序列

$$x(n)=\begin{cases}1 & 0\leqslant n\leqslant 7\\ 0 & \text{其他 }n\end{cases}$$

试用 CZT 算法求其前面 10 点的复频谱 $X(z_k)$。已知 z 平面路径为 $A_0=0.8$，$\theta_0=\pi/3$，$W_0=1.2$，$\phi_0=2\pi/20$；画出 z_k 的路径及 CZT 实现示意图。

4-8　$X(\mathrm{e}^{\mathrm{j}\omega})$ 表示长度为 10 的有限长序列 $x(n)$ 的傅立叶变换，计算 $X(\mathrm{e}^{\mathrm{j}\omega})$ 在频率 $\omega_k=(2\pi k^2/100)$ $(k=0,1,\cdots,9)$ 时的 10 个抽样。计算时不采用先算出比要求点数多的抽样，然后再丢掉一些的办法。讨论下列方法的可行性：

（1）直接利用 10 点快速傅里叶变换的算法。

（2）利用线性调频 z 变换算法。

4-9　考虑离散傅里叶变换 $X(k)=\sum_{n=0}^{N-1}x(n)W_N^{nk}, 0\leqslant k\leqslant N-1$，其中 $W_N=\mathrm{e}^{-\mathrm{j}2\pi/N}$，假设序列值 $x(n)$ 是一均值为零的平稳白噪声序列的 N 外相邻序列值，即 $E[x(n)x(m)]=\sigma_x^2\delta(n-m)$，$E[x(n)]=0$，试确定

（1）$|X(k)|^2$ 的方差。

（2）离散傅里叶变换诸值间的互相关，即确定 $E[X(k)X^*(r)]$，并把它表示为 k 和 r 的函数。

4-10　研究用定点舍入算法直接计算离散傅里叶变换。

假设移位寄存器的字长是 b 位再加符号位，乘法引进的舍入噪声与其他任一次乘法引进的舍入噪声独立无关。假设 $x(n)$ 是实序列，试确定每一频谱点 $X(k)$ 的实部和虚部中舍入噪声的方差。

MATLAB 函数与练习

快速傅里叶变换常用函数见表 4-7。

表 4-7　快速傅里叶变换常用函数

模　块	快速傅里叶变换
序　号	函数名称	函数功能
1	fft	快速傅里叶变换
2	ifft	快速傅里叶逆变换

(续)

模块序号	函数名称	快速傅里叶变换 函数功能
3	fftshift	将零频分量移到频谱中心
4	fft2	二维快速傅里叶变换
5	ifft2	二维快速傅里叶逆变换
6	czt	线性调频 z 变换
7	goertzel	Goertzel 算法
8	dct	离散余弦变换
9	idct	离散余弦逆变换

M4-1 已知 $X(k)$，$Y(k)$ 是两个 N 点实序列 $x(n)$、$y(n)$ 的 DFT 质，试从 $X(k)$、$Y(k)$ 求 $x(n)$、$y(n)$ 值，为了提高运算效率，试用一个 N 点 IFFT 运算一次完成，并编写 MATLAB 程序。

M4-2 给定模拟信号

$$x(t) = \sum_{i=1}^{3} \sin(2\pi f_i t)$$

已知 $f_1 = 10.8\text{Hz}$，$f_2 = 11.75\text{Hz}$，$f_3 = 12.55\text{Hz}$。令 $f_s = 40\text{Hz}$，$N = 64$，对 $x(t)$ 抽样得 $x(n)$。

(1) 使用 fft( ) 函数计算 $X(k)$ 及其幅度谱，观察 3 个谱蜂的分辨力。

(2) 在 $x(n)$ 后分别补 $3N$ 个零、$7N$ 个零、$15N$ 个零，再进行 FFT，观察补零效果。

(3) 使用 CZT 变换算法，按下列两组参数赋值分别求 $X(k)$，$k = 1, 2, \cdots, M$。画出其频谱，并和 (1)、(2) 结果相比较。

参数 1：$f_s = 40\text{Hz}$，$N = 64$，$M = 50$，起始频率 $f_0 = 8\text{Hz}$，分辨力 $\Delta f = 0.2\text{Hz}$

参数 2：$f_s = 40\text{Hz}$，$N = 64$，$M = 60$，起始频率 $f_0 = 8\text{Hz}$，分辨力 $\Delta f = 0.12\text{Hz}$

第5章 离散时间系统分析

第1章给出了系统的时域描述,对于重点讨论的 LSI 系统,可以有三种描述方法:线性常系数差分方程、时域框图和单位抽样(冲激)响应。这些讨论都是时域描述。本章借助傅里叶变换和 z 变换,得到系统的频域描述和变换域描述,即系统的频率响应和系统函数。由于从频率响应和系统函数能够容易推出系统响应的很多性质,所以它们在 LSI 系统中是极为有用的。本章最后讨论了离散时间系统的实现方法和运算精度。

5.1 离散时间系统的频率响应和系统函数

5.1.1 频率响应

在第2章2.2节中,把序列 $x(n)$ 分解为频率在 2π 区间范围内的虚指数函数 $e^{j\omega n}$ 的线性加权组合。因为虚指数是离散时间系统的特征函数,以 $e^{j\omega n}$ 为分解基向量有其重要的物理意义。考虑输入序列 $x(n) = e^{j\omega n}$, $-\infty < n < \infty$,单位抽样响应为 $h(n)$ 的 LSI 系统的输出为

$$y(n) = x(n) * h(n) = \sum_{m=-\infty}^{\infty} h(m) x(n-m)$$

$$= \sum_{m=-\infty}^{\infty} h(m) e^{j\omega(n-m)}$$

$$= e^{j\omega n} \sum_{m=-\infty}^{\infty} h(m) e^{-j\omega m}$$

定义 $H(e^{j\omega}) = \sum_{n=-\infty}^{\infty} h(n) e^{-j\omega n}$ 为系统的频率响应,则

$$y(n) = H(e^{j\omega}) e^{j\omega n} \tag{5-1}$$

式(5-1)表明,当 LSI 系统输入频率为 ω 的虚指数序列时,输出为同频率虚指数序列,系统对输入序列的作用是对该信号进行了复加权,即 $e^{j\omega n}$ 乘以加权函数 $H(e^{j\omega})$。显然,$H(e^{j\omega})$ 描述了复正弦序列通过 LSI 系统后,幅度和相位随频率 ω 变化,但是频率没有变化。不增加新的频率分量正是 LSI 系统的本质特征。换句话说,系统对复正弦序列的响应完全由 $H(e^{j\omega})$ 决定,故称 $H(e^{j\omega})$ 为 LSI 系统的频率响应。LSI 系统的频率响应是其单位抽样响应的傅里叶变换。因为大部分序列都能表示为虚指数函数 $e^{j\omega n}$ 的线性加权组合,若已知频率响应,根据叠加原理,就很容易得到任意序列通过 LSI 系统的响应。

在2.2节已经证明过 LSI 系统的频率响应 $H(e^{j\omega})$ 是以 2π 为周期的连续周期函数,$H(e^{j\omega})$ 是 ω 的复函数,可以写成模和相位的形式,即

$$H(e^{j\omega}) = |H(e^{j\omega})| e^{j\arg[H(e^{j\omega})]} \tag{5-2}$$

式中,频率响应的模 $|H(e^{j\omega})|$ 称为振幅响应(或幅度响应),频率响应的相位 $\arg|H(e^{j\omega})|$ 称为相位响应。

【例 5-1】 设输入为 $x(n) = A\cos(\omega_0 n + \phi)$，求该序列通过频率响应为 $H(e^{j\omega})$ 的 LSI 系统的响应。

解：
$$x(n) = A\cos(\omega_0 n + \phi) = \frac{A}{2}\left[e^{j(\omega_0 n + \phi)} + e^{-j(\omega_0 n + \phi)}\right]$$

$$= \frac{A}{2}e^{j\phi}e^{j\omega_0 n} + \frac{A}{2}e^{-j\phi}e^{-j\omega_0 n}$$

$$= x_1(n) + x_2(n)$$

根据式（5-1），$x_1(n) = \frac{A}{2}e^{j\phi}e^{j\omega_0 n}$ 的响应为

$$y_1(n) = H(e^{j\omega_0})\frac{A}{2}e^{j\phi}e^{j\omega_0 n}$$

对 $x_2(n) = \frac{A}{2}e^{-j\phi}e^{-j\omega_0 n}$ 的响应为

$$y_2(n) = H(e^{-j\omega_0})\frac{A}{2}e^{-j\phi}e^{-j\omega_0 n}$$

根据线性系统的叠加原理可知，系统对正弦输入 $A\cos(\omega_0 n + \phi)$ 的响应为

$$y(n) = y_1(n) + y_2(n) = \frac{A}{2}\left[H(e^{j\omega_0})e^{j\phi}e^{j\omega_0 n} + H(e^{-j\omega_0})e^{-j\phi}e^{-j\omega_0}\right]$$

如果 $h(n)$ 是实序列，则可证明 $H(e^{j\omega_0})$ 满足共轭对称条件，即

$$H(e^{j\omega_0}) = H^*(e^{-j\omega_0})$$

因此有
$$|H(e^{j\omega_0})| = |H(e^{-j\omega_0})|$$

$$\arg[H(e^{j\omega_0})] = -\arg[H(e^{-j\omega_0})]$$

将上述关系式代入 $y(n)$ 的表达，可得响应为

$$y(n) = \frac{A}{2}\left\{|H(e^{j\omega_0})|e^{j\arg[H(e^{j\omega_0})]}e^{j\phi}e^{j\omega_0 n} + |H(e^{-j\omega_0})|e^{-j\arg[H(e^{j\omega_0})]}e^{-j\phi}e^{-j\omega_0 n}\right\}$$

$$= \frac{A}{2}|H(e^{j\omega_0})|\left\{e^{j(\omega_0 n + \phi + \arg[H(e^{j\omega_0})])} + e^{-j(\omega_0 n + \phi + \arg[H(e^{j\omega_0})])}\right\}$$

即
$$y(n) = A|H(e^{j\omega_0})|\cos\{\omega_0 n + \phi + \arg[H(e^{j\omega_0})]\} \tag{5-3}$$

从例 5-1 可以看出，当系统输入为正弦序列，输出为同频的正弦序列，其幅度受频率响应幅度 $|H(e^{j\omega})|$ 加权，而输出的相位则为输入相位与系统相位响应之和。

LSI 系统在任意输入情况下，输入与输出两者的傅里叶变换间的关系，可通过对卷积公式两端取傅里叶变换，并利用傅里叶变换性质可得到

$$\text{DTFT}[y(n)] = \text{DTFT}[x(n) * h(n)]$$

即
$$Y(e^{j\omega}) = X(e^{j\omega})H(e^{j\omega}) \tag{5-4}$$

式中，$H(e^{j\omega})$ 是系统的频率响应。由式（5-4）可知，对于 LSI 系统，其输出序列的傅里叶变换等于输入序列的傅里叶变换与系统频率响应的乘积。

若对 $Y(e^{j\omega})$ 取傅里叶逆变换，可求得输出序列为

$$y(n) = \frac{1}{2\pi}\int_{-\pi}^{\pi} H(e^{j\omega})X(e^{j\omega})e^{j\omega n}d\omega \tag{5-5}$$

若用极坐标形式表示频率响应，则系统的输入和输出的傅里叶变换的振幅和相位间的关系可分别表示为

$$|Y(e^{j\omega})| = |X(e^{j\omega})||H(e^{j\omega})|$$
$$\arg[Y(e^{j\omega})] = \arg[X(e^{j\omega})] + \arg[H(e^{j\omega})]$$
(5-6)

系统频率响应的概念对于连续时间系统和离散时间系统基本上是相同的。然而，由于离散时间 LSI 系统的频率响应总是数字角频率 ω 的周期函数，且周期为 2π，导致低频和高频部分与连续系统有些许差异，这一点在第 1 章中已经简单讨论过。由于频率 ω 与 $\omega + 2k\pi$ 无法区分，一般只需在主值区间 $(-\pi, \pi]$ 标出 $H(e^{j\omega})$ 的值即可。于是，低频就是靠近零处的频率，高频就是靠近 $\pm\pi$ 处的频率；与周期性结合，也可以理解为：低频就是靠近 π 的偶数倍的频率，高频就是靠近 π 的奇数倍的频率。

一类重要的 LSI 系统是其频率响应的幅度在某一频率范围内为 1，而在其他频率上都是 0 的系统，称为理想频率选择性滤波器。四种理想频率选择性滤波器如图 5-1 所示，它们分别是低通、高通、带通和带阻滤波器。要注意这些滤波器的频率响应都是周期性的，图中只画出了一个周期的频率响应。另外，为简便起见，这里认为相位响应都为零，实际上，为保证在通频带内信号无失真地传输，相位响应应该是斜率为负、过原点的直线。

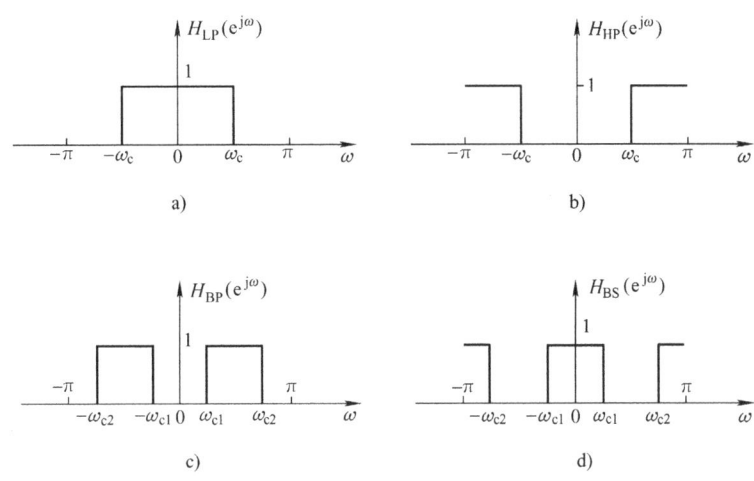

图 5-1 理想频率选择性滤波器频率响应
a) 低通滤波器 b) 高通滤波器 c) 带通滤波器 d) 带阻滤波器

【例 5-2】 若理想低通滤波器的频率响应为
$$H_{LP}(e^{j\omega}) = \begin{cases} 1 & |\omega| < \omega_c \\ 0 & \omega_c < |\omega| \leq \pi \end{cases}$$

求其单位抽样响应 $h_{LP}(n)$。

解：因为 $h_{LP}(n)$ 与 $H_{LP}(e^{j\omega})$ 是一对傅里叶变换对，故有
$$h_{LP}(n) = \frac{1}{2\pi}\int_{-\pi}^{\pi} H_{LP}(e^{j\omega})e^{j\omega n}d\omega = \frac{1}{2\pi}\int_{-\omega_c}^{\omega_c} e^{j\omega n}d\omega$$
$$= \frac{1}{2\pi}\left(\frac{e^{j\omega_c n}}{jn} - \frac{e^{-j\omega_c n}}{jn}\right) = \frac{\omega_c}{\pi}Sa(\omega_c n)$$

单位抽样响应的波形如图 5-2 所示。可以看到，$h_{LP}(n)$ 是非因果信号，因此理想低通滤波器是一个非因果系统，也就是说，该系统是物理不可实现的，这也是理想滤波器的由

来。类似的,其他几类理想滤波器也可以求出其单位抽样响应,这里作为习题留给读者。

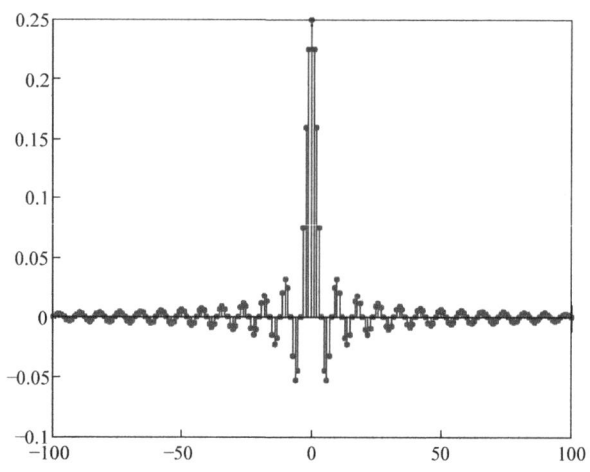

图 5-2 理想低通滤波器的单位抽样响应(取截止频率 $\omega_c = \pi/4$)

5.1.2 系统函数

第 1 章中已经讨论过,在时域中,一个 LSI 系统完全可以由它的单位抽样响应 $h(n)$ 来表示。对于一个给定的输入 $x(n)$,其输出 $y(n)$ 为

$$y(n) = x(n) * h(n) = \sum_{m=-\infty}^{\infty} x(m)h(n-m)$$

对等式两端取 z 变换,得

$$Y(z) = H(z)X(z) \tag{5-7}$$

则

$$H(z) = \frac{Y(z)}{X(z)} \tag{5-8}$$

把 $H(z)$ 定义为 LSI 系统的系统函数,它是单位抽样响应的 z 变换,即

$$H(z) = Z[h(n)] = \sum_{n=-\infty}^{\infty} h(n)z^{-n} \tag{5-9}$$

在单位圆上($z = e^{j\omega}$)的系统函数就是系统的频率响应 $H(e^{j\omega})$,即

$$H(e^{j\omega}) = \text{DTFT}[h(n)] = \sum_{n=-\infty}^{\infty} h(n)e^{-j\omega n} \tag{5-10}$$

一个 LSI 系统也可以用线性常系数差分方程来表示,因此系统函数也可以由差分方程给出。N 阶线性常系数差分方程的一般形式为

$$\sum_{k=0}^{N} a_k y(n-k) = \sum_{m=0}^{M} b_m x(n-m) \tag{5-11}$$

若系统起始状态为零,可以直接对上式两端取 z 变换,利用 z 变换的线性特性和移位特性可得

$$\sum_{k=0}^{N} a_k z^{-k} Y(z) = \sum_{m=0}^{M} b_m z^{-m} X(z) \tag{5-12}$$

这样就得到系统函数为

$$H(z) = \frac{Y(z)}{X(z)} = \frac{\sum_{m=0}^{M} b_m z^{-m}}{\sum_{k=0}^{N} a_k z^{-k}} \tag{5-13}$$

可以看出，系统函数分子、分母多项式的系数分别就是差分方程的系数。式（5-13）是两个 z^{-1} 的多项式之比，将其分别进行因式分解，可得

$$H(z) = K \frac{\prod_{m=1}^{M}(1 - c_m z^{-1})}{\prod_{k=1}^{N}(1 - d_k z^{-1})} \tag{5-14}$$

式中，$z = c_m$ 为 $H(z)$ 的零点；$z = d_k$ 为 $H(z)$ 的极点，它们都由差分方程的系数 a_k 和 b_m 决定。因此，除了比例常数 $K = b_0/a_0$ 以外，系统函数完全由它的全部零点、极点来确定。

需要注意的是，式（5-13）并没有给定 $H(z)$ 的收敛域，因而可代表不同的系统。这与前面所述的差分方程并不唯一地确定一个线性系统的单位抽样响应是一致的。同一个系统函数，收敛域不同，所代表的系统就不同，所以必须同时给定系统的收敛域。

5.1.3 因果稳定系统

由第 1 章的讨论已知，一个 LSI 系统稳定的充要条件为 $h(n)$ 必须满足绝对可和条件，即

$$\sum_{n=-\infty}^{\infty} |h(n)| < \infty$$

而 z 变换的收敛域由满足 $\sum_{n=-\infty}^{\infty} |h(n) z^{-n}| < \infty$ 的 z 值确定，因此稳定系统的系统函数 $H(z)$ 必须在单位圆上收敛，即收敛域包括单位圆 $|z| = 1$，$H(e^{j\omega})$ 存在。

因果系统的单位抽样响应 $h(n)$ 为因果序列，其系统函数 $H(z)$ 的收敛域应包括 $z = \infty$ 处，即

$$|z| > R_{x-}$$

综上所述，因果稳定系统的系统函数 $H(z)$ 必须在从单位圆到 ∞ 的整个 z 域内收敛，即

$$|z| > R_{x-}, \quad R_{x-} < 1 \tag{5-15}$$

也就是说，因果系统为稳定系统的充要条件是系统函数的全部极点必须在单位圆内。因而，在 z 平面以极点、零点图描述系统函数，通常都画出单位圆以便看出极点是在单位圆内还是位于单位圆外。

【例 5-3】 已知系统函数为

$$H(z) = \frac{-\frac{3}{2} z^{-1}}{\left(1 - \frac{1}{2} z^{-1}\right)(1 - 2z^{-1})} = \frac{1}{1 - \frac{1}{2} z^{-1}} - \frac{1}{1 - 2z^{-1}} \quad |z| > 2$$

求系统的单位抽样响应并判断系统的因果稳定性。

解：已知系统函数 $H(z)$ 有两个极点 $z_1 = 0.5$，$z_2 = 2$。从收敛域看，收敛域包括 ∞ 点，因此系统一定是因果系统。但是单位圆不在收敛域内，因此可以判定系统是不稳定的。

$$h(n) = \left(\frac{1}{2}\right)^n u(n) - 2^n u(n)$$

由于 $2^n u(n)$ 项是发散的，可见系统确实是不稳定的。

【例 5-4】 系统函数不变，但收敛域不同

$$H(z) = \frac{-\frac{3}{2}z^{-1}}{\left(1-\frac{1}{2}z^{-1}\right)(1-2z^{-1})} = \frac{1}{1-\frac{1}{2}z^{-1}} - \frac{1}{1-2z^{-1}} \quad \frac{1}{2} < |z| < 2$$

求系统的单位抽样响应并判断系统的因果稳定性。

解：收敛域包括单位圆但不包括 ∞ 点，因此系统是稳定的但是非因果的。由系统函数的 z 逆变换可得

$$h(n) = \left(\frac{1}{2}\right)^n u(n) + 2^n u(-n-1)$$

由于存在 $2^n u(-n-1)$ 项，因此系统是非因果的。

【例 5-5】 设有一因果系统，其输入输出关系由以下差分方程确定

$$y(n) - \frac{1}{2}y(n-1) = x(n) + \frac{1}{2}x(n-1)$$

（1）求该系统的单位抽样响应。
（2）由（1）的结果，求输入 $x(n) = e^{j\pi n}$ 的响应。

解：（1）对差分方程两端分别进行 z 变换，可得

$$Y(z) - \frac{1}{2}z^{-1}Y(z) = X(z) + \frac{1}{2}z^{-1}X(z)$$

系统函数 $H(z)$ 为

$$H(z) = \frac{Y(z)}{X(z)} = \frac{1+\frac{1}{2}z^{-1}}{1-\frac{1}{2}z^{-1}} = \frac{2}{1-\frac{1}{2}z^{-1}} - 1$$

系统函数 $H(z)$ 仅有一个极点，$z_1 = 1/2$，因为系统是因果的，故 $H(z)$ 的收敛域必须包含 ∞，所以收敛域为 $|z| > 1/2$。该收敛域包括单位圆，所以系统也是稳定的。

对系统函数 $H(z)$ 进行 z 逆变换，可得单位抽样响应为

$$h(n) = Z^{-1}[H(z)] = 2\left(\frac{1}{2}\right)^n u(n) - \delta(n)$$

或

$$h(n) = \left(\frac{1}{2}\right)^n u(n) + \left(\frac{1}{2}\right)^n u(n-1) = \delta(n) + \left(\frac{1}{2}\right)^{n-1} u(n-1)$$

（2）解法一：系统的频率响应为

$$H(e^{j\omega}) = H(z)\big|_{z=e^{j\omega}} = \frac{1+\frac{1}{2}e^{-j\omega}}{1-\frac{1}{2}e^{-j\omega}}$$

由于系统是 LSI 系统且因果稳定,故当输入 $x(n) = e^{j\pi n}$ 时,应用式 (5-1),可得输出响应为

$$y(n) = x(n)H(e^{j\pi}) = e^{j\pi n}\frac{1+\frac{1}{2}e^{-j\pi}}{1-\frac{1}{2}e^{-j\pi}} = \frac{1}{3}e^{j\pi n}$$

解法二:利用卷积的方法,可得

$$y(n) = x(n) * h(n) = \sum_{m=-\infty}^{\infty} h(m)e^{j\pi(n-m)} = e^{j\pi n}\sum_{m=-\infty}^{\infty} h(m)e^{-j\pi n}$$

$$= e^{j\pi n}H(e^{j\pi}) = e^{j\pi n}\frac{1+\frac{1}{2}e^{-j\pi}}{1-\frac{1}{2}e^{-j\pi}} = \frac{1}{3}e^{j\pi n}$$

5.1.4 差分方程的 z 域解

z 变换是分析线性离散系统的有力数学工具。与离散时间傅里叶变换相比,它的变换条件要求更宽松,应用范围更广泛。z 变换将描述系统的时域差分方程变换为 z 域代数方程,便于运算和求解。利用单边 z 变换,可以同时求得零状态响应和零输入响应,这里只讨论用双边 z 变换求零状态响应。

对于用差分方程

$$\sum_{k=0}^{N} a_k y(n-k) = \sum_{m=0}^{M} b_m x(n-m)$$

描述的系统,若系统起始状态为零,可由式 (5-7) 求得 $Y(z) = H(z)X(z)$,其中 $H(z)$ 很容易由式 (5-13) 求得。

$Y(z)$ 是系统响应 $y(n)$ 的象函数,对 $Y(z)$ 做 z 逆变换可得到系统响应为

$$y(n) = IZT[Y(z)] = IZT[H(z)X(z)] \tag{5-16}$$

【例 5-6】 若描述 LSI 系统的差分方程为

$$y(n) - y(n-1) - 2y(n-2) = x(n) + 2x(n-1)$$

该系统是因果的,求激励为 $x(n) = u(n)$ 时系统的阶跃响应。

解:对差分方程两端取 z 变换,有

$$Y(z) - z^{-1}Y(z) - 2z^{-2}Y(z) = X(z) + 2z^{-1}X(z)$$

即

$$(1 - z^{-1} - 2z^{-2})Y(z) = (1 + 2z^{-1})X(z)$$

可见,经过 z 变换后,时域差分方程变换为 z 域代数方程,解得

$$Y(z) = H(z)X(z) = \frac{1 + 2z^{-1}}{1 - z^{-1} - 2z^{-2}}X(z)$$

将 $Z[u(n)] = \dfrac{1}{1-z^{-1}}$ 代入,得

$$Y(z) = \frac{1 + 2z^{-1}}{1 - z^{-1} - 2z^{-2}} \cdot \frac{1}{1-z^{-1}} = \frac{z^3 + 2z}{(z-2)(z+1)(z-1)}$$

部分分式展开为

$$Y(z) = \frac{2z}{z-2} + \frac{1}{2}\frac{z}{z+1} - \frac{3}{2}\frac{z}{z-1}$$

因为系统是因果系统，故 $Y(z)$ 的收敛域为 $|z|>2$，取上式的 z 逆变换，有

$$y(n) = \left[2(2^n) + \frac{1}{2}(-1)^n - \frac{3}{2}\right]u(n)$$

5.1.5 频率响应的几何确定法

观察式（5-14）可以发现，一个 N 阶的系统函数 $H(z)$ 完全可以用它在 z 平面上的零、极点确定。由于 $H(z)$ 在单位圆上的 z 变换即是系统的频率响应，因此系统的频率响应也完全可以由 $H(z)$ 的零、极点确定。频率响应的几何确定法实际上就是利用 $H(z)$ 在 z 平面上的零、极点，采用几何方法直观、定性地求出系统的频率响应。式（5-14）已表示出 $H(z)$ 的因式分解，即用零、极点表示为

$$H(z) = K\frac{\prod_{m=1}^{M}(1-c_m z^{-1})}{\prod_{k=1}^{N}(1-d_k z^{-1})} = Kz^{(N-M)}\frac{\prod_{m=1}^{M}(z-c_m)}{\prod_{k=1}^{N}(z-d_k)} \tag{5-17}$$

式中，K 为实数，将 $z = e^{j\omega}$ 代入，即得系统的频率响应为

$$H(e^{j\omega}) = Ke^{j(N-M)\omega}\frac{\prod_{m=1}^{M}(e^{j\omega}-c_m)}{\prod_{k=1}^{N}(e^{j\omega}-d_k)} = |H(e^{j\omega})|e^{j\arg[H(e^{j\omega})]} \tag{5-18}$$

在 z 平面上，$z = c_m$（$m = 1, 2, \cdots, M$）表示 $H(z)$ 的零点，而 $z = d_k$（$k = 1, 2, \cdots, N$）表示 $H(z)$ 的极点。复变量 c_m（或 d_k）由原点指向点 c_m（或 d_k 点）的向量表示，因而 $e^{j\omega} - c_m$ 可以用由零点 c_m 指向单位圆上 $e^{j\omega}$ 点的向量 $\boldsymbol{C}_m$ 来表示，即

$$\boldsymbol{C}_m = e^{j\omega} - c_m \tag{5-19}$$

同样，$e^{j\omega} - d_k$ 可以由极点 d_k 指向单位圆上 $e^{j\omega}$ 的向量 $\boldsymbol{D}_k$ 来表示，即

$$\boldsymbol{D}_k = e^{j\omega} - d_k \tag{5-20}$$

因此

$$H(e^{j\omega}) = K\frac{\prod_{m=1}^{M}\boldsymbol{C}_m}{\prod_{k=1}^{N}\boldsymbol{D}_k} \tag{5-21}$$

设向量 $\boldsymbol{C}_m$ 以极坐标表示为 $\boldsymbol{C}_m = \rho_m e^{j\theta_m}$，其模为 ρ_m，相位为 θ_m；向量 $\boldsymbol{D}_k$ 以极坐标表示为 $\boldsymbol{D}_k = l_k e^{j\phi_k}$，其模为 l_k，相位为 ϕ_k。则系统频率响应的模和相位分别为

$$|H(e^{j\omega})| = |K|\frac{\prod_{m=1}^{M}\rho_k}{\prod_{k=1}^{N}l_k} \tag{5-22}$$

$$\arg[H(e^{j\omega})] = \arg[K] + \sum_{m=1}^{M}\theta_m - \sum_{k=1}^{N}\phi_k + (N-M)\omega \qquad (5-23)$$

这样频率响应的幅度函数就等于各零点至 $e^{j\omega}$ 点向量长度之积除以各极点至 $e^{j\omega}$ 点向量长度之积，再乘以常数 $|K|$。而频率响应的相位函数等于各零点至 $e^{j\omega}$ 点向量的相位之和减去各极点至 $e^{j\omega}$ 点向量的相位之和，加上常数 K 的相位 $\arg[K]$，再加上线性相移分量 $(N-M)\omega$，后者在离散时域上，只引入 $(N-M)$ 位移位。当频率 ω 由 $0\sim 2\pi$ 变化时，这些向量的终端点沿单位圆逆时针方向旋转一周，从而可以估算出整个系统的频率响应。例如，图 5-3 表示了具有两个极点一个零点的系统及其频率响应，该频率响应可通过几何法加以验证。

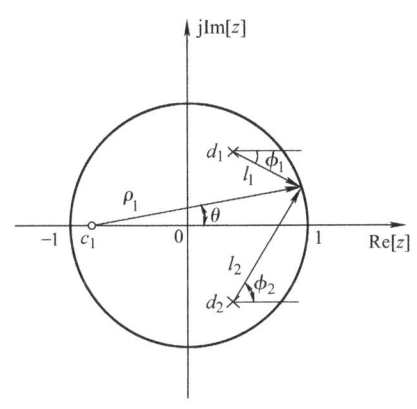
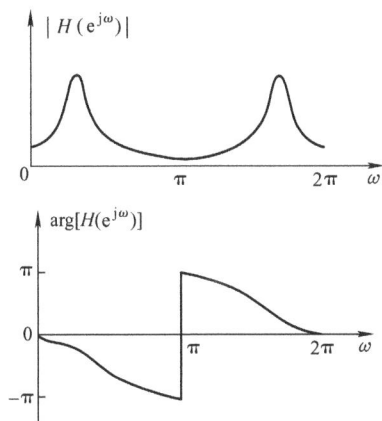

图 5-3 频率响应的几何表示法

【例 5-7】 设一个因果系统的差分方程为

$$y(n) = x(n) + ay(n-1) \quad |a|<1, a\text{ 为实数}$$

求系统的频率响应。

解：将差分方程等式两端取 z 变换，可求得

$$H(z) = \frac{Y(z)}{X(z)} = \frac{1}{1-az^{-1}} \quad |z|>|a|$$

单位抽样响应为

$$h(n) = a^n u(n)$$

该系统的频率响应为

$$H(e^{j\omega}) = H(z)\big|_{z=e^{j\omega}} = \frac{1}{1-ae^{-j\omega}} = \frac{1}{(1-a\cos\omega)+ja\sin\omega}$$

幅度响应为

$$|H(e^{j\omega})| = (1+a^2-2a\cos\omega)^{-1/2}$$

相位响应为

$$\arg[H(e^{j\omega})] = -\arctan\left(\frac{a\sin\omega}{1-a\cos\omega}\right)$$

$h(n)$、$|H(e^{j\omega})|$ 和 $\arg[H(e^{j\omega})]$ 如图 5-4 所示。此时，若 $0<a<1$，则系统呈现低通特性；若 $-1<a<0$，则系统呈现高通特性。

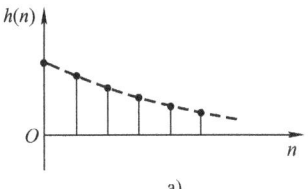
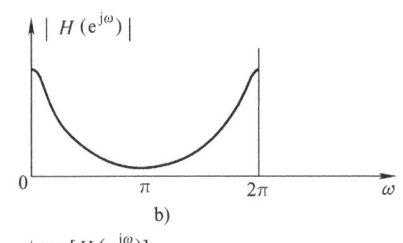
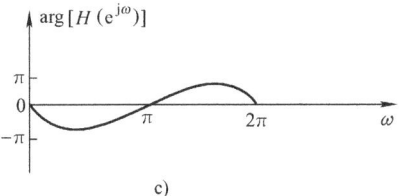

图 5-4 一阶系统的抽样响应及频率响应
a) 抽样响应 $0<a<1$　b) 幅度响应
c) 相位响应

【例 5-8】 设系统的差分方程为

$$y(n) = x(n) + x(n-1) + x(n-2) + \cdots + x(n-M+1) = \sum_{k=0}^{M-1} x(n-k)$$

这是 $M-1$ 个单元延时及 M 个抽头相加所组成的系统，常称为横向滤波器。试求其频率响应。

解：令 $x(n) = \delta(n)$，将所给差分方程等式两端取 z 变换，可得系统函数为

$$H(z) = \sum_{k=0}^{M-1} z^{-k} = \frac{1-z^{-M}}{1-z^{-1}} = \frac{z^M - 1}{z^{M-1}(z-1)} \quad |z| > 0$$

$H(z)$ 的零点满足 $z^M - 1 = 0$，即

$$z_i = e^{j\frac{2\pi}{M}i} \quad i = 0, 1, 2, \cdots, M-1$$

这些零点等间隔地分布在单位圆上，其第一个零点为 $z_0 = 1(i=0)$，正好和单极点 $z_p = 1$ 相抵消，所以整个函数有 $M-1$ 个零点 $z_i = e^{j\frac{2\pi}{M}i}(i=1, 2, \cdots, M-1)$，而在 $z=0$ 处有 $M-1$ 阶极点。

当输入为 $x(n) = \delta(n)$ 时，系统只延时 $M-1$ 位就不存在了，故单位抽样响应 $h(n)$ 只有 M 个值，即

$$h(n) = \begin{cases} 1 & 0 \leq n \leq M-1 \\ 0 & \text{其他} \end{cases}$$

图 5-5 给出了 $M=6$ 时系统的零极点分布、频率响应、单位抽样响应以及结构图。频率

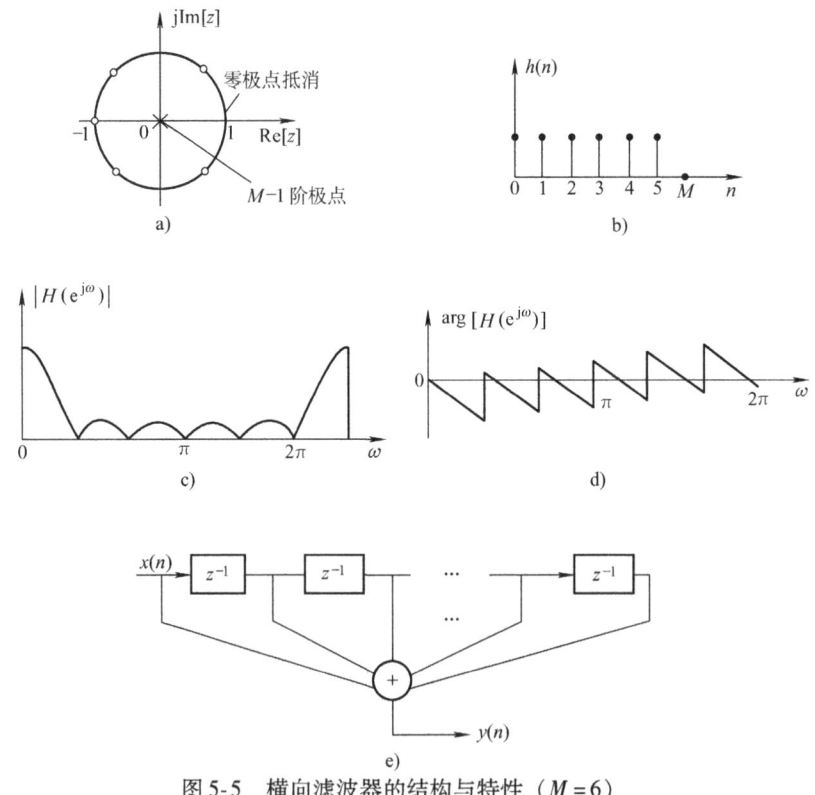

图 5-5 横向滤波器的结构与特性（$M=6$）

a）零极点分布 b）单位抽样响应 c）幅度响应 d）相位响应 e）横向网络结构图

响应的幅度在 $\omega=0$ 处为峰值，而在 $H(z)$ 的零点的频率处，频率响应的幅度为零。可以用零、极点向量图来解释此响应。由 $h(n)$ 可以看出，其单位抽样响应是有限长的序列。

5.1.6 有理系统函数的单位冲激响应（IIR，FIR）

对于一个 N 阶的系统函数，其一般表示式为式（5-13），即

$$H(z) = \frac{\sum_{m=0}^{M} b_m z^{-m}}{\sum_{k=0}^{N} a_k z^{-k}}$$

一般地，可将 a_0 归一化为 1，则上式可表示为

$$H(z) = \frac{\sum_{m=0}^{M} b_m z^{-m}}{1 - \sum_{k=1}^{N} a_k z^{-k}} \tag{5-24}$$

在 LSI 系统中，分成两类不同的系统：若系统的单位抽样响应延伸到无穷远，称为无限长单位抽样（冲激）响应（IIR）系统；若系统的单位抽样响应是一个有限长序列，称为有限长单位抽样（冲激）响应（FIR）系统。

只要式（5-24）的分母多项式除 a_0 外至少有一个系数 $a_k \neq 0$，则在有限 z 平面就会出现极点，那么这个系统就是 IIR 系统。这可分为两种情况，一种是分子只有常数项 b_0，此时在有限 z 平面只有极点，称为全极点系统，或称自回归（AR）系统；另一种是分子分母为有理函数，则在有限 z 平面既有极点也有零点，此时称为零极点系统或称自回归滑动平均（ARMA）系统。

如果式（5-24）的分母多项式除 a_0 外全部系数 $a_k = 0$（$k = 1, 2, \cdots, N$），则系统就属于 FIR 系统。这是因为有限长序列 $h(n)$ 的 z 变换 $H(z)$ 在有限 z 平面 $0 < |z| < \infty$ 收敛。也就是说，$H(z)$ 在有限 z 平面不能有极点，只存在零点，因此又称为全零点系统，或称为滑动平均（MA）系统。这时系统函数 $H(z)$ 可表示为

$$H(z) = \sum_{m=0}^{M} b_m z^{-m} \tag{5-25}$$

单位抽样响应为

$$h(n) = \sum_{m=0}^{M} b_m \delta(n-m) = \begin{cases} b_n & 0 \leq n \leq M \\ 0 & \text{其他 } n \end{cases} \tag{5-26}$$

系统的差分方程为

$$y(n) = \sum_{m=0}^{M} b_m x(n-m) \tag{5-27}$$

从结构类型来看，IIR 系统除 a_0 外至少有一个 $a_k \neq 0$，其差分方程表达式（设 $a_0 = 1$）为

$$y(n) = \sum_{m=0}^{M} b_m x(n-m) - \sum_{k=1}^{N} a_k y(n-k) \tag{5-28}$$

可以看出，$a_k \neq 0$，求 $y(n)$ 时，需将各 $y(n-k)$ 反馈过来，用 $-a_k$ 加权后和 $b_m x(n-m)$

各相加,因而有反馈环路,这种结构称为递归型结构。也可以看出,IIR系统输出不但和各 $x(n-m)$ 有关,且和各 $y(n-k)$ 有关。

如果全部 $a_k = 0$ ($k = 1, 2, \cdots, N$),则没有反馈环路,这种结构称为非递归型结构。也可以看出,FIR系统的输出只和各输入 $x(n-m)$ 有关。

IIR系统只能采用递归型结构,FIR系统多采用非递归型结构,但若用零点、极点互相抵消的办法,则FIR系统也可采用含有递归的结构。

由于IIR系统和FIR系统的特性和设计方法都不相同,因而成为数字滤波器的两大分支,将在后续章节中分别加以讨论。

5.2 全通系统与最小相位系统

全通系统是一类特殊的频率选择性滤波器,在整个频带内,系统的幅度响应为常数,它对系统的零点和极点的关系有一定的要求。前面讨论了若系统是因果稳定的,则其系统函数的极点必须全部位于单位圆内;但是因果性和稳定性并没有给出对零点的限制。对于某些系统,会讨论它的逆系统(系统函数为 $1/H(z)$),因为 $H(z)$ 的零点就是 $1/H(z)$ 的极点,这样就限制了 $H(z)$ 的零点和极点都在单位圆内。这样的系统称为最小相位系统,最小相位这个名称来自于该系统的相移特性。任何非最小相位系统都可以通过级联一个全通系统转化为最小相位系统,因此把这两类系统放在一起讨论。

5.2.1 全通系统

全通系统是指系统频率响应的幅度在所有频率 ω 下均为 1 或某一常数的系统。如果令 $H_{\mathrm{ap}}(z)$ 表示全通系统的系统函数,则对于所有的 ω,此系统的频率响应 $H_{\mathrm{ap}}(\mathrm{e}^{\mathrm{j}\omega}) = H_{\mathrm{ap}}(z)|_{z = \mathrm{e}^{\mathrm{j}\omega}}$ 都应满足

$$|H_{\mathrm{ap}}(\mathrm{e}^{\mathrm{j}\omega})| = 1 \tag{5-29}$$

简单的一阶全通系统的系统函数为

$$H_{\mathrm{ap}}(z) = \frac{z^{-1} - a^*}{1 - az^{-1}} \quad 0 < |a| < 1 \tag{5-30}$$

将 $z = \mathrm{e}^{\mathrm{j}\omega}$ 代入式(5-30),有

$$H_{\mathrm{ap}}(\mathrm{e}^{\mathrm{j}\omega}) = \frac{\mathrm{e}^{-\mathrm{j}\omega} - a^*}{1 - a\mathrm{e}^{-\mathrm{j}\omega}} = \frac{\mathrm{e}^{-\mathrm{j}\omega}(1 - a^*\mathrm{e}^{\mathrm{j}\omega})}{1 - a\mathrm{e}^{-\mathrm{j}\omega}} = \frac{\mathrm{e}^{-\mathrm{j}\omega}(1 - a\mathrm{e}^{-\mathrm{j}\omega})^*}{1 - a\mathrm{e}^{-\mathrm{j}\omega}}$$

显然有

$$|H_{\mathrm{ap}}(\mathrm{e}^{\mathrm{j}\omega})| = 1$$

一阶全通系统所对应的零极点分布如图 5-6 所示。

令 $a = r\mathrm{e}^{\mathrm{j}\theta}$,则系统的极点和零点分别为

$$p_1 = a = r\mathrm{e}^{\mathrm{j}\theta}, z_1 = (a^{-1})^* = (1/r)\mathrm{e}^{\mathrm{j}\theta}$$

可见,一阶全通系统的零点与极点存在共轭倒数的关系,它们关于单位圆镜像对称。即

$$p_1 = \left(\frac{1}{z_1}\right)^* \tag{5-31}$$

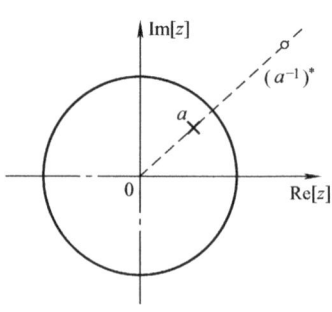

图 5-6 一阶全通系统的零极点分布

高阶全通系统是由一阶全通系统级联组成,其幅度响应为1。对于由线性常系数差分方程描述的系统,其系统函数是实系数有理分式,故系统函数的复零点或复极点必须以共轭形式出现。

例如,一个实系数有理二阶全通系统函数为

$$H_{ap}(z) = \frac{z^{-1} - a^*}{1 - az^{-1}} \frac{z^{-1} - a}{1 - a^* z^{-1}} \quad 0 < |a| < 1 \quad (5-32)$$

也就是说,它是由两个一阶全通节(其极点、零点呈共轭对称)的级联组成,如图5-7所示。

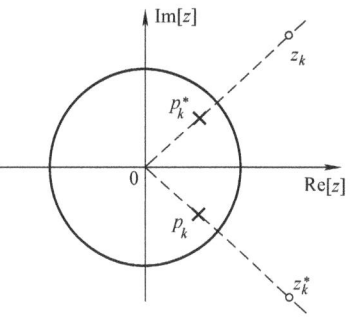

图5-7 二阶全通系统的零极点分布

一般来说,N阶数字全通滤波器的系统函数可表示为

$$H(z) = \pm \prod_{k=1}^{N} \frac{z^{-1} - a_k^*}{1 - a_k z^{-1}} = \pm \frac{d_N + d_{N-1}z^{-1} + \cdots + d_1 z^{-(N-1)} + z^{-N}}{1 + d_1 z^{-1} + \cdots + d_{N-1} z^{-(N-1)} + d_N z^{-N}}$$

$$= \pm \frac{z^{-N} D(z^{-1})}{D(z)} \quad (5-33)$$

其中

$$D(z) = 1 + d_1 z^{-1} + \cdots + d_{N-1} z^{-(N-1)} + d_N z^{-N} \quad (5-34)$$

式中,$D(z)$为具有实系数的多项式,其根全在单位圆内,当$z = e^{j\omega}$时,满足

$$D(e^{j\omega}) = D^*(e^{-j\omega}) \quad (5-35)$$

所以有
$$|H(e^{j\omega})| = 1$$

$H(z)$满足全通系统的要求。同时$D(z)$的根($H(z)$的极点)应是单位圆内的实数$p_k = r(r<1)$和(或)共轭复数$p_k = r_1 e^{\pm j\omega_1}(r_1 < 1)$,而$D(z^{-1})$的根($H(z)$的零点)则在单位圆外,它必然是$D(z)$的根的镜像,即$z_k = \frac{1}{r}$和(或)$z_k = \frac{1}{r_1} e^{\pm j\omega_1}$。

全通系统有很多应用,如果某一滤波器是非稳定的,可级联一个全通系统,令全通系统的零点等于滤波器单位圆外的极点,滤波器单位圆外的极点被抵消,并引入新的单位圆内的极点(全通系统的极点)。例如,原滤波器有一对极点在单位圆外$z = \frac{1}{r} e^{\pm j\theta}(r<1)$处,则可将此滤波器级联一个全通系统

$$H_{ap}(z) = \frac{z^{-1} - re^{j\theta}}{1 - re^{-j\theta} z^{-1}} \frac{z^{-1} - re^{-j\theta}}{1 - re^{j\theta} z^{-1}} \quad (5-36)$$

这样可以将单位圆外的一对极点抵消,同时又不改变滤波器的幅频特性。

全通系统也可以作为相位(或群延时)失真的补偿。IIR滤波器的相位特性是非线性的,因而群延时不为常数,而在视频信号的传输中希望系统具有线性相位,因此采用全通滤波器作为相位均衡器,来校正系统的非线性相位,同时又不改变系统的幅度特性。

设全通滤波器为$H_{ap}(z)$,系统(如IIR滤波器)为$H_d(z)$,则级联后的系统$H(z)$为

$$H(z) = H_{ap}(z) H_d(z) \quad (5-37)$$

即 $H(e^{j\omega}) = H_{ap}(e^{j\omega}) H_d(e^{j\omega}) = |H_{ap}(e^{j\omega})| |H_d(e^{j\omega})| e^{j[\varphi_{ap}(\omega) + \varphi_d(\omega)]}$

相位关系为

$$\varphi(\omega) = \varphi_{ap}(\omega) + \varphi_d(\omega) \quad (5-38)$$

由 $\tau(\omega) = \dfrac{\mathrm{d}\varphi(\omega)}{\mathrm{d}\omega}$ 可得，群延时关系为

$$\tau(\omega) = \tau_{\mathrm{ap}}(\omega) + \tau_{\mathrm{d}}(\omega) \tag{5-39}$$

希望在通带中满足 $\tau(\omega) = \tau_{\mathrm{ap}}(\omega) + \tau_{\mathrm{d}}(\omega) = \tau_0$，$\tau_0$ 为常数（不随 ω 而变化），则逼近误差的二次方值为

$$e^2 = [\tau(\omega) - \tau_0]^2 = [\tau_{\mathrm{ap}}(\omega) + \tau_{\mathrm{d}}(\omega) - \tau_0]^2 \tag{5-40}$$

式中，e^2 为频率 ω、全通函数极点和系数的函数（为已知），利用均方误差最小准则，可求得均衡器（全通函数）的有关参数。

在 5.2.2 节中将看到，全通系统在最小相位理论中也非常有用。最后，在把频率选择性低通滤波器变换到其他类型频率选择性滤波器中，以及在获得可变截止频率的频率选择性滤波器中，全通系统也是很有用的。

5.2.2　最小相位系统

5.1 节中得出了系统函数 $H(z)$ 和系统频率响应 $H(\mathrm{e}^{\mathrm{j}\omega})$ 的表达式为

$$H(z) = K\dfrac{\prod\limits_{m=1}^{M}(1 - c_m z^{-1})}{\prod\limits_{k=1}^{N}(1 - d_k z^{-1})} = Kz^{(N-M)}\dfrac{\prod\limits_{m=1}^{M}(z - c_m)}{\prod\limits_{k=1}^{N}(z - d_k)}$$

$$H(\mathrm{e}^{\mathrm{j}\omega}) = K\mathrm{e}^{\mathrm{j}(N-M)\omega}\dfrac{\prod\limits_{m=1}^{M}(\mathrm{e}^{\mathrm{j}\omega} - c_m)}{\prod\limits_{k=1}^{N}(\mathrm{e}^{\mathrm{j}\omega} - d_k)} = |H(\mathrm{e}^{\mathrm{j}\omega})|\mathrm{e}^{\mathrm{j}\arg[H(\mathrm{e}^{\mathrm{j}\omega})]}$$

由于系统的抽样响应为实数，故 K 只能是实数（正数或负数），它对辐角只引入固定值（0 或 $\pi\mathrm{rad}$）。

下面研究 $\dfrac{H(\mathrm{e}^{\mathrm{j}\omega})}{K}$，其模为

$$\left|\dfrac{H(\mathrm{e}^{\mathrm{j}\omega})}{K}\right| = \dfrac{\prod\limits_{m=1}^{M}|\mathrm{e}^{\mathrm{j}\omega} - c_m|}{\prod\limits_{k=1}^{N}|\mathrm{e}^{\mathrm{j}\omega} - d_k|} = \dfrac{\text{各零向量模的连乘积}}{\text{各极向量模的连乘积}} \tag{5-41}$$

式中，零向量（极向量）是指零点（极点）指向 z 平面单位圆上要研究的频率点（ω 辐角）的向量。

下面着重讨论相位的影响。$\dfrac{H(\mathrm{e}^{\mathrm{j}\omega})}{K}$ 的相位为

$$\arg\left[\dfrac{H(\mathrm{e}^{\mathrm{j}\omega})}{K}\right] = \sum_{m=1}^{M}\arg[\mathrm{e}^{\mathrm{j}\omega} - c_m] - \sum_{k=1}^{N}\arg[\mathrm{e}^{\mathrm{j}\omega} - d_k] + (N-M)\omega$$

$$= \text{各零向量辐角之和} - \text{各极向量辐角之和} + (N-M)\omega \tag{5-42}$$

若某一零点（或极点）位于单位圆内，当 ω 从 0 变到 2π 时，即在 z 平面单位圆上正向（逆时针）旋转一周时，零向量（或极向量）相位的变化为 $2\pi\mathrm{rad}$；若某一零点（或极点）

位于单位圆外，当 ω 从 0 变化为 2π 时，即在 z 平面单位圆上正向（逆时针）旋转一周时，零向量（或极向量）相位的变化为 0；所以当 ω 从 0 变化为 2π 时，只有单位圆内的零点、极点对 $\arg\left[\dfrac{H(\mathrm{e}^{\mathrm{j}\omega})}{K}\right]$ 有影响。

若以 m_i、m_0 分别表示单位圆内与单位圆外的零点数，以 p_i、p_0 分别表示单位圆内与单位圆外的极点数，则有

$$M = m_i + m_0, \quad N = p_i + p_0 \tag{5-43}$$

下面具体讨论零极点的分布对系统相位的影响。

1) 对因果稳定系统，系统函数的全部极点在单位圆内，收敛域是半径为 $r(r<1)$ 的某个圆的外部，且满足 $n<0$ 时，$h(n)=0$。此时

$$p_0 = 0, \quad p_i = N$$

当 ω 从 0 变化为 2π 时，$\Delta\omega = 2\pi$，则 $\dfrac{H(\mathrm{e}^{\mathrm{j}\omega})}{K}$ 的辐角变化量为

$$\begin{aligned}\Delta\arg\left[\dfrac{H(\mathrm{e}^{\mathrm{j}\omega})}{K}\right]\bigg|_{\Delta\omega=2\pi} &= 2\pi[m_i - p_i] + 2\pi[N - M]\\ &= 2\pi m_i - 2\pi M = -2\pi m_0\end{aligned} \tag{5-44}$$

该系统在 ω 由 0 增加时，辐角变化为负，故称相位延时（或滞后）系统，又可分为以下两种情况：

① 当全部零点在单位圆内时，$m_i = M$，$m_0 = 0$，则

$$\Delta\arg\left[\dfrac{H(\mathrm{e}^{\mathrm{j}\omega})}{K}\right]\bigg|_{\Delta\omega=2\pi} = 0 \tag{5-45}$$

这时相位变化最小，称这种系统为最小相位延时系统。当然，最小相位延时系统一定是因果稳定系统。

② 当全部零点在单位圆外时，$m_i = 0$，$m_0 = M$，则

$$\Delta\arg\left[\dfrac{H(\mathrm{e}^{\mathrm{j}\omega})}{K}\right]\bigg|_{\Delta\omega=2\pi} = -2\pi M \tag{5-46}$$

这时相位变化最大，又是负数，称这种系统为最大相位延时系统。当然，它也一定是因果稳定系统。

2) 对反因果稳定系统，系统函数的全部极点在单位圆外，收敛域是半径为 $r(r>1)$ 的某个圆的内部，且满足 $n>0$ 时，$h(n)=0$。此时

$$p_i = 0, \quad p_0 = N$$

当 ω 从 0 变化为 2π 时，$\Delta\omega = 2\pi$，则 $\dfrac{H(\mathrm{e}^{\mathrm{j}\omega})}{K}$ 的辐角变化量为

$$\Delta\arg\left[\dfrac{H(\mathrm{e}^{\mathrm{j}\omega})}{K}\right]\bigg|_{\Delta\omega=2\pi} = 2\pi m_i + 2\pi(N - M) \tag{5-47}$$

一般来说，系统总满足 $N > M$（也就是 $H(z)$ 的分子 z^{-1} 的阶次小于分母 z^{-1} 的阶次），因而这种系统在 ω 由 0 增加时，辐角变化为正，故称相位超前（或领先）系统，又可分为以下两种情况：

① 当全部零点在单位圆内时，$m_i = M(m_0 = 0)$，则

$$\Delta \arg\left[\frac{H(e^{j\omega})}{K}\right]\bigg|_{\Delta\omega=2\pi} = 2\pi N = 2\pi p_0 \tag{5-48}$$

这时相位变化最大，称这种系统为最大相位超前系统。当然它也一定是反因果稳定系统。

② 当全部零点在单位圆外时，$m_0 = M(m_i = 0)$，则

$$\Delta \arg\left[\frac{H(e^{j\omega})}{K}\right]\bigg|_{\Delta\omega=2\pi} = 2\pi(N-M) = 2\pi(p_0 - m_0) \tag{5-49}$$

这时相位超前量最小，称这种系统为最小相位超前系统。当然，它也一定是反因果稳定系统。

与以上四种系统相对应的单位抽样响应分别有四种相应的序列。例如，最小相位延时系统的单位抽样响应称为最小相位延时序列。

以上四种系统及其因果性、稳定性、零点、极点的关系归纳见表5-1。

表5-1 四种系统的归纳

系　　统	因果性	稳定性	零　点	极　点
最小相位延时系统	因果	稳定	单位圆内	单位圆内
最大相位延时系统	因果	稳定	单位圆外	单位圆内
最小相位超前系统	反因果	稳定	单位圆外	单位圆外
最大相位超前系统	反因果	稳定	单位圆内	单位圆外

最小相位延时系统（简称最小相位系统）在通信中有重要的地位，它的一些重要性质归纳如下（其中有的性质的证明可见本章习题）：

1）在傅里叶变换 $H(e^{j\omega})$ 相同的所有系统中，最小相位系统具有最小的相位滞后，即它的负的相位最小（相位绝对值最小）。

2）按照帕斯瓦尔定理，傅里叶变换幅度相同的各系统的总能量应当相同，但最小相位延时系统 $h_{\min}(n)$ 的能量集中在 $n=0$ 附近，一般系统 $h(n)$ 的能量则集中在 $n>0$ 处，也就是说，如果 $h_{\min}(n)$、$h(n)$ 是 N 点有限长序列（$n=0,1,\cdots,N-1$），则有

$$\sum_{n=0}^{m}|h(n)|^2 < \sum_{n=0}^{m}|h_{\min}(n)|^2 \quad m < N-1 \tag{5-50}$$

$$\sum_{n=0}^{N-1}|h(n)|^2 = \sum_{n=0}^{N-1}|h_{\min}(n)|^2 \tag{5-51}$$

3）由性质2）可得，对傅里叶变换幅度相同的各序列，最小相位序列的 $h_{\min}(0)$ 最大（由初值定理可以证明），即

$$h_{\min}(0) > h(0) \tag{5-52}$$

4）在幅度响应相同的同阶系统中，只有唯一的一个最小相位系统。

5）利用级联全通函数的方法，可将最小相位系统的零点反射到单位圆外，而构成幅度响应相同的非最小相位延时系统。

5.2.1节表明，仅由频率响应的幅度响应不能唯一确定系统函数 $H(z)$，因为具有给定频率响应幅度的任何选择都能够与任意全通系统级联而不影响它的幅度。因此，可以认为，任何一个因果稳定的（非最小相位延时）系统 $H(z)$ 都可以表示成全通系统 $H_{\mathrm{ap}}(z)$ 和最小相位延时系统 $H_{\min}(z)$ 的级联，即

$$H(z) = H_{\min}(z)H_{\mathrm{ap}}(z) \qquad (5\text{-}53)$$

这一结论可以用以下例子加以证明。设有一个因果稳定的非最小相位延时系统 $H(z)$，它的某一对共轭零点位于单位圆外 $z = \dfrac{1}{z_0}$ 及 $z = \dfrac{1}{z_0^*}$ 处，$|z_0| < 1$，而其余的零点位于单位圆内。当然，这一系统的极点必然全在单位圆内。可将 $H(z)$ 表示为

$$H(z) = H_1(z)(z^{-1} - z_0)(z^{-1} - z_0^*) \qquad (5\text{-}54)$$

式中，$H_1(z)$ 为最小相位延时的系统函数；另两个乘因子代表了单位圆外的一对共轭零点。也可将（5-54）表示为

$$\begin{aligned}
H(z) &= H_1(z)(z^{-1}-z_0)(z^{-1}-z_0^*)\frac{1-z_0^*z^{-1}}{1-z_0^*z^{-1}}\frac{1-z_0 z^{-1}}{1-z_0 z^{-1}} \\
&= H_1(z)(1-z_0^* z^{-1})(1-z_0 z^{-1})\frac{z^{-1}-z_0}{1-z_0^* z^{-1}}\frac{z^{-1}-z_0^*}{1-z_0 z^{-1}}
\end{aligned} \qquad (5\text{-}55)$$

由于 $|z_0| < 1$，所以 $H_1(z)(1-z_0^* z^{-1})(1-z_0 z^{-1})$ 是最小相位延时的，而因子 $\dfrac{z^{-1}-z_0}{1-z_0^* z^{-1}}$ $\dfrac{z^{-1}-z_0^*}{1-z_0 z^{-1}}$ 是两个全通函数的级联，一定是一个全通系统，所以可将式（5-55）表示为

$$H(z) = H_{\min}(z)H_{\mathrm{ap}}(z)$$

式（5-53）得证。

在这里，$H(z)$ 和 $H_{\min}(z)$ 的差别在于：把 $H(z)$ 的单位圆外的一对零点 $z = \dfrac{1}{z_0}$ 及 $z = \dfrac{1}{z_0^*}$ 分别反射到单位圆内的镜像位置 $z = z_0^*$ 及 $z = z_0$ 上，这就构成了 $H_{\min}(z)$ 的零点。可以用图 5-8 所示系统的等效变换来说明这一反射情况。可以看出，$H(z)$ 和 $H_{\min}(z)$ 的频率响应的幅度是相同的，即

$$|H(\mathrm{e}^{\mathrm{j}\omega})| = |H_{\min}(\mathrm{e}^{\mathrm{j}\omega})||H_{\mathrm{ap}}(\mathrm{e}^{\mathrm{j}\omega})| = |H_{\min}(\mathrm{e}^{\mathrm{j}\omega})| \qquad (5\text{-}56)$$

它们之间的差别只是频率响应的相位不同而已。

从上面的讨论可以看出，单位圆外的零点反射到单位圆内的镜像点（共轭反演点）上，是关于单位圆的反射。同样可以将最小相位延时系统的一个零点反射到单位圆外，而构成另一个幅度函数相同、相位函数不同的非最小相位延时系统。如果将单位圆内的全部零点反射到单位圆外，则构成幅度函数相同的最大相位延时系统。

【**例 5-9**】 一个离散时间系统的系统函数

$$H(z) = (1 - 0.5z^{-1})(1 - 2\mathrm{e}^{\mathrm{j}\frac{\pi}{2}}z^{-1})(1 - 2\mathrm{e}^{-\mathrm{j}\frac{\pi}{2}}z^{-1})$$

通过移动其零点，保证：
(1) 新滤波器和 $H(z)$ 具有相同的幅频响应。
(2) 新滤波器的单位抽样响应仍为实值且和原系统同样长。
试讨论可以得到几个不同的滤波器，并求出新滤波器的系统函数。

解：该系统在有限 z 平面上没有极点，是 FIR 系统。$H(z)$ 有三个零点：一个一阶实零点 $z_1 = 0.5$ 和一对共轭复零点 $z_{2,3} = 2\mathrm{e}^{\pm\mathrm{j}\frac{\pi}{2}}$。在单位圆内、外都有零点，可见该离散时间系统为既非最小相位也非最大相位系统。在保证新滤波器与原滤波器有相同的幅频响应，且单位抽

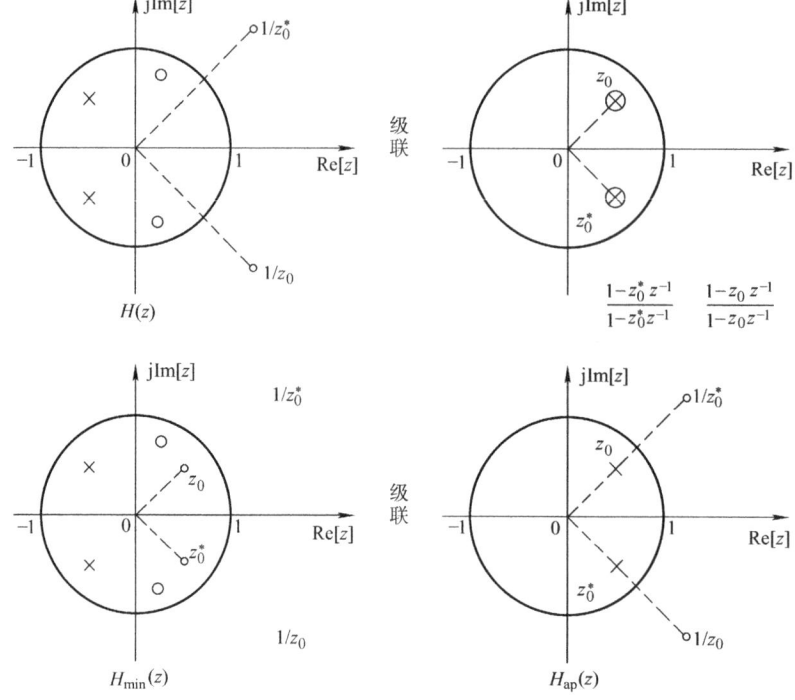

图 5-8 系统的等效变换

样响应仍为实值且和原系统同样长的条件下,共有三种不同的滤波器。

(1) 将单位圆内的一阶实零点映射到单位圆外,有

$$H_1(z) = H(z)\frac{z^{-1}-0.5}{1-0.5z^{-1}} = -(0.5-z^{-1})(1+4z^{-2})$$

此时 $H(z)$ 的所有零点都在单位圆外,系统为最大相位系统。

(2) 将单位圆外的一对共轭复零点映射到单位圆内,有

$$H_2(z) = H(z)\frac{4+z^{-2}}{1+4z^{-2}} = (1-0.5z^{-1})(4+z^{-2})$$

此时 $H(z)$ 的所有零点都在单位圆内,系统为最小相位系统。

(3) 将系统的所有零点都通过级联全通系统映射到镜像对称的位置,有

$$H_3(z) = H(z)\frac{(-0.5+z^{-1})(4+z^{-2})}{(1-0.5z^{-1})(1+4z^{-2})} = (-0.5+z^{-1})(4+z^{-2})$$

此时 $H(z)$ 在单位圆内、外都有零点,系统为既非最小相位亦非最大相位系统。

四种系统的幅频响应及相频响应如图 5-9 所示。这四种系统的幅频响应完全一致,但相频响应不同,最小相位系统的相位滞后最小,最大相位系统的相位滞后最大,其他系统的相位滞后介于两者之间。

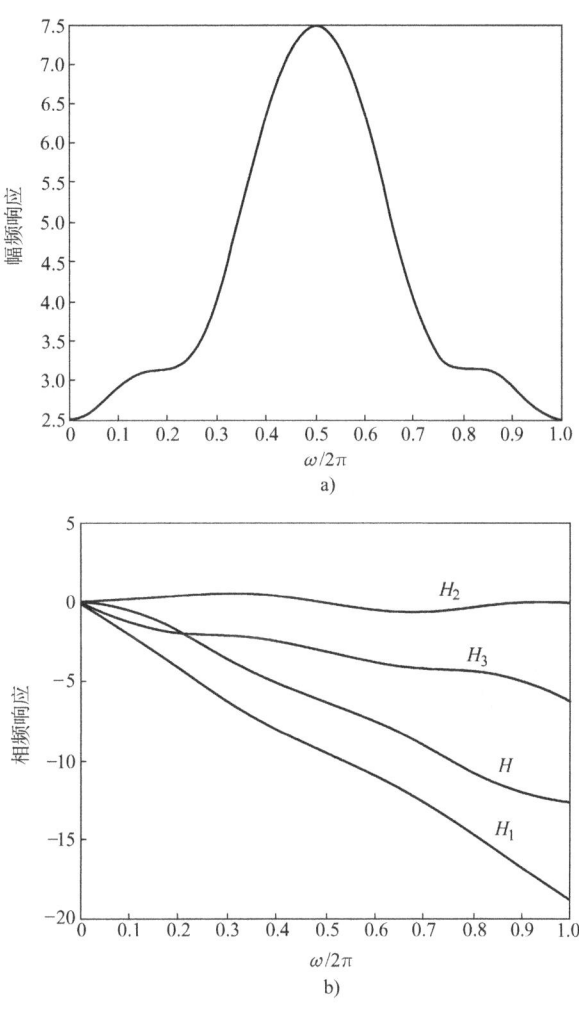

图 5-9 具有同一幅频响应的 FIR 系统的频率响应
a) 幅频响应 b) 相频响应

5.3 线性相位系统

在设计滤波器和其他信号处理系统时,很希望在某一频带范围内具有近似的恒定幅频响应和零相频响应,以使信号通过系统时这部分频带不失真,正如前面讨论过的理想频率选择性滤波器。对因果系统而言,零相位是不可能得到的,因此必须容许有某种相位失真。在本节中会看到,若相位响应是斜率为负、过原点的直线,则响应仅有时间延迟而没有波形失真,这种情况也称为线性相位。相反地,信号通过非线性相位系统时,波形会有失真,即使当幅频响应为常数时也是这样。因此,在很多情况下,特别希望设计出具有线性相位的系统。有限长单位抽样响应(FIR)滤波器就可以做成严格的线性相位,而且可以具有任意的幅频特性。因此本节讨论线性相位系统的相关概念。

5.3.1 线性相位的条件

FIR 离散时间系统的单位抽样响应 $h(n)$ 是有限长实数序列（$0 \leq n \leq N-1$），其 z 变换为

$$H(z) = \sum_{n=0}^{N-1} h(n) z^{-n} \tag{5-57}$$

式（5-57）是 z^{-1} 的 $N-1$ 阶多项式。在有限 z 平面（$0 < |z| < \infty$）有 $N-1$ 阶零点，而在 z 平面原点 $z=0$ 处有 $N-1$ 阶极点。

$h(n)$ 的频率响应 $H(e^{j\omega})$ 为

$$H(e^{j\omega}) = \sum_{n=0}^{N-1} h(n) e^{-j\omega n} \tag{5-58}$$

$h(n)$ 为实数序列时，可将 $H(e^{j\omega})$ 表示为

$$H(e^{j\omega}) = \pm |H(e^{j\omega})| e^{j\theta(\omega)} = H(\omega) e^{j\theta(\omega)} \tag{5-59}$$

式中，$H(\omega)$ 为可正可负的实函数，即 $H(\omega) = \pm |H(e^{j\omega})|$；$\theta(\omega)$ 为相位函数，有两类准确的线性相位，分别要求

$$\theta(\omega) = -\omega\tau \tag{5-60}$$

$$\theta(\omega) = \beta - \omega\tau \tag{5-61}$$

式中，τ、β 都是常数，表示相位是通过坐标原点或是通过 $\theta(0) = \beta$、斜率为 $-\tau$ 的直线。两者的群延时都是常数 $\tau = -\dfrac{d\theta(\omega)}{d\omega}$。

离散时间系统的群延时 $\tau(\omega)$ 定义为

$$\tau(\omega) = grd[H(e^{j\omega})] = -\frac{d}{d\omega}[\theta(\omega)] \tag{5-62}$$

式（5-60）称为线性相位系统，式（5-61）称为广义线性相位系统，为方便起见，后面的讨论中都称为线性相位系统。

将式（5-60）和式（5-61）分别代入式（5-58）中，并考虑式（5-59），可得

$$H(e^{j\omega}) = \sum_{n=0}^{N-1} h(n) e^{-j\omega n} = \pm |H(e^{j\omega})| e^{-j\omega\tau} \tag{5-63}$$

$$H(e^{j\omega}) = \sum_{n=0}^{N-1} h(n) e^{-j\omega n} = \pm |H(e^{j\omega})| e^{-j(\omega\tau - \beta)} \tag{5-64}$$

令式（5-63）等式两端实部虚部分别相等，可得到对式（5-60）的一类线性相位必要条件为

$$\pm |H(e^{j\omega})| \cos(\omega\tau) = \sum_{n=0}^{N-1} h(n) \cos(\omega n)$$

$$\pm |H(e^{j\omega})| \sin(\omega\tau) = \sum_{n=0}^{N-1} h(n) \sin(\omega n)$$

两式相除，可得

$$\tan(\omega\tau) = \frac{\sin(\omega\tau)}{\cos(\omega\tau)} = \frac{\displaystyle\sum_{n=0}^{N-1} h(n) \sin(\omega n)}{\displaystyle\sum_{n=0}^{N-1} h(n) \cos(\omega n)} \tag{5-65}$$

因而

$$\sum_{n=0}^{N-1} h(n)\sin(\omega\tau)\cos(\omega n) - \sum_{n=0}^{N-1} h(n)\cos(\omega\tau)\sin(\omega n) = 0 \quad (5\text{-}66)$$

即

$$\sum_{n=0}^{N-1} h(n)[\sin(\tau-n)\omega] = 0 \quad (5\text{-}67)$$

要使式 (5-67) 成立，必须满足

$$\tau = \frac{N-1}{2} \quad (5\text{-}68)$$

$$h(n) = h(N-1-n) \quad 0 \leq n \leq N-1 \quad (5\text{-}69)$$

式 (5-69) 是 FIR 滤波器具有式 (5-60) 线性相位的充分条件，它要求单位抽样响应的 $h(n)$ 序列以 $n=(N-1)/2$ 为偶对称中心，此时时间延时 τ 等于 $h(n)$ 长度 $(N-1)$ 的一半，即为 $\tau=(N-1)/2$ 个抽样周期。N 为偶数时，延时为整数；N 为奇数时，延时为整数加半个抽样周期。不管 N 为奇偶，此时 $h(n)$ 都应满足对 $n=(N-1)/2$ 轴呈偶对称。

对式 (5-61) 广义线性相位系统，将式 (5-64) 进行同样推导可知，必须满足

$$\sum_{n=0}^{N-1} h(n)[\sin(\tau-n)\omega-\beta] = 0 \quad (5\text{-}70)$$

要使式 (5-70) 成立，必须满足

$$\tau = \frac{N-1}{2}, \beta = \pm\frac{\pi}{2} \quad (5\text{-}71)$$

$$h(n) = -h(N-1-n) \quad 0 \leq n \leq N-1 \quad (5\text{-}72)$$

式 (5-72) 是 FIR 滤波器具有式 (5-61) 线性相位的充分条件，它要求单位抽样响应的 $h(n)$ 序列以 $n=(N-1)/2$ 为奇对称中心，此时时间延时 τ 等于 $(N-1)/2$ 个抽样周期。$h(n)$ 在这种奇对称情况下，满足 $h\left(\frac{N-1}{2}\right) = -h\left(\frac{N-1}{2}\right)$，因而 $h\left(\frac{N-1}{2}\right)=0$。这种线性相位情况和前一种不同之处是除了产生线性相位外，还有 $\pm\pi/2$ 的固定相移。

由于 $h(n)$ 有上述奇对称和偶对称两种，而 $h(n)$ 的点数 N 又有奇数、偶数两种情况，因而 $h(n)$ 可以有四种类型的线性相位 FIR 滤波器，如图 5-10 所示，按照顺序，分别称为 Ⅰ、Ⅱ、Ⅲ、Ⅳ 类 FIR 线性相位系统。这四类 FIR 线性相位系统频率响应表达式在滤波器的设计和理解这类系统的某些性质上是有用的，而且导出的表达式有明显的不同。下面分别讨论四类线性相位系统的频率特性。

5.3.2 线性相位 FIR 滤波器的频率响应特点

已经知道，线性相位 FIR 滤波器的单位抽样响应应该满足关于 $n=(N-1)/2$ 偶对称或奇对称，即

$$h(n) = \pm h(N-1-n) \quad (5\text{-}73)$$

因而系统函数可表示为

$$H(z) = \sum_{n=0}^{N-1} h(n)z^{-n} = \sum_{n=0}^{N-1} \pm h(N-1-n)z^{-n} \quad (5\text{-}74)$$

将 $m=N-1-n$ 代入，可得

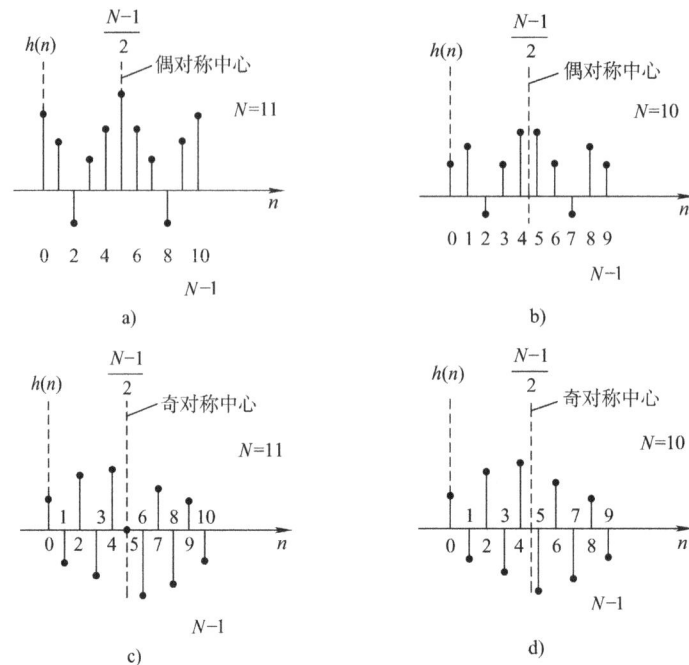

图 5-10 FIR 线性相位的对称性
a) $h(n)$ 偶对称，N 为奇数　b) $h(n)$ 偶对称，N 为偶数
c) $h(n)$ 奇对称，N 为奇数　d) $h(n)$ 奇对称，N 为偶数

$$H(z) = \sum_{m=0}^{N-1} \pm h(m) z^{-(N-1-m)} = \pm z^{-(N-1)} \sum_{m=0}^{N-1} h(m) z^m$$

即

$$H(z) = \pm z^{-(N-1)} H(z^{-1}) \tag{5-75}$$

式（5-75）进一步改写为

$$H(z) = \frac{1}{2}[H(z) \pm z^{-(N-1)} H(z^{-1})] = \frac{1}{2} \sum_{n=0}^{N-1} h(n)[z^{-n} \pm z^{-(N-1)} z^n]$$

$$= z^{-(\frac{N-1}{2})} \sum_{n=0}^{N-1} h(n) \left[\frac{z^{-(n-\frac{N-1}{2})} \pm z^{(n-\frac{N-1}{2})}}{2}\right] \tag{5-76}$$

式（5-76）中，方括号内有"±"号，当取"+"时，$h(n)$ 满足 $h(n) = h(N-1-n)$ 偶对称；当取"-"时，$h(n)$ 满足 $h(n) = -h(N-1-n)$ 奇对称。下面对应这两种情况分别讨论它们的频率响应。

1. $h(n)$ 为偶对称

由式（5-76）可知，频率响应为

$$H(e^{j\omega}) = H(z)|_{z=e^{j\omega}} = e^{-j\omega(\frac{N-1}{2})} \sum_{n=0}^{N-1} h(n) \cos\left[\omega\left(\frac{N-1}{2} - n\right)\right] \tag{5-77}$$

幅度和相位分别为

$$H(\omega) = \sum_{n=0}^{N-1} h(n) \cos\left[\omega\left(\frac{N-1}{2} - n\right)\right] \tag{5-78}$$

$$\theta(\omega) = -\omega\left(\frac{N-1}{2}\right) \qquad (5\text{-}79)$$

幅度函数 $H(\omega)$ 是 ω 的偶对称函数和周期函数。相位函数 $\theta(\omega)$ 具有严格的线性相位，如图 5-11a 所示。此时，群延时为 $\tau(\omega) = -\dfrac{\mathrm{d}}{\mathrm{d}\omega}[\theta(\omega)] = \dfrac{N-1}{2}$。可见，当 $h(n)$ 满足偶对称时，FIR 离散时间系统具有 $(N-1)/2$ 个抽样的延时，它等于单位抽样响应 $h(n)$ 长度的一半。也就是说，FIR 离散时间系统的输出响应整体相对于输入延时了 $(N-1)/2$ 个抽样周期。

2. $h(n)$ 为奇对称

由式 (5-76) 可知，频率响应为

$$\begin{aligned} H(\mathrm{e}^{\mathrm{j}\omega}) &= H(z)\big|_{z=\mathrm{e}^{\mathrm{j}\omega}} = \mathrm{j}\mathrm{e}^{-\mathrm{j}\omega\left(\frac{N-1}{2}\right)} \sum_{n=0}^{N-1} h(n)\sin\left[\omega\left(\frac{N-1}{2}-n\right)\right] \\ &= \mathrm{e}^{-\mathrm{j}\left(\frac{N-1}{2}\right)\omega+\mathrm{j}\pi/2} \sum_{n=0}^{N-1} h(n)\sin\left[\omega\left(\frac{N-1}{2}-n\right)\right] \end{aligned} \qquad (5\text{-}80)$$

所以有

$$H(\omega) = \sum_{n=0}^{N-1} h(n)\sin\left[\omega\left(\frac{N-1}{2}-n\right)\right] \qquad (5\text{-}81)$$

$$\theta(\omega) = -\omega\left(\frac{N-1}{2}\right) + \frac{\pi}{2} \qquad (5\text{-}82)$$

幅度函数 $H(\omega)$ 是 ω 的奇对称函数和周期函数。相位函数既是线性相位，又包括 $\pi/2$ 的相移，如图 5-11b 所示。可以看出，当 $h(n)$ 为奇对称时，FIR 滤波器不仅有 $(N-1)/2$ 个抽样的延时，还产生一个 90° 的相移。这种使所有频率的相移皆为 90° 的网络，称为 90° 移相器，或称正交变换网络。它和理想低通滤波器、理想微分器一样，有着极重要的理论和实际意义。当 $h(n)$ 为奇对称时，FIR 滤波器将是一个具有准确的线性相位的理想正交变换网络。

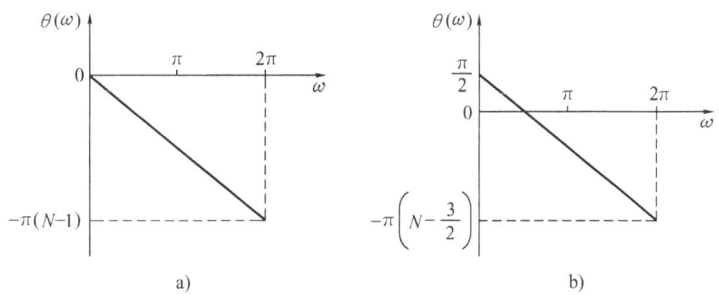

图 5-11 $h(n)$ 为奇偶对称时的线性相位特性
a) 偶对称 b) 奇对称

5.3.3 幅度函数特点

上述四种滤波器相位均为准确线性相位，下面分别讨论幅度函数 $H(\omega)$ 的特点。

1. $h(n)$为偶对称，N为奇数（Ⅰ类线性相位系统）

从$h(n)$偶对称的幅度函数式$H(\omega) = \sum_{n=0}^{N-1} h(n)\cos\left[\omega\left(\frac{N-1}{2} - n\right)\right]$可以看出，不但$h(n)$对于$(N-1)/2$呈偶对称，满足$h(n) = h(N-1-n)$；而且$\cos\left[\omega\left(\frac{N-1}{2} - n\right)\right]$也对$(N-1)/2$呈偶对称，满足

$$\cos\left\{\omega\left[\frac{N-1}{2} - (N-1-n)\right]\right\} = \cos\left[-\omega\left(\frac{N-1}{2} - n\right)\right] = \cos\left[\omega\left(\frac{N-1}{2} - n\right)\right]$$

因此，可以将Σ内两两相等的项合并，如$n=0$项与$n=N-1$项合并，由于N是奇数，两两合并的结果必然还剩下一项，即$n=(N-1)/2$项是单项，无法和其他项合并，这样，幅度函数就可以表示为

$$H(\omega) = h\left(\frac{N-1}{2}\right) + \sum_{n=0}^{(N-3)/2} 2h(n)\cos\left[\omega\left(\frac{N-1}{2} - n\right)\right]$$

令$n = \frac{N-1}{2} - m$，则上式可改写为

$$H(\omega) = h\left(\frac{N-1}{2}\right) + \sum_{m=1}^{(N-1)/2} 2h\left(\frac{N-1}{2} - m\right)\cos(\omega m)$$

因此

$$H(\omega) = \sum_{n=0}^{(N-1)/2} a(n)\cos(\omega n) \tag{5-83}$$

其中

$$a(0) = h\left(\frac{N-1}{2}\right)$$

$$a(n) = 2h\left(\frac{N-1}{2} - n\right) \quad n = 1, 2, \cdots, (N-1)/2 \tag{5-84}$$

由于$\cos(\omega n)$对于$\omega = 0, \pi, 2\pi$为偶函数，所以幅度函数$H(\omega)$对$\omega = 0, \pi, 2\pi$也是偶对称。因此Ⅰ类线性相位系统可作为低通、高通、带通、带阻滤波器，即适合所有类型的滤波器。

【例5-10】 滤波器的单位抽样响应为

$$h(n) = \begin{cases} 1 & 0 \leq n \leq 4 \\ 0 & \text{其他} \end{cases}$$

求其频率响应。

解：频率响应为

$$H(e^{j\omega}) = \sum_{n=0}^{4} e^{-j\omega n} = \frac{1 - e^{-j\omega 5}}{1 - e^{-j\omega}} = e^{-j\omega 2} \frac{\sin(5\omega/2)}{\sin(\omega/2)}$$

该系统的幅度响应和相位响应如图5-12所示。

2. $h(n)$偶对称，N为偶数（Ⅱ类线性相位系统）

推导过程和前面N为奇数相似，不同点是由于N为偶数，因此式中无单独项，全部可以两两合并得

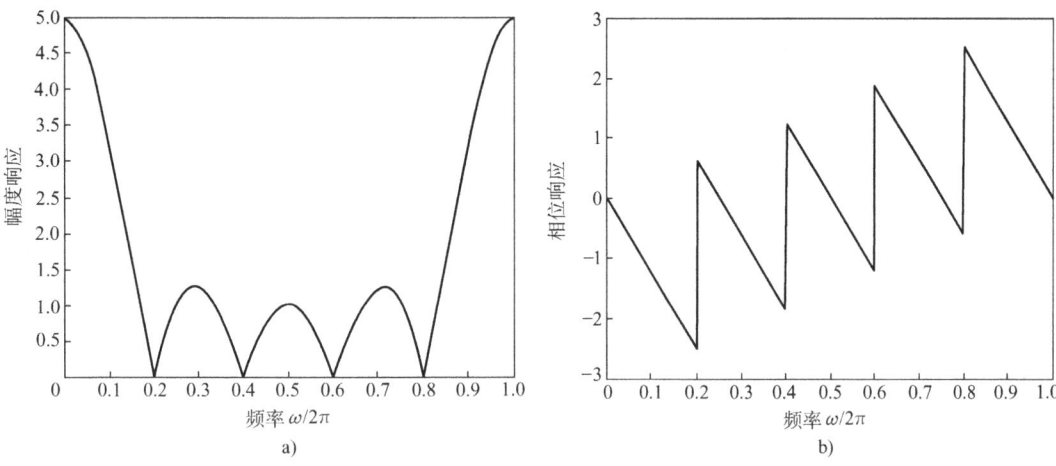

图 5-12 Ⅰ类线性相位系统的频率响应
a) 幅度响应 b) 相位响应

$$H(\omega) = \sum_{n=0}^{N/2-1} 2h(n)\cos\left[\omega\left(\frac{N-1}{2}-n\right)\right]$$

令 $n = \frac{N}{2} - m$，代入上式可得

$$H(\omega) = \sum_{m=1}^{N/2} 2h\left(\frac{N}{2}-m\right)\cos\left[\omega\left(m-\frac{1}{2}\right)\right]$$

因此

$$H(\omega) = \sum_{n=1}^{N/2} b(n)\cos\left[\omega\left(n-\frac{1}{2}\right)\right] \tag{5-85}$$

其中

$$b(n) = 2h\left(\frac{N}{2}-n\right) \quad n=1,2,\cdots,N/2 \tag{5-86}$$

由此可以看出，$h(n)$ 偶对称，N 为偶数，$H(\omega)$ 有如下特点：

1) 当 $\omega = \pi$ 时，$\cos\left[\omega\left(n-\frac{1}{2}\right)\right] = 0$，余弦项对 $\omega = \pi$ 呈奇对称，因此 $H(\pi) = 0$，即 $H(z)$ 在 $z = -1$ 处必然有一个零点，而且 $H(\omega)$ 对 $\omega = \pi$ 呈奇对称。

2) 当 $\omega = 0$ 或 2π 时，$\cos\left[\omega\left(n-\frac{1}{2}\right)\right] = 1$ 或 -1，余弦项对 $\omega = 0$，2π 为偶对称，幅度函数 $\omega = \pi$ 对于 $\omega = 0$，2π 也呈偶对称。

3) 如果离散时间系统在 $\omega = \pi$ 处不为零（如高通滤波器、带阻滤波器），则不能用这类离散时间系统来设计。

【例 5-11】 滤波器的单位抽样响应为

$$h(n) = \begin{cases} 1 & 0 \leqslant n \leqslant 5 \\ 0 & 其他 \end{cases}$$

求其频率响应。

解：频率响应为

$$H(e^{j\omega}) = \sum_{n=0}^{5} e^{-j\omega n} = \frac{1-e^{-j\omega 6}}{1-e^{-j\omega}} = e^{-j\omega 5/2}\frac{\sin(3\omega)}{\sin(\omega/2)}$$

该系统的幅度响应和相位响应如图 5-13 所示，可见，$\omega = \pi$ 时，$H(\pi) = 0$。

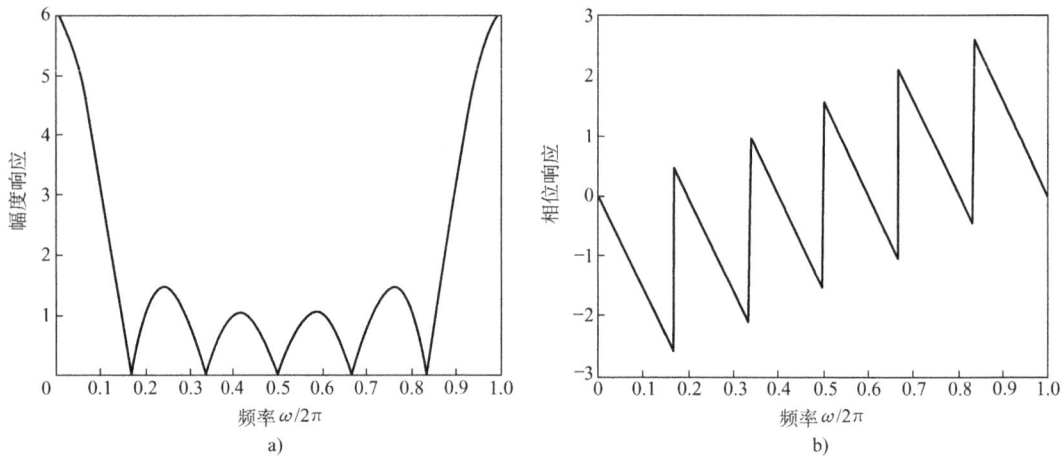

图 5-13　II 类线性相位系统的频率响应
a) 幅度响应　b) 相位响应

3. $h(n)$ 奇对称，N 为奇数（III 类线性相位系统）

将 $h(n)$ 奇对称的幅度函数式重写为

$$H(\omega) = \sum_{n=0}^{N-1} h(n)\sin\left[\omega\left(\frac{N-1}{2}-n\right)\right]$$

由于 $h(n)$ 对于 $(N-1)/2$ 呈奇对称，即 $h(n) = -h(N-1-n)$，当 $n = (N-1)/2$ 时，有

$$h\left(\frac{N-1}{2}\right) = -h\left(N-1-\frac{N-1}{2}\right) = -h\left(\frac{N-1}{2}\right)$$

因此，$h\left(\frac{N-1}{2}\right) = 0$，即 $h(n)$ 奇对称时，中间项一定为零。此外，在幅度函数中，$\sin\left[\omega\left(\frac{N-1}{2}-n\right)\right]$ 也对 $(N-1)/2$ 呈奇对称，即

$$\sin\left\{\omega\left[\frac{N-1}{2}-(N-1-n)\right]\right\} = \sin\left[-\omega\left(\frac{N-1}{2}-n\right)\right]$$
$$= -\sin\left[\omega\left(\frac{N-1}{2}-n\right)\right]$$

因此，在 Σ 中第 n 项和第 $N-1-n$ 项是相等的，将这两两相等的项合并，共合并为 $(N-1)/2$ 项，即

$$H(\omega) = \sum_{n=0}^{(N-3)/2} 2h(n)\sin\left[\omega\left(\frac{N-1}{2}-n\right)\right]$$

令 $n = \frac{N-1}{2} - m$，则上式可改写为

$$H(\omega) = \sum_{m=1}^{(N-1)/2} 2h\left(\frac{N-1}{2} - m\right)\sin(\omega m)$$

因此

$$H(\omega) = \sum_{n=1}^{(N-1)/2} c(n)\sin(\omega n) \tag{5-87}$$

式中

$$c(n) = 2h\left(\frac{N-1}{2} - n\right) \quad n = 1, 2, \cdots, (N-1)/2 \tag{5-88}$$

由此可以看出，当 $h(n)$ 奇对称，N 为奇数时，$H(\omega)$ 有以下特点：

1) 由于 $\sin(\omega n)$ 在 $\omega = 0$，π，2π 处都为零，并对这些点呈奇对称，因此幅度函数 $H(\omega)$ 在 $\omega = 0$，π，2π 处为零，即 $H(z)$ 在 $z = \pm 1$ 上都有零点，且 $H(\omega)$ 对于 $\omega = 0$，π，2π 也呈奇对称。

2) 如果离散时间系统在 $\omega = 0$，π，2π 处不为零，如低通滤波器、高通滤波器、带阻滤波器，则不能用这类离散时间系统来设计，除非不考虑这些频率点上的值，也即该类滤波器只适合带通滤波器。

【例 5-12】 滤波器的单位抽样响应为

$$h(n) = \delta(n) - \delta(n-2)$$

求其频率响应。

解：频率响应为

$$H(e^{j\omega}) = 1 - e^{-j\omega 2} = j[2\sin(\omega)]e^{-j\omega}$$

该系统的幅度响应和相位响应如图 5-14 所示。

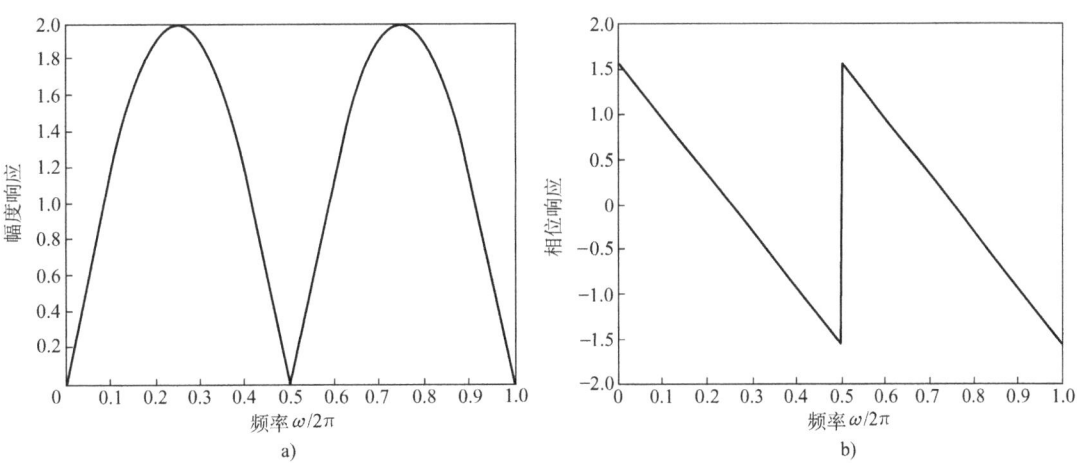

图 5-14　Ⅲ类线性相位系统的频率响应
a) 幅度响应　b) 相位响应

4. $h(n)$ 奇对称，N 为偶数（Ⅳ类线性相位系统）

与前面Ⅲ类线性相位系统的推导类似，不同点是由于 N 为偶数，两两合并后共有 $N/2$

项，因而有

$$H(\omega) = \sum_{n=0}^{N-1} h(n)\sin\left[\omega\left(\frac{N-1}{2}-n\right)\right] = \sum_{n=0}^{N/2-1} 2h(n)\sin\left[\omega\left(\frac{N-1}{2}-n\right)\right]$$

令 $n = \dfrac{N}{2} - m$，则有 $H(\omega) = \sum_{m=1}^{N/2} 2h\left(\dfrac{N}{2}-m\right)\sin\left[\omega\left(m-\dfrac{1}{2}\right)\right]$，因此

$$H(\omega) = \sum_{n=1}^{N/2} d(n)\sin\left[\omega\left(n-\frac{1}{2}\right)\right] \tag{5-89}$$

其中

$$d(n) = 2h\left(\frac{N}{2}-n\right) \quad n = 1,2,\cdots,N/2 \tag{5-90}$$

由此可以看出，当 $h(n)$ 奇对称、N 为偶数时，$H(\omega)$ 有以下特点：

1）当 $\omega = 0, 2\pi$ 时，$\sin\left[\omega\left(n-\dfrac{1}{2}\right)\right] = 0$，且对 $\omega = 0, 2\pi$ 呈奇对称，因此 $H(\omega)$ 在 $\omega = 0, 2\pi$ 处为零，即 $H(z)$ 在 $z = 1$ 处有一个零点，且 $H(\omega)$ 对 $\omega = 0, 2\pi$ 也呈奇对称。

2）当 $\omega = \pi$ 时，$\sin\left[\omega\left(n-\dfrac{1}{2}\right)\right] = -1$ 或 1，则 $\sin\left[\omega\left(n-\dfrac{1}{2}\right)\right]$ 对 $\omega = \pi$ 呈偶对称，幅度函数 $H(\omega)$ 对于 $\omega = \pi$ 也呈偶对称。

3）如果离散时间系统在 $\omega = 0, 2\pi$ 处不为零，如低通滤波器、带阻滤波器，则不能用这类离散时间系统来设计，即该类滤波器只适合高通和带通滤波器。

Ⅲ类和Ⅳ类线性相位 FIR 滤波器适合在微分器及 90°移相器（希尔伯特变换器）中应用。

【例 5-13】 滤波器的单位抽样响应为

$$h(n) = \delta(n) - \delta(n-1)$$

求其频率响应。

解：频率响应为

$$H(e^{j\omega}) = 1 - e^{-j\omega} = j[2\sin(\omega/2)]e^{-j\omega/2}$$

该系统的幅度响应和相位响应如图 5-15 所示。

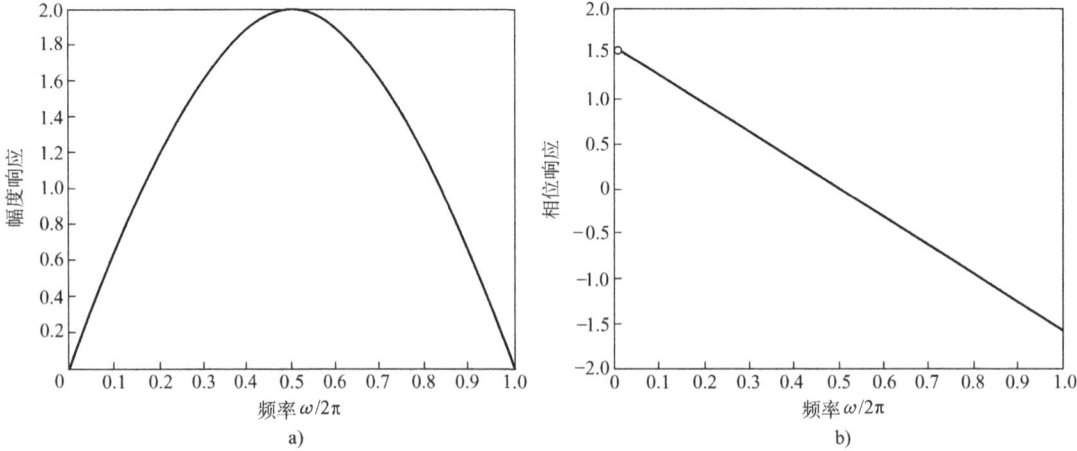

图 5-15 Ⅳ类线性相位系统的频率响应
a）幅度响应 b）相位响应

上述四类线性相位 FIR 滤波器的特性见表 5-2,其中 $H(e^{j\omega}) = H(\omega)e^{j(\beta-\tau\omega)}$,$\tau = (N-1)/2$。

表 5-2 四类线性相位 FIR 滤波器的特性

类　型	I	II	III	IV
长度 N	奇	偶	奇	偶
$h(n)$ 的对称性	偶对称	偶对称	奇对称	奇对称
$H(\omega)$ 关于 $\omega=0$ 的对称性	偶对称	偶对称	奇对称	奇对称
$H(\omega)$ 关于 $\omega=\pi$ 的对称性	偶对称	奇对称	奇对称	偶对称
$H(\omega)$ 的周期	2π	4π	2π	4π
β	0	0	$\pi/2$	$\pi/2$
$H(0)$	任意	任意	0	0
$H(\pi)$	任意	0	0	任意
可适用的滤波器类型	低通、高通、带通、带阻	低通、带通	微分器、希尔伯特变换器	高通、带通、微分器、希尔伯特变换器

5.3.4 零点分布

由式(5-75)

$$H(z) = \pm z^{-(N-1)} H(z^{-1})$$

可以看出,若 $z=z_i$ 是 $H(z)$ 的零点,即 $H(z_i)=0$,则因为 $H(z_i^{-1}) = \pm z_i^{N-1} H(z_i) = 0$,它的倒数 $z=z_i^{-1}$ 也一定是 $H(z)$ 的零点;而且由于当 $h(n)$ 是实数时,$H(z)$ 的零点必呈共轭对出现,所以 $z=z_i^*$ 及 $z=(z_i^{-1})^* = 1/z_i^*$ 也一定是 $H(z)$ 的零点。因此线性相位 FIR 滤波器的零点必是互为倒数的共轭对。这种互为倒数的共轭对有四种可能性:

1) z_i 既不在实轴上,也不在单位圆上,则零点是互为倒数的两组共轭对,如图 5-16a 所示。

2) z_i 不在实轴上,但是在单位圆上,则共轭对的倒数是它们本身,故此时零点是一组共轭对,如图 5-16b 所示。

3) z_i 在实轴上但不在单位圆上,只有倒数部分,无复共轭部分,故零点对如图 5-16c 所示。

4) z_i 既在实轴上又在单位圆上,此时只有一个零点,有两种可能,或位于 $z=1$,或位于 $z=-1$,如图 5-16d、e 所示。

由幅度响应的讨论可知,II 类线性相位滤波器由于 $H(\pi)=0$,因此必然有单根 $z=-1$。IV 类线性相位滤波器由于 $H(0)=0$,因此必然有单根 $z=1$。而 III 类线性相位滤波器由于 $H(\pi)=H(0)=0$,因此必然有两种单根 $z=\pm 1$。

了解了线性相位 FIR 滤波器的特性,便可根据实际需要选择合适类型的 FIR 滤波器,同时设计时需遵循有关的约束条件。下面讨论线性相位 FIR 滤波器的设计方法时,都要用到这些特点。

【例 5-14】 已知 8 阶 III 型线性相位 FIR 滤波器部分零点为:$z_1=-0.2$,$z_2=j0.8$

(1) 试确定该滤波器的其他零点。

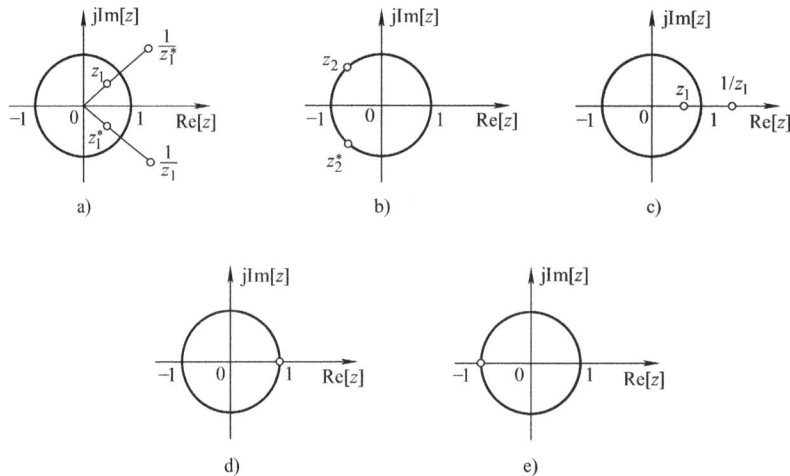

图 5-16 线性相位 FIR 滤波器的零点位置图

(2) 设 $h(0)=1$，求出该滤波器的系统函数 $H(z)$。

解：

(1) 已知实零点 $z_1=-0.2$，故必有关于单位圆镜像对称零点，即

$$z_3 = 1/z_1^* = -5$$

已知复零点 $z_2=j0.8$，故必有共轭且关于单位圆镜像对称零点，即

$$z_4 = z_2^* = -j0.8, \quad z_5 = 1/z_2^* = j1.25, \quad z_6 = 1/z_2 = -j1.25$$

该系统是Ⅲ型线性相位 FIR 滤波器，故必有两个一阶零点

$$z_7 = 1, \quad z_8 = -1$$

系统是 8 阶的，故一共有 8 个零点，均已求出。

(2) 由零点 $z_k(k=1,\cdots,8)$ 可以给出系统函数的表达式为

$$H(z) = k\prod_{k=1}^{8}(1-z^{-1}z_k)$$

式中，k 为待定常系数。

由已知条件，可知 $h(0)=k=1$，故

$$\begin{aligned}H(z) &= \prod_{k=1}^{8}(1-z^{-1}z_k)\\ &= 1-z^{-8}+5.2(z^{-1}-z^{-7})+2.2025(z^{-2}-z^{-6})-6.253(z^{-3}-z^{-5})\end{aligned}$$

5.4 离散时间系统的结构

本节讨论离散时间系统，也就是滤波器的实现方法，或者说它的运算结构。运算结构很重要，不同结构所需要的存储单元及乘法次数是不同，前者影响复杂性，后者影响运算速度。此外，在有限精度（有限字长）情况下，不同运算结构的误差、稳定性是不同的。下面先讨论离散时间系统的基本结构及其表示方法，然后分别介绍 IIR 滤波器和 FIR 滤波器的

网络结构。

5.4.1 离散时间系统结构的表示方法

前面章节中介绍了离散时间系统的时域表示和变换域表示。对于一个 N 阶的离散系统，它的系统函数为

$$H(z) = \frac{\sum_{m=0}^{M} b_m z^{-m}}{1 - \sum_{k=1}^{N} a_k z^{-k}} \tag{5-91}$$

对应的差分方程为

$$y(n) = \sum_{k=1}^{N} a_k y(n-k) + \sum_{m=0}^{M} b_m x(n-m) \tag{5-92}$$

由式（5-92）可以看出，实现离散时间系统只需要三种基本运算单元，即加法器、单位延时器和常数乘法器。这些单元有框图法和信号流图法两种表示法，因此，离散时间系统的运算结构也有两种表示法，如图 5-17 所示。

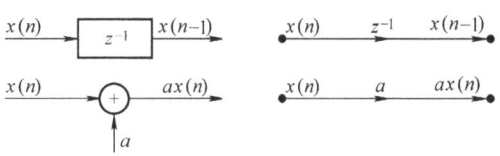
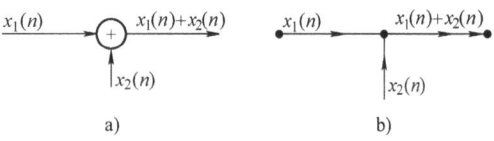

图 5-17 三种基本运算单元的表示法
a) 框图表示 b) 信号流图表示

例如，一个二阶的离散时间系统可用差分方程表示为

$$y(n) = a_1 y(n-1) + a_2 y(n-2) + b_0 x(n)$$

其框图和信号流图如图 5-18a、b 所示。

5.4.2 无限长单位冲激响应（IIR）滤波器的基本结构

前面已经讨论过，IIR 系统的传递函数 $H(z)$ 在有限 z 平面上有极点存在，它的单位抽样响应 $h(n)$ 延续到无限长，结构上存在着输出到输入的反馈，也即结构上是递归型的。但具体实现起来，结构并不是唯一的。同一个传递函数 $H(z)$，可以有各种不同的结构形式，其中主要的基本结构形式有以下几种：

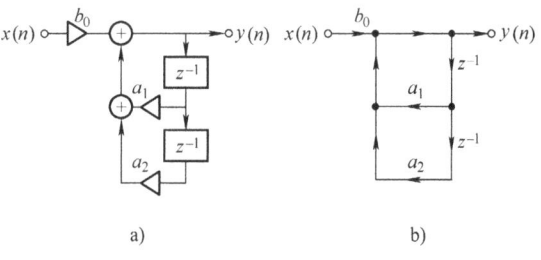

图 5-18 二阶数字滤波器的框图和信号流图结构
a) 框图结构 b) 信号流图结构

1. 直接 I 型

一个 N 阶的 IIR 系统的传递函数 $H(z)$ 可以表示为式（5-91），其差分方程为式（5-92），可以看出，$y(n)$ 由两部分相加构成：$\sum_{m=0}^{M} b_m x(n-m)$ 是一个对输入 $x(n)$ 的 M 节延时链结构，每级延时抽头后加权（加权系数是 b_m）相加，这是一个横向结构网络；$\sum_{k=1}^{N} a_k y(n-k)$ 是一个对输出 $y(n)$ 的 N 节延时链结构，每级延时抽头后加权（加权系数是

a_k）相加，由于包含了输出的延时部分，故它是个有反馈的网络。显然，由式（5-92）等式右端的第一项和式构成了反馈网络。最后的输出 $y(n)$ 由这两项和式相加构成，总的网络是由上面讨论的两部分网络级联而成，其信号流图如图 5-19 所示，这种结构称为直接 I 型结构。由图 5-19 可以看出，第一个网络实现零点，第二个网络实现极点，这种结构共需要 $N+M$ 级延时单元。

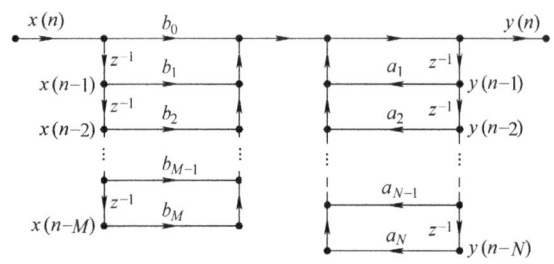

图 5-19 直接 I 型结构

2. 直接 II 型

直接 I 型结构中的两部分也可分别看作是两个独立的网络，其第一部分的传递函数为

$$H_1(z) = \sum_{m=0}^{M} b_m z^{-m}$$

差分方程为

$$w(n) = \sum_{m=0}^{M} b_m x(n-m)$$

第二部分的传递函数为

$$H_2(z) = \frac{1}{1 - \sum_{k=1}^{N} a_k z^{-k}}$$

差分方程为

$$y(n) = \sum_{k=1}^{N} a_k y(n-k) + w(n)$$

这两部分级联后即构成总的传递函数。由于所讨论的 IIR 系统是线性非移变系统，显然，交换 $H_1(z)$ 和 $H_2(z)$ 的次序不会影响系统的传输效果，即

$$H(z) = H_1(z)H_2(z) = H_2(z)H_1(z)$$

这样可将图 5-19 所示的直接 I 型结构画成如图 5-20 所示的形式。

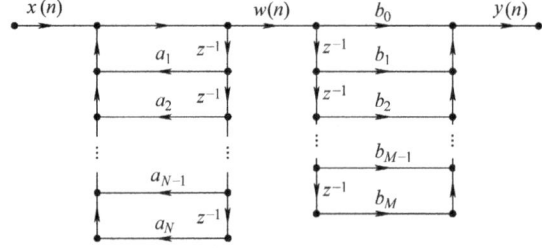

图 5-20 调换图 5-19 两个级联网络位置后的信号流图

图 5-20 的两条延时链都起着对中间变量 $w(n)$ 进行延时的作用,因此可以进行合并,于是得到如图 5-21 所示的直接 II 型结构。比较图 5-19 和图 5-21 可以看出,这两种结构的不同之处是,直接 II 型结构首先实现系统的各个极点,然后实现各零点;对于 N 阶差分方程只需 N 个延时单元(一般满足 $N \geq M$),因而比直接 I 型延时单元要少,这也是实现 N 阶滤波器所需的最少延时单元,因而又称为典范型。相比直接 I 型,它

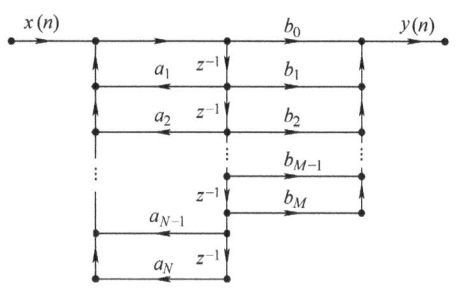

图 5-21 直接 II 型结构

可以节省存储单元(软件实现),或节省寄存器(硬件实现)。但是,直接 I 型、II 型都是直接型的实现方法,其共同的缺点是系数 a_k、b_m 对滤波器的性能控制作用不明显,这是因为它们与系统函数的零、极点关系不明显,因而调整困难;更为严重的是,这种结构的极点位置对系数 a_k、b_m 灵敏度太大,对有限字长效应太敏感,因而容易出现不稳定现象并产生较大的误差。因此一般来说,采用以下两种结构将具有更大的优越性。

3. 级联型

一个 N 阶的系统函数也可以用它的零、极点来表示,即它的分子、分母都表示为因子形式

$$H(z) = \frac{\sum_{m=0}^{M} b_m z^{-m}}{1 - \sum_{k=1}^{N} a_k z^{-k}} = A \frac{\prod_{m=1}^{M}(1 - c_m z^{-1})}{\prod_{k=1}^{N}(1 - d_k z^{-1})}$$

由于 $H(z)$ 的系数 b_m、a_k 都是实系数,因此零极点 c_m、d_k 只有两种情况:或者是实根,或者是共轭复根,即

$$H(z) = A \frac{\prod_{m=1}^{M_1}(1 - p_m z^{-1}) \prod_{m=1}^{M_2}(1 - q_m z^{-1})(1 - q_m^* z^{-1})}{\prod_{k=1}^{N_1}(1 - c_k z^{-1}) \prod_{k=1}^{N_2}(1 - d_k z^{-1})(1 - d_k^* z^{-1})}$$

式中,$M = M_1 + 2M_2$,$N = N_1 + 2N_2$。一阶因式表示实根,p_m 为实零点,c_k 为实极点。二阶因式表示复共轭根,q_m、q_m^* 表示复共轭零点,d_k、d_k^* 表示复共轭极点,A 为实数。每一对共轭因子合并起来就可以构成一个实系数的二阶因子,即

$$H(z) = A \frac{\prod_{m=1}^{M_1}(1 - p_m z^{-1}) \prod_{m=1}^{M_2}(1 + \beta_{1m} z^{-1} + \beta_{2m} z^{-2})}{\prod_{k=1}^{N_1}(1 - c_k z^{-1}) \prod_{k=1}^{N_2}(1 - \alpha_{1k} z^{-1} - \alpha_{2k} z^{-2})} \tag{5-93}$$

若将实系数的两个一阶因子组合成二阶因子,则整个 $H(z)$ 就可以完全分解成有相同形式的子网络结构,即实系数的二阶因子的形式(这对时分多路复用特别有用)为

$$H(z) = A \prod_k \frac{(1 + \beta_{1k} z^{-1} + \beta_{2k} z^{-2})}{(1 - \alpha_{1k} z^{-1} - \alpha_{2k} z^{-2})} = A \prod_k H_k(z) \tag{5-94}$$

级联的节数视具体情况而定。当 $M=N$ 时,共有 $\left\lfloor\dfrac{N+1}{2}\right\rfloor$ $\left(表示\dfrac{N+1}{2}的整数\right)$ 节。如果有奇数个实零点,则有一个 β_{2k} 等于 0;如果有奇数个实极点,则有一个系数 α_{2k} 等于零。每一个一阶、二阶子系统 $H_k(z)$ 被称为一阶、二阶基本节,它的一般形式为

$$H_k(z)=\dfrac{(1+\beta_{1k}z^{-1}+\beta_{2k}z^{-2})}{(1-\alpha_{1k}z^{-1}-\alpha_{2k}z^{-2})}$$

$H_k(z)$ 是用典范型结构来实现的,如图 5-22 所示,整个滤波器则是 $H_k(z)$ 的级联,如图 5-23 所示。

图 5-22 级联型结构的一阶基本节和二阶基本节

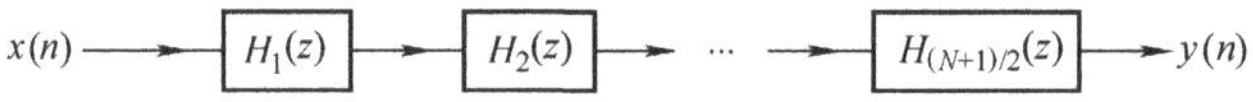

$x(n) \longrightarrow \boxed{H_1(z)} \longrightarrow \boxed{H_2(z)} \longrightarrow \cdots \longrightarrow \boxed{H_{(N+1)/2}(z)} \longrightarrow y(n)$

图 5-23 级联型结构($M=N$)

级联型结构的特点是:调整系数 β_{1k}、β_{2k} 就能单独调整滤波器的第 k 对零点,而不影响其他零、极点,同样,调整系数 α_{1k}、α_{2k} 就能单独调整滤波器的第 k 对极点,而不影响其他零、极点,所以这种结构便于准确实现滤波器零、极点,从而便于调整滤波器频率响应性能。

级联型结构中,当 $M=N$ 时,分子、分母中的二阶因子配合成的二阶基本节可以有 $\left(\left\lfloor\dfrac{N+1}{2}\right\rfloor\right)!$ 种,而各二阶基本节的排列次序也可以有 $\left(\left\lfloor\dfrac{N+1}{2}\right\rfloor\right)!$ 种,它们都代表同一个系统函数 $H(z)$。但是,当用二进制表示时,只能采用有限位字长,其所带来的误差,对各种实现方案是不一样的,因而对于配合与排列次序,就存在着最优化的问题。

另外,级联型各节之间要有电平的放大和缩小,以使变量值不会太大或太小。不能太大是为了避免在定点制运算中产生溢出现象,不能太小是为了防止信号与噪声的比值太小,这部分内容将在以后讨论。级联型结构具有最少的存储器。

4. 并联型

将传递函数展成部分分式的形式,就可以得到并联型 IIR 滤波器的基本结构,即

$$H(z)=\dfrac{\sum\limits_{m=0}^{M}b_m z^{-m}}{1-\sum\limits_{k=1}^{N}a_k z^{-k}}=\sum\limits_{k=1}^{N_1}\dfrac{A_k}{1-c_k z^{-1}}+\sum\limits_{k=1}^{N_2}\dfrac{B_k(1-g_k z^{-1})}{(1-d_k z^{-1})(1-d_k^* z^{-1})}+\sum\limits_{k=0}^{M-N}G_k z^{-k}$$

(5-95)

式(5-95)是最一般的表达式。其中,$N=N_1+2N_2$,由于系数 a_k、b_m 是实数,故 A_k、

B_k、g_k、c_k、G_k 都是实数，d_k^* 是 d_k 的共轭复数。当 $M < N$ 时，式（5-95）中不包含 $\sum_{k=0}^{M-N} G_k z^{-k}$ 项；如果 $M = N$，则 $\sum_{k=0}^{M-N} G_k z^{-k}$ 项变成 G_0 一项。一般 IIR 滤波器皆满足 $M \leq N$ 的条件。

式（5-95）表示系统由 N_1 个一阶子系统、N_2 个二阶子系统以及延时加权单元并联组合而成，其结构实现如图 5-24 所示。这些一阶和二阶系统都采用典范型结构实现。当 $M = N$ 时，$H(z)$ 可表示为

$$H(z) = G_0 + \sum_{k=1}^{N_1} \frac{A_k}{1 - c_k z^{-1}} + \sum_{k=1}^{N_2} \frac{\gamma_{0k} - \gamma_{1k} z^{-1}}{1 - \alpha_{1k} z^{-1} + \alpha_{2k} z^{-2}} \tag{5-96}$$

并联型结构的一阶基本节、二阶基本节的结构如图 5-25 所示。

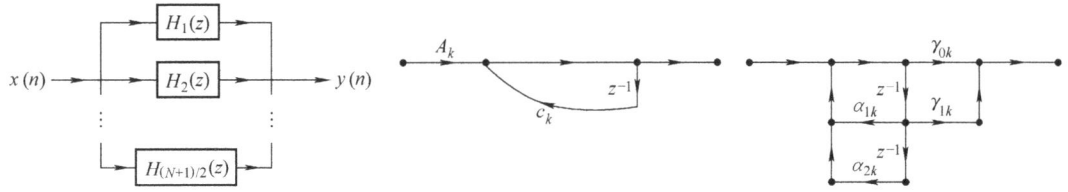

图 5-24 并联型结构（$M = N$）　　图 5-25 并联型结构的一阶基本节和二阶基本节结构

为了并联型结构的一致性，以便多路复用，一般将一阶实极点也组合成实系数二阶多项式，并将共轭极点对也化成实系数二阶多项式，当 $M = N$ 时，有

$$H(z) = G_0 + \sum_{k=1}^{\left\lfloor \frac{N+1}{2} \right\rfloor} \frac{\gamma_{0k} - \gamma_{1k} z^{-1}}{1 - \alpha_{1k} z^{-1} + \alpha_{2k} z^{-2}} \tag{5-97}$$

可表示成

$$H(z) = G_0 + \sum_{k=1}^{\left\lfloor \frac{N+1}{2} \right\rfloor} H_k(z)$$

式中，$\left\lfloor \frac{N+1}{2} \right\rfloor$ 表示取 $\frac{N+1}{2}$ 的整数部分。

当 N 为奇数时，并联型结构包含一个一阶节，即有一节的 $\alpha_{2k} = \gamma_{1k} = 0$，当然这里并联型结构的二阶基本节仍用典范型结构。$M = N = 3$ 时的并联型结构如图 5-26 所示。

并联型可以用调整 α_{1k}、α_{2k} 的方法来单独调整一对极点的位置，但是不能像级联型那样单独调整零点的位置。因此在要求有准确的传输零点的场合下，宜采用级联型结构。此外，并联型结构中，各并联基本节的误差互相没有影响，所以比级联型的误差一般要稍小一些。

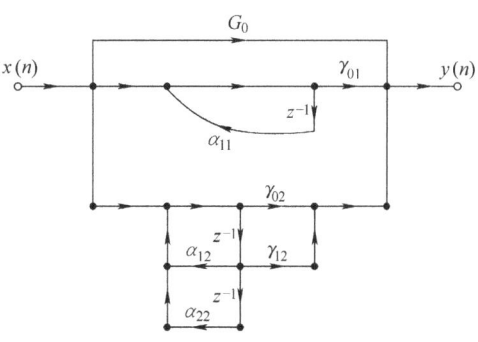

图 5-26 三阶 IIR 滤波器的并联型结构

除了以上四种基本结构外，还有一些其他的结构，这取决于线性信号流图理论中的多种

运算处理方法。当然各种流图都保持输入到输出的传输关系不变，即 $H(z)$ 不变。这其中有一种方法称为流图的转置，它利用的是流图的转置定理。

转置定理：如果将线性时（移）不变网络中所有支路方向倒转，并将输入 $x(n)$ 和输出 $y(n)$ 相互交换，则其系统函数 $H(z)$ 不改变。

利用转置定理，可将上面讨论的各种结构加以转置，从而得到各种新的网络结构。例如，对图 5-21 的典范型结构，转置后的网络如图 5-27 所示，画成输入在左方、输出在右方的习惯形式，则如图 5-28 所示。

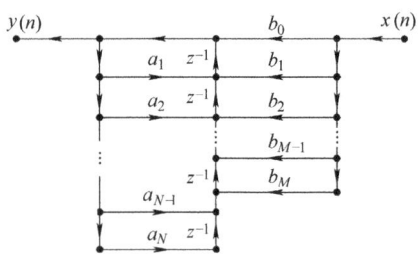

图 5-27 典范型结构的转置

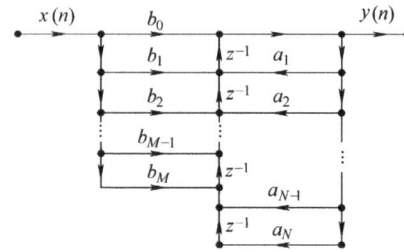

图 5-28 将图 5-27 画成输入在左，输出在右的习惯形式

5.4.3 有限长单位冲激响应（FIR）滤波器的基本结构

FIR 滤波器的特点是它的 $h(n)$ 是一个有限长序列，如长度为 N。因此它的传递函数一般形式为

$$H(z) = \sum_{n=0}^{N-1} h(n) z^{-n} \tag{5-98}$$

FIR 滤波器具有以下几种基本结构形式。

1. 横截型

将式 (5-98) 直接用差分方程表示为

$$y(n) = \sum_{k=0}^{N-1} h(k) x(n-k) \tag{5-99}$$

很明显，这就是 LSI 系统的卷积公式，也是 $x(n)$ 的延时链的横向结构，称为横截型结构，或卷积型结构、直接型结构，如图 5-29 所示。将转置定理应用于图 5-29，可得到图 5-30 所示的转置直接型结构。

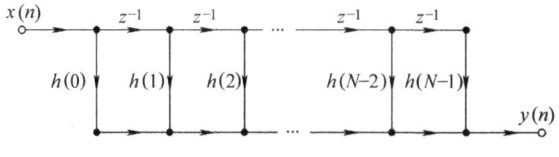

图 5-29 FIR 滤波器的横截型结构

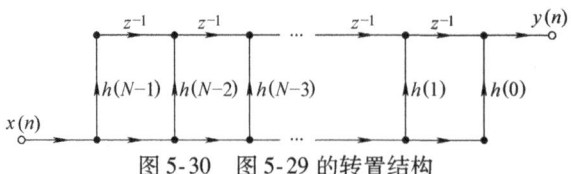

图 5-30 图 5-29 的转置结构

2. 级联型

当需要控制滤波器的传输零点时，可将传递函数分解为二阶实系数因子的形式，即

$$H(z) = \sum_{n=0}^{N-1} h(n)z^{-n} = \prod_{k=1}^{\lfloor \frac{N}{2} \rfloor} (\beta_{0k} + \beta_{1k}z^{-1} + \beta_{2k}z^{-2}) \quad (5\text{-}100)$$

式中，$\lfloor \frac{N}{2} \rfloor$ 表示取 $\frac{N}{2}$ 的整数部分。

若 N 为偶数，则 $N-1$ 为奇数，故系数 β_{2k} 中有一个为零。因为这时有奇数个根，其中复数根成共轭对，必为偶数，因此必然有奇数个实根。图 5-31 画出了 N 为奇数时 FIR 滤波器的级联型结构，其中每一个二阶因子用图 5-29 所示的横截型结构。

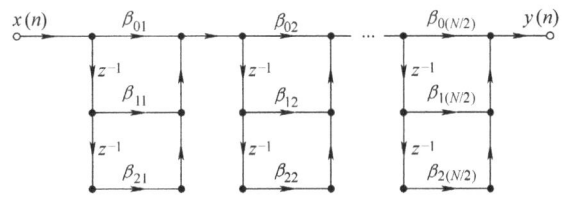

图 5-31　FIR 滤波器的级联型结构（N 为奇数）

级联型结构的每一节控制一对零点，因而在需要控制传输零点时，可以采用级联型结构。但是这种结构所需要的系数 β_{ik}（$i=0,1,2; k=1,2,\cdots,\lfloor \frac{N}{2} \rfloor$）比横截型的系数 $h(n)$ 要多，因而所需的乘法次数也比横截型的要多。

3. 频率抽样型

第 3 章中讨论了有限长序列的频率抽样理论。现在既然 $h(n)$ 是长度为 N 的序列，因此也可以对系统函数 $H(z)$ 在单位圆上做 N 等分抽样，这个抽样值也就是 $h(n)$ 的离散傅里叶变换值 $H(k)$，即

$$H(k) = H(z)\big|_{z=W_N^{-k}} = \text{DFT}[h(n)]$$

同时，第 3 章 3.3 节中得出了用 $H(k)$ 表示 $H(z)$ 的内插公式为

$$H(z) = (1-z^{-N})\frac{1}{N}\sum_{k=0}^{N-1}\frac{H(k)}{1-W_N^{-k}z^{-1}} \quad (5\text{-}101)$$

式（5-101）为实现 FIR 滤波器提供了另外一种结构，这种结构由两部分级联组成，即

$$H(z) = \frac{1}{N}H_c(z)\sum_{k=0}^{N-1}H'_k(z) \quad (5\text{-}102)$$

式中，级联的第一部分为

$$H_c(z) = 1 - z^{-N} \quad (5\text{-}103)$$

这是一个 FIR 子系统，是由 N 节延时单元构成的梳状滤波器，它在单位圆上有 N 个等分的零点，即

$$z_i = e^{j\frac{2\pi}{N}i} = W_N^{-i} \quad i=0,1,\cdots,N-1$$

其频率响应为

$$H_c(e^{j\omega}) = 1 - e^{-j\omega N} = 2je^{-j\frac{\omega N}{2}}\sin\left(\frac{\omega N}{2}\right)$$

$$|H_c(e^{j\omega})| = 2\left|\sin\left(\frac{\omega N}{2}\right)\right|$$

$$\arg[H_c(e^{j\omega})] = \frac{\pi}{2} - \frac{\omega N}{2} + m\pi \begin{cases} m=0, \omega=0 \sim \frac{2\pi}{N} \\ m=1, \omega=\frac{2\pi}{N} \sim \frac{4\pi}{N} \\ \vdots \\ m=m, \omega=\frac{2m\pi}{N} \sim \frac{2(m+1)\pi}{N} \end{cases}$$

梳状滤波器结构及其幅度频率响应如图 5-32 所示。

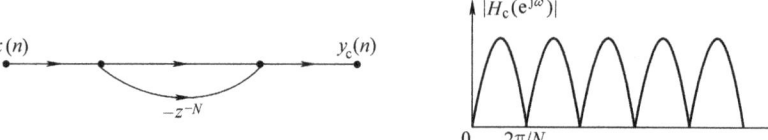

图 5-32 梳状滤波器结构及幅度频率响应

级联的第二部分是一组并联的一阶网络,即

$$\sum_{k=0}^{N-1} H'_k(z)$$

式中,每一个一阶网络都是一个谐振器,构成一个谐振器组,即

$$H'_k(z) = \frac{H(k)}{1 - W_N^{-k} z^{-1}} \tag{5-104}$$

这个一阶网络在单位圆上有一个极点,即

$$z_k = W_N^{-k} = e^{j\frac{2\pi}{N}k}$$

也就是说,此一阶网络在频率为 $\omega = \frac{2\pi}{N}k$ 处响应为无穷大,故等效于谐振频率为 $\frac{2\pi}{N}k$ 的无损耗谐振器。这些并联谐振器的极点正好各自抵消一个梳状滤波器的零点,从而使系统在这个频率点上的响应等于 $H(k)$。

上述两部分级联后,就得到图 5-33 所示的频率抽样结构。

频率抽样结构的一个特点是它的系数 $H(k)$ 就是滤波器在 $\omega = \frac{2\pi}{N}k$ 处的响应,因此控制滤波器的频率响应很方便。频率抽样结构有两个主要缺点:一是所有的相乘系数 W_N^{-k} 及 $H(k)$ 都是复数,乘起来较麻烦;二是所有谐振器的极点都在单位圆上,由系数 W_N^{-k} 决定,当系数量化时,这些极点会移动,有些极点就不能被梳状滤波器的零点所抵消(零点由延时单元决定,不受量化的影响)。如果极点移到 z 平面单位圆外,系统就不稳定了。

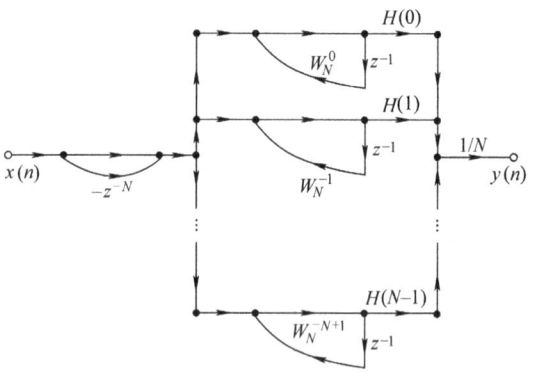

图 5-33 FIR 滤波器的频率抽样结构

为了克服上述缺点，通常采用以下方法：首先将频率抽样结构做一点修正，即将所有零、极点都移到单位圆内某一靠近单位圆、半径为 r（r 为正实数，且小于或近似等于 1）的圆上，如图 5-34 所示。这时有

$$H(z) = \frac{1-r^N z^{-N}}{N} \sum_{k=0}^{N-1} \frac{H_r(k)}{1-rW_N^{-k}z^{-1}}$$

式中，$H_r(k)$ 是修正点上的抽样值，但是由于 $r \approx 1$，因此有

$$H_r(k) \approx H(k)$$

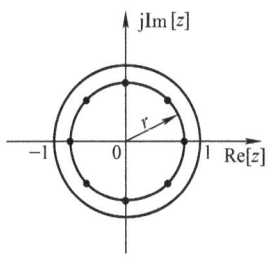

图 5-34 抽样点改到 $r<1$ 的圆上

即

$$H_r(k) = H(z)|_{z=rW_N^{-k}} \approx H(z)|_{z=W_N^{-k}} = H(k)$$

所以

$$H(z) \approx \frac{1-r^N z^{-N}}{N} \sum_{k=0}^{N-1} \frac{H(k)}{1-rW_N^{-k}z^{-1}} \tag{5-105}$$

其次，用实系数的二阶网络实现复系数的一阶网络，从而使系数的复数乘法运算变成实数乘法运算。具体来说，就是利用实序列 $h(n)$ 的离散傅里叶变换 $H(k)$ 的共轭对称性，即

$$H(k) = H^*((N-k))_N R_N(n) \begin{cases} k=1,2,\cdots,\dfrac{N-1}{2}, N \text{ 为奇数} \\ k=1,2,\cdots,\dfrac{N}{2}-1, N \text{ 为偶数} \end{cases}$$

把复系数的一阶网络按共轭对来分组，即将第 k 个与第 $N-k$ 个谐振器合并为一个实系数的二阶网络，以 $H_k(z)$ 表示为

$$\begin{aligned} H_k(z) &= \frac{H(k)}{1-rW_N^{-k}z^{-1}} + \frac{H(N-k)}{1-rW_N^{-(N-k)}z^{-1}} = \frac{H(k)}{1-rW_N^{-k}z^{-1}} + \frac{H^*(k)}{1-rW_N^{*-k}z^{-1}} \\ &= \frac{\beta_{0k}+\beta_{1k}z^{-1}}{1-z^{-1}2r\cos\left(\dfrac{2\pi}{N}k\right)+r^2 z^{-2}} \end{aligned} \begin{cases} k=1,2,\cdots,\dfrac{N-1}{2}, N \text{ 为奇数} \\ k=1,2,\cdots,\dfrac{N}{2}-1, N \text{ 为偶数} \end{cases} \tag{5-106}$$

其中

$$\begin{aligned} \beta_{0k} &= 2\text{Re}[H(k)] \\ \beta_{1k} &= -2r\text{Re}[H(k)W_N^k] \end{aligned} \tag{5-107}$$

由于该二阶网络的极点在单位圆内，而不是在单位圆上，因而从频率响应的几何解释知道，它相当于一个有限 Q（品质因数）的谐振器，谐振频率为

$$\omega_k = \frac{2\pi}{N}k$$

其结构如图 5-35 所示。

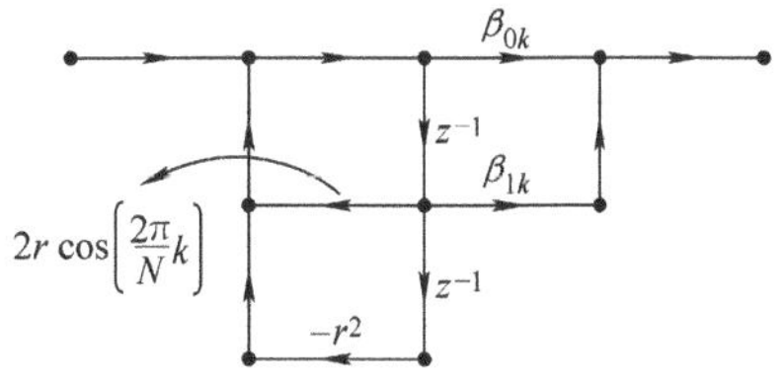

图 5-35 二阶网络

除共轭复根外，当 N 为偶数时，有一对实根（相当于 $k=0$ 及 $k=\dfrac{N}{2}$ 两点），它们分别为 $z=\pm r$，因此有两个对应的一阶网络

$$H_0(z) = \frac{H(0)}{1 - rz^{-1}} \qquad (5\text{-}108)$$

$$H_{N/2}(z) = \frac{H(N/2)}{1 + rz^{-1}} \qquad (5\text{-}109)$$

其结构如图 5-36 所示。

当 N 为奇数时,只有一个实根 $z = r$,因此相对应只有一个一阶网络 $H_0(z)$。

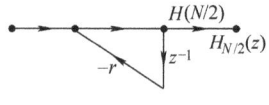

图 5-36 一阶网络(实根)

综上即可得到改进后的总结构。当 N 为偶数时为

$$H(z) = (1 - r^N z^{-N}) \frac{1}{N} \left[\frac{H(0)}{1 - rz^{-1}} + \frac{H(N/2)}{1 + rz^{-1}} + \sum_{k=1}^{N/2-1} \frac{\beta_{0k} + \beta_{1k} z^{-1}}{1 - z^{-1} 2r\cos\left(\frac{2\pi}{N}k\right) + r^2 z^{-2}} \right]$$

$$= (1 - r^N z^{-N}) \frac{1}{N} \left[H_0(z) + H_{N/2}(z) + \sum_{k=1}^{N/2-1} H_k(z) \right] \qquad (5\text{-}110)$$

当 N 为奇数时为

$$H(z) = (1 - r^N z^{-N}) \frac{1}{N} \left[\frac{H(0)}{1 - rz^{-1}} + \sum_{k=1}^{(N-1)/2} \frac{\beta_{0k} + \beta_{1k} z^{-1}}{1 - z^{-1} 2r\cos\left(\frac{2\pi}{N}k\right) + r^2 z^{-2}} \right]$$

$$= (1 - r^N z^{-N}) \frac{1}{N} \left[H_0(z) + \sum_{k=1}^{(N-1)/2} H_k(z) \right] \qquad (5\text{-}111)$$

N 为偶数时的总结构如图 5-37 所示。图中第一个 $H_0(z)$ 及最后一个 $H_{N/2}(z)$ 是一阶的,其内部结构见图 5-36;当 N 为奇数时,没有 $H_{N/2}(z)$。其他各 $H_k(z)$ 都是二阶的,其内部结构见图 5-35。

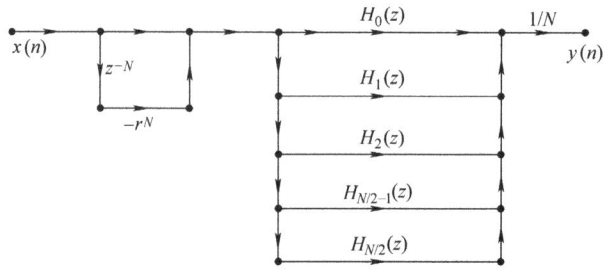

图 5-37 FIR 滤波器修正后的频率抽样结构

频率抽样结构的另一个特点是它的零、极点数目只取决于单位抽样响应的点数,因此,只要单位抽样响应点数相同,利用同一梳状滤波器、同一结构而只有加权系数 β_{0k}、β_{1k}、$H(0)$、$H(N/2)$ 不同的谐振器,就能得到各种不同的滤波器,因而其结构是高度模块化的,适合于时分复用。

在一般情况下,图 5-37 所示的频率抽样结构比较复杂,所用的存储单元和乘法器比直接型要多。但它具有如下优点:

1) 各二阶系统输出端的乘法器都与 $H(k)$ 成比例。如果滤波器的多数取样值 $H(k)$ 为零(如窄带低通或窄带带通滤波器),那么频率抽样结构比直接型少用一些乘法器。但存储器还是比直接型多用一些乘法器。

2）当需要几个长度都为 N 的具有不同抽样响应的一组 FIR 滤波器来对信号进行处理时，例如，在频谱分析中，要求 FIR 滤波器组能同时滤出信号的各频率分量，这时便可以使用频率抽样结构。

4. 快速卷积型

如第 3 章所述，两个长度为 N 的序列的线性卷积，可以用 $2N-1$ 点的圆周卷积来代替。式（5-99）表示 FIR 滤波器的输出 $y(n)$ 是输入 $x(n)$ 和单位抽样响应 $h(n)$ 的线性卷积。因此，可以通过增添零抽样值的方法将序列 $x(n)$ 和 $h(n)$ 延长，然后计算它们的圆周卷积，从而得到 FIR 系统的输出 $y(n)$。圆周卷积的计算可以使用 FFT，于是得到如图 5-38 所示的快速卷积型结构。图中输出 $y(n)$ 为

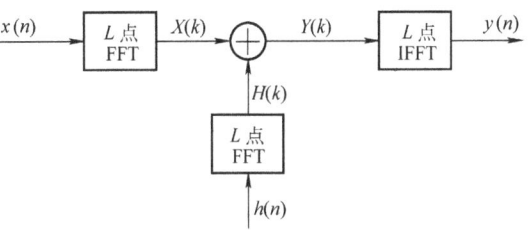

图 5-38　FIR 滤波器的快速卷积型结构

$$y(n) = \text{IFFT}[X(k)H(k)]$$

快速卷积型结构的主要特点是可进行高速处理，适合宽带雷达信号的实时数字滤波。

5. 线性相位型

在数据传输、图像信号处理等实际应用中，都要求系统具有线性相位，而 FIR 滤波器最引人注意的特点之一就是能将其设计成具有线性相位。

所谓线性相位特性是指滤波器对不同频率的正弦波产生的相移和正弦波的频率呈线性关系。因此，对于通带内幅度函数为常数的滤波器，在滤波器通带内的信号通过系统后，除了由相频特性的斜率决定的延时外，可以不失真地保留通带以内的全部信号。

由式（5-69）与式（5-72）可知，长为 N 点的线性相位实因果 FIR 系统的单位抽样响应具有如下特性：

$$h(n) = \pm h(N-1-n) \quad 0 \leq n \leq N-1 \tag{5-112}$$

其系统函数可分为两种情况写出。

当 N 为偶数时

$$H(z) = \sum_{n=0}^{N-1} h(n)z^{-n} = \sum_{n=0}^{\frac{N}{2}-1} h(n)z^{-n} + \sum_{n=\frac{N}{2}}^{N-1} h(n)z^{-n}$$

$$= \sum_{n=0}^{\frac{N}{2}-1} h(n)z^{-n} + \sum_{n=0}^{\frac{N}{2}-1} h(N-1-n)z^{-(N-1-n)}$$

利用式（5-112）可得

$$H(z) = \sum_{n=0}^{\frac{N}{2}-1} h(n)[z^{-n} \pm z^{-(N-1-n)}] \tag{5-113}$$

当 N 为奇数时，容易证明

$$H(z) = \sum_{n=0}^{N-1} h(n)z^{-n} = \sum_{n=0}^{\frac{N-1}{2}-1} h(n)[z^{-n} \pm z^{-(N-1-n)}] + h\left(\frac{N-1}{2}\right)z^{-\left(\frac{N-1}{2}\right)} \tag{5-114}$$

由式（5-113）和式（5-114）可分别画出线性相位 FIR 系统的信号流图，如图 5-39 和

图 5-40 所示。

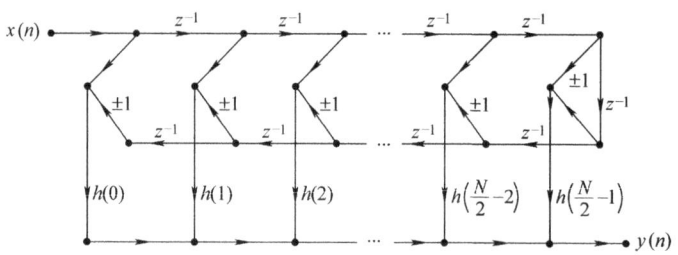

图 5-39 N 为偶数时线性相位 FIR 系统的信号流图
($h(n)$偶对称时 ±1 取 +1,$h(n)$奇对称时 ±1 取 −1)

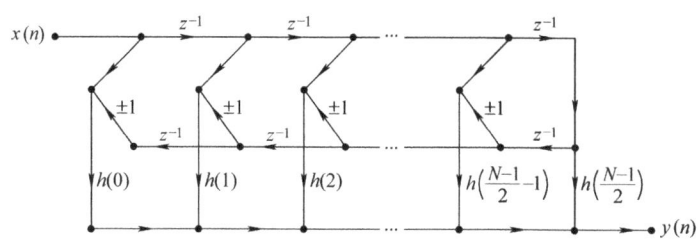

图 5-40 N 为奇数时线性相位 FIR 系统的信号流图
($h(n)$偶对称时 ±1 取 +1,$h(n)$奇对称时 ±1 取 −1)

由以上信号流图可以看出线性相位 FIR 系统结构比一般直接型结构可节省一半数量的乘法次数。

5.5 数字滤波器的有限字长效应

实现数字系统的基本操作有三种：延时、乘系数和相加。因为延时并不造成字长变化，所以只需讨论乘系数和相加运算造成的影响。

由前述可知，在定点制运算中，相乘的结果尾数位数会增加，因而要进行尾数的舍入或截尾处理；而加法运算不会增加位数，但可能会产生溢出，所以有系统的动态范围问题。浮点制运算中，相加和相乘都可能使尾数位数增加，故都会有舍入或截尾，但动态范围一般则不成问题。

分析数字滤波器运算误差的目的，是为了选择滤波器运算位数（即寄存器长度），以便满足信号噪声比值的技术要求。

舍入或截尾处理是非线性过程，分析起来非常麻烦，精确计算不仅不大可能，而且也没必要，可以采用统计方法，得到舍入或截尾的平均效果即可。下面以 IIR 滤波器为例，讨论运算中的有限字长效应。

为了便于用统计方法分析量化误差的平均效应，假定：所有噪声都是平稳的白噪声序列；所有噪声都与信号不相关，并且各噪声之间也互不相关；每个误差噪声都在其误差范围内呈均匀等概率分布。

5.5.1 IIR 滤波器定点运算舍入误差的统计分析

在定点制中，每次相乘运算 $y(n) = ax(n)$ 之后都要做一次舍入或截尾处理，（如图 5-41a 所示），一般都采用舍入处理，因此会引入非线性，如图 5-41b 所示。采用统计分析方法，可以将量化误差

$$e(n) = Q_R[ax(n)] - ax(n) = Q_R[y(n)] - y(n) \tag{5-115}$$

作为独立噪声叠加到信号上。这样仍可用线性流图来表示，如图 5-41c 所示。

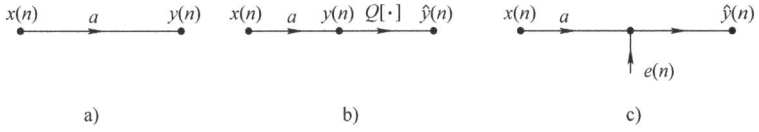

图 5-41 定点相乘运算的流图表示
a) 理想相乘 b) 实际相乘的非线性流图 c) 统计模型的线性流图

采用图 5-41c 所示的统计模型，在分析数字滤波器由于乘法量化误差的影响时，需对实现滤波器所出现的各种噪声源做以下假定：

1) 所有误差 $e(n)$ 是平稳白噪声序列（均值为 0）。
2) 每个误差在它的量化范围内都是均匀分布的。
3) 任何两个不同乘法器形成的噪声互不相关。
4) 误差 $e(n)$ 与输入 $x(n)$ 及中间结果不相关，从而和输出序列 $y(n)$ 不相关。

当信号波形越复杂、量化步距越小时，这些假定越接近实际。根据这些假定，可认为舍入噪声是在 $(-q/2, q/2)$ 范围内均匀分布的，因而均值为 $m_e = E[e(n)] = 0$，方差为 $\sigma_e^2 = E[e^2(n)] = q^2/12$，再应用统计模型即可计算出各噪声 $e(n)$ 所产生的总输出噪声 $e_f(n)$。

设 $y(n)$ 是没有做尾数处理时由 $x(n)$ 产生的输出，则经定点舍入处理后实际的输出可以表示为

$$\hat{y}(n) = y(n) + e_f(n) \tag{5-116}$$

设 $h_e(n)$ 是从 $e(n)$ 加入的节点到输出节点间的系统的单位抽样响应，$H_e(z)$ 是 $h_e(n)$ 的 z 变换，$H_e(e^{j\omega})$ 是 $h_e(n)$ 的离散时间傅里叶变换。则输出噪声可以表示为

$$e_f(n) = e(n) * h_e(n) \tag{5-117}$$

假定 $e(n)$ 是定点补码舍入误差，$e(n)$ 的均值为 m_e、方差为 σ_e^2。则系统量化噪声的输出 $e_f(n)$ 的均值 m_f 和方差 σ_f^2 计算公式为

$$m_f = E[e_f(n)] = E[e(n) * h_e(n)] = m_e \sum_{m=0}^{\infty} h_e(m) = 0 \tag{5-118}$$

$$\sigma_f^2 = E[(e_f(n) - m_f)^2] = E[e_f^2(n)] = \sigma_e^2 \sum_{m=0}^{\infty} h_e^2(m) \tag{5-119}$$

根据帕斯瓦尔定理，σ_f^2 也可以表示为

$$\sigma_f^2 = \sigma_e^2 \sum_{m=0}^{\infty} h_e^2(m) = \frac{\sigma_e^2}{2\pi j} \oint_c H_e(z) H_e(z^{-1}) z^{-1} dz \tag{5-120}$$

或者在单位圆上计算公式为

$$\sigma_{\mathrm{f}}^2 = \frac{\sigma_{\mathrm{e}}^2}{2\pi} \int_{-\pi}^{\pi} H_{\mathrm{e}}(\mathrm{e}^{\mathrm{j}\omega}) H_{\mathrm{e}}(\mathrm{e}^{-\mathrm{j}\omega}) \mathrm{d}\omega = \frac{\sigma_{\mathrm{e}}^2}{2\pi} \int_{-\pi}^{\pi} |H_{\mathrm{e}}(\mathrm{e}^{\mathrm{j}\omega})|^2 \mathrm{d}\omega \tag{5-121}$$

由于可以作为线性系统处理,因此最后将所有的输出噪声线性叠加就可以得到总的输出噪声 $e_{\mathrm{f}}(n)$。而按照上述四项假定,则总的输出噪声的方差也等于每个输出噪声方差之和。

【例 5-15】 已知一个 IIR 滤波器的系统函数为

$$H(z) = \frac{0.2}{(1-0.9z^{-1})(1-0.8z^{-1})}$$

用定点制算法,尾数舍入,分别求出直接型、级联型和并联型实现系统时量化误差的方差 σ_{f}^2。

解:(1)直接型结构

$$H(z) = \frac{0.2}{1-1.7z^{-1}+0.72z^{-2}} = \frac{0.2}{A(z)}$$

其中

$$A(z) = 1 - 1.7z^{-1} + 0.72z^{-2}$$

图 5-42 所示为直接型结构定点相乘后的统计模型,$e_0(n)$、$e_1(n)$、$e_2(n)$ 分别是系数 0.2、1.7 以及 -0.72 相乘后的舍入噪声,它们均经过相同的传输网络 $H_1(z) = 1/A(z)$。误差及方差为

$$e(n) = [e_0(n) + e_1(n) + e_2(n)] * h_1(n)$$

$$\sigma_{\mathrm{e}}^2 = 3 \times \frac{q^2}{12} = \frac{q^2}{4}$$

输出噪声的方差为

$$\sigma_{\mathrm{fd}}^2 = \frac{\sigma_{\mathrm{e}}^2}{2\pi\mathrm{j}} \oint_c \frac{1}{(1-0.9z^{-1})(1-0.8z^{-1})(1-0.9z)(1-0.8z)} \frac{\mathrm{d}z}{z}$$

$$= \sigma_{\mathrm{e}}^2 \left[\frac{0.9}{(0.9-0.8)(1-0.8\times 0.9)(1-0.9^2)} + \frac{0.8}{(0.8-0.9)(1-0.9\times 0.8)(1-0.8^2)} \right]$$

$$= 89.80\sigma_{\mathrm{e}}^2 = 22.45q^2$$

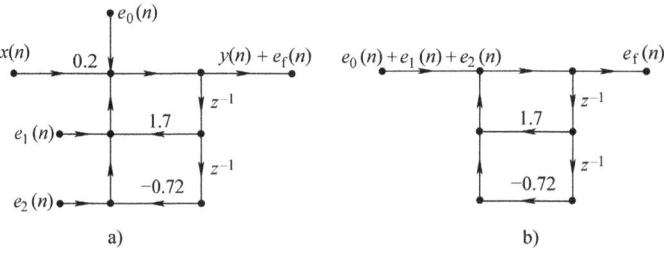

图 5-42 例 5-15 直接型结构舍入误差统计模型
a) 相乘引入的舍入噪声 b) 三个舍入噪声通过相同的传输网络

(2)级联型结构

令 $A_1(z) = (1-0.9z^{-1})$,$A_2(z) = (1-0.8z^{-1})$。级联型可以有几种排列形式。

1)如图 5-43 所示,把 0.2 置于第一级,即

$$H(z) = \frac{0.2}{1-0.9z^{-1}} \frac{1}{1-0.8z^{-1}}$$
$$= \frac{0.2}{A_1(z)} \frac{1}{A_2(z)}$$

$e_0(n)$、$e_1(n)$通过网络$H_1(z)$，$e_2(n)$通过网络$H_2(z)$，即

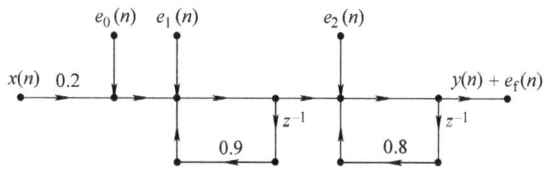

图5-43 例5-15的级联型结构1舍入误差统计模型

$$H_1(z) = \frac{1}{A_1(z)A_2(z)} \qquad H_2(z) = \frac{1}{A_2(z)}$$

输出噪声的方差为

$$\sigma_{\text{fe1}}^2 = \frac{\sigma_{1\text{e}}^2}{2\pi \text{j}} \oint_c \frac{1}{(1-0.9z^{-1})(1-0.8z^{-1})(1-0.9z)(1-0.8z)} z^{-1} \text{d}z +$$
$$\frac{\sigma_{2\text{e}}^2}{2\pi \text{j}} \oint_c \frac{1}{(1-0.8z^{-1})(1-0.8z)} z^{-1} \text{d}z$$
$$= 89.80\sigma_{1\text{e}}^2 + 2.78\sigma_{2\text{e}}^2$$

第一级有两个误差源，第二级有一个误差源，故有

$$\sigma_{1\text{e}}^2 = 2 \times \frac{q^2}{12} = \frac{q^2}{6} \qquad \sigma_{2\text{e}}^2 = \frac{q^2}{12}$$

所以
$$\sigma_{\text{fe1}}^2 = 15.02q^2$$

2) 如图5-44所示，把0.2置于第二级，有

$$H(z) = \frac{1}{1-0.8z^{-1}} \frac{0.2}{1-0.9z^{-1}} = \frac{1}{A_1(z)} \frac{0.2}{A_2(z)}$$

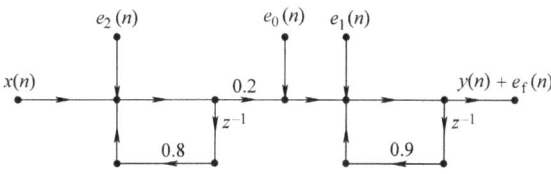

图5-44 例5-15级联型结构2舍入误差统计模型

$e_0(n)$、$e_1(n)$通过网络$H_2(z)$，$e_2(n)$通过网络$H_1(z)$，即

$$H_1(z) = \frac{0.2}{A_1(z)A_2(z)} \qquad H_2(z) = \frac{1}{A_1(z)}$$

输出噪声的方差为

$$\sigma_{\text{fe2}}^2 = \frac{\sigma_{1\text{e}}^2}{2\pi \text{j}} \oint_c \frac{0.2^2}{(1-0.9z^{-1})(1-0.8z^{-1})(1-0.9z)(1-0.8z)} z^{-1} \text{d}z +$$
$$\frac{\sigma_{2\text{e}}^2}{2\pi \text{j}} \oint_c \frac{1}{(1-0.9z^{-1})(1-0.9z)} z^{-1} \text{d}z$$
$$= 3.592\sigma_{1\text{e}}^2 + 5.26\sigma_{2\text{e}}^2$$

第一级有一个误差源，第二级有两个误差源，故有

$$\sigma_{1\text{e}}^2 = \frac{q^2}{12} \qquad \sigma_{2\text{e}}^2 = 2 \times \frac{q^2}{12} = \frac{q^2}{6}$$

所以
$$\sigma_{fe1}^2 = 1.176q^2$$

从这两种级联型结构可以看出,滤波器分子系数和子系统的排列不同,输出误差也有所不同。

(3) 并联型结构

$$H(z) = \frac{1.8}{1-0.9z^{-1}} - \frac{1.6}{1-0.8z^{-1}} = \frac{1.8}{A_1(z)} - \frac{1.6}{A_2(z)}$$

并联型结构需要 4 个系数,因此共有 4 个舍入噪声,统计模型如图 5-45 所示,$e_0(n)$、$e_1(n)$ 通过网络 $H_1(z)$,$e_2(n)$、$e_3(n)$ 通过网络 $H_2(z)$,即

$$H_1(z) = \frac{1}{A_1(z)} \qquad H_2(z) = \frac{1}{A_2(z)}$$

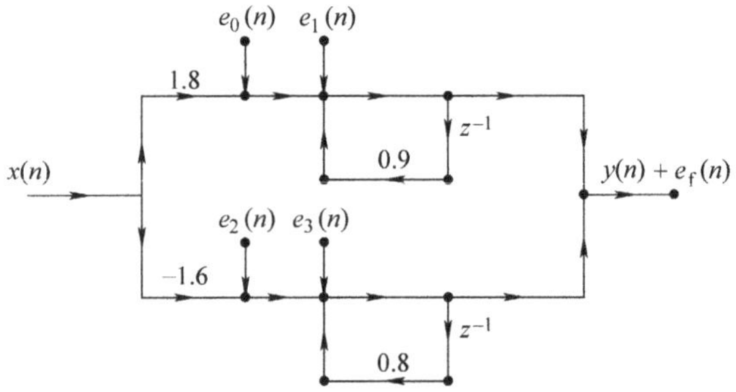

图 5-45 例 5-15 并联型结构舍入误差统计模型

输出的方差为

$$\sigma_{fp}^2 = \frac{\sigma_{1e}^2}{2\pi j}\oint_C \frac{1}{(1-0.9z^{-1})(1-0.9z)}z^{-1}dz + \frac{\sigma_{2e}^2}{2\pi j}\oint_C \frac{1}{(1-0.8z^{-1})(1-0.8z)}z^{-1}dz$$
$$= (5.26 + 2.78)\sigma_e^2$$

第一级、第二级都有两个误差源,故有

$$\sigma_e^2 = \sigma_{1e}^2 = \sigma_{2e}^2 = 2 \times \frac{q^2}{12} = \frac{q^2}{6}$$

所以
$$\sigma_{fp}^2 = 1.34q^2$$

由此可以看出,对 IIR 滤波器来说,从有限字长效应来看,直接型结构的所有舍入误差都要经过全部网络的反馈节点,误差形成积累,所以不论是哪一种形式的直接型结构都是最差的,运算误差最大,特别在高阶时应避免采用。级联型结构的每个舍入误差只通过其后面的反馈环节(不通过前面的环节),故含入误差比直接型小(在某些情况下,其误差性能可接近甚至超过并联结构,如例 5-15 中的第二种级联结构)。并联型结构的每个并联网络的舍入误差只通过本网络,与其他网络无关,误差累积作用更小,故在一般情况下,具有最小的运算误差。

5.5.2 IIR 滤波器定点制加法运算的溢出问题

定点制加法运算虽不会出现舍入误差,但却可能出现溢出。当溢出时,溢出会产生很大的误差。为避免溢出,希望信号幅度不要过大,但为得到高的数据精度,又要求信号幅度尽可能地大,这是相互矛盾的。为了防止溢出,需要在网络内加入适当的压缩比例因子。要保证每一个加法器的输出都不溢出,推而广之,就是要滤波器每一个节点上都不产生溢出,使每一节点信号幅度都小于 1。

令 $y_k(n)$ 表示第 k 个节点上的输出,对定点制要求满足

$$|y_k(n)| < 1 \tag{5-122}$$

用 $h_k(n)$ 表示从滤波器输入到第 k 个节点的单位抽样响应,则有

$$y_k(n) = \sum_{m=-\infty}^{\infty} h_k(m)x(n-m) = h_k(n) * x(n)$$

$y_k(n)$ 的动态范围取决于输入信号 $x(n)$ 的类型及 $h_k(n)$。

下面分析使任一节点 k 不发生溢出的条件。由于

$$|y_k(n)| = \sum_{m=-\infty}^{\infty} |h_k(m)x(n-m)| \le x_{\max} \sum_{m=-\infty}^{\infty} |h_k(m)|$$

式中，$x_{\max}$ 为输入信号 $x(n)$ 的最大幅度。要求满足式（5-122），即

$$x_{\max} \sum_{m=-\infty}^{\infty} |h_k(m)| < 1 \tag{5-123}$$

也就是要求

$$x_{\max} < \frac{1}{\sum_{m=-\infty}^{\infty} |h_k(m)|} \tag{5-124}$$

这就是保证第 k 个节点上不出现溢出时的最大输入值上限。

实际上 $x_{\max}$ 不一定满足式（5-124）的要求，为此可将此输入信号乘上一个适当的压缩比例因子 $A_k(A_k<1)$ 来衰减输入信号的幅度，以使得任意第 k 个节点不发生溢出，即

$$y_k(n) = A_k x_{\max} \sum_{m=-\infty}^{\infty} |h_k(m)| < 1 \tag{5-125}$$

则

$$A_k < \frac{1}{x_{\max} \sum_{m=-\infty}^{\infty} |h_k(m)|} \tag{5-126}$$

选择其中最小的比例因子作为系统比例因子的最终选择，即

$$A = \min_{1 \le k \le K} \{A_k\} \tag{5-127}$$

5.5.3 极限环振荡

数字滤波器由于运算过程中的尾数处理产生量化的非线性作用，使系统中引入了非线性环节，而 IIR 滤波器又存在反馈，因而在一定条件下，也可以引起系统振荡。IIR 滤波器在无限精度的情况下，当它的所有极点均位于单位圆内时，系统肯定是稳定的，当去掉输入信号后，随着 n 的增加，系统输出会逐渐衰减趋向于零。但对同一滤波器，若在有限字长情况下运算，由于量化过程的非线性作用，系统输出将不随 n 的增加而趋于零，而是衰减到某一非零的幅度范围后呈现振荡特性（包括 $\omega=0$ 的等幅序列），这种效应称为零输入极限环振荡。

数字滤波器的极限环特性很复杂，很难分析，下面仅以舍入处理的一阶 IIR 滤波器为例来说明这一现象。

设一阶 IIR 系统的系统函数为

$$H(z) = \frac{1}{1-az^{-1}} \tag{5-128}$$

在无限精度运算下，其差分方程为

$$y(n) = ay(n-1) + x(n) \tag{5-129}$$

在定点制运算中，每次乘法运算后均要对尾数进行舍入处理。因此，实际的非线性差分

方程可表示为

$$\hat{y}(n) = Q_R[a\hat{y}(n-1)] + x(n) \qquad (5\text{-}130)$$

式中，$Q_R[\cdot]$ 表示舍入量化处理。式（5-130）可用图5-46 的非线性流图来表示。

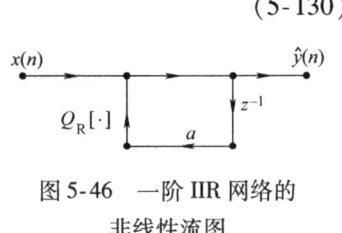

图5-46 一阶IIR网络的非线性流图

当系统运算为无限精度情况时，如果输入信号 $x(n) = \dfrac{7}{8}\delta(n)$，则输出为 $y(n) = \dfrac{7}{8}a^n$，只要 $|a|<1$，系统就是稳定的，$y(n)$ 将逐渐衰减为零。

当系统运算为有限精度情况时，设此一阶系统中尾数字长为 $b=3$ 位（不包括符号位），系数 $a=0.5$ 用二进制表示为 $a=0.100b$，代入式（5-130）的非线性方程，并进行运算，运算过程见表5-3。

表5-3 $a=0.100b$ 的一阶IIR网络运算过程

n	$x(n)$	$\hat{y}(n-1)$	$a\hat{y}(n-1)$	$Q_R[a\hat{y}(n-1)]$	$\hat{y}(n)$
0	0.111	0.000	0.000000	0.000	0.875
1	0.000	0.111	0.011100	0.100	0.500
2	0.000	0.100	0.010000	0.010	0.250
3	0.000	0.010	0.001000	0.001	0.125
4	0.000	0.001	0.000100	0.001	0.125
⋮	⋮	⋮	⋮	⋮	⋮

从表5-3可以看出，运算最后输出停留在 $\hat{y}(n)=0.125$ 上，不会衰减到零。进入 $\hat{y}(n)=0.125$ 后被称为死带区域，其结果如图5-47a所示。如果 a 为负数，则每乘一次 a，输出改变一次符号，则输出是正负相间的不衰减振荡。例如，当 $a=-0.5$ 时，则每乘一次 a 就改变一次符号，得到如图5-47b所示的 $\hat{y}(n)$。这两种现象就是零输入极限环振荡。

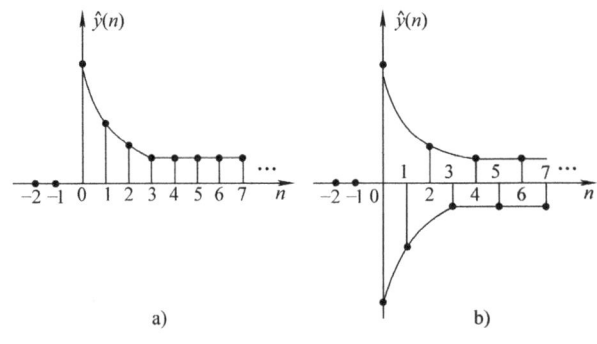

图5-47 一阶IIR网络的零输入极限环振荡
a) $a=0.5$ 时 b) $a=-0.5$ 时

零输入极限环振荡现象产生的原因如下：观察表5-3的最后一行可以看出，当 $\hat{y}(n-1)=0.001b$ 时，$a\hat{y}(n-1)=0.000100b$，数值被衰减了，但经过舍入处理后，$Q_R[a\hat{y}(n-1)]=0.001b$，又变成原来 $\hat{y}(n-1)$ 的数值，因而输出就保持不变。也就是说，

只要满足

$$|Q_R[a\hat{y}(n-1)]| = |\hat{y}(n-1)| \tag{5-131}$$

舍入处理就使系数 a 失效，等效于使 a 换成绝对值为 1 的系数 a'，这时一阶滤波器的极点变成 $a' = \pm 1$，代入式（5-128），可得等效系统函数为

$$H'(z) = \frac{1}{1 - a'z^{-1}} = \frac{1}{1 \pm z^{-1}} \tag{5-132}$$

当 $a = \pm 0.5$ 时，等效系统函数的极点就迁移到 $z = \pm 1$ 处，也就是极点都迁移到单位圆上，因而系统是临界稳定的，出现等幅振荡。$a = 0.5$ 时的极点迁移到零频位置 $z = a' = 1$ 处，故所产生的死带称为零频极限环振荡。

下面分析振荡幅度和字长的关系。由于舍入误差的绝对值在 $q/2$ 以内，故有

$$|Q_R[a\hat{y}(n-1)] - a\hat{y}(n-1)| \leq q/2 \tag{5-133}$$

或

$$|Q_R[a\hat{y}(n-1)]| - |a\hat{y}(n-1)| \leq q/2 \tag{5-134}$$

将极限环振荡时的式（5-131）代入式（5-134），可得

$$|\hat{y}(n-1)| - |a\hat{y}(n-1)| \leq q/2 \tag{5-135}$$

式（5-135）定义了一阶 IIR 网络的死带范围，表明极限环幅度与量化间隔成正比，增加字长（减小量化间隔）将使极限环振荡减弱。例如，设 $b = 3$，$q = 2^{-3} = 1/8$，$|a| = 0.5$ 时，有

$$|\hat{y}(n)| = |\hat{y}(n-1)| = \frac{1/16}{1 - 0.5} = 0.125$$

这与表 5-3 的运算结果一致。

用同样的方法可分析二阶系统的零输入极限环振荡现象。

当采用高阶 IIR 数字滤波器时，极限环振荡的分析更为复杂。如果采用并联型结构来实现高阶系统，由于每个并联节的输出是独立的，故可分别直接应用上面的分析。若用级联型结构实现高阶系统，只有第一节输入为零，后续节可呈现出自己的极限环振荡且过滤前节的极限环振荡输出。

在实际中，要尽量克服极限环振荡现象，例如，作为信号处理的滤波器就不允许振荡的存在，但也可以利用极限环振荡现象设计周期信号发生器。

5.5.4 定点运算的溢出振荡

以上讨论均认为比例因子合适，相加不会产生溢出。如果 IIR 滤波器的定点加法运算中存在溢出，则溢出可能产生比之更大的误差，并在输出的最大幅度界限内振荡，这种振荡称为溢出极限环振荡。下面以定点补码运算的二阶 IIR 滤波器为例进行讨论。

设二阶 IIR 滤波器的差分方程为

$$y(n) = a_1 y(n-1) + a_2 y(n-2) + x(n) \tag{5-136}$$

其系统函数为

$$H(z) = \frac{1}{1 - a_1 z^{-1} - a_2 z^{-2}} = \frac{z^2}{(z - p_1)(z - p_2)} = \frac{z^2}{z^2 - (p_1 + p_2)z + p_1 p_2} \tag{5-137}$$

$$p_{1,2} = \frac{a_1 \pm \sqrt{a_1^2 + 4a_2}}{2} \tag{5-138}$$

1. 参数的选取与系统稳定

系统稳定的条件是 $H(z)$ 的两个极点 p_1、p_2 在单位圆内，即 $|p_{1,2}|<1$。由式 (5-137) 可知 $p_1+p_2=a_1$，$p_1 p_2=-a_2$，由于 $|p_1 p_2|<1$，故 $|a_2|<1$。下面分两种情况讨论。

1) 设 p_1、p_2 为实根，则
$$(1-p_1^2)(1-p_2^2)>0$$

即
$$1+p_1^2 p_2^2 > p_1^2+p_2^2$$

因而
$$(1+p_1 p_2)^2 = (p_1+p_2)^2$$

由于 a_1、a_2 为实数，将 p_1、p_2 与 a_1、a_2 的关系代入，得
$$(1-a_2)^2 > a_1^2$$

即
$$|a_1|+a_2<1 \tag{5-139}$$

此外，若 p_1、p_2 为实根，则由式 (5-138) 可得
$$a_1^2+4a_2 \geq 0 \tag{5-140}$$

可得以下两种情况：$a_2>0$ 时，式 (5-140) 一定成立；$a_2<0$ 时，要求
$$a_2 \geq -\frac{a_1^2}{4} \tag{5-141}$$

才能使式 (5-140) 成立。

综合式 (5-139) 及式 (5-141)，可得 p_1、p_2 为实根时系统稳定的条件为
$$|a_1|+a_2<1, a_2 \geq -\frac{a_1^2}{4} \tag{5-142}$$

2) 设 p_1、p_2 为共轭复根 $p_{1,2}=re^{\pm j\theta}$，$r<1$，则有
$$p_1 p_2 = r^2 = -a_2 < 1$$

即
$$a_2 > -1 \tag{5-143}$$

此外，若 p_1、p_2 为共轭复根，则由式 (5-138) 必有
$$a_1^2+4a_2<0 \tag{5-144}$$

综合式 (5-143) 及（式 5-144)，可得 p_1、p_2 为共轭复根时系统稳定的条件为
$$a_2>-1, a_2<-\frac{a_1^2}{4} \tag{5-145}$$

归纳 1)、2) 两种情况可知，系统稳定必须在 $|a_1|+a_2=1$ 和 $a_2=-1$ 这三条直线方程所围的三角形之内，如图 5-48 所示。

2. 系统不溢出的条件

下面讨论当输入 $x(n)=0$ 以后，a_1、a_2 如何取值才能保证不溢出。仍用补码加法器，并暂时忽略舍入误差。因为两个正的定点小数相加，若结果大于 1，符号位会由于得到进位而变成 1，这个和数就被认为是负

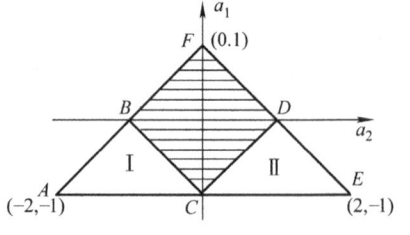

图 5-48 系统稳定三角形

数,反之亦然。这时加法器的输入-输出关系出现非线性,其非线性特性如图 5-49 所示。图中 v 为该滤波器的输入之和,$f(v)$ 为加法器的输出。

由图 5-49 可见,只有当各输入之和 $|v|<1$ 时,加法运算才是正确的;当 $1<|v|<2$ 时,由于符号的改变,加法运算结果出现错误。

考虑零输入的二阶滤波器

$$y(n)=a_1y(n-1)+a_2y(n-2) \quad (5\text{-}146)$$

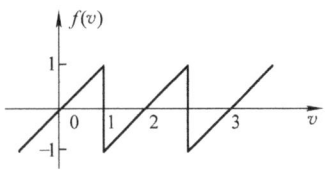

图 5-49 补码加法器的输入-输出特性

当采用补码加法器后,滤波器的实际输出应满足图 5-49 的非线性特性,即

$$y(n)=f[a_1y(n-1)+a_2y(n-2)] \quad (5\text{-}147)$$

很明显,如果 $|a_1y(n-1)+a_2y(n-2)|<1$,则 $y(n)$ 将被正确理解,这时不出现溢出,即对所有 n,输出均应小于 1。若

$$|y(n-1)|<1,|y(n-2)|<1$$

则

$$|a_1y(n-1)+a_2y(n-2)|\le|a_1y(n-1)|+|a_2y(n-2)|<|a_1|+|a_2|<1$$

得到不产生溢出的充分条件是

$$|a_1|+|a_2|<1 \quad (5\text{-}148)$$

同样,用反证法可以证明式 (5-148) 也是不产生溢出的必要条件。

式 (5-148) 就是图 5-48 中 $a_1+a_2=1$,$a_2-a_1=1$,$a_1+a_2=-1$,$a_2-a_1=-1$ 四条直线所围的正方形,如图中的阴影部分所示。

3. 输出极限环振荡

下面分两种情况讨论。

1) 输入 $x(n)=0$ 时,输出一等幅序列的可能性。这时有 $y(n)=y_0$ (常数,对所有 n),出现自激振荡需要满足式 (5-147),即

$$y_0=f[a_1y_0+a_2y_0]=2K+a_1y_0+a_2y_0 \quad K=0,\pm1,\pm2,\cdots$$

考虑到图 5-49 的特性,选为 $2K$。当两个输入之和相差为偶数时,其输入、输出的符号相同。一定能找到一个 K 值,使上式相等,即

$$y_0=\frac{2K}{1-(a_1+a_2)}$$

注意:由于 $f[\cdot]<1$,故要求 $|y_0|<1$。

在没有产生溢出时,若 $K=0$,则 $y_0=(a_1+a_2)y_0$,故只要 $a_1+a_2=1$ 即可,但这一直线还在稳定区域内。

如果 $K=\pm1$,则 $y_0=\dfrac{\pm2}{1-(a_1+a_2)}$,要求 $|y_0|=\dfrac{2}{1-(a_1+a_2)}<1$,即必须

$$a_1+a_2<-1 \quad (5\text{-}149)$$

从而得到输入为零时输出为等幅振荡序列,这正好是图 5-48 中左下角三角形 I 区域内部。因为 BC 边为 $a_1+a_2=-1$,故 $y_0=1$;顶点 A 处为 $a_1+a_2=-3$,故 $y_0=0.5$。由此可以看出,在 I 区域内有 $0.5<y_0<1$。$K\ge2$ 时,a_1、a_2 不可能在稳定区域内。

2) 输入 $x(n)=0$ 时,输出是周期为 2 的零输入极限环振荡,即输出为 $y(n)=(-1)y_0$

的情况,其中 $0 < y_0 < 1$。由补码加法器的非线性特性可得

$$(-1)^n y_0 = f[a_1(-1)^{n-1} y_0 + a_2(-1)^{n-2} y_0] = f[(-1)^n (a_2 - a_1) y_0]$$

同样有

$$(-1)^n y_0 = 2K + (-1)^n (a_2 - a_1) y_0 \quad K = 0, \pm 1, \pm 2, \cdots$$

可解得

$$(-1)^n y_0 = \frac{2K}{1 - (a_2 - a_1)} = \frac{2K}{1 + (a_1 - a_2)}$$

如果 $K = 0$,则 $a_2 - a_1 = 1$,不在稳定区域内。如果 $K = \pm 1$,则上式变为

$$(-1)^n y_0 = \frac{\pm 2}{1 + (a_1 - a_2)}$$

若要求 $|y_0| < 1$,则有

$$a_1 - a_2 > 1 \tag{5-150}$$

在此条件下,才能满足 $x(n) = 0$ 时,输出是周期为 2 的等幅振荡。这一条件限定的区域为图 5-48 右下角的三角形 II 区域内部。其一条边界为 $a_1 - a_2 = 1$,则 $y_0 = 1$;而顶点 E 处,$a_1 - a_2 = 3$,$y_0 = 0.5$。于是在 II 区域内有 $0.5 < y_0 < 1$。$K \geq 2$ 时,a_1、a_2 皆不在稳定区域内。

综上所述,若采用补码加法器,则必须满足 $|a_1| + |a_2| < 1$(即图 5-48 中阴影部分),才能既稳定,又不产生溢出。否则在没有输入时可能出现振荡。

为了避免溢出振荡,必须修改加法器,使非线性函数 $f[\cdot]$ 由图 5-48 的形式变成图 5-50 的形式,也就是变成饱和加法器。饱和加法器的特点是当相加器的输入之和大于 1 或小于 -1 时,就分别以 1 和 -1 代表相加结果,这样就能克服溢出振荡。

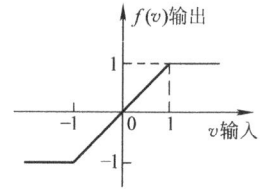

图 5-50 补码饱和加法器特性

在使用不饱和加法器的正常类型中,若采用反码、补码运算,在若干输入值相加时,只要保证最后结果的绝对值小于 1,则中间相加的结果是否溢出不影响最终结果的正确。

例如,补码加法 $\frac{3}{8} + \frac{3}{4} + \frac{1}{8} - \frac{1}{2} = \frac{3}{4}$,可用二进制表示为

$$\frac{3}{8} = 0.011b, \quad \frac{3}{4} = 0.110b, \quad \frac{1}{8} = 0.001b, \quad -\frac{1}{2} = 1.100b$$

第一次相加

$$\frac{3}{8} + \frac{3}{4} = 0.011 + 0.110 = 1.001b = -\frac{7}{8} \quad (溢出,出错)$$

第二次相加

$$-\frac{7}{8} + \frac{1}{8} = 1.001 + 0.001 = 1.010b = -\frac{3}{4}$$

第三次相加

$$-\frac{3}{4} - \frac{1}{2} = 1.010 + 1.100 = 10.110b$$

舍去最后结果最高位(进位项)的 1,则正确答案是 $0.110b = 3/4$,因此允许中间结果溢出。

本章小结

本章建立并研究了采用傅里叶变换和 z 变换方法来表示和分析 LSI 系统。对 LSI 系统变换分析的重要性直接来自于这一结果：虚指数函数是这类系统的特征函数，并且有关的特征值就对应于系统函数或系统频率响应函数。有了系统函数可以画出系统的零极点图，并可以在变换域方便地判断系统的稳定性、因果性等重要特性。

对于由线性常系数差分方程描述的系统，变换域分析尤其有效，因为傅里叶变换或 z 变换把一个差分方程转化为代数方程。系统函数是有理多项式之比，多项式的系数直接对应于差分方程的系数。由差分方程描述的系统，其单位抽样响应可以是无限长的（IIR），或者是有限长的（FIR）。

LSI 系统的频率响应常用幅度响应或相位响应来表征。线性相位往往是期望的频率响应特性，因为线性相位是一种相当轻微的相位失真形式，它只有一个位移量，不产生波形变化。FIR 系统的重要性在于：对于给定的一组频率响应幅度指标，它可以很容易地设计成具有真正线性相位（或广义线性相位）特性。

虽然对于 LSI 系统其频率响应和相位响应之间一般是独立的，但对于最小相位系统而言，幅度唯一地确定了相位，而相位除了一个幅度加权因子外，也唯一地确定了幅度响应。非最小相位系统可以由最小相位系统和全通系统的级联组合来表示。

本章最后讨论了系统的运算结构。IIR 系统的主要结构有：直接型；级联型；并联型。FIR 系统的主要结构有：直接型；级联型；频率抽样；快速卷积型以及线性相位型等。需要强调指出的是，对于一给定的输入输出关系可以用不同的运算结构来实现。在不考虑量化影响时，这些不同的实现结构是等效的，但在考虑量化影响时，这些不同的实现性能上就有差异。实现结构的不同将会影响系统的精度、误差、稳定性、经济性以及运算速度等，因此必须慎重对待。

习 题

5-1 描述某 LSI 系统的差分方程为
$$y(n) + 4y(n-1) + y(n-2) = 4x(n) + 2x(n-1)$$
已知激励 $x(n) = (-2)^n u(n)$，求系统的响应。

5-2 描述某 LSI 系统的差分方程为
$$6y(n) - 5y(n-1) + y(n-2) = x(n)$$
已知激励 $x(n) = 10\cos\left(\dfrac{n\pi}{2}\right)u(n)$，求系统的响应。

5-3 某 LSI 系统，已知当输入 $x(n) = \left(-\dfrac{1}{2}\right)^n u(n)$ 时，其响应为
$$y(n) = \left[\dfrac{3}{2}\left(\dfrac{1}{2}\right)^n + 4\left(-\dfrac{1}{3}\right)^n - \dfrac{9}{2}\left(-\dfrac{1}{2}\right)^n\right]u(n)$$
求系统的单位抽样响应 $h(n)$ 和描述系统的差分方程。

5-4 描述 LSI 系统的差分方程为

$$y(n) + \frac{3}{2}y(n-1) - y(n-2) = x(n-1)$$

若系统为因果系统，求单位抽样响应 $h(n)$，并判断是否稳定。

5-5 描述 LSI 系统的差分方程为

$$y(n-1) - \frac{10}{3}y(n) + y(n+1) = x(n)$$

已知系统是稳定的，试求其单位抽样响应，并判断系统的因果性。

5-6 已知用下列差分方程描述的一个线性移不变因果系统

$$y(n) = y(n-1) + y(n-2) + x(n-1)$$

（1）求这个系统的系统函数，画出其零极点图并指出其收敛区域。
（2）求此系统的单位抽样响应。
（3）此系统是一个不稳定系统，请找一个满足上述差分方程的稳定的（非因果）系统的单位抽样响应。

5-7 一个线性移不变因果系统由下列差分方程描述

$$y(n) = x(n) - x(n-1) - 0.5y(n-1)$$

（1）求系统函数 $H(z)$，在 z 平面画出它的零极点和收敛域，判断系统的稳定性。
（2）画出系统的幅频响应示意图，说明系统的滤波特性。
（3）若输入 $x(n) = 2\cos(0.5\pi n)$, $n \geq 0$，指出系统稳态输出的最大幅值是多少？

5-8 某离散系统的系统函数为 $H(z) = \dfrac{0.6(1 + z^{-1})}{1 + 0.2z^{-1}}$，求信号 $x(n) = \cos(0.9\pi n)u(n)$ 通过该系统的稳态响应。

5-9 一种用以滤除噪声的简单数据处理方法是移动平均。当接收到输入数据 $x(n)$ 后，就将本次输入数据与前 3 次的输入数据（共 4 个数据）进行平均。求该数据处理系统的频率响应。

5-10 已知某离散系统的系统函数为 $H(z) = \dfrac{z}{z - k}$，k 为常数。

（1）写出对应的差分方程。
（2）画出系统结构图。
（3）求系统的频率响应，并画出 $k = 0$，0.5，1 三种情况下的幅度响应和相位响应。

5-11 设一个 FIR 系统的系统函数为

$$H(z) = 1 - 2\rho\cos(\theta)z^{-1} + \rho^2 z^{-2}$$

其中，ρ、θ 均为已知数，$0 < \rho \leq 1$，$0 \leq \theta \leq \pi$。
（1）分析参数 ρ、θ 变化对系统滤波特性产生的影响。
（2）设有一窄带干扰，主频率分量等于 $\dfrac{\pi}{3}$ rad，要滤去这一干扰，滤波器的频率特性该如何设计？

5-12 一个 FIR 线性相位系统的单位抽样响应是实数，且 $n > 6$ 和 $n < 0$ 时 $h(n) = 0$。如果 $h(0) = 1$，且系统函数 $H(z)$ 在 $z = 3$ 和 $z = \dfrac{1}{2}e^{j\frac{\pi}{3}}$ 各有一个零点，问 $H(z)$ 的表达式是什么。

5-13 有一个离散时间系统，其结构流图如图 5-51 所示。
（1）欲使其具有线性相位特性，a_1、a_2、a_3、b_0、b_1 应为何值？
（2）求出该系统的单位冲激响应 $h(n)$。
（3）求对应的相频函数，证明（1）的结论。

5-14 令 $H_{\min}(z)$ 为最小相位序列 $h_{\min}(n)$ 的 z 变换，若 $h(n)$ 为某一因果非最小相位系统，其傅里叶变换幅度与 $|H_{\min}(e^{j\omega})|$ 相等，证明

$$|h(0)| < |h_{\min}(0)|$$

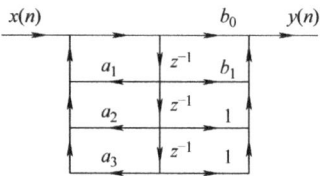

图 5-51 题 5-13 图

5-15 设滤波器差分方程为

$$y(n) = x(n) + x(n-1) + \frac{1}{3}y(n-1) + \frac{1}{4}y(n-2)$$

试用直接 I 型、典范型及一阶节的级联型、一阶节的并联型结构实现此差分方程。

5-16 用横截型结构实现以下系统函数：

$$H(z) = \left(1 - \frac{1}{2}z^{-1}\right)(1 + 6z^{-1})(1 - 2z^{-1})\left(1 + \frac{1}{6}z^{-1}\right)(1 - z^{-1})$$

5-17 设某 FIR 数字滤波器的系统函数为

$$H(z) = \frac{1}{5}(1 + 3z^{-1} + 5z^{-2} + 3z^{-3} + z^{-4})$$

试画出此滤波器的线性相位结构。

5-18 一个二阶 IIR 滤波器，其差分方程为

$$y(n) = y(n-1) - ay(n-2) + x(n)$$

现采用 $b=3$ 位的定点制运算，做舍入处理。

(1) 当系数 $a = 0.75$，零输入 $x(n) = 0$，初始条件为 $\hat{y}(-2) = 0, \hat{y}(-1) = 0.5$，求 $0 \leq n \leq 10$ 的 11 点输出 $\hat{y}(n)$ 值。

(2) 证明：当 $Q_R[a\hat{y}(n-2)] = \hat{y}(n-2)$ 时发生零输入极限环振荡，并用等效极点迁移来解释这个现象。

5-19 一个一阶 IIR 网络的差分方程为 $y(n) = ay(n-1) + x(n)$，采用定点制原码运算，尾数做截尾处理。

(1) 证明：只要系统稳定，即 $|a| < 1$，就不会发生零输入极限环振荡。

(2) 若采用定点补码运算，尾数做截尾处理，这时以上结论仍然成立吗？

5-20 两个一阶 IIR 网络

$$H_1(z) = \frac{1}{1 - 0.9z^{-1}}, H_2(z) = \frac{1}{1 - 0.1z^{-1}}$$

用定点制运算，做舍入处理，要求输出精度 $\sigma_f^2/\sigma_y^2 = -80\text{dB}$，问各需要几位尾数字长。

5-21 一个二阶网络

$$H(z) = \frac{0.2}{(1 - 0.4z^{-1})(1 - 0.9z^{-1})}$$

用 6 位字长舍入方式对其系数进行量化，试用统计方法估算在以下三种结构下，系数量化所引起的频率响应偏离的方差值 σ_e^2。

(1) 直接型结构；(2) 级联型结构；(3) 并联型结构。

5-22 设数字滤波器

$$H(z) = \frac{0.06}{1 - 0.6z^{-1} + 0.25z^{-2}} = \frac{0.06}{1 + a_1z^{-1} + a_2z^{-2}}$$

利用 a_1、a_2 的变化来分析极点位置灵敏度，设 a_1、a_2 分别造成极点在正常值的 0.2%、0.3% 内变化，试确定所需的最小字长。

MATLAB 函数与练习

系统分析常用函数见表 5-4。

表 5-4　系统分析常用函数

模　块	系统分析	
序　号	函数名称	函数功能
1	freqz	求解离散系统的频率响应
2	impz	求解离散系统的冲激响应
3	filter	求解离散系统的响应
4	zplane	显示离散系统的零极点图
5	latc2tf	将格型结构参数转化为传递函数参数
6	tf2latc	将传递函数参数转化为格型结构参数

M5-1　给定系统 $H(z) = -0.2z/(z^2 + 0.8)$。
(1) 求出并画出 $H(z)$ 的幅频响应与相频响应。
(2) 求出并画出该系统的单位抽样响应 $h(n)$。
(3) 令 $x(n) = u(n)$，求出并画出系统的单位阶跃响应 $y(n)$。

M5-2　已知系统函数为 $H(z) = \dfrac{1+3z}{1-0.3z^{-1}+0.9z^{-2}}$，计算该系统函数的零极点，并画出系统函数零极点分布图。

M5-3　编制程序求解以如下线性常系数差分方程形式给定的系统的单位抽样响应，并画出其图形。给出理论计算结果和程序计算结果并讨论。并基于前面计算出的单位抽样响应序列，计算当输入为 $x(n) = \cos(0.2\pi n)$，$0 \leq n \leq 39$ 时，这两个系统的输出 $y(n)$。
(1) $y(n) + 0.75y(n-1) + 0.125y(n-2) = x(n) - x(n-1)$
(2) $y(n) = 0.25\{x(n-1) + x(n-2) + x(n-3) + x(n-4)\}$

M5-4　利用 MATLAB 实现下列线性相位 FIR 级联结构。
(1) $H(z) = 0.1258 - 0.0010z^{-1} - 0.1766z^{-2} + 0.1169z^{-3} + 0.1169z^{-4} - 0.1766z^{-5} - 0.0010z^{-6} + 0.1258z^{-7}$
(2) $H(z) = -0.0468 - 0.0328z^{-1} + 0.1514z^{-2} - 0.2575z^{-3} + 0.3000z^{-4} - 0.2575z^{-5} + 0.1514z^{-6} - 0.0328z^{-7} - 0.0468z^{-8}$

M5-5　已知某四阶 IIR 滤波器的系统函数

$$H(z) = \frac{0.020083 - 0.040167z^{-2} + 0.020083z^{-4}}{1 + 10561z^{-2} + 0.6413z^{-4}}$$

分别实现系统的级联型和并联型结构，要求二阶子系统分别用直接 I 型和直接 II 型实现。

M5-6　已知某八阶 IIR 滤波器的系统函数

$$H(z) = \frac{\sum_{j=0}^{8} b_j z^{-j}}{1 + \sum_{j=0}^{8} a_i z^{-i}}$$

$b_j = \{0.0009, 0, -0.0036, 0, 0.0053, 0, -0.0036, 0, 0.0009; j = 0, 1, 2, \cdots, 8\}$
$a_i = \{-4.1603, 9.5155, -14.0166, 14.6425, -10.8649, 5.7152, -1.9339, 0.3607; i = 1, 2, \cdots, 8\}$

分别实现系统的级联型和并联型结构，要求二阶子系统分别用直接 II 型和转置的直接 II 型实现。

第 6 章　数字滤波器设计

数字滤波器和快速傅里叶变换一样,是数字信号处理的重要组成部分。

在许多科学技术领域中广泛使用着各种滤波器。模拟滤波器主要用来处理连续时间信号,而数字滤波器用来处理离散时间信号和数字信号。

数字滤波器是在模拟滤波器的基础上发展起来的,它们之间也有一些重要差别。与模拟滤波器相比,数字滤波器具有以下优点:①精度和稳定性高;②改变系统函数比较容易,因而比较灵活;③不存在阻抗匹配问题;④便于大规模集成;⑤可以实现多维滤波。随着数字技术的发展,用数字技术实现滤波器的功能得到越来越广泛的关注和应用。

6.1　滤波器设计的基本概念

第 5 章 5.1 节中阐述了理想频率选择性滤波器的特性,并证明了这样的滤波器是非因果系统,因而是物理不可实现的。为了得到一个物理可实现的滤波器,必须放松理想频率响应的条件,而是尽可能地逼近它。从频率特性来看,滤波器物理可实现的条件如下:

1) 幅度函数 $|H(e^{j\omega})|$ 满足二次方可积条件,即

$$\int_{-\infty}^{\infty} |H(e^{j\omega})|^2 d\omega < \infty$$

2) 幅度函数 $|H(e^{j\omega})|$ 满足佩利 - 维纳准则,即

$$\int_{-\infty}^{\infty} \frac{|\ln H(e^{j\omega})|}{1+\omega^2} d\omega < \infty$$

3) 实因果系统的幅度响应和相位响应是相互依存的,不能单独被确定,二者通过希尔伯特变换建立联系。关于这一问题,详见有关参考书,此处不再论述。

从佩利 - 维纳准则得到的重要结论是:在一些点上,幅度函数 $|H(e^{j\omega})|$ 可以是零,但是在任何有限频带上 $|H(e^{j\omega})|$ 不能为零,否则积分将变成无限的。因此幅度函数 $|H(e^{j\omega})|$ 在阻带不能全为零,而是很小的非零值或者小的波纹。放松理想频率响应的条件,幅度函数 $|H(e^{j\omega})|$ 没有必要在整个通带内是常数,少量波纹也是允许的。

在设计数字滤波器之前,通常需要事先给定滤波器的频域指标。物理可实现滤波器的幅度响应如图 6-1 所示,该图称为频域误差容限图。频域指标可以表示为

$$\begin{cases} 1-\delta_1 \leq |H(e^{j\omega})| \leq 1+\delta_1 & |\omega| \leq \omega_p \\ |H(e^{j\omega})| \leq \delta_2 & \omega_s \leq |\omega| \leq \pi \end{cases} \tag{6-1}$$

即要求滤波器的幅频响应在通带内 ($0 \sim \omega_p$) 起伏不超过 $\pm\delta_1$,在阻带内 ($\omega_s \sim \pi$) 起伏低于 δ_2。为了能按照上述要求逼近理想低通滤波器,必须有一个宽度不为零的过渡带。过渡带内幅度响应从通带平滑地下降到阻带。其中,ω_p 和 ω_s 分别称为通带截止频率和阻带截止频率。δ_1、δ_2 分别为通带、阻带的容限,在具体指标中往往由通带允许的最大衰减 α_p 及阻带应达到的最小衰减 α_s 给出。通带及阻带的衰减 α_p、α_s 分别定义为

$$\alpha_p = 20\lg \frac{|H(e^{j0})|}{|H(e^{j\omega_p})|} = -20\lg|H(e^{j\omega_p})| \tag{6-2}$$

$$\alpha_s = 20\lg \frac{|H(e^{j0})|}{|H(e^{j\omega_s})|} = -20\lg|H(e^{j\omega_s})| \tag{6-3}$$

式中，假定 $|H(e^{j0})| = 1$。

按图 6-1 的规定给出滤波器的一组技术指标之后，下一步就是寻找一个频率响应符合允许指标的离散时间线性系统。这样，对滤波器的设计问题就归结为数学逼近问题。显然，对于 IIR 系统，可以应用有理函数去逼近所期望的频率响应；对于 FIR 系统，则可用多项式逼近所期望的频率响应。

一般情况下，数字滤波器是一个用有限精度算法实现的线性移不变系统，其一般的设计步骤包括：

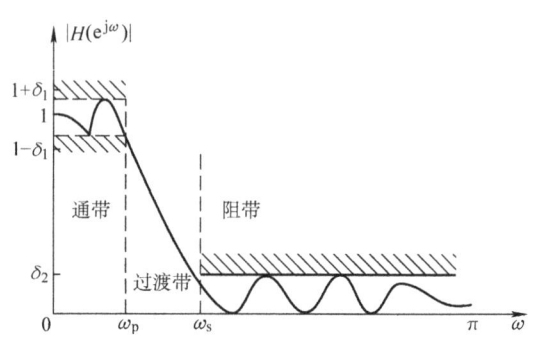

图 6-1　滤波器频域误差容限图

1) 根据实际需要确定滤波器的技术指标，如滤波器频率响应的幅度特性和截止频率等。

2) 用一个稳定的因果系统逼近这些指标，具体来说，就是由这些指标计算系统函数 $H(z)$。$H(z)$ 有无限长单位冲激响应（IIR）系统函数和有限长单位冲激响应（FIR）系统函数两种。

3) 用有限精度的运算实现这个系统函数。这包括选择运算结构、进行误差分析和选择存储单元的字长等。

4) 实际的技术实现，包括采用通用计算机软件或专用数字滤波器硬件来实现，或采用专用的或通用的数字信号处理器来实现等。

第 1 步及第 4 步与实际应用有关。第 3 步中关于滤波器的运算结构和运算精度问题已在第 5 章中讨论，本章主要讨论第 2 步所涉及的问题，即逼近性能要求问题或系统函数的设计问题。

设计数字滤波器的方法主要有两种：

(1) 利用模拟滤波器的理论来设计数字滤波器　首先，设计一个合适的模拟滤波器；然后，变换成满足预定指标的数字滤波器。这种方法很方便，因为模拟滤波器已经具有很多简单而又现成的设计公式，并且设计参数已经表格化，设计起来既方便又准确。

(2) 最优化设计法　最优化设计法一般分两步进行：

1) 选择一种最优准则。例如选择最小方均误差准则，它是指在一组离散的频率 $\{\omega_i\}$（$i = 1, 2, \cdots, M$）上，所设计出的实际频率响应幅度 $|H(e^{j\omega})|$ 与所要求的理想频率响应幅度 $|H_d(e^{j\omega})|$ 的方均误差 ε 最小，即

$$\varepsilon = \sum_{i=1}^{M} \left[|H(e^{j\omega_i})| - |H_d(e^{j\omega_i})| \right]^2$$

此外还可以有其他许多种误差最小的准则，如最大误差最小准则等。

2) 求在此最佳准则下滤波器系统函数的系数 a_k、b_m。一般通过不断改变滤波器系数

a_k、b_m，分别计算 ε；最后，找到使 ε 为最小时的一组系数 a_k、b_m，从而完成设计。这种设计需要进行大量的迭代运算，故离不开计算机。所以，最优化方法又称为计算机辅助设计法。

IIR 数字滤波器设计常用的方法是利用模拟滤波器理论来设计数字滤波器。FIR 数字滤波器没有成熟的模拟滤波器可以参考，因此直接在数字域设计。

本章 6.2 节首先介绍常用模拟低通滤波器的设计方法，然后在 6.3 节讨论由 IIR 模拟滤波器设计 IIR 数字滤波器的两种常用的变换方法：冲激响应不变法和双线性变换法。6.4 节则分别从时域、频域以及优化方法设计线性相位 FIR 滤波器。

6.2 模拟低通滤波器的设计

常用的模拟原型滤波器有巴特沃思（Butterworth）滤波器、切比雪夫（Chebyshev）滤波器、椭圆（Ellipse）滤波器、贝塞尔（Bessel）滤波器等。这些滤波器都有严格的设计公式、现成的曲线和图表供设计人员使用。这些典型的滤波器各有特点：巴特沃思滤波器具有单调下降的幅频特性；切比雪夫滤波器的幅频特性在通带或者在阻带有波动，可以提高选择性；贝塞尔滤波器通带内有较好的线性相位特性；椭圆滤波器的选择性相对前三种是最好的，但在通带和阻带内均为等波纹幅频特性。实际应用中，可以根据具体要求来选用不同类型的滤波器。

6.2.1 由幅度二次方函数来确定系统函数

为了从模拟滤波器设计数字 IIR 滤波器，必须先设计一个满足技术指标的模拟滤波器。模拟滤波器的设计就是要将一组规定的设计要求，转换为相应的模拟系统函数 $H_a(s)$，使其逼近理想滤波器的特性，而这种逼近是根据幅度二次方函数来确定的。

模拟滤波器幅度响应常用幅度二次方函数 $|H_a(j\Omega)|^2$ 来表示，即

$$|H_a(j\Omega)|^2 = H_a(j\Omega)H_a^*(j\Omega)$$

由于滤波器的 $h_a(t)$ 是实函数，因此 $H_a(j\Omega)$ 满足

$$H_a^*(j\Omega) = H_a(-j\Omega)$$

所以

$$|H_a(j\Omega)|^2 = H_a(j\Omega)H_a(-j\Omega) = H_a(s)H_a(-s)|_{s=j\Omega} \tag{6-4}$$

式中，$H_a(s)$ 为模拟滤波器的系统函数，它是 s 的有理函数；$H_a(j\Omega)$ 为模拟滤波器的稳态响应，又称为滤波器的频率特性。$|H_a(j\Omega)|$ 是滤波器的稳态幅频特性。

由模拟滤波器变换为数字滤波器是从 $H_a(s)$ 开始的，为此必须按照式（6-4）由已知的 $|H_a(j\Omega)|^2$ 求得 $H_a(s)$。这就要回到式（6-4），设 $H_a(s)$ 有一极点（或零点）位于 $s = s_0$ 处，由于 $h_a(t)$ 为实函数，则极点（或零点）必以共轭对形式出现，因而，$s = s_0^*$ 处也一定有一极点（或零点），所以，与之对应 $H_a(-s)$ 在 $s = -s_0$ 和 $-s_0^*$ 处必有极点（或零点）。这样，$H_a(s)H_a(-s)$ 的零极点分布如图 6-2 所示，呈象限对称。

已知任何实际可实现的滤波器都是稳定的，因此，$H_a(s)$ 的极点必须落于 s 的左半平面，所以左半平面的极点一定属于 $H_a(s)$，落于右半平面的极点属于 $H_a(-s)$。

零点的分布与滤波器的相位特性有关。如要求最小相位特性，则应选取 s 平面左半平面的零点。如要求具有特殊相位的滤波器，则可以按各种不同的组合来分配左半平面和右半平面内的零点。

综上所述，可归纳出由 $|H_a(j\Omega)|^2$ 确定 $H_a(s)$ 的方法如下：

1) 在式（6-4）中代入 $\Omega^2 = -s^2$，得到 s 平面函数 $H_a(s)H_a(-s)$。

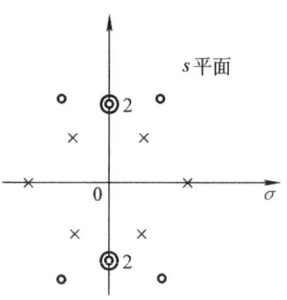

图 6-2 $H_a(s)H_a(-s)$ 的零极点分布（呈象限对称，虚轴零点上的数字"2"表示是二阶零点）

2) 将 $H_a(s)H_a(-s)$ 因式分解，得到零点和极点。将左半平面的极点归于 $H_a(s)$；如无特殊要求，可取 $H_a(s)H_a(-s)$ 以虚轴为对称轴的对称零点的任一半（即共轭对）作为 $H_a(s)$ 的零点，如要求是最小相位延时滤波器，则应取左半平面零点作为 $H_a(s)$ 的零点。$j\Omega$ 轴上的零点或极点都是偶次的，其中一半（应为共轭对）属于 $H_a(s)$。

3) 按照 $H_a(j\Omega)$ 与 $H_a(s)$ 的低频特性或高频特性的对比即可确定出增益常数。

4) 由求出的 $H_a(s)$ 的零点、极点及增益常数，可完全确定系统函数 $H_a(s)$。

【例 6-1】 根据以下幅度二次方函数 $|H_a(j\Omega)|^2$ 确定系统函数 $H_a(s)$：

$$|H_a(j\Omega)|^2 = \frac{25(16-\Omega^2)^2}{(64+\Omega^2)(81+\Omega^2)}$$

解：令 $\Omega^2 = -s^2$，代入上式得

$$H_a(s)H_a(-s) = |H_a(j\Omega)|^2 \big|_{\Omega^2=-s^2} = \frac{25(16+s^2)^2}{(64-s^2)(81-s^2)}$$

其极点为 $s = \pm 8$，$s = \pm 9$，零点为 $s = \pm j4$（为二阶）。

选左半平面极点 $s = -8$，$s = -9$ 及一对共轭零点 $s = \pm j4$ 为 $H_a(s)$ 的零、极点，并设增益常数为 K_0，则得 $H_a(s)$ 为

$$H_a(s) = \frac{K_0(s^2+16)}{(s+8)(s+9)}$$

由 $H_a(s)|_{s=0} = H_a(j\Omega)|_{\Omega=0}$ 的条件可得增益常数 K_0 为

$$K_0 = 5$$

最后得到 $H_a(s)$ 为

$$H_a(s) = \frac{5(s^2+16)}{(s+8)(s+9)} = \frac{5s^2+80}{s^2+17s+72}$$

目前，已经给出了几种不同类型的 $|H_a(j\Omega)|^2$ 的表达式，它们代表了几种不同类型的滤波器。下面介绍两种常用的逼近。

6.2.2 巴特沃思低通逼近

巴特沃思逼近又称最平幅度逼近。巴特沃思低通滤波器的幅度二次方函数定义为

$$|H_a(j\Omega)|^2 = \frac{1}{1+(\Omega/\Omega_c)^{2N}} \tag{6-5}$$

式中，N 为滤波器的阶数，正整数；Ω_c 为截止频率。

当 $\Omega = \Omega_c$ 时，有

$$|H_a(j\Omega_c)|^2 = \frac{1}{2}$$

即

$$|H_a(j\Omega_c)| = \frac{1}{\sqrt{2}}, \quad \alpha_p = 20\lg\left|\frac{H_a(j0)}{H_a(j\Omega_c)}\right| = 3\text{dB}$$

所以，又称 Ω_c 为巴特沃思低通滤波器的 3dB 带宽。

巴特沃思滤波器的特点如下：

1）当 $\Omega = 0$ 时，$H_a(j0) = 1$，即在 $\Omega = 0$ 处无衰减。

2）当 $\Omega = \Omega_c$ 时，$|H_a(j\Omega_c)| = \frac{1}{\sqrt{2}} = 0.707$，通带最大衰减 $\alpha_p = 20\lg|H_a(j0)/H_a(j\Omega_c)| = 3\text{dB}$。

当 $\Omega = \Omega_c$ 时，不管 N 为多少，所有特性曲线都通过 3dB 点，或者说衰减为 3dB。

3）在 $\Omega < \Omega_c$ 通带内，$|H_a(j\Omega)|^2$ 有最大平坦的幅度特性，即 N 阶巴特沃思低通滤波器在 $\Omega = 0$ 处幅度二次方函数 $|H_a(j\Omega)|^2$ 的前 $2N-1$ 阶导数为零，因而巴特沃思滤波器又称为最平幅度特性滤波器。随着 Ω 由 0 变到 Ω_c，$|H_a(j\Omega)|^2$ 单调减小，N 越大，减小得越慢，即通带内特性越平坦。

4）在 $\Omega > \Omega_c$，即在过渡带及阻带内，$|H_a(j\Omega)|^2$ 也随 Ω 增大而单调减小，但 $\Omega/\Omega_c > 1$，故比通带内衰减的速度要快得多，N 越大，衰减速度越快。当 $\Omega = \Omega_s$，即频率为阻带截止频率时，阻带最小衰减 $\alpha_s = -20\lg|H_a(j\Omega_s)|$。对确定的 α_s，N 越大，Ω_s 距 Ω_c 越近，即过渡带越窄。

巴特沃思低通滤波器的幅度特性如图 6-3 所示。

在幅度二次方函数式 (6-5) 中，代入 $\Omega = s/j$，可得

$$H_a(s)H_a(-s) = \frac{1}{1 + \left(\dfrac{s}{j\Omega_c}\right)^{2N}} \tag{6-6}$$

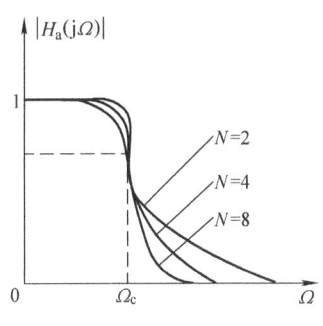

图 6-3 巴特沃思滤波器的幅度特性及其与 N 的关系

所以，巴特沃思滤波器的零点全部在 $s = \infty$ 处，在有限 s 平面内只有极点，因而属于所谓全极点型滤波器。$H_a(s)H_a(-s)$ 的极点为

$$s_k = (-1)^{\frac{1}{2N}}(j\Omega_c) = \Omega_c e^{j\left[\frac{1}{2} + \frac{2k-1}{2N}\right]\pi} \quad k = 1, 2, \cdots, 2N \tag{6-7}$$

可以看出，$H_a(s)H_a(-s)$ 的极点分布特点如下：

1）极点在 s 平面呈象限对称，等间隔分布在半径为 Ω_c 的圆（称巴特沃思圆）上，共有 $2N$ 个极点。

2）极点间的角度间隔为 π/N rad。

3）极点绝不会落在虚轴上，这样滤波器才有可能是稳定的。

4）N 为奇数时，实轴上有极点；N 为偶数时，实轴上没有极点。

例如，$N = 3$ 及 $N = 4$ 时，$H_a(s)H_a(-s)$ 的极点分布分别如图 6-4a、b 所示。

$H_a(s)H_a(-s)$ 在 s 左半平面的 N 个极点即为 $H_a(s)$ 的极点，因此有

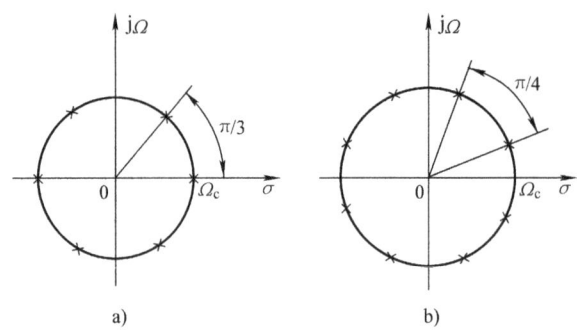

图6-4 巴特沃思滤波器 $H_a(s)H_a(-s)$ 在 s 平面的极点位置
a) $N=3$ b) $N=4$

$$H_a(s) = \frac{\Omega_c^N}{\prod_{k=1}^{N}(s-s_k)} \tag{6-8}$$

其中，分子系数为 Ω_c^N，可由 $H_a(s)$ 的低频特性决定（代入 $H_a(0)=1$，可求得分子系数为 Ω_c^N），而 s_k 为

$$s_k = \Omega_c e^{j[\frac{1}{2}+\frac{2k-1}{2N}]\pi} \quad k=1,2,\cdots,N \tag{6-9}$$

一般模拟低通滤波器的设计指标由参数 Ω_p、α_p、Ω_s 和 α_s 给出，其设计公式类似式（6-2）和式（6-3），因此对于巴特沃思滤波器，设计的实质就是为了求得由这些参数所决定的滤波器阶次 N 和截止频率 Ω_c。参考式（6-2）和式（6-3），可得到如下关系式：

1）在 $\Omega=\Omega_p$，$-10\lg|H_a(j\Omega)|^2 = \alpha_p$，或

$$\alpha_p = -10\lg\left[\frac{1}{1+(\Omega_p/\Omega_c)^{2N}}\right] \tag{6-10}$$

2）在 $\Omega=\Omega_s$，$-10\lg|H_a(j\Omega)|^2 = \alpha_s$，或

$$\alpha_s = -10\lg\left[\frac{1}{1+(\Omega_s/\Omega_c)^{2N}}\right] \tag{6-11}$$

由式（6-10）和式（6-11）解出 N 和 Ω_c，有

$$N = \left\lceil \frac{\lg[(10^{\alpha_p/10}-1)/(10^{\alpha_s/10}-1)]}{2\lg(\Omega_p/\Omega_s)} \right\rceil \tag{6-12}$$

式中，$\lceil x \rceil$ 表示选大于等于 x 的最小正整数，如 $\lceil 4.5 \rceil = 5$。因为 N 是系统的阶数，实际中要取大于 N 的最小正整数，因此技术指标在 Ω_p 或在 Ω_s 上都能满足或超过一些。

若将 N 代入式（6-10），可得

$$\Omega_c = \Omega_p / \sqrt[2N]{10^{\alpha_p/10}-1} \tag{6-13}$$

代入式（6-10），可得

$$\Omega_c = \Omega_s / \sqrt[2N]{10^{\alpha_s/10}-1} \tag{6-14}$$

若用式（6-13）确定 Ω_c，阻带指标会得到改善；若用式（6-14）确定 Ω_c，则通带指标会得到改善，通常取在二者之间。N、Ω_c 确定之后，就可以确定巴特沃思滤波器的系统函数 $H_a(s)$。

【**例 6-2**】 导出三阶巴特沃思模拟低通滤波器的系统函数,设 $\Omega_c = 2\text{rad/s}$。

解:幅度二次方函数为

$$|H(j\Omega)|^2 = \frac{1}{1+(\Omega/2)^6}$$

令 $s = j\Omega$,则有

$$H_a(s)H_a(-s) = \frac{1}{1-(s^6/2^6)}$$

各极点满足式 (6-7),即

$$s_k = 2e^{j\left(\frac{1}{2} + \frac{2k-1}{6}\right)\pi} \quad k = 1, 2, \cdots, 6$$

而按式 (6-9),前面三个 $s_k (k=1,2,3)$ 就是 $H_a(s)$ 的极点。所给出的六个 s_k 为

$$s_1 = 2e^{j\frac{2}{3}\pi} = -1 + j\sqrt{3}, \quad s_2 = 2e^{j\pi} = -2, \quad s_3 = 2e^{j\frac{4}{3}\pi} = -1 - j\sqrt{3}$$

$$s_4 = 2e^{j\frac{5}{3}\pi} = 1 - j\sqrt{3}, \quad s_5 = 2e^{j0} = 2, \quad s_6 = 2e^{j\frac{1}{3}\pi} = 1 + j\sqrt{3}$$

由 s_1、s_2、s_3 三个极点构成的系统函数为

$$H_a(s) = \frac{\Omega_c^3}{(s-s_1)(s-s_2)(s-s_3)} = \frac{8}{s^3 + 4s^2 + 8s + 8}$$

【**例 6-3**】 设计一个满足以下要求的模拟低通巴特沃思滤波器:①通带截止频率 $\Omega_p = 2000\pi$ rad/s;通带最大衰减 $\alpha_p = 7\text{dB}$;②阻带截止频率 $\Omega_s = 3000\pi$ rad/s;阻带最小衰减 $\alpha_s = 16\text{dB}$。

解:由式 (6-12) 可得

$$N = \left\lceil \frac{\lg[(10^{0.7}-1)/(10^{1.6}-1)]}{2\lg(2000\pi/3000\pi)} \right\rceil = \lceil 2.79 \rceil = 3$$

为了准确在 Ω_p 满足指标要求,由式 (6-13) 得

$$\Omega_c = \frac{2000\pi}{\sqrt[6]{10^{0.7}-1}} = 4985 (\text{rad/s})$$

为了准确在 Ω_s 满足指标要求,由式 (6-14) 得

$$\Omega_c = \frac{3000\pi}{\sqrt[6]{10^{1.6}-1}} = 5122 (\text{rad/s})$$

在上面两个数之间可任选 Ω_c 值。现选 $\Omega_c = 5000\text{rad/s}$,这样就要设计一个 $N=3$ 和 $\Omega_c = 5000\text{rad/s}$ 的巴特沃思滤波器,模拟滤波器 $H_a(s)$ 的设计类似于例 6-2。最后可得

$$H_a(s) = \frac{0.125 \times 10^{12}}{(s+0.5\times 10^4)(s^2 + 0.5\times 10^4 s + 0.25\times 10^8)}$$

由于各滤波器的幅频特性不同,为使设计统一,将式 (6-8) 中所有的频率归一化。这里采用对 3dB 截止频率 Ω_c 归一化,归一化后的 $H_a(s)$ 表示为

$$H_a(s) = \frac{1}{\prod_{k=1}^{N}\left(\frac{s}{\Omega_c} - \frac{s_k}{\Omega_c}\right)} \tag{6-15}$$

式中,$s/\Omega_c = j\Omega/\Omega_c$。

令 $\lambda = \Omega/\Omega_c$,$\lambda$ 称为归一化频率;令 $p = j\lambda$,p 称为归一化复变量,这样归一化巴特沃

思的传输函数为

$$H_a(p) = \frac{1}{\prod\limits_{k=1}^{N}(p-p_k)} \quad (6\text{-}16)$$

式中，p_k 为归一化极点，可表示为

$$p_k = e^{j\left[\frac{1}{2}+\frac{2k-1}{2N}\right]\pi} \quad k=1,2,\cdots,N \quad (6\text{-}17)$$

令 $\lambda_{sp} = \Omega_s/\Omega_p$，$k_{sp} = \sqrt{\dfrac{10^{\alpha_p/10}-1}{10^{\alpha_s/10}-1}}$，则式（6-12）可表示为

$$N = \left\lceil -\frac{\lg k_{sp}}{\lg \lambda_{sp}} \right\rceil \quad (6\text{-}18)$$

综上所述，低通巴特沃思滤波器的设计步骤如下：

1) 根据技术指标 Ω_p、α_p、Ω_s 和 α_s，由式（6-18）求出滤波器的阶数 N。

2) 按照式（6-17），求出归一化极点 p_k，将 p_k 代入式（6-16），得到归一化传输函数 $H_a(p)$。

3) 将 $H_a(p)$ 去归一化。将 $p = s/\Omega_c$ 代入 $H_a(p)$，得到实际的滤波器传输函数 $H_a(s)$。

巴特沃思归一化低通滤波器参数见表 6-1、表 6-2。在求出滤波器阶数 N 后，可通过查表得到滤波器的传输函数或极点位置。

表 6-1 巴特沃思归一化低通滤波器极点参数

阶数 N	极点位置				
	$p_{0,N-1}$	$p_{1,N-2}$	$p_{2,N-3}$	$p_{3,N-4}$	p_4
1	-1.0000				
2	-0.7071 ± j0.7071				
3	-0.5000 ± j0.8660	-1.0000			
4	-0.3827 ± j0.9239	-0.9239 ± j0.3827			
5	-0.3090 ± j0.9511	-0.8090 ± j0.5878	-1.0000		
6	-0.2588 ± j0.9659	-0.7071 ± j0.7071	-0.9659 ± j0.2588		
7	-0.2225 ± j0.9749	-0.6235 ± j0.7818	-0.9010 ± j0.4339	-1.0000	
8	0.1951 ± j0.9808	0.5556 ± j0.8315	-0.8315 ± j0.5556	-0.9808 ± j0.1951	
9	-0.1736 ± j0.9848	-0.5000 ± j0.8660	-0.7660 ± j0.6428	-0.9397 ± j0.3420	-1.0000

表 6-2 巴特沃思归一化低通滤波器分母多项式参数

系数阶数 N	分母多项式 $B(p) = p^N + b_{N-1}p^{N-1} + b_{N-2}p^{N-2} + \cdots + b_1 p + b_0$								
	b_0	b_1	b_2	b_3	b_4	b_5	b_6	b_7	b_8
1	1.0000								
2	1.0000	1.4142							
3	1.0000	2.0000	2.0000						
4	1.0000	2.6131	3.4142	2.613					
5	1.0000	3.2361	5.2361	5.2361	3.2361				

(续)

系数阶数 N	分母多项式 $B(p) = p^N + b_{N-1}p^{N-1} + b_{N-2}p^{N-2} + \cdots + b_1 p + b_0$								
	b_0	b_1	b_2	b_3	b_4	b_5	b_6	b_7	b_8
6	1.0000	3.8637	7.4641	9.1416	7.4641	3.8637			
7	1.0000	4.4940	10.0978	14.5918	14.5918	10.0978	4.4940		
8	1.0000	5.1258	13.1371	21.8462	25.6884	21.8642	13.1371	5.1258	
9	1.0000	5.7588	16.5817	31.1634	41.9864	41.9864	31.1634	16.5817	5.7588

【例 6-4】 已知通带截止频率 $f_p = 5\text{kHz}$，通带最大衰减 $\alpha_p = 2\text{dB}$，阻带截止频率 $f_s = 12\text{kHz}$，阻带最小衰减 $\alpha_s = 30\text{dB}$，按照以上技术指标设计巴特沃思低通滤波器。

解：(1) 确定阶数 N

$$\lambda_{sp} = \Omega_s/\Omega_p = 2.4$$

$$k_{sp} = \sqrt{\frac{10^{\alpha_p/10} - 1}{10^{\alpha_s/10} - 1}} = 0.0242$$

$$N = \left\lceil -\frac{\lg 0.0242}{\lg 2.4} \right\rceil = 5$$

(2) 按照式 (6-17)，其极点为

$$p_1 = e^{j3\pi/5}, \quad p_2 = e^{j4\pi/5}, \quad p_3 = e^{j\pi}, \quad p_4 = e^{j6\pi/5}, \quad p_5 = e^{j7\pi/5}$$

按照式 (6-16)，归一化传输函数为

$$H_a(p) = \frac{1}{\prod_{k=1}^{5}(p - p_k)}$$

上式分母可以展开成为五阶多项式，或者将共轭极点放在一起，形成因式分解形式。这里直接查表 6-1、表 6-2。由 $N=5$，直接查表可得：

极点为

$$-0.3090 \pm j0.9511, \; -0.8090 \pm j0.5878; \; -1.0000$$

$$H_a(p) = \frac{1}{p^5 + a_4 p^4 + a_3 p^3 + a_2 p^2 + a_1 p + a_0}$$

其中，$a_0 = 1.0000$，$a_1 = 3.2361$，$a_2 = 5.2361$，$a_3 = 5.2361$，$a_4 = 3.2361$

(3) 为将 $H_a(p)$ 去归一化，先求 3dB 截止频率 Ω_c

按照式 (6-13)，可得

$$\Omega_c = \Omega_p / \sqrt[2N]{10^{\alpha_p/10} - 1} = 2\pi \times 5275.5(\text{rad/s})$$

将 Ω_c 代入式 (6-14)，可得

$$\Omega_s = \Omega_c \sqrt[2N]{10^{\alpha_s/10} - 1} = 2\pi \times 10525(\text{rad/s})$$

将 $p = s/\Omega_c$ 代入 $H_a(p)$ 中，可得

$$H_a(s) = \frac{\Omega_c^5}{s^5 + a_4\Omega_c s^4 + a_3\Omega_c^2 s^3 + a_2\Omega_c^3 s^2 + a_1\Omega_c^4 s + a_0\Omega_c^5}$$

6.2.3 切比雪夫低通逼近

巴特沃思滤波器的频率特性在整个频带都随频率变换而单调变化,因而如果在通带边缘满足指标,则在通带内肯定会有富余量,也就是会超过指标的要求,因而并不经济。所以,更有效的办法是将指标的精度要求均匀地分布在通带内,或均匀地分布在阻带内,或同时均匀地分布在通带与阻带内。这样,在同样通带、阻带性能要求下,就可以设计出阶数较低的滤波器。这种精度均匀分布的办法可通过选择具有等波纹特性的逼近函数来实现。

切比雪夫滤波器的幅度特性就具有这种等波纹特性。它有两种形式:幅度特性在通带中是等波纹的,在阻带中是单调的,称为切比雪夫 I 型;幅度特性在通带内是单调下降的,在阻带内是等波纹的,称为切比雪夫 II 型。由应用要求来确定采用哪种形式的切比雪夫滤波器。图 6-5、图 6-6 所示分别是 N 为奇数与 N 为偶数的切比雪夫 I、II 型低通滤波器的幅度特性。

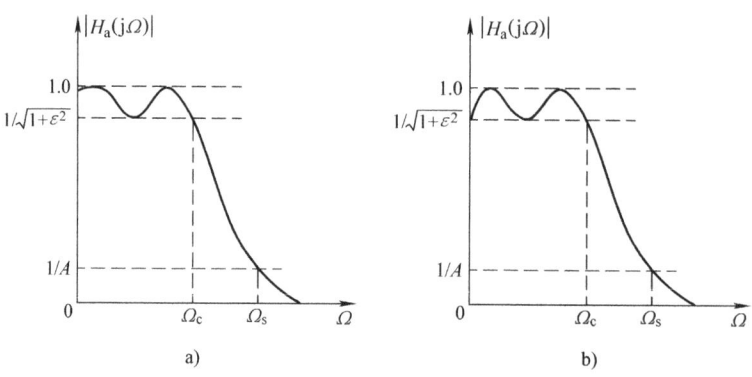

图 6-5 切比雪夫 I 型低通滤波器的幅度特性
a) N 为奇数 b) N 为偶数

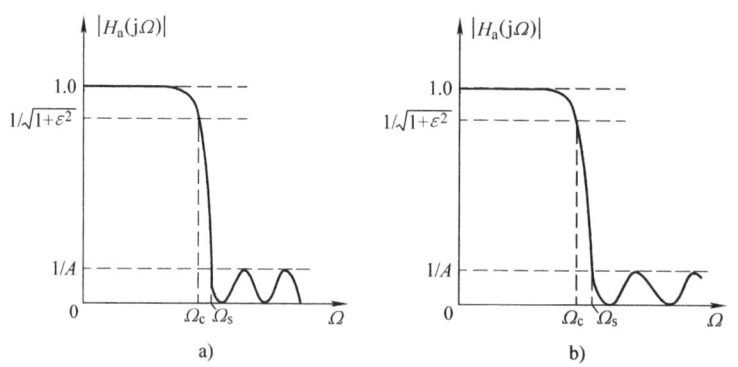

图 6-6 切比雪夫 II 型低通滤波器的幅度特性
a) N 为奇数 b) N 为偶数

下面以切比雪夫 I 型低通滤波器为例来讨论这种逼近。

切比雪夫 I 型低通滤波器的幅度二次方函数为

$$|H_a(j\Omega)|^2 = \frac{1}{1+\varepsilon^2 C_N^2(\Omega/\Omega_c)} \tag{6-19}$$

式中，ε 为小于 1 的正数，它是决定通带波纹大小的系数，ε 越大，波纹也越大；Ω/Ω_c 为 Ω 对 Ω_c 的归一化频率，Ω_c 为通带截止频率，也是滤波器的某一衰减分贝处的通带宽度（不一定是3dB。也就是说，在切比雪夫滤波器中，Ω_c 不一定是 3dB 的带宽）；$C_N(x)$ 为 N 阶切比雪夫多项式，定义为

$$C_N(x) = \begin{cases} \cos(N\arccos x) & |x| \le 1 \text{（通带）} \\ \cosh(N\mathrm{arch} x) & |x| > 1 \text{（阻带）} \end{cases} \tag{6-20}$$

式（6-20）可展开为多项式。当 $N=0$ 时，$C_0(x)=1$；$N=1$ 时，$C_0(x)=x$，且有递推公式

$$C_{N+1}(x) = 2xC_N(x) - C_{N-1}(x) \tag{6-21}$$

图 6-7 所示为阶数 $N=0、4、5$ 时的切比雪夫多项式特性。由图可见：

1) 切比雪夫多项式的过零点在 $|x| \le 1$ 的范围内。
2) 当 $|x| \le 1$ 时，$C_N(x)$ 是余弦函数，$|C_N(x)| \le 1$，且多项式 $C_N(x)$ 在 $|x| \le 1$ 内具有等波纹幅度特性。
3) 当 $|x| > 1$ 时，$C_N(x)$ 是双曲线函数，随 x 单调增加。
4) 对所有的 N，$C_N(1)=1$，N 为偶数时 $C_N(0)=\pm 1$；N 为奇数时 $C_N(0)=0$。

显然，切比雪夫滤波器的幅度函数 $|H_a(j\Omega)| = \frac{1}{\sqrt{1+\varepsilon^2 C_N^2(\Omega/\Omega_c)}}$ 的特点如下：

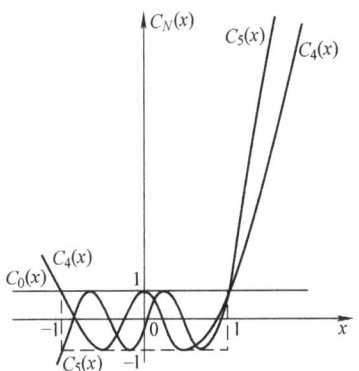

图 6-7 $N=0、4、5$ 时的切比雪夫多项式曲线

1) 当 $\Omega=0$、N 为偶数时，$H_a(j0) = \frac{1}{\sqrt{1+\varepsilon^2}}$；当 $\Omega=0$、N 为奇数时，$H_a(j0)=1$。

2) $\Omega=\Omega_c$ 时，$|H_a(j\Omega)|=1/\sqrt{1+\varepsilon^2}$，即所有幅度函数曲线都通过 $1/\sqrt{1+\varepsilon^2}$ 点，所以把 Ω_c 定义为切比雪夫滤波器的通带截止频率。在这个截止频率下，幅度函数不一定下降 3dB，可以是下降其他分贝值，如 1dB 等，这是与巴特沃思滤波器的不同之处。

3) 在通带内，即当 $|\Omega|<\Omega_c$ 时，则 $|\Omega|/\Omega_c<1$，$|H_a(j\Omega)|$ 在 $1 \sim 1/\sqrt{1+\varepsilon^2}$ 之间等波纹地起伏。

4) 在通带之外，即当 $|\Omega|>\Omega_c$ 时，随着 Ω 的增大，$\varepsilon^2 C_N^2(\Omega/\Omega_c) \gg 1$，使 $|H_a(j\Omega)|$ 迅速单调地趋近于零。

由幅度二次方函数式（6-19）可以看出，切比雪夫滤波器有三个参数：ε、Ω_c 和 N。下面研究如何确定这三个参数。

为确定 ε，先定义通带最大衰减 α_p（以 dB 表示）为

$$\alpha_p = 10\lg\frac{|H_a(j\Omega)|_{\max}^2}{|H_a(j\Omega)|_{\min}^2} = 20\lg\frac{|H_a(j\Omega)|_{\max}}{|H_a(j\Omega)|_{\min}}(\mathrm{dB}) \quad |\Omega| \le \Omega_c \tag{6-22}$$

式中，$|H_a(j\Omega)|_{\max}=1$，表示通带幅度响应的最大值。$|H_a(j\Omega)|_{\min}=\frac{1}{\sqrt{1+\varepsilon^2}}$，表示通带幅

度响应的最小值，故

$$\alpha_p = 10\lg(1 + \varepsilon^2) \tag{6-23}$$

因而

$$\varepsilon^2 = 10^{\alpha_p/10} - 1 \tag{6-24}$$

可以看出，给定通带最大衰减值 α_p(dB)后，就能求得 ε^2。需要注意的是，通带波纹值不一定是3dB，也可以是其他值，如0.1dB等。

滤波器阶数 N 等于通带内最大值和最小值的总和。前面已经讲过，N 为奇数时，在 $\Omega = 0$ 处，$|H_a(j\Omega)|$ 为最大值1；N 为偶数时，在 $\Omega = 0$ 处，$|H_a(j\Omega)|$ 为最小值 $1/\sqrt{1+\varepsilon^2}$（见图6-5）。N 的数值可由阻带衰减来确定。设阻带起始点频率为 Ω_s，此时阻带幅度二次方函数值满足

$$|H_a(j\Omega)|^2 \leqslant \frac{1}{A^2} \tag{6-25}$$

式中，A 为常数（见图6-5）。

如果用阻带最小衰减 α_s 来表示，则有

$$\alpha_s = 20\lg\frac{1}{1/A} = 20\lg A$$

所以

$$A = 10^{\alpha_s/20} = 10^{0.05\alpha_s} \tag{6-26}$$

设 Ω_s 为阻带截止频率，即当 $\Omega = \Omega_s$ 时，将上面的 $|H_a(j\Omega)|^2$ 的表达式代入式（6-19），可得

$$|H_a(j\Omega)|^2 = \frac{1}{1 + \varepsilon^2 C_N^2(\Omega_s/\Omega_c)} \leqslant \frac{1}{A^2}$$

由此可得

$$C_N\left(\frac{\Omega_s}{\Omega_c}\right) \geqslant \frac{1}{\varepsilon}\sqrt{A^2 - 1}$$

由于 $\Omega_s/\Omega_c > 1$，所以，由式（6-20）的第二式有

$$C_N\left(\frac{\Omega_s}{\Omega_c}\right) = \text{ch}\left[N\,\text{arch}\left(\frac{\Omega_s}{\Omega_c}\right)\right] \geqslant \frac{1}{\varepsilon}\sqrt{A^2 - 1}$$

考虑式（6-26），可得

$$N \geqslant \frac{\text{arch}(\sqrt{A^2-1}/\varepsilon)}{\text{arch}(\Omega_s/\Omega_c)} = \frac{\text{arch}(\sqrt{10^{0.1\alpha_s}-1}/\varepsilon)}{\text{arch}(\Omega_s/\Omega_c)} \tag{6-27}$$

如果要求阻带边界频率上衰减越大（即 A 越大），也就是过渡带内幅度特性越陡，则所需的阶数 N 越高。

或者对 Ω_s 求解，可得

$$\Omega_s = \Omega_c\,\text{ch}\left\{\frac{1}{N}\text{arch}\left[\frac{1}{\varepsilon}\sqrt{A^2-1}\right]\right\} = \Omega_c\,\text{ch}\left\{\frac{1}{N}\text{arch}\left[\frac{1}{\varepsilon}\sqrt{10^{0.1\alpha_s}-1}\right]\right\} \tag{6-28}$$

式中，Ω_c 为切比雪夫滤波器的通带宽度，但不是3dB带宽，一般预先给定。可以求出3dB带宽为（$A = \sqrt{2}$）

$$\Omega_{3\text{dB}} = \Omega_c\,\text{ch}\left[\frac{1}{N}\text{arch}\left(\frac{1}{\varepsilon}\right)\right] \tag{6-29}$$

注意：只有当 $\Omega_c < \Omega_{3dB}$ 时才采用式（6-29）求解 Ω_{3dB}（因为满足 $\Omega_{3dB}/\Omega_c > 1$）。

ε、Ω_c、N 确定后，就可以确定系统函数 $H_a(s)$。

由 $1 + \varepsilon^2 C_N^2(s/\mathrm{j}\Omega_c) = 0$，可解出 $H_a(s)H_a(-s)$ 的 $2N$ 个极点（设为 $s_k = \sigma_k + \mathrm{j}\Omega_k$）为

$$\begin{cases} \sigma_k = \pm \Omega_c a \sin\left(\dfrac{2k-1}{2N}\pi\right) \\ \Omega_k = \Omega_c b \cos\left(\dfrac{2k-1}{2N}\pi\right) \end{cases} \quad k = 1, 2, 3, \cdots, 2N \tag{6-30}$$

它们分布在一个椭圆上，σ_k、Ω_k 满足椭圆方程

$$\frac{\sigma_k^2}{a^2\Omega_c^2} + \frac{\Omega_k^2}{b^2\Omega_c^2} = 1 \tag{6-31}$$

其中

$$a = \frac{1}{2}(\gamma^{\frac{1}{N}} - \gamma^{-\frac{1}{N}}) \tag{6-32a}$$

$$b = \frac{1}{2}(\gamma^{\frac{1}{N}} + \gamma^{-\frac{1}{N}}) \tag{6-32b}$$

$$\gamma = \varepsilon^{-1} + \sqrt{1 + \varepsilon^{-2}} \tag{6-32c}$$

如图 6-8 所示，此椭圆由对应于椭圆短轴（在实轴上）和长轴（在虚轴上）的两个圆定义。短轴圆的半径为 $a\Omega_c$，长轴圆的半径为 $b\Omega_c$。

为了确定切比雪夫滤波器的极点在椭圆上的位置，首先考察大圆和小圆上按等角间隔 π/N 均匀分布的诸点，这些点关于虚轴对称，并且没有一个点落在虚轴上，同时 N 为奇数时有一个点出现在实轴上，N 为偶数时则没有。大小圆的这种分割情况与确定巴特沃思滤波器极点位置时圆的分割情况完全一致。切比雪夫滤波器的极点在椭圆上的位置的纵坐标由落在大圆上的各点规定，横坐标由落在小圆上的各点规定。图 6-8 画出了 $N = 3$ 时的极点位置。

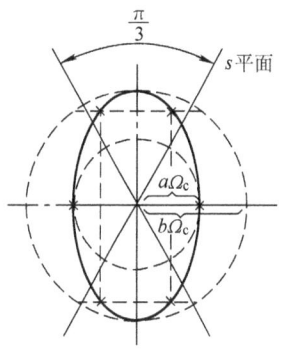

图 6-8 三阶切比雪夫滤波器的极点分布

取 $H_a(s)H_a(-s)$ 在 s 左半平面的极点 s_k，就是 $H_a(s)$ 的极点。确定了极点分布之后，就能得到 $H_a(s)$，即

$$H_a(s) = \frac{K}{\prod\limits_{k=1}^{N}(s - s_k)} \tag{6-33}$$

其中

$$K = \frac{\Omega_c^N}{\varepsilon 2^{N-1}}$$

与巴特沃思滤波器一样，为使设计统一，可对式（6-33）中所有频率进行归一化处理。这里采用对截止频率 Ω_c 归一化，归一化后的 $H_a(s)$ 表示为

$$H_a(s) = \frac{1}{\varepsilon 2^{N-1} \prod\limits_{k=1}^{N}\left(\dfrac{s}{\Omega_c} - \dfrac{s_k}{\Omega_c}\right)}$$

式中，$s/\Omega_c = j\Omega/\Omega_c$。

令 $\lambda = \Omega/\Omega_c$，$\lambda$ 称为归一化频率；令 $p = j\lambda$，p 称为归一化复变量，这样归一化后的切比雪夫传输函数为

$$H_a(p) = \frac{1}{\varepsilon 2^{N-1} \prod_{k=1}^{N}(p - p_k)} \tag{6-34}$$

式中，p_k 为归一化极点，可表示为

$$p_k = -a\sin\left(\frac{2k-1}{2N}\pi\right) + jb\cos\left(\frac{2k-1}{2N}\pi\right) \quad k = 1, 2, \cdots, N \tag{6-35}$$

综上所述，低通切比雪夫滤波器的设计步骤如下：

1）由待定滤波器的通带截止频率 Ω_p 确定 Ω_c，即 $\Omega_c = \Omega_p$。
2）由通带的衰减指标，根据式（6-24）确定波纹系数 ε。
3）按照式（6-27），由波纹系数 ε、截止频率 Ω_p、Ω_s 及阻带衰减指标确定系统的阶数 N。
4）由式（6-34）及式（6-35）求归一化传输函数 $H_a(p)$。
5）将 $H_a(p)$ 去归一化，得到实际的 $H_a(s)$，即

$$H_a(s) = H_a(p)\big|_{p = s/\Omega_c}$$

【例 6-5】 设计低通切比雪夫滤波器，要求通带截止频率 $f_p = 3\text{kHz}$，通带最大衰减 $\alpha_p = 0.1\text{dB}$，阻带截止频率 $f_s = 12\text{kHz}$，阻带最小衰减 $\alpha_s = 60\text{dB}$。

解：（1）求通带内波纹参数 ε。由式（6-24），有

$$\varepsilon = \sqrt{10^{\alpha_p/10} - 1} = \sqrt{10^{0.01} - 1} = 0.1526$$

（2）求阶次 N。由式（6-27），可得

$$N \geq \frac{\text{arch}(\sqrt{10^{0.1\alpha_s} - 1}/\varepsilon)}{\text{arch}(\Omega_s/\Omega_c)} = 4.6 \quad \text{取 } N = 5$$

（3）由式（6-34）及式（6-35），可得

$$H_a(p) = \frac{1}{\varepsilon 2^{N-1} \prod_{k=1}^{N}(p - p_k)} = \frac{1}{0.1526 \times 2^{(5-1)} \prod_{k=1}^{5}(p - p_k)}$$

$$= \frac{1}{2.442(p + 0.5389)(p^2 + 0.3331p + 1.1949)} \frac{1}{p^2 + 0.8720p + 0.6539}$$

（4）将 $H_a(p)$ 去归一化，可得

$$H_a(s) = H_a(p)\big|_{p = s/\Omega_c}$$

$$= \frac{1}{(s + 1.0158 \times 10^7)(s^2 + 6.2788 \times 10^6 s + 4.2459 \times 10^{14})} \frac{1}{s^2 + 1.6437 \times 10^7 s + 2.2595 \times 10^{14}}$$

6.3 IIR 数字滤波器的设计

利用模拟滤波器理论来设计 IIR 数字滤波器，就是要把 s 平面映射到 z 平面，使模拟滤波的系统函数 $H_a(s)$ 变换成所需要的数字滤波器的系统函数 $H(z)$。这种由复变量 s 到复变量 z 之间的映射关系，必须满足以下两个基本要求：

1) $H(z)$ 的频率响应要能模仿 $H_a(s)$ 的频率响应，即 s 平面的虚轴 $\mathrm{j}\Omega$ 必须映射到 z 平面的单位圆 $\mathrm{e}^{\mathrm{j}\omega}$ 上，也就是频率轴要对应。

2) 因果稳定的 $H_a(s)$ 应能映射成因果稳定的 $H(z)$，即 s 平面的左半平面必须映射到 z 平面单位圆内部。

本节讨论的冲激响应不变法和双线性变换法都满足上述要求。

6.3.1 冲激响应不变法

利用模拟滤波器来设计数字滤波器，也就是使数字滤波器能模仿模拟滤波器的特性，这种模仿可从不同的角度出发。冲激响应不变法是使数字滤波器的 $h(n)$ 模仿模拟滤波器的 $h_a(t)$。让 $h(n)$ 正好等于 $h_a(t)$ 的抽样值，即

$$h(n) = h_a(nT) \tag{6-36}$$

式中，T 为抽样周期。

若令 $H_a(s)$ 为 $h_a(t)$ 的拉普拉斯变换，$H(z)$ 为 $h(n)$ 的 z 变换，利用第 2 章 2.8 节抽样序列 z 变换与模拟信号的拉普拉斯变换之间的关系，可得

$$H(z)\big|_{z=\mathrm{e}^{sT}} = \frac{1}{T}\sum_{k=-\infty}^{\infty} H_a\left(s + \mathrm{j}\frac{2\pi}{T}k\right) \tag{6-37}$$

冲激响应不变法是要从 s 平面映射到 z 平面，如图 6-9 所示，这种映射不是简单的代数映射，而是 s 平面上每一条宽为 $\dfrac{2\pi}{T}$ 的带状区域重复地映射成整个 z 平面。具体来说，是反映 $H_a(s)$ 的周期延拓与 $H(z)$ 的关系。令 $z = \mathrm{e}^{\mathrm{j}\omega}$ 和 $s = \mathrm{j}\Omega$，并代入式 (6-37)，可得

$$H(\mathrm{e}^{\mathrm{j}\omega})\big|_{\omega=\Omega T} = \frac{1}{T}\sum_{k=-\infty}^{\infty} H_a\left(\mathrm{j}\frac{\omega + 2\pi k}{T}\right) \tag{6-38}$$

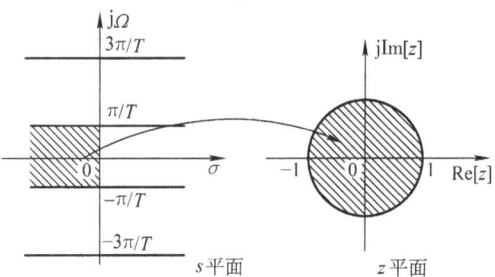

图 6-9 s 平面到 z 平面的映射

式 (6-38) 表明，数字滤波器的频率特性是模拟滤波器的频率特性的周期延拓，如果模拟滤波器的频率特性的带宽被限制在折叠频率以内，即

$$H_a(\mathrm{j}\Omega) = 0 \quad |\Omega| \geqslant \pi/T$$

那么，数字滤波器的频率特性能够重现模拟滤波器的频率特性，即

$$H(\mathrm{e}^{\mathrm{j}\omega}) = \frac{1}{T}H_a\left(\mathrm{j}\frac{\omega}{T}\right) \quad |\omega| < \pi \tag{6-39}$$

然而，任何实际的模拟滤波器都不是带限的，因此数字滤波器的频谱必然产生混叠，如图 6-10 所示。这样，数字滤波器的频率响应就与原模拟滤波器不同，即产生了失真。因此，模拟滤波器的频率响应在折叠频率以上处的衰减越大、越快，变换后的频率响应混叠失真就越小。

用冲激响应不变法设计 IIR 数字滤波器的步骤如下：

1）对模拟滤波器的传递函数 $H_a(s)$ 求拉普拉斯逆变换得 $h_a(t)$，即

$$h_a(t) = L^{-1}[H_a(s)] \quad (6\text{-}40)$$

2）使用冲激响应不变法求数字滤波器的冲激响应 $h(n)$，即令 $t=nT$，并代入式（6-36）得

$$h(n) = h_a(nT) \quad (6\text{-}41)$$

3）求 $h(n)$ 的 z 变换，得

$$H(z) = Z[h(n)] \quad (6\text{-}42)$$

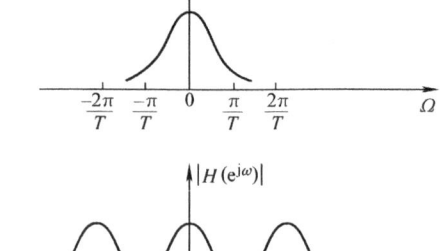

图 6-10 冲激响应不变法设计中的频率响应混叠

从式（6-39）可以看出，数字滤波器的增益与抽样间隔 T 成反比。如果抽样频率很高，数字滤波器的增益会很高。为了使数字滤波器的增益不随抽样频率而变化，在实际应用时对式（6-41）进行如下修正：

$$h(n) = Th_a(nT) \quad (6\text{-}43)$$

【例 6-6】 已知一模拟滤波器的传递函数为

$$H_a(s) = \sum_{k=1}^{N} \frac{A_k}{s-s_k}$$

使用冲激响应不变法求数字滤波器的系统函数。

解：$\dfrac{A_k}{s-s_k}$ 的拉普拉斯逆变换为 $A_k e^{s_k t} u(t)$，即模拟滤波器的单位冲激响应为

$$h_a(t) = \sum_{k=1}^{N} A_k e^{s_k t} u(t)$$

对 $h_a(t)$ 进行抽样得到数字滤波器的单位抽样序列 $h(n)$，即

$$h(n) = T h_a(t)\big|_{t=nT}$$

$$= \sum_{k=1}^{N} TA_k e^{s_k nT} u(n)$$

对其做 z 变换，就是数字滤波器的系统函数 $H(z)$，即

$$H(z) = \sum_{k=1}^{N} \frac{TA_k}{1-e^{s_k T}z^{-1}} \quad (6\text{-}44)$$

从例 6-6 可以看出，$H_a(s)$ 的极点 s_k 变换到 $H(z)$ 的极点 $e^{s_k T}$，若模拟系统稳定，则变换后的数字系统也是稳定的。

从以上讨论可以看出，冲激响应不变法使得数字滤波器的单位抽样响应完全模仿模拟滤波器的单位冲激响应，因此时域逼近良好，而且模拟频率与数字频率间变换是线性变换，即 $\omega = \Omega T$。因而，一个线性相位的模拟滤波器（如贝塞尔滤波器）可以映射为一个线性相位的数字滤波器。但是，由于频谱的周期延拓会产生频率响应混叠效应，所以这种设计方法只适用于限带的模拟滤波器，高通和带阻滤波器一般不宜采用这种设计方法。否则要加保护滤波器，滤掉高于折叠频率以上的频率。

6.3.2 双线性变换法

冲激响应不变法可以使数字滤波器在时域上很好地模仿模拟滤波器，但存在混叠失真的缺点，这是由于 s 平面到 z 平面的变换是多值映射关系造成的。采用双线性变换可以克服这一缺点。

双线性变换法是使数字滤波器的频率响应与模拟滤波器的频率响应相似的一种变换方法。为了克服多值映射，双线性变换法通过两次映射来实现。首先将整个 s 平面压缩到 s_1 平面的一条横带（$-\frac{\pi}{T} \leqslant \omega_1 \leqslant \frac{\pi}{T}$）内，其次再通过前面讨论过的标准变换关系 $z = e^{s_1 T}$ 将此横带变换到整个 z 平面上去。这样就使 s 平面与 z 平面形成一一对应的关系，消除了多值映射，从而消除了频谱混叠现象，如图 6-11 所示。

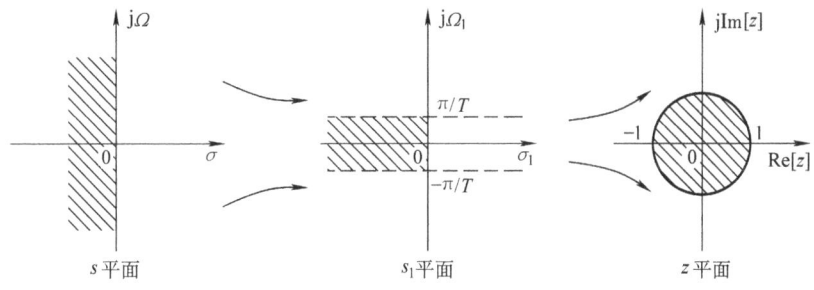

图 6-11 双线性变换法的映射关系

将 s 平面整个 $j\Omega$ 轴压缩到 s_1 平面 $j\Omega_1$ 轴上的 $-\frac{\pi}{T} \sim \frac{\pi}{T}$ 段，可以采用以下变换关系：

$$\Omega = c\tan\left(\frac{\Omega_1 T}{2}\right) \tag{6-45}$$

式中，c 为变换常数。

这样，$\Omega = \pm\infty$ 变换到 $\Omega_1 = \pm\frac{\pi}{T}$，$\Omega = 0$ 变换到 $\Omega_1 = 0$，可将式（6-45）写为

$$j\Omega = c\frac{e^{j\frac{\Omega_1 T}{2}} - e^{-j\frac{\Omega_1 T}{2}}}{e^{j\frac{\Omega_1 T}{2}} + e^{-j\frac{\Omega_1 T}{2}}}$$

解析延拓到整个 s 平面和 s_1 平面，令 $j\Omega = s$，$j\Omega_1 = s_1$，则得

$$s = c\frac{e^{\frac{s_1 T}{2}} - e^{-\frac{s_1 T}{2}}}{e^{\frac{s_1 T}{2}} + e^{-\frac{s_1 T}{2}}} = c\text{th}\left(\frac{s_1 T}{2}\right) = c\frac{1 - e^{-s_1 T}}{1 + e^{-s_1 T}} \tag{6-46}$$

再将 s_1 平面通过以下标准变换关系映射到 z 平面：

$$z = e^{s_1 T} \tag{6-47}$$

从而得到 s 平面和 z 平面的单值映射关系为

$$s = c\frac{1 - z^{-1}}{1 + z^{-1}} \tag{6-48}$$

$$z = \frac{c + s}{c - s} \tag{6-49}$$

式 (6-48) 和式 (6-49) 是 s 平面与 z 平面之间的单值映射关系，这种变换就称为双线性变换。上述公式中，常数 c 可根据模拟滤波器的某一频率与数字滤波器的某一频率之间的对应关系来确定。其选择方法有以下两种：

1) 采用使模拟滤波器与数字滤波器在低频处有较确切的对应关系，即在低频处有 $\Omega \approx \Omega_1$。当 Ω_1 较小时，有

$$\tan\left(\frac{\Omega_1 T}{2}\right) \approx \frac{\Omega_1 T}{2}$$

由式 (6-45) 及 $\Omega \approx \Omega_1$，可得

$$\Omega \approx \Omega_1 \approx c \frac{\Omega_1 T}{2}$$

因而得到

$$c = \frac{2}{T} \tag{6-50}$$

此时，模拟原型滤波器的低频特性近似等于数字滤波器的低频特性。

2) 采用数字滤波器的某一特定频率（如截止频率 $\omega_c = \Omega_{1c} T$）与模拟原型滤波器的一个特定频率 Ω_c 严格相对应，即

$$\Omega_c = c\tan\left(\frac{\Omega_{1c} T}{2}\right) = c\tan\left(\frac{\omega_c}{2}\right)$$

则有

$$c = \Omega_c \cot\left(\frac{\omega_c}{2}\right) \tag{6-51}$$

这一方法的主要优点是在特定的模拟频率和特定的数字频率处，频率响应是严格相等的，因而可以较准确地控制截止频率的位置。

式 (6-49) 中，令 $s = \sigma + j\Omega$，可得

$$z = \frac{(c+\sigma) + j\Omega}{(c-\sigma) - j\Omega}$$

因此

$$|z| = \frac{\sqrt{(c+\sigma)^2 + \Omega^2}}{\sqrt{(c-\sigma)^2 + \Omega^2}}$$

可以看出，当 $\sigma < 0$ 时，$|z| < 1$；当 $\sigma > 0$ 时，$|z| > 1$；当 $\sigma = 0$ 时，$|z| = 1$。也就是说，s 平面的左半平面映射到 z 平面的单位圆内，s 平面的右半平面映射到 z 平面的单位圆外，s 平面的虚轴映射到 z 平面的单位圆上。由此看出，稳定的模拟滤波器经双线性变换后所得的数字滤波器也一定是稳定的。

将 $s = j\Omega$ 及 $z = e^{j\omega}$ 代入式 (6-48)，可得

$$j\Omega = c\frac{1 - e^{-j\omega}}{1 + e^{-j\omega}} = jc\tan\left(\frac{\omega}{2}\right)$$

$$\Omega = c\tan\left(\frac{\omega}{2}\right) \tag{6-52}$$

双线性变换的频率间非线性关系如图 6-12 所示。可以看出，当模拟频率 Ω 从 0 变到 $+\infty$ 时，数字频率 ω 从 0 变到 π。这意味着模拟滤波器的全部频率特性，被压缩成数字滤波器在 $0 < \omega < \pi$ 频率范围内的特性。这就避免了冲激响应不变法的频率响应混叠现象。

但这又产生了新的问题，即除了在零频率附近，式 (6-52) 的频率变换关系接近于线

性关系外，当 Ω 增加时，变换关系就是非线性的了，也就是说频率 Ω 与 ω 之间存在严重的非线性关系。

双线性变换的频率标度的非线性失真可以用图 6-13 所示的预畸变方法来补偿。设所求的数字滤波器的通带和阻带的截止频率分别为 ω_p 和 ω_s，按式（6-52）进行频率变换求出对应的模拟滤波器的截止频率 Ω_p 和 Ω_s，若模拟滤波器按这两个预畸变了的频率 Ω_p 和 Ω_s 来设计，即

$$\begin{cases} \Omega_p = c\tan\left(\dfrac{\omega_p}{2}\right) \\ \Omega_s = c\tan\left(\dfrac{\omega_s}{2}\right) \end{cases} \tag{6-53}$$

那么用双线性变换所得的数字滤波器便具有所期望的截止频率特性。

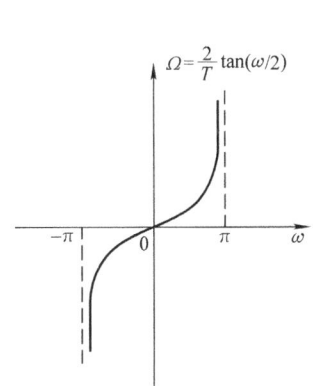
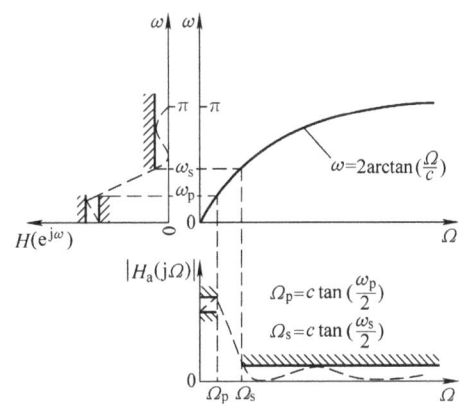

图 6-12 双线性变换的频率间非线性关系　　图 6-13 双线性变换法的频率非线性预畸

双线性变换法中的频率间非线性关系限制了它的应用范围，只有当非线性失真是允许的或能被补偿时，才能采用双线性变换。通常，低通、高通、带通和带阻等滤波器具有分段恒定的频率特性，可以采用预畸变的方法来补偿频率畸变，因此可以采用双线性变换设计方法。但对于频率响应起伏较大的系统，如模拟微分器，就不能使用双线性变换使之数字化。此外，若希望得到具有严格线性相位的数字滤波器，也不能使用双线性变换设计方法。

【**例 6-7**】 用双线性变换法设计一个三阶巴特沃思数字低通滤波器，抽样频率为 $f_{\text{sampling}} = 4\text{kHz}$（即抽样周期为 $T = 250\mu\text{s}$），其 3dB 截止频率为 $f_c = 1\text{kHz}$。三阶模拟巴特沃思滤波器为

$$H_a(s) = \dfrac{1}{1 + 2(s/\Omega_c) + 2(s/\Omega_c)^2 + (s/\Omega_c)^3}$$

解：（1）确定数字域截止频率 $\omega_c = 2\pi f_c T = 0.5\pi$。

（2）根据频率的非线性关系式（6-52），并采用使模拟频率特性与数字频率在低频处有较确切对应关系的常数 $c = 2/T$，则可确定预畸变的模拟滤波器的截止频率为

$$\Omega_c = \dfrac{2}{T}\tan\left(\dfrac{\omega_c}{2}\right) = \dfrac{2}{T}\tan\left(\dfrac{0.5\pi}{2}\right) = \dfrac{2}{T}$$

(3) 将 Ω_c 代入三阶模拟巴特沃思滤波器 $H_a(s)$，可得

$$H_a(s) = \frac{1}{1 + 2(sT/2) + 2(sT/2)^2 + (sT/2)^3}$$

(4) 将双线性变换关系代入就可以得到数字滤波器的系统函数为

$$H(z) = H_a(s)\Big|_{s=\frac{2}{T}\frac{1-z^{-1}}{1+z^{-1}}} = \frac{1}{1 + 2\left(\frac{1-z^{-1}}{1+z^{-1}}\right) + 2\left(\frac{1-z^{-1}}{1+z^{-1}}\right)^2 + \left(\frac{1-z^{-1}}{1+z^{-1}}\right)^3}$$

$$= \frac{1}{2} \frac{1 + 3z^{-1} + 3z^{-2} + z^{-3}}{3 + z^{-2}}$$

应该注意，这里所采用的模拟滤波器 $H_a(s)$ 并不是数字滤波器所要模仿的截止频率 f_c = 1kHz 的实际滤波器，它只是一个"样本"函数，是由低通模拟滤波器到数字滤波器的变换中的一个中间变换阶段。

图 6-14 给出了采用双线性变换法得到的三阶巴特沃思数字低通滤波器的幅频特性。由图可以看出，由于频率的非线性变换，使截止区的衰减越来越快，最后在折叠频率处形成一个三阶传输零点。这个三阶零点正是模拟滤波器在 $\Omega_c = \infty$ 处的三阶传输零点通过映射形成的。

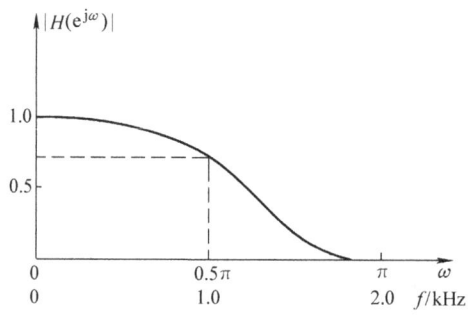

图 6-14 双线性变换法设计的三阶巴特沃思数字低通滤波器的幅频特性

6.3.3 设计 IIR 数字滤波器的频率变换法

实际应用中的数字滤波器有低通、高通、带通、带阻等类型。设计 IIR 数字滤波器的频率变换法有以下两种：

1) 把一个归一化模拟低通原型滤波器经模拟频带变换成所需要的类型（包括高通、带通、带阻与另一截止频率的低通）的模拟滤波器，然后再通过冲激响应不变法或双线性变换法数字化为所需要的数字滤波器，如图 6-15a 所示。

2) 先用冲激响应不变法或双线性变换法将模拟低通原型滤波器数字化为数字低通滤波器，然后利用数字频带变换法，将数字低通滤波器变换成所需要的各型数字滤波器（另一截止频率的数字低通、高通、带通、带阻等），如图 6-15c 所示。

对于第一种方法，重点是模拟域频率变换，即如何由模拟低通原型滤波器转换为截止频率不同的模拟低通、高通、带通、带阻滤波器，这里不做详细推导，仅在表 6-3 列出一些模

拟到模拟的频率转换关系。一般直接用归一化原型转换，取 $\Omega_c = 1$，可使设计过程简化。图 6-15b 实际上是把第一种方法中的两步合成一步来实现，即把模拟低通原型变换到模拟低通、高通、带通、带阻等滤波器的公式与用双线性变换得到相应数字滤波器的公式合并，即可直接从模拟低通原型通过一定的频率变换关系，一步完成各种类型数字滤波器的设计，简捷便利，因而得到普遍采用。此外，对于高通、带阻滤波器，由于不能直接采用冲激响应不变法，或者只能在加了保护滤波器以后使用，因此，冲激响应不变法使用直接频率变换要有许多特殊考虑，故对于冲激响应不变法来说，采用图 6-15a 所示方案有时更方便一些。

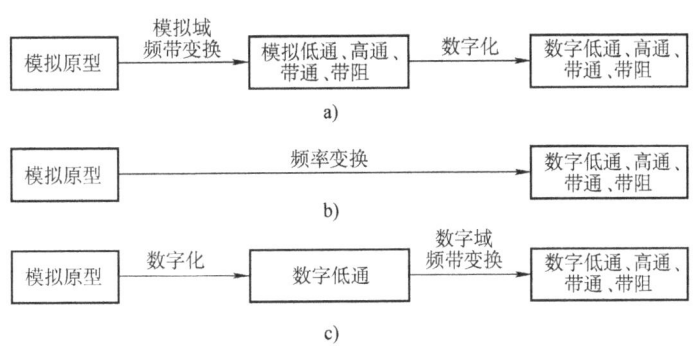

图 6-15 设计 IIR 数字滤波器的频率变换法
a）先模拟频带变换，再数字化 b）将 a）的两步合成一步直接设计
c）先数字化，再进行数字频带变换

表 6-3 截止频率为 Ω_c 的模拟低通滤波器到其他频率选择性滤波器的变换关系式

变换类型	变换关系式	新的截止频率
低通原型→低通	$s \to \dfrac{\Omega_c}{\Omega'_c} s$	Ω'_c：实际低通滤波器的截止频率，一般指通带宽度
低通原型→高通	$s \to \dfrac{\Omega_c \Omega'_c}{s}$	Ω'_c：实际高通滤波器的截止频率，一般指阻带宽度
低通原型→带通	$s \to \Omega_c \dfrac{s^2 + \Omega_l \Omega_h}{s(\Omega_h - \Omega_l)}$	$\Omega_h、\Omega_l$：实际带通的通带上、下边界截止频率
低通原型→带阻	$s \to \Omega_c \dfrac{s(\Omega_h - \Omega_l)}{s^2 + \Omega_l \Omega_h}$	$\Omega_h、\Omega_l$：实际带阻的阻带上、下边界截止频率

下面分别介绍这两种设计方法。

1. 先利用模拟域频带变换法，再利用数字化法设计各型数字滤波器

（1）模拟低通滤波器变换成数字低通滤波器　首先，把数字滤波器的性能要求转换为与之相应的作为"样本"的模拟滤波器的性能要求，根据此性能要求设计模拟滤波器，可以用查表的办法，也可以用解析的方法。然后，通过冲激响应不变法或双线性变换法，将此"样本"模拟低通滤波器数字化为所需的数字滤波器 $H(z)$。例 6-7 已经说明了用双线性变换法设计低通滤波器的过程，这里再用冲激响应不变法来讨论例 6-7 的低通滤波器设计问题。

【例 6-8】 用冲激响应不变法设计一个三阶巴特沃思数字低通滤波器,抽样频率为 $f_{\text{sampling}} = 4\text{kHz}$(即抽样周期为 $T = 250\mu\text{s}$),其 3dB 截止频率为 $f_c = 1\text{kHz}$。

解:查表可得归一化三阶巴特沃思模拟低通滤波器的传递函数为

$$H_a(p) = \frac{1}{1 + 2p + 2p^2 + p^3}$$

然后以 s/Ω_c 代替其归一化频率,则可得三阶巴特沃思模拟低通滤波器的传递函数为

$$H_a(s) = \frac{1}{1 + 2(s/\Omega_c) + 2(s/\Omega_c)^2 + s(s/\Omega_c)^3}$$

式中,$\Omega_c = 2\pi f_c$。上式也可由巴特沃思滤波器的幅度二次方函数求得。

为了进行冲激响应不变法变换,将上式进行因式分解并表示成如下的部分分式形式:

$$H_a(s) = \frac{\Omega_c}{s + \Omega_c} + \frac{-(\Omega_c/\sqrt{3})e^{j\pi/6}}{s + \Omega_c(1 - j\sqrt{3})/2} + \frac{-(\Omega_c/\sqrt{3})e^{-j\pi/6}}{s + \Omega_c(1 + j\sqrt{3})/2}$$

将此部分分式系数代入式(6-44),可得

$$H(z) = \frac{\omega_c}{1 - e^{-\omega_c}z^{-1}} + \frac{-(\omega_c/\sqrt{3})e^{j\pi/6}}{1 - e^{-\omega_c(1-j\sqrt{3})/2}z^{-1}} + \frac{-(\omega_c/\sqrt{3})e^{-j\pi/6}}{1 - e^{-\omega_c(1+j\sqrt{3})/2}z^{-1}}$$

式中,$\omega_c = 2\pi f_c T = 0.5\pi$ 是数字滤波器数字频域的截止频率。将上式两项共轭复根合并,得

$$H(z) = \frac{\omega_c}{1 - e^{-\omega_c}z^{-1}} - \frac{\frac{\omega_c}{\sqrt{3}}\left[2\cos\frac{\pi}{6} - 2z^{-1}e^{-\omega_c/2}\cos\left(\frac{\sqrt{3}\omega_c}{2} - \frac{\pi}{6}\right)\right]}{1 - 2z^{-1}e^{-\omega_c/2}\cos\left(\frac{\sqrt{3}\omega_c}{2}\right) + e^{-\omega_c}z^2}$$

从以上结果可以看到,$H(z)$ 只与数字频域参数 ω_c 有关,也即只与临界频率 f_c 与抽样频率 f_{sampling} 的相对值有关,而与它们的绝对大小无关。如 $f_{\text{sampling}} = 4\text{kHz}$、$f_c = 1\text{kHz}$ 与 $f_{\text{sampling}} = 40\text{kHz}$,$f_c = 10\text{kHz}$ 的数字滤波器将具有同一个系统函数。这个结论适合于所有的数字滤波器设计。

将 $\omega_c = 2\pi f_c T = 0.5\pi$ 代入上式,得

$$H(z) = \frac{1.571}{1 - 0.2079z^{-1}} + \frac{-1.571 + 0.551z^{-1}}{1 - 0.1905z^{-1} + 0.2079z^{-2}}$$

这个形式正好适合用一个一阶节及一个二阶节并联起来实现。冲激响应不变法由于需要通过部分分式来实现变换,因而对采用并联型的运算结构来说是比较方便的。

图 6-16 给出了用冲激响应不变法得到的三阶巴特沃思数字低通滤波器的幅频特性,同时给出了例 6-7 双线性变换法设计的结果。可以看出,冲激响应不变法存在微小的混淆现象,因而选择性将受到一定损失,并且没有传输零点。

(2)模拟低通滤波器变换成数字高通滤波

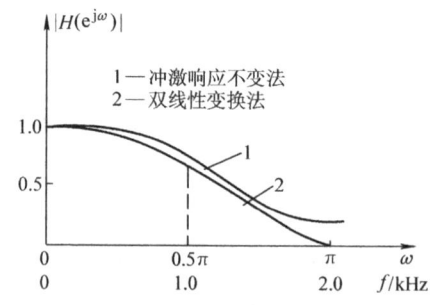

图 6-16 三阶巴特沃思数字低通滤波器的幅频特性

器　由表 6-3 可知，由模拟低通原型到模拟高通的变换关系为

$$s \to \frac{\Omega_c \Omega'_c}{s} \tag{6-54}$$

式中，Ω_c 为模拟低通滤波器的截止频率；Ω'_c 为实际高通滤波器的截止频率。

根据双线性变换原理，模拟高通与数字高通之间 s 平面与 z 平面的关系仍为

$$s = \frac{2}{T} \frac{1 - z^{-1}}{1 + z^{-1}} \tag{6-55}$$

把变换式（6-54）和式（6-55）结合起来，可得到直接从模拟低通原型变换成数字高通滤波器的表达式，也就是说直接联系 s 与 z 之间的变换公式为

$$s = \frac{\Omega_c \Omega'_c}{\frac{2}{T} \frac{1 - z^{-1}}{1 + z^{-1}}} = \frac{T \Omega_c \Omega'_c}{2} \frac{1 + z^{-1}}{1 - z^{-1}} = C \frac{1 + z^{-1}}{1 - z^{-1}} \tag{6-56}$$

式中，$C = T\Omega_c \Omega'_c / 2$。由此得到数字高通滤波器的系统函数为

$$H(z) = H_a(s) \bigg|_{s = C\frac{1+z^{-1}}{1-z^{-1}}}$$

式中，$H_a(s)$ 为模拟低通滤波器的传递函数。

可以看出，数字高通滤波器和模拟低通滤波器的极点数目（或阶次）是相同的。根据双线性变换，模拟高通频率与数字高通频率之间的关系仍为

$$\Omega = \frac{2}{T} \tan\left(\frac{\omega}{2}\right) \tag{6-57}$$

则

$$\Omega'_c = \frac{2}{T} \tan\left(\frac{\omega_c}{2}\right)$$

又因

$$C = \frac{T}{2} \Omega_c \Omega'_c$$

故

$$C = \Omega_c \tan\left(\frac{\omega}{2}\right) \tag{6-58}$$

下面讨论模拟低通滤波器与数字高通滤波器频率之间的关系。令 $s = j\Omega$，$z = e^{j\omega}$，代入式（6-56），可得

$$\Omega = -C \cot\left(\frac{\omega}{2}\right)$$

或

$$|\Omega| = C \cot\left(\frac{\omega}{2}\right) \tag{6-59}$$

从模拟低通变换到数字高通时频率间变换关系曲线如图 6-17 所示。可以看出，$\Omega = 0$ 映射到 $\omega = \pi$，即 $z = -1$ 上；$\Omega = \infty$ 映射到 $\omega = 0$，即 $z = 1$ 上。通过这样的频率变换后就可以直接将模拟低通变换为数字高通，如图 6-18 所示。

还应当明确一点，所谓高通数字滤波器，并不是 ω 高到 ∞ 都通过，由于数字域存在折叠频率 $\omega = \pi$，对于实数响应的数字滤波器，ω 由 π 到 2π 的部分只是 ω 由 π 到 0 的镜像部分。因此，有效数字域仅只是从 $\omega = 0$ 到 $\omega = \pi$，高通也仅指这一端的高端，即到 $\omega = \pi$ 为止的部分。

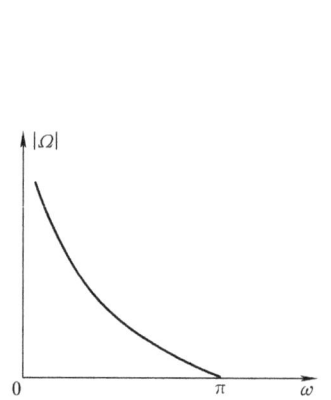 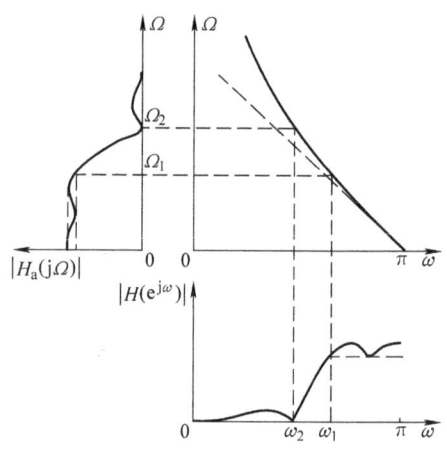

图 6-17 从模拟低通变换到数字高通时频率间关系的曲线   图 6-18 模拟低通变换到数字高通

【例 6-9】 设计一个巴特沃思数字高通滤波器,其通带截止频率（3dB 点处）为 f_c = 3kHz,阻带上限截止频率 f_s = 2kHz,通带衰减不大于 3dB,阻带衰减不小于 14dB,抽样频率 f_{sampling} = 10kHz。

解:

第一,求对应的各数字域频率:

$$\omega_c = 2\pi f_c T = \frac{2\pi f_c}{f_{\text{sampling}}} = \frac{2\pi \times 3 \times 10^3}{10 \times 10^3} = 0.6\pi$$

$$\omega_s = 2\pi f_s T = \frac{2\pi f_s}{f_{\text{sampling}}} = \frac{2\pi \times 3 \times 10^3}{10 \times 10^3} = 0.4\pi$$

第二,求常数 C。采用归一化（$\Omega_c = 1$）原型低通滤波器作为变换的低通原型,由式（6-58）可得低通到高通变换中所需的 C 为

$$C = \Omega_c \tan\left(\frac{\omega_c}{2}\right) = 1 \times \tan\left(\frac{0.6\pi}{2}\right) = 1.37638192$$

第三,求低通原型 Ω_s。设 Ω_s 为满足数字高通滤波器的归一化原型模拟低通滤波器的阻带上限截止频率,可按 $\Omega = C\cot(\omega/2)$ 的预畸变换关系来求,得

$$\Omega_s = C\cot\left(\frac{\omega_s}{2}\right) = 1.37638192 \times 1.3763819 = 1.8944272$$

第四,求阶次 N。按阻带衰减求原型归一化模拟低通滤波器的阶次 N,由巴特沃思低通滤波器频率响应的公式 $|H_a(j\Omega_s)|$ 取对数,即

$$20\lg|H_a(j\Omega_s)| = -10\lg\left[1 + \left(\frac{\Omega_s}{\Omega_c}\right)^{2N}\right] \leq -14$$

式中,$\Omega_c = 1$。解得

$$N = \frac{\lg(10^{1.4} - 1)}{2\lg(1.8944272)} = \frac{1.3823569}{0.5549558} = 2.4909314, \text{ 取 } N = 3$$

第五,求归一化巴特沃思低通原型的 $H_a(s)$。取 $N = 3$,查表 6-2 可得 $H_a(s)$ 为

$$H_a(s) = \frac{1}{s^3 + 2s^2 + 2s + 1}$$

第六,求数字高通滤波器的系统函数 $H(z)$:

$H(z) = H_a(s)\big|_{s=C\frac{1+z^{-1}}{1-z^{-1}}}$

$$= \frac{(1-z^{-1})^3}{C^3(1+z^{-1})^3 + 2C^2(1+z^{-1})^2(1-z^{-1}) + 2C(1+z^{-1})(1-z^{-1})^2 + (1-z^{-1})^3}$$

$$= \frac{(1-z^{-1})^3}{C^3(1+z^{-1})^3 + 2C^2(1+z^{-1})^2(1-z^{-1}) + 2C(1+z^{-1})(1-z^{-1})^2 + (1-z^{-1})^3}$$

$$= \frac{\dfrac{1}{C^3+2C^2+2C+1}(1-3z^{-1}+3z^{-2}-z^{-3})}{1 + \dfrac{3C^3+2C^2-2C-3}{C^3+3C^2+2C+1}z^{-1} + \dfrac{3C^3-2C^2-2C+3}{C^3+2C^2+2C+1}z^{-2} + \dfrac{C^3-2C^2+2C-1}{C^3+2C^2+2C+1}z^{-3}}$$

将 C 代入,可求得

$$H(z) = \frac{0.09907984(1 - 3z^{-1} + 3z^{-2} - z^{-3})}{1 + 0.5717848z^{-1} + 0.4201167z^{-2} + 0.05569325z^{-3}}$$

(3) 模拟低通滤波器变换成数字带通滤波器 由表 6-3 可知,由模拟低通原型到模拟高通的变换关系为

$$s \to \Omega_c \frac{s^2 + \Omega_l \Omega_h}{s(\Omega_h - \Omega_l)} \tag{6-60}$$

式中,Ω_c 为模拟低通滤波器的截止频率;Ω_h、Ω_l 分别为实际带通滤波器的通带上、下边界截止频率。

根据双线性变换,模拟带通与数字带通之间的 s 平面与 z 平面的关系仍为式 (6-55)。把变换式 (6-60) 和式 (6-55) 结合起来,可得到直接从模拟低通原型变换成数字带通滤波器的表达式,也就是直接联系 s 与 z 之间的变换公式为

$$s = \Omega_c \frac{\left(\dfrac{2}{T}\dfrac{1-z^{-1}}{1+z^{-1}}\right)^2 + \Omega_l \Omega_h}{\dfrac{2}{T}\dfrac{1-z^{-1}}{1+z^{-1}}(\Omega_h - \Omega_l)}$$

经推导后得

$$s = D\left[\frac{1 - Ez^{-1} + z^{-2}}{1 - z^{-2}}\right] \tag{6-61}$$

其中

$$D = \frac{\Omega_c\left(\dfrac{2}{T} + \dfrac{T}{2}\Omega_l \Omega_h\right)}{\Omega_h - \Omega_l} \tag{6-62}$$

$$E = \frac{2\left(\dfrac{2}{T}\right)^2 - \Omega_l \Omega_h}{\left(\dfrac{2}{T}\right)^2 + \Omega_l \Omega_h} \tag{6-63}$$

根据双线性变换,模拟带通频率与数字带通频率之间的关系仍为式 (6-57)。定义

$$\Omega_0 = \sqrt{\Omega_l \Omega_h} \tag{6-64}$$

$$B = \Omega_h - \Omega_l \tag{6-65}$$

式中，Ω_0 为带通滤波器通带的中心频率；B 为带通滤波器的通带宽度。

设数字带通的中心频率为 ω_0，数字带通滤波器的上、下边界的截止频率分别为 ω_2 和 ω_1，则将式（6-57）代入式（6-64）、式（6-65），可得

$$\tan^2\left(\frac{\omega_0}{2}\right) = \tan\left(\frac{\omega_1}{2}\right)\tan\left(\frac{\omega_2}{2}\right) \tag{6-66}$$

$$\tan\left(\frac{\omega_2}{2}\right) - \tan\left(\frac{\omega_1}{2}\right) = \frac{T\Omega_c}{2} \tag{6-67}$$

考虑到模拟带通到数字带通是通带中心频率相对应的映射关系，则有

$$\Omega_0 = \frac{2}{T}\tan\left(\frac{\omega_0}{2}\right) \tag{6-68}$$

将式（6-66）~式（6-68）代入式（6-62）及式（6-63），并应用一些标准三角恒等式，可得

$$D = \Omega_c \cot\left(\frac{\omega_2 - \omega_1}{2}\right) \tag{6-69}$$

$$E = 2\frac{\cos[(\omega_2 + \omega_1)/2]}{\cos[(\omega_2 - \omega_1)/2]}$$

$$= \frac{2\sin(\omega_2 + \omega_1)}{\sin\omega_1 + \sin\omega_2} = 2\cos\omega_0 \tag{6-70}$$

所以，在设计时，要给定中心频率和带宽或者是中心频率和边界频率，利用式（6-69）和式（6-70）来确定 D 和 E 两常数；然后，利用式（6-61）的变换，把模拟低通系统函数一步变成数字带通系统函数，即

$$H(z) = H_a(s)\bigg|_{s = D\frac{1-Ez^{-1}+z^{-2}}{1-z^{-2}}} \tag{6-71}$$

式中，$H_a(s)$ 为模拟低通原型传递函数。

可以看出，数字带通滤波器的极点数（或阶次）将是模拟低通滤波器极点数的 2 倍。

下面讨论模拟低通滤波器与数字带通滤波器频率之间的关系。令 $s = j\Omega$，$z = e^{j\omega}$，代入式（6-61），经推导后可得

$$\Omega = D\frac{\cos\omega_0 - \cos\omega}{\sin\omega} \tag{6-72}$$

其变换关系曲线如图 6-19 所示。其映射关系为

$$\Omega = 0 \quad \rightarrow \quad \omega = \omega_0$$
$$\Omega = \infty \quad \rightarrow \quad \omega = \pi$$
$$\Omega = -\infty \quad \rightarrow \quad \omega = 0$$

也就是说，低通滤波器的通带（$\Omega = 0$ 附近）映射到带通滤波器的通带（$\omega = \omega_0$ 附近），低通滤波器的阻带（$\Omega = \pm\infty$）映射到带通滤波器的阻带（$\omega = 0$, π）。通过这样的频率变换后就可以直接将模拟低通变换为数字带通，如图 6-20 所示。

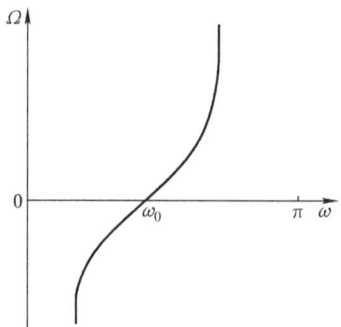

图 6-19 从模拟低通变换到数字带通时的频率间关系曲线

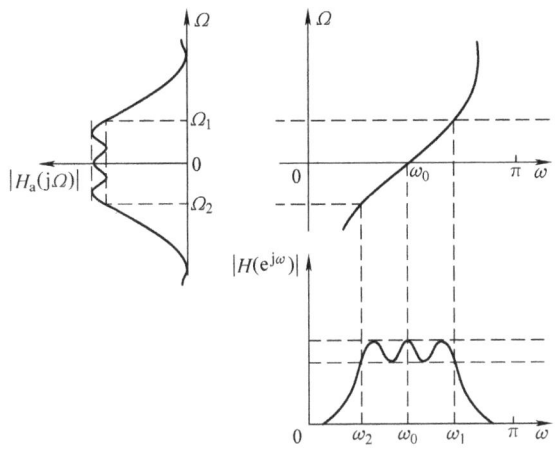

图 6-20 模拟低通变换到数字带通

【例 6-10】 抽样频率为 $f_{\text{sampling}} = 100\text{kHz}$，$T = 10\mu\text{s}$，要求设计一个三阶巴特沃思数字带通滤波器，其上、下边界的 3dB 截止频率分别为 $f_1 = 12.5\text{kHz}$，$f_2 = 37.5\text{kHz}$。

解：首先求出所需数字滤波器在数字域的各临界频率。通带的上、下边界截止频率为

$$\omega_1 = 2\pi f_1 T = 2\pi \times 12.5 \times 10^3 \times 10 \times 10^{-6} = 0.25\pi$$

$$\omega_2 = 2\pi f_2 T = 2\pi \times 37.5 \times 10^3 \times 10 \times 10^{-6} = 0.75\pi$$

代入式 (6-67)，求得模拟低通的截止频率为

$$\Omega_c = \frac{2}{T}\left[\tan\left(\frac{\omega_2}{2}\right) - \tan\left(\frac{\omega_1}{2}\right)\right] = \frac{2}{T}\left[\tan\left(\frac{3\pi}{8}\right) - \tan\left(\frac{\pi}{8}\right)\right] = \frac{2}{T} \times 2$$

由式 (6-69) 求得 D 为

$$D = \Omega_c \cot\left(\frac{\omega_2 - \omega_1}{2}\right) = \frac{4}{T}\cot\left(\frac{0.75\pi - 0.25\pi}{2}\right) = \frac{4}{T}\cot\left(\frac{\pi}{4}\right) = \frac{4}{T}$$

由式 (6-70) 可求得 E 为

$$E = 2\frac{\cos[(\omega_2 + \omega_1)/2]}{\cos[(\omega_2 - \omega_1)/2]} = 2\frac{\cos[(0.75\pi + 0.25\pi)/2]}{\cos[(0.75\pi - 0.25\pi)/2]} = 2\frac{\cos(\pi/2)}{\cos(\pi/4)} = 0$$

再代入变换式 (6-61) 得

$$s = D\left[\frac{1 - Ez^{-1} + z^{-2}}{1 - z^{-2}}\right] = \frac{4}{T}\frac{1 + z^{-2}}{1 - z^{-2}}$$

由 $N = 3$，查表 6-2 可得三阶巴特沃思滤波器的归一化原型系统函数为

$$H_a(p) = \frac{1}{p^3 + 2p^2 + 2p + 1}$$

3dB 截止频率为 $\Omega_c = 4/T$ 的三阶巴特沃思滤波器的系统函数为

$$H_a(s) = H_a(p)\bigg|_{p = \frac{s}{\Omega_c}} = \frac{1}{(s/\Omega_c)^3 + 2(s/\Omega_c)^2 + 2(s/\Omega_c) + 1}$$

$$H(z) = H_a(s)\bigg|_{s = \frac{4}{T}\frac{1+z^{-2}}{1-z^{-2}}} = \frac{1}{\left(\frac{1+z^{-2}}{1-z^{-2}}\right)^3 + 2\left(\frac{1+z^{-2}}{1-z^{-2}}\right)^2 + 2\left(\frac{1+z^{-2}}{1-z^{-2}}\right) + 1}$$

$$= \frac{1}{2}\frac{1 - 3z^{-2} + 3z^{-4} - z^{-6}}{3 + z^{-4}}$$

巴特沃思带通滤波器的幅频特性如图6-21所示。

从上面的设计过程可以看出，如果在求D参数时，假定$\Omega_c = 1$，即采用归一化低通原型，则由归一化低通原型模拟滤波器变换得到的数字带通滤波器，将与上面得到的结果一致。这是因为在s/Ω_c中的Ω_c和D中的Ω_c互相抵消，所以只需用$\Omega_c = 1$的归一化原型$H_a(p)$设计即可。

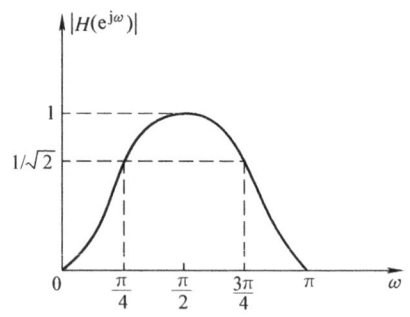

图6-21 巴特沃思带通滤波器的幅频特性

对于其他类型的滤波器，同样也可以直接利用归一化原型滤波器$H_a(p)$设计。

（4）模拟低通滤波器变换成数字带阻滤波器　由表6-3可知，从模拟低通原型到模拟带阻的变换关系为

$$s \to \Omega_c \frac{s(\Omega_h - \Omega_l)}{s^2 + \Omega_l \Omega_h} \tag{6-73}$$

式中，Ω_c为模拟低通滤波器的截止频率，Ω_h、Ω_l分别为实际带阻滤波器的阻带上、下边界截止频率。

根据双线性变换，模拟带阻与数字带阻之间的s平面与z平面的关系仍为式（6-55）。把式（6-73）和式（6-55）结合起来，可得到直接从模拟低通原型变换成数字带阻滤波器的表达式，也就是直接联系s与z之间的变换公式为

$$s = \Omega_c \frac{\dfrac{2}{T}\dfrac{1-z^{-1}}{1+z^{-1}}(\Omega_h - \Omega_l)}{\left(\dfrac{2}{T}\dfrac{1-z^{-1}}{1+z^{-1}}\right)^2 + \Omega_l \Omega_h}$$

经推导后得

$$s = D_1 \frac{1 - z^{-2}}{1 - E_1 z^{-1} + z^{-2}} \tag{6-74}$$

其中

$$D_1 = \Omega_c \frac{(2/T)(\Omega_h - \Omega_l)}{(2/T)^2 + \Omega_l \Omega_h} \tag{6-75}$$

$$E_1 = 2\frac{(2/T)^2 - \Omega_l \Omega_h}{(2/T)^2 + \Omega_l \Omega_h} \tag{6-76}$$

根据双线性变换，模拟带阻频率与数字带阻频率之间的关系仍为式（6-57）。定义

$$\Omega_0 = \sqrt{\Omega_l \Omega_h} \tag{6-77}$$

$$B = \Omega_h - \Omega_l = \frac{\Omega_0^2}{\Omega_c} = \frac{\Omega_l \Omega_h}{\Omega_c} \tag{6-78}$$

式中，Ω_0为带阻滤波器阻带的几何对称中心角频率；B为带阻滤波器的阻带宽度，它与低通原型中的截止频率Ω_c成反比。

设数字带阻的中心频率为ω_0，数字带阻滤波器的上、下边界截止频率分别为ω_2和

ω_1，则将式（6-57）代入式（6-77）、式（6-78），可得

$$\tan^2\left(\frac{\omega_0}{2}\right) = \tan\left(\frac{\omega_1}{2}\right)\tan\left(\frac{\omega_2}{2}\right) \tag{6-79}$$

$$\tan\left(\frac{\omega_2}{2}\right) - \tan\left(\frac{\omega_1}{2}\right) = \frac{2}{T}\frac{\tan^2(\omega_0/2)}{\Omega_c} = \frac{2}{T}\frac{\tan(\omega_1/2)\tan(\omega_2/2)}{\Omega_c} \tag{6-80}$$

考虑到模拟带阻到数字带阻是阻带中心频率相对应的映射关系，则有

$$\Omega_0 = \frac{2}{T}\tan\left(\frac{\omega_0}{2}\right) \tag{6-81}$$

将式（6-79）~式（6-81）代入式（6-75）及式（6-76），并应用一些标准三角恒等式，可得

$$D_1 = \Omega_c \tan\left(\frac{\omega_2 - \omega_1}{2}\right) \tag{6-82}$$

$$E_1 = 2\frac{\cos[(\omega_2 + \omega_1)/2]}{\cos[(\omega_2 - \omega_1)/2]}$$

$$= \frac{2\sin(\omega_2 + \omega_1)}{\sin\omega_1 + \sin\omega_2} = 2\cos\omega_0 \tag{6-83}$$

所以，在设计时，要给定中心频率和带宽或者是中心频率和边界频率，利用式（6-82）和式（6-83）来确定 D_1 和 E_1 两常数，然后利用式（6-74）的变换，把模拟低通系统函数一步变成数字带阻系统函数，即

$$H(z) = H_a(s)\bigg|_{s = D_1\frac{1-z^{-2}}{1-E_1 z^{-1}+z^{-2}}} \tag{6-84}$$

式中，$H_a(s)$ 为模拟低通原型传递函数。

可以看出，数字带阻滤波器的极点数（或阶次）将是模拟低通滤波器极点数的 2 倍。

下面讨论模拟低通滤波器与数字带阻滤波器频率之间的关系。令 $s = j\Omega$，$z = e^{j\omega}$ 代入式（6-74），经推导后可得

$$\Omega = D_1 \frac{\sin\omega}{\cos\omega - \cos\omega_0} \tag{6-85}$$

其变换关系曲线如图 6-22 所示。其映射关系为

$$\Omega = 0 \quad \rightarrow \quad \omega = \pi$$
$$\Omega = \pm\infty \quad \rightarrow \quad \omega = \omega_0$$

也就是说，低通滤波器的通带（$\Omega = 0$ 附近）映射到带阻滤波器的阻带范围之外（$\omega = 0, \pi$），低通滤波器的阻带（$\Omega = \pm\infty$）映射到带阻滤波器的阻带上（$\omega = \omega_0$ 附近）。

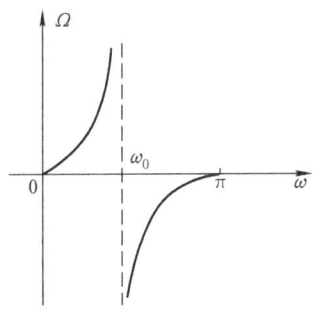

图 6-22 从模拟低通变换到数字带阻时的频率间关系曲线

【例 6-11】 要设计一个数字带阻滤波器，其抽样频率为 $f_{\text{sampling}} = 1\text{kHz}$，要求滤除 100Hz 的干扰，其 3dB 的边界频率为 95Hz 和 105Hz，归一化原型低通滤波器为

$$H_a(p) = \frac{1}{1+p}$$

解：首先求出所需数字滤波器在数字域的上、下边界频率为

$$\omega_1 = 2\pi f_1 T = \frac{2\pi f_1}{f_{\text{sampling}}} = \frac{2\pi \times 95}{1000} = 0.19\pi$$

$$\omega_2 = 2\pi f_2 T = \frac{2\pi f_2}{f_{\text{sampling}}} = \frac{2\pi \times 105}{1000} = 0.21\pi$$

代入式（6-80）求得模拟低通滤波器的截止频率为

$$\Omega_c = \frac{2}{T} \frac{\tan\left(\frac{\omega_1}{2}\right) \tan\left(\frac{\omega_2}{2}\right)}{\tan\left(\frac{\omega_2}{2}\right) - \tan\left(\frac{\omega_1}{2}\right)}$$

$$= \frac{2}{T} \frac{\tan(0.095\pi) \tan(0.105\pi)}{\tan(0.105\pi) - \tan(0.095\pi)}$$

$$\approx \frac{2}{T} \times 3.032$$

由式（6-82）求得 D_1 为

$$D_1 = \Omega_c \tan\left(\frac{\omega_2 - \omega_1}{2}\right) = \Omega_c \tan\left(\frac{0.21\pi - 0.19\pi}{2}\right) = \Omega_c \tan(0.01\pi)$$

$$= 0.03143\Omega_c$$

由式（6-83）可求得 E_1 为

$$E_1 = 2\frac{\cos[(\omega_2 + \omega_1)/2]}{\cos[(\omega_2 - \omega_1)/2]} = 2\frac{\cos[(0.21\pi + 0.19\pi)/2]}{\cos[(0.21\pi - 0.19\pi)/2]} = 2\frac{\cos(0.2\pi)}{\cos(0.01\pi)} = 1.6188$$

再代入变换式（6-74）得

$$s = D_1\left(\frac{1-z^{-2}}{1-E_1 z^{-1} + z^{-2}}\right) = 0.03143\Omega_c \frac{1-z^{-2}}{1-1.6188 z^{-1} + z^{-2}}$$

归一化原型低通滤波器的系统函数为

$$H_a(p) = \frac{1}{1+p}$$

截止频率为 Ω_c 的滤波器的系统函数为

$$H_a(s) = H_a(p)\Big|_{p=\frac{s}{\Omega_c}} = \frac{1}{s/\Omega_c + 1}$$

$$H(z) = H_a(s)\Big|_{s=0.03143\Omega_c \frac{1-z^{-2}}{1-1.6188z^{-1}+z^{-2}}} = \frac{1}{0.03143 \frac{1-z^{-2}}{1-1.6188z^{-1}+z^{-2}} + 1}$$

$$= \frac{0.9695(1 - 1.6188z^{-1} + z^{-2})}{1 - 1.5695z^{-1} + 0.9390z^{-2}}$$

将各种变换的必要设计公式归纳见表6-4。这些变换都是代数式，因而对任何结构形式（级联、并联、直接等）的模拟滤波器的变换都适用。

第 6 章 数字滤波器设计

表 6-4 利用双线性变换法从截止频率为 Ω_c 的模拟低通原型滤波器到实际数字滤波器的变换

变换类型	变换关系式	参 数
模拟低通原型→数字低通	$s = B \dfrac{1-z^{-1}}{1+z^{-1}}$ $\Omega = B\tan\left(\dfrac{\omega}{2}\right)$	$B = \Omega_c \cot\left(\dfrac{\omega_c}{2}\right)$
模拟低通原型→数字高通	$s = C \dfrac{1+z^{-1}}{1-z^{-1}}$ $\Omega = + C\cot\left(\dfrac{\omega}{2}\right)$	$C = \Omega_c \tan\left(\dfrac{\omega_c}{2}\right)$
模拟低通原型→数字带通	$s = D\left(\dfrac{1-Ez^{-1}+z^{-2}}{1-z^{-2}}\right)$ $\Omega = D \dfrac{\cos\omega_0 - \cos\omega}{\sin\omega}$	$D = \Omega_c \cot\left(\dfrac{\omega_2-\omega_1}{2}\right)$ $E = 2 \dfrac{\cos[(\omega_2+\omega_1)/2]}{\cos[(\omega_2-\omega_1)/2]} = 2\cos\omega_0$
模拟低通原型→数字带阻	$s = D_1\left(\dfrac{1-z^{-2}}{1-E_1 z^{-1}+z^{-2}}\right)$ $\Omega = D_1 \dfrac{\sin\omega}{\cos\omega - \cos\omega_0}$	$D_1 = \Omega_c \tan\left(\dfrac{\omega_2-\omega_1}{2}\right)$ $E_1 = 2 \dfrac{\cos[(\omega_2+\omega_1)/2]}{\cos[(\omega_2-\omega_1)/2]} = 2\cos\omega_0$

2. 先将模拟低通原型数字化为数字低通,再利用数字域频带变换法设计数字各型滤波器

这里的第一步,即将模拟低通原型数字化为数字低通滤波器的方法前面已经讨论过。下面讨论第二步,即直接由给定的数字低通滤波器变换成各种类型的数字滤波器的方法——数字频带变换。

如果已有一个数字滤波器的低通原型 $H_L(z)$(这个滤波器也可以由模拟低通原型设计得到),同样可以通过一定的变换,来设计其他各种不同的数字滤波器函数 $H(Z)$,这种变换是将 $H_L(z)$ 的 z 平面映射变换到 $H(Z)$ 的 Z 平面,这一从 z 到 Z 的变换关系为

$$z^{-1} = G(Z^{-1}) \tag{6-86}$$

这样,数字滤波器的原型变换就可以表示为

$$H(Z) = H_L(z)\big|_{z^{-1}=G(Z^{-1})} \tag{6-87}$$

式(6-86)中,选用 z^{-1} 及 Z^{-1} 而不用 z 及 Z,这是因为在系统函数中 z 和 Z 都是以负幂形式出现的。

现在讨论对变换函数 $G(Z^{-1})$ 的要求。首先,要使一个因果稳定的低通函数 $H_L(z)$ 变换成的 $H(Z)$ 依然是一个因果稳定的系统函数,因此 z 的单位圆内部必须对应于 Z 的单位圆内部。其次,两个函数的频率响应要满足一定的要求,因此 z 的单位圆应映射到 Z 的单位圆上,用 θ 和 ω 分别表示 z 平面和 Z 平面上的数字角频率,$e^{j\theta}$ 和 $e^{j\omega}$ 分别表示 z 平面和 Z 平面的单位圆,则式(6-86)应满足

$$e^{-j\theta} = G(e^{-j\omega}) = |G(e^{-j\omega})|e^{j\varphi(\omega)} \tag{6-88}$$

式中,$\varphi(\omega)$ 为 $G(e^{-j\omega})$ 的相位函数。

由式(6-88)可得

$$|G(e^{-j\omega})| \equiv 1 \tag{6-89}$$

式中，"≡"表示恒等，也即变换函数 $G(Z^{-1})$ 在单位圆上的幅度必须恒等于1，这种函数称为全通函数。任何一个全通函数都可以表示为

$$G(Z^{-1}) = \pm \prod_{i=1}^{N} \frac{Z^{-1} - \alpha_i^*}{1 - \alpha_i Z^{-1}} \tag{6-90}$$

式中，α_i 为 $G(Z^{-1})$ 的极点，可以是实数，也可以是共轭复数，但必须保证极点在单位圆以内，即 $|\alpha_i| < 1$，以保证变换的稳定性不变；$G(Z^{-1})$ 的所有零点都是其极点的共轭倒数；N 为全通函数的阶数，当 ω 由 0 变到 π 时，其相位函数 $\varphi(\omega)$ 的变化量为 $N\pi$。选择合适的 N 和 α_i，则可得到各类变换。根据全通函数的这些基本特点，下面具体讨论数字域的各种原型变换。

(1) 数字低通—数字低通　数字低通变换到数字低通，$H_L(e^{j\theta})$ 及 $H(e^{j\omega})$ 都是低通函数，只是截止频率互不相同，因此当 θ 由 0 变到 π 时，相应的 ω 也应由 0 变到 π，根据全通函数相位 $\varphi(\omega)$ 变化量为 $N\pi$ 的性质，可以确定全通函数的阶数必须为1，并且必须满足以下两个条件：

$$G(1) = 1$$
$$G(-1) = -1$$

由式（6-86）及式（6-90）可以找到满足以上要求的映射函数应该为

$$z^{-1} = G(Z^{-1}) = \frac{Z^{-1} - \alpha}{1 - \alpha Z^{-1}} \tag{6-91}$$

式中，α 为实数，且 $|\alpha| < 1$。

将 $z = e^{j\theta}$ 及 $Z = e^{j\omega}$ 代入式（6-91），得到这个变换所反映的频率变换关系为

$$e^{-j\theta} = \frac{e^{-j\omega} - \alpha}{1 - \alpha e^{-j\omega}} \tag{6-92}$$

也可表示为

$$e^{-j\omega} = \frac{e^{-j\theta} + \alpha}{1 + \alpha e^{-j\theta}} = e^{-j\theta} \frac{1 + \alpha e^{j\theta}}{1 + \alpha e^{-j\theta}} = e^{-j\theta} \frac{1 + \alpha\cos\theta + j\alpha\sin\theta}{1 + \alpha\cos\theta - j\alpha\sin\theta} \tag{6-93}$$

由此求得

$$\omega = \arctan\left[\frac{(1 - \alpha^2)\sin\theta}{2\alpha + (1 + \alpha^2)\cos\theta}\right] = \theta - 2\arctan\left[\frac{\alpha\sin\theta}{1 + \alpha\cos\theta}\right] \tag{6-94}$$

θ 与 ω 的关系如图 6-23 所示。除 $\alpha = 0$ 外（此时 $\omega = \theta$），在其他情况下，频率变换关系都是非线性关系。$\alpha > 0$ 时表示频率压缩；而 $\alpha < 0$ 时表示频率扩展。但是，对于幅度响应为分段常数的滤波器，变换后仍可得类似的频率响应。设低通原型的截止频率为 θ_c，而所需变换后的相应截止频率为 ω_c，代入式（6-92），可以确定参数 α 为

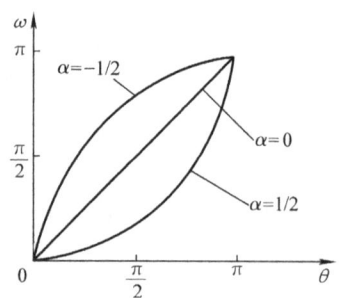

图 6-23　数字低通—数字低通的变换特性

$$\alpha = \frac{\sin\left(\dfrac{\theta_c - \omega_c}{2}\right)}{\sin\left(\dfrac{\theta_c + \omega_c}{2}\right)} \tag{6-95}$$

从而整个变换函数也就唯一确定了。

(2) 数字低通—数字高通　低通变换为高通只需要将低通频率响应在单位圆上旋转 $180°$，也就是将 Z 变换成 $-Z$ 即可，这就是旋转变换。将式 (6-91) 中的 Z^{-1} 用 $-Z^{-1}$ 代替，即可完成数字低通到数字高通的变换，即

$$z^{-1} = G(-Z^{-1}) = \frac{(-Z)^{-1} - \alpha}{1 - \alpha(-Z)^{-1}} = -\frac{Z^{-1} + \alpha}{1 + \alpha Z^{-1}} \tag{6-96}$$

式 (6-96) 满足 $G(-1) = 1$，$G(1) = -1$，且有 $|\alpha| < 1$。注意：这时低通原型的截止频率 θ_c 对应的不是 ω_c 而是 $\omega_c + \pi$，$-\theta_c$ 对应高通的截止频率 ω_c，则 $e^{-j(-\theta_c)} = -\dfrac{e^{-j\omega_c} + \alpha}{1 + \alpha e^{-j\omega_c}}$，求得

$$\alpha = -\frac{\cos\left(\dfrac{\omega_c + \theta_c}{2}\right)}{\cos\left(\dfrac{\omega_c - \theta_c}{2}\right)} \tag{6-97}$$

(3) 数字低通—数字带通　若带通的中心频率为 ω_0，它应该对应于低通原型的通带中心，即 $\theta = 0$ 点；当带通的频率 ω 由 ω_0 变到 π 时，是由通带走向阻带，因此应该对应于 θ 由 0 变到 π；同样，当 ω 由 ω_0 变到 0 时，也是由通带走向另一边阻带，它对应的是低通原型的镜像部分，即对应 θ 由 0 变到 $-\pi$。可以看到，当 ω 由 0 变到 π 时，θ 必须相应变化 2π，也即全通函数的阶数 N 必须为 2，这时有

$$z^{-1} = G(Z^{-1}) = \pm \frac{Z^{-1} - \alpha^*}{1 - \alpha Z^{-1}} \frac{Z^{-1} - \alpha}{1 - \alpha^* Z^{-1}} \tag{6-98}$$

(4) 数字低通—数字带阻　由低通到带阻的变换同样可以通过旋转变换来完成，相应的结果见表 6-5，读者可以自己验证，这里不再细述。

表 6-5　由截止频率为 θ_c 的数字低通滤波器变换成各型数字滤波器

变换类型	变换公式 $G(z^{-1})$	参数的确定
数字低通—数字低通	$\dfrac{z^{-1} - \alpha}{1 - \alpha z^{-1}}$	$\alpha = \dfrac{\sin\left(\dfrac{\theta_c - \omega_c}{2}\right)}{\sin\left(\dfrac{\theta_c + \omega_c}{2}\right)}$
数字低通—数字高通	$-\left(\dfrac{z^{-1} + \alpha}{1 + \alpha z^{-1}}\right)$	$\alpha = -\dfrac{\cos\left(\dfrac{\omega_c + \theta_c}{2}\right)}{\cos\left(\dfrac{\omega_c - \theta_c}{2}\right)}$

(续)

变换类型	变换公式 $G(z^{-1})$	参数的确定
数字低通—数字带通	$-\left(\dfrac{z^{-2} - \dfrac{2\alpha k}{k+1}z^{-1} + \dfrac{k-1}{k+1}}{\dfrac{k-1}{k+1}z^{-2} - \dfrac{2\alpha k}{k+1}z^{-1} + 1}\right)$	$\alpha = \dfrac{\cos\left(\dfrac{\omega_2 + \omega_1}{2}\right)}{\cos\left(\dfrac{\omega_2 - \omega_1}{2}\right)}$ $k = \cot\left(\dfrac{\omega_2 - \omega_1}{2}\right)\tan\dfrac{\theta_c}{2}$
数字低通—数字带阻	$\dfrac{z^{-2} - \dfrac{2\alpha}{1+k}z^{-1} + \dfrac{1-k}{1+k}}{\dfrac{1-k}{1+k}z^{-2} - \dfrac{2\alpha}{1+k}z^{-1} + 1}$	$\alpha = \dfrac{\cos\left(\dfrac{\omega_2 + \omega_1}{2}\right)}{\cos\left(\dfrac{\omega_2 - \omega_1}{2}\right)}$ $k = \tan\left(\dfrac{\omega_2 - \omega_1}{2}\right)\tan\dfrac{\theta_c}{2}$

6.4 FIR 数字滤波器的设计

FIR 数字滤波器设计就是用

$$H(z) = \sum_{n=0}^{N-1} h(n)z^{-n} \tag{6-99}$$

表示的多项式,使其在单位圆上的频率特性逼近要求的频率特性。FIR 滤波器可以设计成严格的线性相位,而 IIR 滤波器的优异幅频特性是以非线性相位作为代价的;FIR 滤波器可以用 DFT 技术来设计任意形状的幅频特性滤波器,且始终是稳定的。FIR 滤波器的主要缺点是运算量比较大,因而在实现上需要比较多的运算单元和存储单元。但由于其优点及 FFT 技术的采用,使得 FIR 滤波器在各个信号处理领域中得到广泛的应用。

FIR 滤波器的设计任务就是给定要求的频率特性,按一定的最佳逼近准则,选取多项式(6-99)系数 $h(n)$,即滤波器的单位抽样响应及长度 N,使频率特性满足设计要求。通常 FIR 滤波器的设计方法有三种:窗函数设计法、频率抽样设计法和切比雪夫等波纹逼近法。其中,窗函数设计法可以应用比较现成的窗函数,因而设计简单,在指标要求不高的场合使用方便、灵活。切比雪夫等波纹逼近法具有最佳的性能,但需要借助于计算机进行,由于计算技术的发展已有成熟的优化程序可供利用,设计效率比较高,所以应用已相当广泛。

6.4.1 窗函数设计法

窗函数设计法也称为傅里叶级数法。

FIR 滤波器的设计问题,就是要使所设计的 FIR 滤波器的频率响应 $H(e^{j\omega})$ 去逼近所要求的滤波器的理想频率响应 $H_d(e^{j\omega})$。在这种逼近中,最直接的一种方法是从单位抽样响应 $h(n)$ 着手,使 $h(n)$ 去逼近所要求的理想滤波器的单位抽样响应 $h_d(n)$。由第 2 章分析可知,$h_d(n)$ 可以从理想频率响应 $H_d(e^{j\omega})$ 通过傅里叶逆变换得到,即

$$H_d(e^{j\omega}) = \sum_{n=-\infty}^{\infty} h_d(n) e^{-j\omega n} \tag{6-100}$$

$$h_d(n) = \frac{1}{2\pi} \int_{-\pi}^{\pi} H_d(e^{j\omega}) e^{j\omega n} d\omega \tag{6-101}$$

一般来说,理想的选频滤波器的 $H_d(e^{j\omega})$ 是逐段恒定的,且在频带边界处有不连续点,

因此 $h_d(n)$ 是无限长序列,而且是非因果的,为此必须对 $h_d(n)$ 截断,以得到因果性的 FIR 滤波器。考察一个截止频率为 ω_c 的线性相位理想低通滤波器,设此滤波器的群延时为 α,即

$$H_d(e^{j\omega}) = \begin{cases} e^{-j\omega\alpha} & |\omega| \leq \omega_c \\ 0 & \omega_c < \omega| \leq \pi \end{cases} \qquad (6\text{-}102)$$

则

$$h_d(n) = \frac{1}{2\pi}\int_{-\omega_c}^{\omega_c} e^{-j\omega\alpha} e^{j\omega n} d\omega = \frac{\sin[\omega_c(n-\alpha)]}{\pi(n-\alpha)} \qquad (6\text{-}103)$$

式(6-103)一个以 α 为中心的偶对称的无限长非因果序列,如图 6-24 所示。这样一个无限长序列如何用一个有限长序列去近似它呢?最简单的办法就是直接截取它的一段来代替它。例如截取 $n = 0 \sim N-1$ 的一段作为 $h(n)$。而为了保证得到线性相位滤波器,$h(n)$ 必须满足对称性要求,所以群延时 α 应该取 $h(n)$ 长度的一半,即

$$\alpha = \frac{N-1}{2} \qquad (6\text{-}104)$$

这种直接截取的办法可以形象地想象为 $h(n)$ 是通过一个"窗口"所看到的一段 $h_d(n)$,因此 $h(n)$ 也可表示为 $h_d(n)$ 和一个窗函数的乘积,即

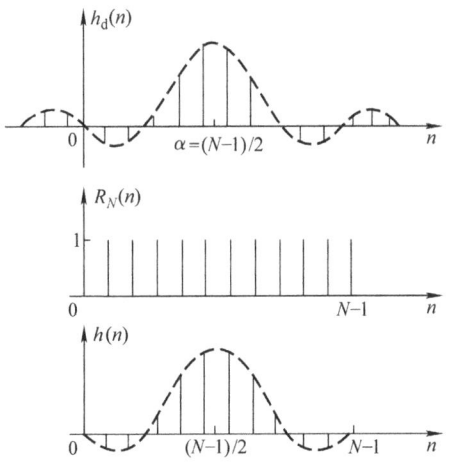

图 6-24 理想低通滤波器的直接截取

$$h(n) = h_d(n)R_N(n) \qquad (6\text{-}105)$$

式中,窗函数就是矩形序列 $R_N(n)$。

一般来说,窗口函数并不一定是矩形函数,可以在矩形以内对 $h(n)$ 进行一定的加权处理。式(6-105)可进一步表示为

$$h(n) = h_d(n)w(n) \qquad (6\text{-}106)$$

式中,$w(n)$ 为窗函数。接下来进一步考察,这种对理想单位抽样响应加窗处理究竟对频率响应将会产生什么影响?这种逼近的质量又如何?

设 $W(e^{j\omega})$ 为窗函数的频谱函数,且

$$W(e^{j\omega}) = \sum_{n=0}^{N-1} w(n) e^{-j\omega n}$$

根据卷积公式,滤波器的频率特性可表示为

$$H(e^{j\omega}) = \frac{1}{2\pi}\int_{-\pi}^{\pi} H_d(e^{j\theta}) W(e^{j(\omega-\theta)}) d\theta \qquad (6\text{-}107)$$

由式(6-107)可见逼近程度的好坏完全取决于窗函数的频率特性。例如,矩形窗函数 $R_N(n)$ 的频率特性为

$$W_R(e^{j\omega}) = \sum_{n=0}^{N-1} e^{-j\omega n} = \frac{\sin(\omega N/2)}{\sin(\omega/2)} e^{-j(\frac{N-1}{2})\omega} \triangleq W_R(\omega) e^{-j\omega\alpha} \qquad (6\text{-}108)$$

式中，$e^{j\omega\alpha}$ 为相位函数，$e^{-j\omega\alpha} = e^{-j\omega\frac{N-1}{2}}$；$W_R(\omega)$ 为幅度函数，$W_R(\omega) = \dfrac{\sin(\omega N/2)}{\sin(\omega/2)}$。$W_R(\omega)$ 在第 2 章讨论频率抽样的内插函数时已经接触过，它在 $\omega = \pm 2\pi/N$ 之内有一主瓣，然后向两侧呈现衰减振荡展开，形成许多旁瓣。

理想频率响应也可表示为

$$H_d(e^{j\omega}) = H_d(\omega)e^{-j\omega\alpha}$$

其幅度函数为

$$H_d(\omega) = \begin{cases} 1 & |\omega| \leq \omega_c \\ 0 & \omega_c < |\omega| \leq \pi \end{cases} \tag{6-109}$$

将这两结果代入式（6-107），有

$$H(e^{j\omega}) = \frac{1}{2\pi}\int_{-\pi}^{\pi} H_d(\theta)e^{-j\theta\alpha} W_R(\omega-\theta)e^{-j(\omega-\theta)\alpha}d\theta$$

$$= e^{-j\omega\alpha}\left[\frac{1}{2\pi}\int_{-\pi}^{\pi} H_d(\theta)W_R(\omega-\theta)d\theta\right] \triangleq H(\omega)e^{-j\omega\alpha}$$

因此，实际 FIR 滤波器的幅度函数为

$$H(\omega) = \frac{1}{2\pi}\int_{-\pi}^{\pi} H_d(\theta)W_R(\omega-\theta)d\theta \tag{6-110}$$

可见，对影响实际滤波器幅度响应 $H(\omega)$ 的是窗函数的幅度函数。这个卷积过程可用图 6-25 来说明，需要注意的是，这个卷积过程会给 $H(\omega)$ 响应造成起伏现象。

1）当 $\omega = 0$ 时的响应 $H(0)$。根据式（6-110），这个响应应是图 6-25a、b 两个函数乘积的积分，即 $W_R(\theta)$ 在 $\theta = -\omega_c \sim +\omega_c$ 这一段的面积，当 $\omega_c \gg 2\pi/N$（这个条件一般能满足），$H(0)$ 实际上就很近似于 $W_R(\theta)$ 的全部积分面积（$\theta = -\pi \sim +\pi$）。

2）当 $\omega = \omega_c$ 时的 $H(\omega_c)$。这时 $H_d(\theta)$ 正好与 $W_R(\omega-\theta)$ 的一半重叠，如图 6-25c 所示，因此卷积值正好是零频率 $H(0)$ 的一半，即 $H(\omega_c)/H(0) = 0.5$，如图 6-25f 所示。

3）当 ω 在通带截止频率 ω_c 以内 $2\pi/N$ 处，即 $\omega = \omega_c - 2\pi/N$ 时，$W_R(\omega-\theta)$ 的整个主瓣都在 $H_d(\theta)$ 的通带内，如图 6-25d 所示，因此卷积有最大值，这时 $H(\omega)$ 出现正肩峰。

4）当 $\omega = \omega_c + 2\pi/N$ 时，$W_R(\omega-\theta)$ 的整个主瓣都在 $H_d(\theta)$ 的通带之外，如图 6-25e 所示，而通带内的旁瓣负的面积大于正的面积，因而 $H(\omega)$ 在这里达到最大负值，出现负肩峰。

5）当 ω 继续在 $H_d(\theta)$ 的阻带内变化时，卷积值也将随 $W_R(\omega-\theta)$ 的旁瓣在通带内面积的变化而变化，故 $H(\omega)$ 将围绕着零值而波动。相反，当 ω 由 ω_c 向通带内减小时，也会随着 $W_R(\omega-\theta)$ 旁瓣进入 $H_d(\theta)$ 通带面积的变化而使卷积值摆动，造成 $H(\omega)$ 值围绕 $H(0)$ 值而摆动。这样得到的卷积结果如图 6-25f 所示。

综上所述，加窗处理对理想矩形频率响应产生以下三点影响：

1）使理想频率特性不连续点处边沿加宽，形成一个过渡带。过渡带主要是由窗函数的主瓣引起，其宽度取决于窗函数的主瓣宽度，矩形窗 $W_R(\omega)$ 对应的主瓣宽度 $\Delta\omega = 4\pi/N$。一般来说，过渡带的宽度与 N 成反比。

2）在截止频率 ω_c 的两旁 $\omega = \omega_c \pm 2\pi/N$ 处（即过渡带两旁），$H(\omega)$ 出现最大的肩峰值。最大肩峰值的两侧，出现长长的余振，它们取决于窗口频谱的旁瓣，旁瓣越多，余振也

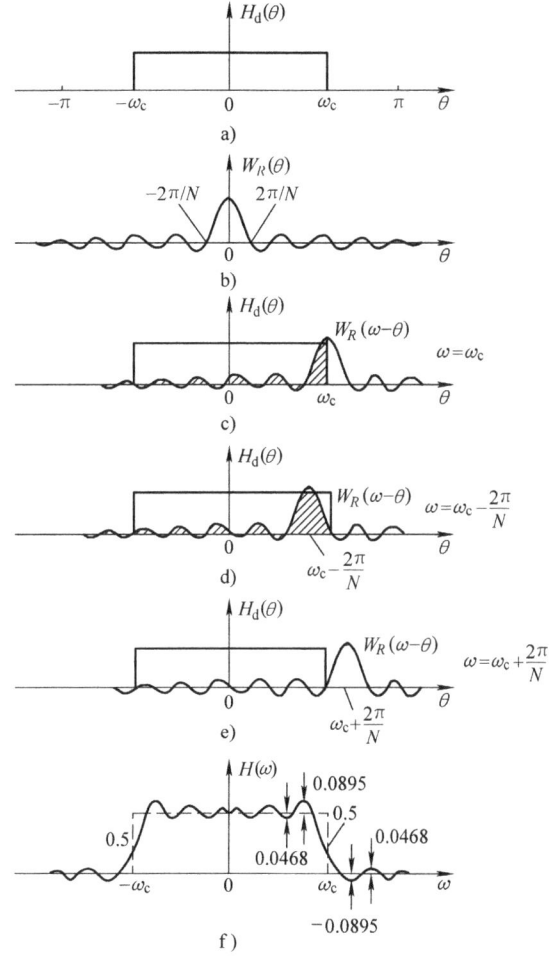

图 6-25 理想低通与矩形窗频谱函数的卷积过程

越多,旁瓣相对值越大,则肩峰越强。

3) 增加截取长度 N,则窗函数主瓣附近的频谱结构为

$$W_R(\omega) = \frac{\sin(\omega N/2)}{\sin(\omega/2)} \approx \frac{\sin(\omega N/2)}{\omega/2} = N\frac{\sin(\omega N/2)}{N\omega/2} = N\frac{\sin x}{x}$$

式中,$x = N\omega/2$。

可以看出,改变 N,只能改变窗谱的主瓣宽度、改变 ω 坐标的比例,以及改变 $W_R(\omega)$ 的绝对值的大小,但是不能改变主瓣与旁瓣的相对比例(N 太小时,会影响旁瓣的相对值),相对比例由 $\sin x/x$ 决定,或者说只决定于窗函数的形状。因此,增加截取长度 N 只能相应地减小过渡带宽度,而不能改变肩峰值。例如,在矩形窗情况下,最大相对肩峰值为 8.95%,N 增加时,$2\pi/N$ 减小,起伏振荡变密,最大肩峰则总是 8.95%,这种现象称为吉布斯(Gibbs)效应。窗谱肩峰值大小直接决定着通带内的平稳和阻带的衰减,对滤波器的性能影响很大。

由于矩形截断造成的相对肩峰为 8.95%,致使阻带最小衰减只有 $-20\lg(8.95\%) = 21\mathrm{dB}$,这在工程上往往是不够的。为了改善阻带的衰减特性,只能从改善窗函数的形状上着手。从式(6-110)可以看出,只有当窗函数逼近冲激函数时,$H(\omega)$才会逼近$H_d(\omega)$。

由以上讨论可以看出,一般希望窗函数满足两项要求:①窗谱主瓣尽可能地窄,以获得较陡的过渡带;②尽量减小窗谱的最大旁瓣的相对幅度,也就是说,使能量尽量集中于主瓣,这样使肩峰和波纹减小,就可增大阻带的衰减。上述两项要求不能同时得到满足,往往是增加主瓣宽度以换取对旁瓣的抑制。因而所选用的窗函数,其频谱旁瓣幅度要小,而主瓣会加宽。实际应用时,应根据实际需要折中选取合适的窗函数。图 6-26 画出了五种常用窗函数的形状,图 6-27 为它们对应的傅里叶变换,这些窗函数的定义式及频谱函数分述如下。

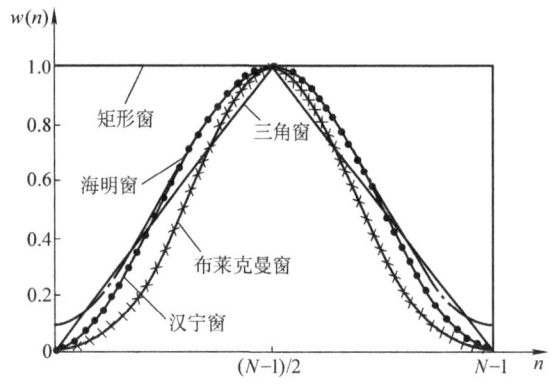

图 6-26 五种窗函数的形状

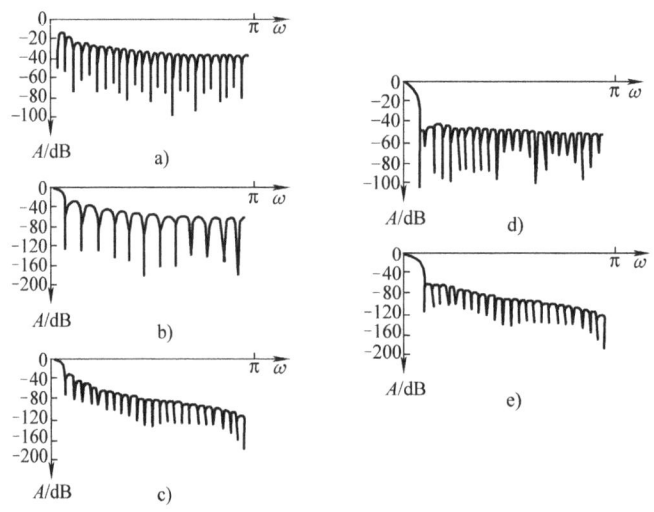

图 6-27 五种窗函数 ($N=51$) 对应的傅里叶变换 ($\alpha_s = 20\lg|W(\omega)/W(\theta)|$)
a) 矩形窗 b) 三角窗 c) 汉宁窗 d) 海明窗 e) 布莱克曼窗

(1) 矩形窗

$$w(n) = R_N(n) \tag{6-111}$$

$$W_R(e^{j\omega}) = W_R(\omega)e^{-j(\frac{N-1}{2})\omega} \tag{6-112}$$

$$W_R(\omega) = \frac{\sin\left(\frac{\omega N}{2}\right)}{\sin\left(\frac{\omega}{2}\right)} \tag{6-113}$$

(2) 三角（Bartlett）窗

$$w(n) = \begin{cases} \dfrac{2n}{N-1} & 0 \leqslant n \leqslant \dfrac{N-1}{2} \\ 2 - \dfrac{2n}{N-1} & \dfrac{N-1}{2} < n \leqslant N-1 \end{cases} \tag{6-114}$$

$$W(e^{j\omega}) = \frac{2}{N-1}\left[\frac{\sin\left(\frac{N-1}{4}\omega\right)}{\sin\left(\frac{\omega}{2}\right)}\right]^2 e^{-j\left(\frac{N-1}{2}\right)\omega}$$

$$\approx \frac{2}{N}\left[\frac{\sin\left(\frac{N}{4}\omega\right)}{\sin\left(\frac{\omega}{2}\right)}\right]^2 e^{-j\left(\frac{N-1}{2}\right)\omega} \tag{6-115}$$

式中，"$\approx$" 在 $N \gg 1$ 时成立。

(3) 汉宁（Hanning）窗（又称升余弦窗）

$$w(n) = \frac{1}{2}\left[1 - \cos\left(\frac{2\pi n}{N-1}\right)\right]R_N(n) \tag{6-116}$$

$$W(e^{j\omega}) = \left\{0.5W_R(\omega) + 0.25\left[W_R\left(\omega - \frac{2\pi}{N-1}\right) + W_R\left(\omega + \frac{2\pi}{N-1}\right)\right]\right\}e^{-j\left(\frac{N-1}{2}\right)\omega} \tag{6-117}$$

当 $N \gg 1$ 时，$N-1 \approx N$，所以窗谱的幅度函数为

$$W(\omega) \approx 0.5W_R(\omega) + 0.25\left[W_R\left(\omega - \frac{2\pi}{N}\right) + W_R\left(\omega + \frac{2\pi}{N}\right)\right] \tag{6-118}$$

(4) 海明（Hamming）窗（又称改进的升余弦窗）

$$w(n) = \left[0.54 - 0.46\cos\left(\frac{2\pi n}{N-1}\right)\right]R_N(n) \tag{6-119}$$

其频率响应的幅度函数为

$$W(\omega) = 0.54W_R(\omega) + 0.23\left[W_R\left(\omega - \frac{2\pi}{N-1}\right) + W_R\left(\omega + \frac{2\pi}{N-1}\right)\right]$$

$$\approx 0.54W_R(\omega) + 0.23\left[W_R\left(\omega - \frac{2\pi}{N}\right) + W_R\left(\omega + \frac{2\pi}{N}\right)\right] \tag{6-120}$$

(5) 布莱克曼（Blackman）窗（又称二阶升余弦窗）

$$w(n) = \left[0.42 - 0.5\cos\left(\frac{2\pi n}{N-1}\right) + 0.08\cos\left(\frac{4\pi n}{N-1}\right)\right]R_N(n) \tag{6-121}$$

其频率响应的幅度函数为

$$W(\omega) = 0.42W_R(\omega) + 0.25\left[W_R\left(\omega - \frac{2\pi}{N-1}\right) + W_R\left(\omega + \frac{2\pi}{N-1}\right)\right] +$$

$$0.04\left[W_R\left(\omega - \frac{4\pi}{N-1}\right) + W_R\left(\omega + \frac{4\pi}{N-1}\right)\right] \tag{6-122}$$

（6）凯泽（Kaiser）窗

凯泽窗是一种适应性较强而且比较灵活的窗函数，其定义式为

$$w(n) = \frac{I_0\left(\beta\sqrt{1-\left(1-\frac{2n}{N-1}\right)^2}\right)}{I_0(\beta)}R_N(n) \tag{6-123}$$

式中，$I_0(x)$ 为第一类修正零阶贝塞尔函数，其幂级数展开式为

$$I_0(x) = 1 + \sum_{m=1}^{\infty}\left[\frac{(x/2)^m}{m!}\right]^2 \tag{6-124}$$

凯泽窗函数是近似于给定旁瓣幅度，使主瓣具有最大能量意义下的最佳窗函数。其中，β 是一个可以自由选择的参数，它可以同时调整主瓣宽度和旁瓣幅度，β 越大，则 $w(n)$ 窗越窄，而频谱的旁瓣越小，但主瓣宽度也相应增加。因而，改变 β 值就可对主瓣宽度与旁瓣衰减进行选择，一般选择 $4<\beta<9$，相当于旁瓣幅度与主瓣幅度的比值由 3.1% 变到 0.047%（30~67dB）。凯泽窗函数的曲线如图 6-28 所示，图 6-29 是对应不同形状参数 β 时的窗函数傅里叶变换。

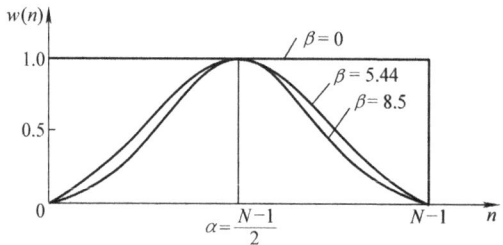

图 6-28 凯泽窗函数（α 为相移常数）曲线

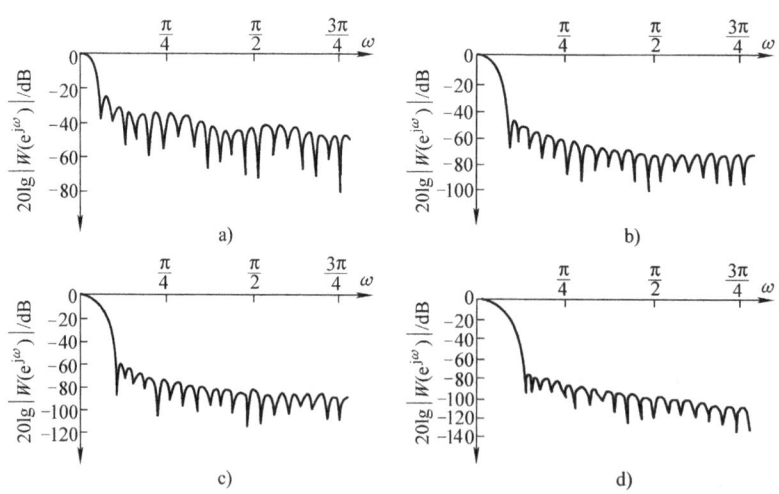

图 6-29 对应不同形状参数 β（$N=51$）时的凯泽窗函数的傅里叶变换
a) $\beta=3.0$　b) $\beta=6.0$　c) $\beta=8.0$　d) $\beta=10.0$

凯泽窗在不同 β 值下的性能归纳见表 6-6。

表 6-6 凯泽窗参数对滤波器的性能影响

β	过渡带	通带波纹/dB	阻带最小衰减/dB
2.120	$3.00\pi/N$	±0.27	30
3.384	$4.46\pi/N$	±0.0864	40
4.538	$5.86\pi/N$	±0.0274	50
5.658	$7.24\pi/N$	±0.00868	60
6.764	$8.64\pi/N$	±0.00275	70
7.865	$10.0\pi/N$	±0.000868	80
8.960	$11.4\pi/N$	±0.000275	90
10.056	$12.8\pi/N$	±0.000087	100

若给定滤波器过渡带宽度 $\Delta\omega$(rad)和阻带最小衰减 $\alpha_s = -20\lg\delta_2$(dB)，用凯泽窗设计时，滤波器阶数 N 和形状参数 β 可以由下列经验公式求出：

$$\begin{cases} N \approx \dfrac{\alpha_s - 7.95}{2.286\Delta\omega} \\ \beta = \begin{cases} 0.1102(\alpha_s - 8.7) & \alpha_s \geq 50\text{dB} \\ 0.5842(\alpha_s - 21)^{0.4} + 0.07886(\alpha_s - 21) & 21\text{dB} < \alpha_s < 50\text{dB} \\ 0 & \alpha_s \leq 21\text{dB} \end{cases} \end{cases} \quad (6\text{-}125)$$

表 6-7 归纳了以上提到的六种窗函数的主要性能，可供设计 FIR 滤波器时参考。

表 6-7 六种窗函数特性比较

窗函数	窗谱性能指标		加窗后滤波器性能指标	
	旁瓣峰值/dB	主瓣宽度	过渡带宽 $\Delta\omega$	阻带最小衰减/dB
矩形窗	13	$4\pi/N$	$1.8\pi/N$	21
三角窗	25	$8\pi/N$	$4.2\pi/N$	25
汉宁窗	31	$8\pi/N$	$6.2\pi/N$	44
海明窗	41	$8\pi/N$	$6.6\pi/N$	53
布莱克曼窗	57	$12\pi/N$	$11\pi/N$	74
凯泽窗（$\beta=7.865$）	57		$10\pi/N$	80

从以上讨论可以看出，最小阻带衰减只由窗函数的形状决定，不受 N 的影响，而过渡带的宽度则随窗宽的增加而减小。

上面讨论的窗函数都具有对称性，因而可以用来设计线性相位的 FIR 滤波器。用窗函数设计 FIR 滤波器的步骤如下：

1）给定 $H_d(e^{j\omega})$，求出相应的 $h_d(n)$。
2）根据允许的过渡带宽度和阻带衰减，选择窗函数及相应的序列长度 N。
3）按所得的窗函数求得 $h(n) = h_d(n)w(n)$。
4）计算 $H(e^{j\omega}) = \dfrac{1}{2\pi}[H_d(e^{j\omega}) * W(e^{j\omega})]$，检验各项指标，若不满足，则需重新设计。

【例 6-12】 要求设计一 FIR 低通滤波器，给定抽样角频率 $\Omega_{\text{sampling}} = 2\pi \times 10^4 \text{rad/s}$，通带边界角频率为 $\Omega_p = 2\pi \times 10^3 \text{rad/s}$，阻带边界角频率为 $\Omega_s = 2\pi \times 1.5 \times 10^3 \text{rad/s}$，阻带衰减 α_s 不低于 50dB。

解：根据设计步骤首先确定 $h_d(n)$。由过渡带得低通滤波器的截止频率为

$$\Omega_c \approx \frac{1}{2}(\Omega_p + \Omega_s) = 2\pi \times 1.25 \times 10^3 \text{rad/s}$$

或对应的数字角频率为

$$\omega_c = \frac{\Omega_c}{\Omega_{\text{sampling}}} \times 2\pi = 0.25\pi$$

根据式（6-101），得

$$h_d(n) = \frac{1}{2\pi} \int_{-\omega_c}^{\omega_c} e^{-j\omega\alpha} e^{j\omega n} d\omega = \begin{cases} \dfrac{\sin[\omega_c(n-\alpha)]}{\pi(n-\alpha)} & n \neq \alpha \\ \omega_c/\pi & n = \alpha \end{cases}$$

式中，α 为因果线性相位所必须的相移常数，$\alpha = \dfrac{N-1}{2}$。

要求的过渡带宽度为

$$\Delta\omega = \frac{2\pi}{\Omega_{\text{sampling}}}(\Omega_s - \Omega_p) = 0.1\pi$$

根据 $\Delta\omega$ 及阻带衰减 $\alpha_s = 50\text{dB}$，查表 6-7，选用海明窗，这样序列长度为

$$N = \frac{2\pi}{\Delta\omega} \times 3.3 = 66$$

且

$$\alpha = \frac{N-1}{2} = 32.5$$

滤波器的单位抽样响应

$$h(n) = \frac{\sin[0.25\pi(n-32.5)]}{\pi(n-32.5)}\left[0.54 - 0.46\cos\left(\frac{n\pi}{32.5}\right)\right]$$

图 6-30a 画出了用 $N=66$ 海明窗加权的滤波特性。

如果采用凯泽窗进行设计，由经验公式得

$$N = \frac{50 - 7.95}{2.286 \times 0.1\pi} \approx 59$$

$$\beta = 0.1102 \times (50 - 8.7) = 4.55$$

由此窗函数设计得到的频率特性如图 6-30b 所示。

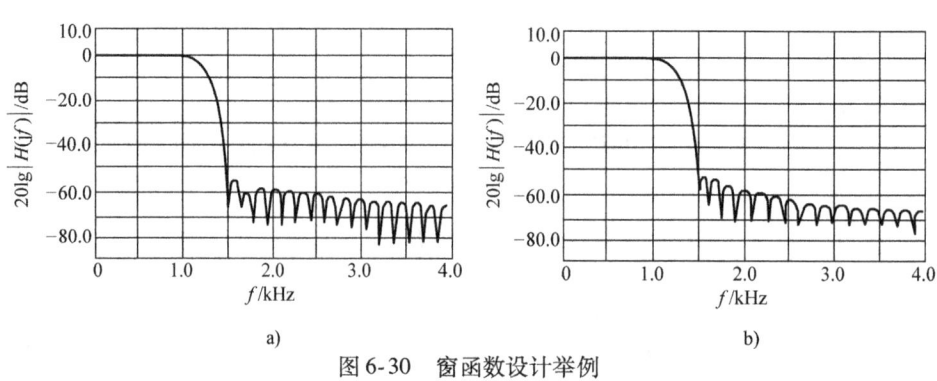

图 6-30 窗函数设计举例
a）海明窗加权（$N=66$）　b）凯泽窗（$N=59$）

【例 6-13】 用矩形窗设计一个线性相位带通滤波器

$$H_d(e^{j\omega}) = \begin{cases} e^{-j\omega\alpha} & -\omega_c \leq \omega - \omega_0 \leq \omega_c \\ 0 & 0 \leq \omega < \omega_0 - \omega_c, \quad \omega_0 + \omega_c < \omega \leq \pi \end{cases}$$

(1) 设计 N 为奇数时的 $h(n)$。
(2) 设计 N 为偶数时的 $h(n)$。
(3) 若改用海明窗设计，求以上两种形式的 $h(n)$ 表达式。

解：根据该线性相位带通滤波器的相位

$$\theta(\omega) = -\omega\alpha = -\omega\frac{N-1}{2}$$

可知该滤波器只能是 $h(n) = h(N-1-n)$ 即 $h(n)$ 偶对称的情况。$h(n)$ 偶对称时，可为 I 类和 II 类滤波器，其频率响应 $H(e^{j\omega}) = H(\omega)^{-j\omega\frac{N-1}{2}}$。

(1) 当 N 为奇数时，$h(n) = h(N-1-n)$，可知 $H(e^{j\omega})$ 为 I 类线性相位滤波器，$H(\omega)$ 关于 $\omega = 0, \pi, 2\pi$ 呈偶对称结构。题目中仅给出了 $H_d(e^{j\omega})$ 在 $0 \sim \pi$ 上的取值，但用傅里叶逆变换求 $h_d(n)$ 时，需要 $H_d(e^{j\omega})$ 在一个周期 $[-\pi, \pi]$ 或 $[0, 2\pi]$ 上的值，因此，$H_d(e^{j\omega})$ 需根据 I 类线性相位滤波器的要求进行扩展，扩展结果为

$$H_d(e^{j\omega}) = \begin{cases} e^{-j\omega\alpha} & \omega_0 - \omega_c \leq \omega \leq \omega_0 + \omega_c, \quad -\omega_0 - \omega_c \leq \omega \leq -\omega_0 + \omega_c \\ 0 & -\omega_0 + \omega_c < \omega < \omega_0 - \omega_c, \quad -\pi \leq \omega < -\omega_0 - \omega_c \\ & \omega_0 + \omega_c < \omega \leq \pi \end{cases}$$

则

$$h_d(n) = \frac{1}{2\pi}\int_{-\pi}^{\pi} H_d(e^{j\omega})e^{j\omega n}d\omega = \frac{1}{2\pi}\int_{-\omega_0-\omega_c}^{-\omega_0+\omega_c} e^{-j\omega\alpha}e^{j\omega n}d\omega + \frac{1}{2\pi}\int_{\omega_0-\omega_c}^{\omega_0+\omega_c} e^{-j\omega\alpha}e^{j\omega n}d\omega$$

$$= \frac{1}{2\pi}\frac{e^{j\omega(n-\alpha)}}{j(n-\alpha)}\bigg|_{-\omega_0-\omega_c}^{-\omega_0+\omega_c} + \frac{1}{2\pi}\frac{e^{j\omega(n-\alpha)}}{j(n-\alpha)}\bigg|_{\omega_0-\omega_c}^{\omega_0+\omega_c} = \frac{\sin[\omega_c(n-\alpha)]}{\pi(n-\alpha)}2\cos[\omega_0(n-\alpha)]$$

$$h(n) = h_d(n)R_N(n)$$

(2) 当 N 为偶数时，$H(e^{j\omega})$ 为 II 类线性相位滤波器，$H(\omega)$ 关于 $\omega = 0$ 呈偶对称。所以，$H_d(e^{j\omega})$ 在 $[-\pi, \pi]$ 之间的扩展同上，则 $h_d(n)$ 也同上，即

$$h_d(n) = \frac{\sin[\omega_c(n-\alpha)]}{\pi(n-\alpha)}2\cos[\omega_0(n-\alpha)]$$

$$h(n) = h_d(n)R_N(n)$$

(3) 若改用海明窗，则

$$w(n) = \left[0.54 - 0.46\cos\left(\frac{2\pi n}{N-1}\right)\right]R_N(n)$$

N 为奇数时

$$h(n) = \frac{\sin[\omega_c(n-\alpha)]}{\pi(n-\alpha)}2\cos[\omega_0(n-\alpha)]w(n)$$

N 为偶数时

$$h(n) = \frac{\sin[\omega_c(n-\alpha)]}{\pi(n-\alpha)}2\cos[\omega_0(n-\alpha)]w(n)$$

上面两个表达式形式虽然完全一样,但由于 N 为奇数时,对称中心点 $\alpha = (N-1)/2$ 为整数,N 为偶数时,α 为非整数,因此 N 在奇数和偶数情况下,滤波器的单位抽样响应的对称中心不同,在 $0 \leqslant n \leqslant N-1$ 上的取值也完全不同。

窗函数设计法的主要优点是简单,使用起来方便。窗函数大多有封闭的公式可循,性能、参数都已有表格、资料可供参考,计算程序简便,所以很实用。其缺点是通带、阻带的截止频率不易控制。

6.4.2 频率抽样设计法

窗函数设计法的出发点是从时域开始,用一定形状的窗函数截取理想的 $h_d(n)$ 得到 $h(n)$,以此有限长的 $h(n)$ 来近似理想的 $h_d(n)$,这样得到的频率响应 $H(e^{j\omega})$ 逼近于所要求的理想频率响应 $H_d(e^{j\omega})$。然而,在第 3 章中已经知道,一个有限长序列,同样可以用 N 个频域的抽样值来唯一地确定。用抽样值表达 z 函数的内插公式为

$$H(z) = \frac{1-z^{-N}}{N} \sum_{k=0}^{N-1} \frac{H(k)}{1-W_N^{-k}z^{-1}} \tag{6-126}$$

式中,$H(k)$ 为频率抽样值,且

$$H(k) = H(z)\big|_{z=W_N^{-k}} = H(e^{j\frac{2\pi}{N}k}) \tag{6-127}$$

这就为设计 FIR 滤波器提供了另一途径,即直接从频域出发,对理想频率 $H_d(e^{j\omega})$ 抽样

$$H_d(e^{j\omega})\big|_{\omega=2\pi k/N} = H_d(e^{j\frac{2\pi}{N}k}) = H_d(k) \tag{6-128}$$

以此 $H_d(k)$ 作为实际 FIR 数字滤波器的频率响应的抽样值 $H(k)$,即令

$$H(k) = H_d(k) \qquad k = 0,1,\cdots,N-1 \tag{6-129}$$

已知 $H(k)$ 后,由 IDFT 定义,可以用这 N 个抽样值 $H(k)$ 来唯一确定有限长序列 $h(n)$,即

$$h(n) = \frac{1}{N} \sum_{k=0}^{N-1} H(k) W_N^{-nk} \qquad n = 0,1,2,\cdots,N-1 \tag{6-130}$$

式中,$h(n)$ 为待设计的滤波器的单位抽样响应。其系统函数 $H(z)$ 为

$$H(z) = \sum_{n=0}^{N-1} h(n) z^{-n} \tag{6-131}$$

以上就是频率抽样法设计滤波器的基本原理。

如果设计的是线性相位的 FIR 滤波器,则其抽样值 $H(k)$ 的幅度和相位一定要满足第 5 章 5.3 节所讨论的四类线性相位滤波器的约束条件。

1)对于 I 类线性相位滤波器,即 $h(n)$ 偶对称、长度 N 为奇数时,有

$$H(e^{j\omega}) = H(\omega)e^{j\theta(\omega)} \tag{6-132}$$

其中

$$\theta(\omega) = -\omega\left(\frac{N-1}{2}\right) \tag{6-133}$$

I 类线性相位滤波器幅度函数 $H(\omega)$ 关于 $\omega=0$,π,2π 呈偶对称,即

$$H(\omega) = H(2\pi-\omega) \tag{6-134}$$

如果抽样值 $H(k) = H(e^{j2\pi k/N})$ 也用幅值 H_k 与相位 θ_k 表示,即

$$H(k) = H(\mathrm{e}^{\mathrm{j}2\pi k/N}) = H_k \mathrm{e}^{\mathrm{j}\theta_k} \tag{6-135}$$

并在 $\omega = 0 \sim 2\pi$ 之间等间隔抽样 N 点，即

$$\omega_k = \frac{2\pi}{N}k \quad k = 0,1,2,\cdots,N-1$$

将 $\omega = \omega_k$ 代入式（6-132）与式（6-133）中，并写成 k 的函数，有

$$\theta_k = -\frac{2\pi}{N}k\left(\frac{N-1}{2}\right) = -\pi k\left(1 - \frac{1}{N}\right) \tag{6-136}$$

$$H_k = H_{N-k} \tag{6-137}$$

由式（6-137）可知，H_k 满足偶对称要求。

2）对于 II 类线性相位 FIR 滤波器，即 $h(n)$ 偶对称、N 为偶数时，则其 $H(\mathrm{e}^{\mathrm{j}\omega})$ 的表达式仍为式（6-132）。但其幅度函数 $H(\omega)$ 关于 $\omega = \pi$ 奇对称，关于 $\omega = 0, 2\pi$ 偶对称，即

$$H(\omega) = -H(2\pi - \omega) \tag{6-138}$$

所以，这时的 H_k 也应满足奇对称要求

$$H_k = -H_{N-k} \tag{6-139}$$

3）对于 III 类线性相位 FIR 滤波器，即 $h(n)$ 奇对称、N 为奇数时，有

$$H(\mathrm{e}^{\mathrm{j}\omega}) = H(\omega)\mathrm{e}^{\mathrm{j}\theta(\omega)}$$

其中

$$\theta(\omega) = -\omega\left(\frac{N-1}{2}\right) + \frac{\pi}{2} \tag{6-140}$$

III 类线性相位滤波器幅度函数 $H(\omega)$ 关于 $\omega = 0, \pi, 2\pi$ 奇对称，即

$$H(\omega) = -H(2\pi - \omega) \tag{6-141}$$

将 $\omega = \omega_k = 2\pi k/N$ 代入式（6-140）与式（6-141）中，并写成 k 的函数，得

$$\theta_k = -\frac{2\pi}{N}k\left(\frac{N-1}{2}\right) + \frac{\pi}{2} = -\pi k\left(1 - \frac{1}{N}\right) + \frac{\pi}{2} \tag{6-142}$$

$$H_k = -H_{N-k} \tag{6-143}$$

即 H_k 满足奇对称要求。

4）对于 IV 类线性相位 FIR 滤波器，即 $h(n)$ 奇对称、N 为偶数时，其 $H(\mathrm{e}^{\mathrm{j}\omega})$ 的表达式仍为

$$H(\mathrm{e}^{\mathrm{j}\omega}) = H(\omega)\mathrm{e}^{\mathrm{j}\theta(\omega)}$$

$$\theta(\omega) = -\omega\left(\frac{N-1}{2}\right) + \frac{\pi}{2}$$

但其幅度函数 $H(\omega)$ 关于 $\omega = \pi$ 偶对称，关于 $\omega = 0, 2\pi$ 奇对称，即

$$H(\omega) = H(2\pi - \omega) \tag{6-144}$$

这时的 H_k 也应满足偶对称要求

$$H_k = H_{N-k} \tag{6-145}$$

而 θ_k 则与前面式（6-142）相同。

频率抽样法比较简单，下面考虑用频率抽样法所得到的系统函数的逼近效果，以及如此设计所得到的频率响应 $H(\mathrm{e}^{\mathrm{j}\omega})$ 与要求的理想频率响应 $H_d(\mathrm{e}^{\mathrm{j}\omega})$ 的差别。由第 3 章已知，利用 N 个频域抽样值 $H(k)$ 可求得 FIR 滤波器的频率响应 $H(\mathrm{e}^{\mathrm{j}\omega})$，即

$$H(e^{j\omega}) = \sum_{k=0}^{N-1} H(k)\Phi\left(\omega - \frac{2\pi}{N}k\right) \tag{6-146}$$

式中，$\Phi(\omega)$为内插函数，且

$$\Phi(\omega) = \frac{\sin(\omega N/2)}{N\sin(\omega/2)} e^{-j\omega(N-1)/2} \tag{6-147}$$

式（6-147）表明，在各频率抽样点 $\omega = 2\pi k/N$，$k = 0, 1, 2, \cdots, N-1$ 上，$\Phi(\omega - 2\pi k/N) = 1$，因此，抽样点上滤波器的实际频率响应严格地和理想频率响应数值相等。但是，在抽样点之间的频率特性则是由各抽样点的加权内插函数的延伸叠加构成，因而有一定的逼近误差，误差大小取决于理想频率响应曲线的形状。理想频率响应特性变化越平缓，则内插值越接近理想值，逼近误差越小。例如，图 6-31b 中的理想特性是一梯形响应，变化很缓和，因而抽样后逼近效果就较好。反之，如果抽样点之间的理想频率特性变化越陡，则内插值与理想值的误差就越大，因而在理想频率特性的不连续点附近，就会产生肩峰和起伏。图 6-31a 是一个矩形响应的理想特性，它在频率抽样后出现的肩峰和起伏就比梯形特性大得多。

如图 6-32 所示，在频率响应的过渡带内插入一个（H_{c1}）或两个（H_{c1}，H_{c2}）或三个（H_{c1}，H_{c2}，H_{c3}）抽样点，这些点上的抽样最佳值由计算机算出。这样就增加了过渡带，减小了频带边界的突变，减小了通带和阻带的波动，因而增大了阻带最小衰减。这些抽样点上的取值不同，效果也就不同，从式（6-146）可以看出，每一个频率抽样值都要产生一个与内插函数 $\sin(N\omega/2)/\sin(\omega/2)$ 成正比，并且在频率上位移 $2\pi k/N$ 的频率响应，而 FIR 滤波器的频率响应就是 $H(k)$ 与内插函数的线性组合。如果精心设计过渡带的抽样值，就有可能使它的相邻频带波动得以减小从而设计出较好的滤波器。一般过渡带取一、二、三点抽样值即可得到满意结果，在低通滤波器设计中，不加过渡抽样点时，阻带最小衰减为20dB，一点过渡抽样的最优化设计阻带最小衰减可提高到 44~54dB，两点过渡抽样的最优化设计阻带最小衰减可达65~75dB，而三点过渡抽样的最优化设计阻带最小衰减则可达85~95dB。

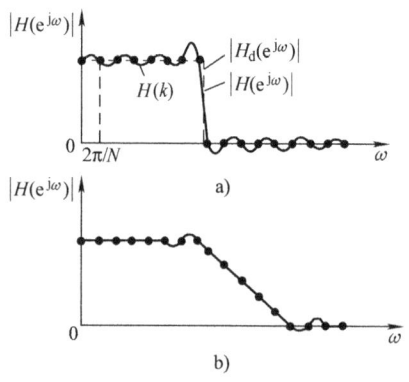

图 6-31 频率抽样的响应

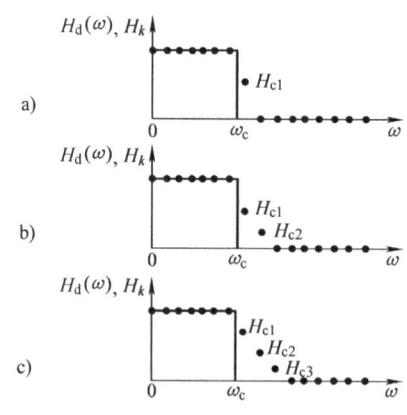

图 6-32 加过渡带
a）一点过渡带 b）两点过渡带 c）三点过渡带

【**例 6-14**】 用频率抽样法设计一线性相位滤波器，$N=15$，幅度抽样值为

$$H_k = \begin{cases} 1 & k=0 \\ 0.5 & k=1,14 \\ 0 & k=2,3,\cdots,13 \end{cases}$$

试设计抽样值的相位 θ_k，并求 $h(n)$ 及 $H(e^{j\omega})$ 的表达式。

解：因本题所给 $N=15$，且 $H_k = H_{N-k}$ 满足偶对称条件，$H_0=1$，由表 5-2 可知，这是 I 类线性相位滤波器。相位 $\theta(\omega) = -\omega\dfrac{N-1}{2}$，因此有

$$\theta_k = -k\frac{2\pi}{N}\frac{N-1}{2} = -\frac{14}{15}k\pi \qquad 0 \leq k \leq 14$$

$$\begin{aligned}
h(n) &= \frac{1}{N}\sum_{k=0}^{N-1} H(k) W_N^{-nk} = \frac{1}{N}\sum_{k=0}^{N-1} H_k e^{j\theta_k} e^{j\frac{2\pi}{N}nk} \\
&= \frac{1}{15}\sum_{k=0}^{14} H_k e^{j\theta_k} e^{j\frac{2\pi}{15}nk} \\
&= \frac{1}{15}\left[1 + 0.5 e^{j(\frac{2\pi}{15}n - \frac{14}{15}\pi)} + 0.5 e^{j(\frac{2\pi}{15}\times 14 n - \frac{14}{15}\pi \times 14)} \right] \\
&= \frac{1}{15}\left[1 + \cos\left(\frac{2\pi}{15}n - \frac{14}{15}\pi\right) \right] \qquad 0 \leq n \leq 14
\end{aligned}$$

$$\begin{aligned}
H(e^{j\omega}) &= \sum_{k=0}^{N-1} H(k)\Phi\left(\omega - \frac{2\pi}{N}k\right) = \sum_{k=0}^{14} H(k) \frac{\sin\left[\left(\omega - \frac{2\pi}{N}k\right)\frac{N}{2}\right]}{N\sin\left[\left(\omega - \frac{2\pi}{N}k\right)/2\right]} e^{-j\left[(\omega - \frac{2\pi}{N}k)\frac{N-1}{2}\right]} \\
&= \frac{\sin\frac{\omega N}{2}}{N\sin\frac{\omega}{2}} e^{-j\omega\frac{N-1}{2}} + 0.5^{-j\frac{14}{15}\pi} \frac{\sin\left[\left(\omega - \frac{2\pi}{N}\right)\frac{N}{2}\right]}{N\sin\left[\left(\omega - \frac{2\pi}{N}\right)/2\right]} e^{-j\left[(\omega - \frac{2\pi}{N})\frac{N-1}{2}\right]} + \\
&\quad 0.5^{-j\frac{14}{15}\pi} \frac{\sin\left[\left(\omega - \frac{2\pi}{N}\times 14\right)\frac{N}{2}\right]}{N\sin\left[\left(\omega - \frac{2\pi}{N}\times 14\right)/2\right]} e^{-j\left[(\omega - \frac{2\pi}{N}\times 14)\frac{N-1}{2}\right]} \\
&= \frac{1}{15} e^{-j7\omega}\left[\frac{\sin\left(\frac{15}{2}\omega\right)}{\sin\left(\frac{\omega}{2}\right)} - \frac{1}{2}\frac{\sin\left(\frac{15}{2}\omega\right)}{\sin\left(\frac{\omega}{2} - \frac{\pi}{15}\right)} - \frac{1}{2}\frac{\sin\left(\frac{15}{2}\omega\right)}{\sin\left(\frac{\omega}{2} + \frac{\pi}{15}\right)} \right] \\
&= \frac{1}{15}\sin\left(\frac{15}{2}\omega\right) e^{-j7\omega}\left[\frac{1}{\sin\frac{\omega}{2}} - \frac{1/2}{\sin\left(\frac{\omega}{2} - \frac{\pi}{15}\right)} - \frac{1/2}{\sin\left(\frac{\omega}{2} + \frac{\pi}{15}\right)} \right]
\end{aligned}$$

【**例 6-15**】 利用频率抽样法，设计一个线性相位低通 FIR 数字滤波器，其理想频率特性为矩形，即

$$|H_d(e^{j\omega})| = \begin{cases} 1 & 0 \leq \omega \leq \omega_c \\ 0 & \text{其他 } \omega \end{cases}$$

已知 $\omega_c = 0.5\pi$，抽样点数为奇数 $N=33$。试求各抽样点的幅值 H_k 及相位 θ_k，也即求抽

样值$H(k)$。

解：$N=33$，且低通滤波器幅度特性$H(0)=1$。由表5-2可知，这属于Ⅰ类线性相位滤波器。Ⅰ类线性相位滤波器的幅度特性$H(\omega)$关于$\omega=\pi$为偶对称，即

$$H(e^{j\omega}) = H(\omega)e^{-j\omega\frac{N-1}{2}}$$

且

$$H(\omega) = H(2\pi - \omega)$$
$$H(k) = H_k e^{j\theta_k}$$

则H_k满足偶对称特性，因而有

$$H_k = H_{N-k}$$
$$\theta_k = -k\frac{2\pi}{N}\frac{N-1}{2} = -\frac{32}{33}k\pi \quad 0 \le k \le 32$$

又

$$\omega_c = 0.5\pi$$
$$\frac{\omega_c}{2\pi/N} = \frac{0.5\pi}{2\pi} \times 33 = 8.25$$

故

$$H_k = \begin{cases} 1 & 0 \le k \le 8, \quad 25 \le k \le 32 \\ 0 & 9 \le k \le 24 \end{cases}$$
$$H(k) = H_k e^{j\theta_k} \quad 0 \le k \le 32$$

频率抽样法的优点是可以在频域直接设计，并且适合最优化设计；缺点是抽样频率只能等于$2\pi/N$的整数倍，因而不能确保截止频率ω_c的自由取值，要想实现自由地选择截止频率，必须增加抽样点数N，但这又使计算量加大。

6.4.3 设计FIR滤波器的最优化方法

前面介绍了FIR数字滤波器的两种逼近设计方法，即窗函数设计法（时域逼近法）和频率抽样法（频域逼近法），用这两种方法设计出的滤波器的频率特性都是在不同意义上对给定理想频率特性$H_d(e^{j\omega})$的逼近。

说到逼近，就有一个逼近得好坏的问题，对"好""坏"的衡量标准不同，也会得出不同的结论。窗函数设计法和频率抽样法都是先给出逼近方法、所需变量，然后再讨论其逼近特性，如果反过来要求在某种准则下设计滤波器各参数，以获取最优的结果，这就引出了最优化设计的概念，最优化设计一般需要大量的计算，所以一般需要依靠计算机进行辅助设计。

最优化设计的前提是最优准则的确定，在FIR滤波器最优化设计中，常用的准则有方均误差最小化准则和最大误差最小化准则。

（1）方均误差最小化准则　若以$E(e^{j\omega})$表示逼近误差，即

$$E(e^{j\omega}) = H_d(e^{j\omega}) - H(e^{j\omega}) \tag{6-148}$$

则方均误差为

$$\varepsilon^2 = \frac{1}{2\pi}\int_{-\pi}^{\pi} |H_d(e^{j\omega}) - H(e^{j\omega})|^2 d\omega$$
$$= \frac{1}{2\pi}\int_{-\pi}^{\pi} |E(e^{j\omega})|^2 d\omega \tag{6-149}$$

设计的目的就是选择一组时域抽样值 $h(n) = \text{IDTFT}[H(e^{j\omega})]$ 使得方均误差 ε^2 为最小。该方法注重的是在整个 $-\pi \sim \pi$ 频率区间内总误差的全局最小,但不能保证局部频率点的性能,有些频率点可能会有较大的误差。对于窗函数设计法 FIR 滤波器设计,因采用有限项的 $h(n)$ 逼近理想的 $h_d(n)$,所以其逼近误差为

$$\varepsilon^2 = \sum_{n=-\infty}^{\infty} |h_d(n) - h(n)|^2 \tag{6-150}$$

如果采用矩形窗,有

$$h(n) = h_d(n) R_N(n)$$

则均方误差为

$$\varepsilon^2 = \sum_{n=-\infty}^{-1} |h_d(n) - h(n)|^2 + \sum_{n=N}^{\infty} |h_d(n) - h(n)|^2 \tag{6-151}$$

可以证明,这是一个最小均方误差。所以,矩形窗窗函数设计法是一个最小均方误差 FIR 设计,根据前面的讨论,可知其优点是过渡带较窄,缺点是局部点误差大,或者说误差分布不均匀。

(2) 最大误差最小化准则 最大误差最小化准则也称为最佳一致逼近准则,可表示为

$$\max_{\omega \in F} |E(e^{j\omega})| = \min \tag{6-152}$$

式中,F 为根据要求预先给定的一个频率取值范围,可以是通带,也可以是阻带。

最佳一致逼近即选择 N 个频率抽样值(或时域 $h(n)$ 值),在给定频带范围内使频率响应的最大逼近误差达到最小,也称为等波纹逼近。这种方法的优点是可保证局部频率点的性能也是最优的,误差分布均匀,在相同指标下,可用最少的阶数达到最佳化。

由于能得到严格线性相位是 FIR 滤波器的主要优点(有别于 IIR 滤波器),故下面只讨论线性相位 FIR 滤波器的设计问题。以 I 类线性相位 FIR 滤波器为例,设其单位冲激响应为 $h(n)$,其频率特性具有零相位,即

$$H(e^{j\omega}) = h(0) + \sum_{n=1}^{M} 2h(n)\cos n\omega = \sum_{n=0}^{M} a(n)\cos n\omega \tag{6-153}$$

其误差容限图如图 6-33 所示。

用等波纹逼近法设计滤波器需要确定五个参数:M、ω_p、ω_s、δ_1、δ_2,即按图 6-33 所示的误差容限设计低通滤波器,也就是说要在通带 $0 \leq \omega \leq \omega_p$ 范围内以最大误差 δ_1 逼近 1,在阻带 $\omega_s \leq \omega \leq \pi$ 范围内以最大误差 δ_2 逼近零。要同时确定上述五个参数较困难。常用的逼近方法有两种:①给定 M、δ_1、δ_2,以 ω_p 和 ω_s 为变量,缺点是边界频率不能精确确定;②给定 M、ω_p 和 ω_s,以 δ_1 和 δ_2 为变量,通过迭代运算,使逼近误差 δ_1 和 δ_2 最小,并确定 $h(n)$。这种逼近方法也称为切比雪夫最佳一致逼近,特点是能准确地指定通带和阻带边界频率。下面先来介绍逼近理论的基本原理,然后再介绍具体的算法。

1. 误差函数

由于滤波器通带与阻带误差性能指标的要求不一样,为了统一使用最大误差最小化准则,采用误差函数加权的办法,可使不同频段(如通带与阻带)的加权误差最大值相等。设所要求的(已给定)滤波器的频率响应为 $H_d(\omega)$,线性相位 FIR 滤波器的幅度函数为 $H(\omega)$,逼近误差函数的加权函数为 $W(\omega)$,则加权逼近误差函数定义为

$$E(\omega) = W(\omega)[H_d(\omega) - H(\omega)] \tag{6-154}$$

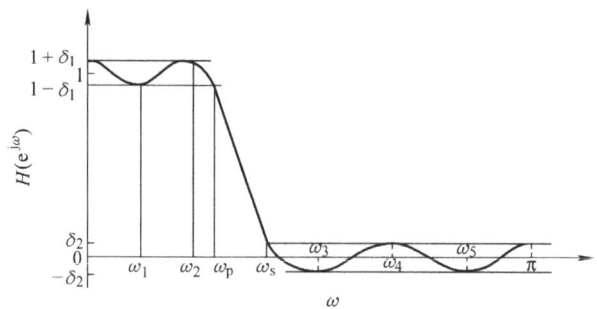

图 6-33 等波纹逼近法设计的低通滤波器误差容限

由于不同频带中误差函数 $[H_d(\omega) - H(\omega)]$ 的最大值不一样,故不同频带中 $W(\omega)$ 值可以不同,在公差要求高的频带上可以采用较大的加权值,而在公差要求低的频带上,加权值可取较小值。这样就使得在各频带上的加权误差 $E(\omega)$ 要求一致(即最大值一样)。例如,希望在固定 M、ω_p 和 ω_s 的情况下逼近一个低通滤波器,这时有

$$H_d(\omega) = \begin{cases} 1 & 0 \leqslant \omega \leqslant \omega_p \\ 0 & \omega_s \leqslant \omega \leqslant \pi \end{cases} \tag{6-155}$$

$$W(\omega) = \begin{cases} \dfrac{1}{k} & 0 \leqslant \omega \leqslant \omega_p \\ 1 & \omega_s \leqslant \omega \leqslant \pi \end{cases} \tag{6-156}$$

对于 I 类线性相位 FIR 滤波器

$$H(\omega) = \sum_{n=0}^{M} a(n)\cos(\omega n) \tag{6-157}$$

其中

$$M = \frac{N-1}{2}, a(0) = h\left(\frac{N-1}{2}\right), a(n) = 2h\left(\frac{N-1}{2} - n\right) \quad n = 1, 2, \cdots, \frac{N-1}{2}$$

于是

$$E(\omega) = W(\omega)\left[H_d(\omega) - \sum_{n=0}^{M} a(n)\cos(\omega n)\right] \tag{6-158}$$

切比雪夫逼近问题变为寻求一组系数 $a(n)$,$n = 0, 1, \cdots, M$,使逼近误差的最大绝对值达到最小,即

$$\max_{\substack{0 \leqslant \omega \leqslant \omega_p \\ \omega_s \leqslant \omega \leqslant \pi}} |E(\omega)| = \min \tag{6-159}$$

给定 $k = \delta_1/\delta_2$ 后,等效于求 δ_2 最小。

2. 交替定理(最佳逼近定理)

对于线性相位 FIR 滤波器设计的切比雪夫等波纹逼近法,帕克斯(Parks)和麦克莱伦(McCllellan)引进了逼近理论的一个定理,得出了如下的交替定理。

交替定理:令 F 表示闭区间 $0 \leqslant \omega \leqslant \pi$ 上的任意闭子集,为了使 $H(\omega)$ 在 F 上唯一最佳地逼近 $H_d(\omega)$,其充分必要条件是误差函数 $E(\omega)$ 在 F 上至少应有 $(M+2)$ 次"交替",即

$$E(\omega_i) = -E(\omega_{i-1}) = \max|E(\omega)| \qquad (6\text{-}160)$$

式中，$\omega_0 \leq \omega_1 \leq \omega_2 \leq \cdots \leq \omega_{M+1}$，且 ω_i 属于 F。

由交替定理可知：

1) $E(\omega)$ 至少有 $M+2$ 个极值，且极值正负相间，具有等波纹的性质。

2) 由于 $W(\omega)$ 和 $H_d(\omega)$ 是常数，所以 $E(\omega)$ 的极值也就是 $H(\omega)$ 的极值。

借助于低通滤波器的设计，可以直观地解释交替定理。闭子集 F 包括区间 $0 \leq \omega \leq \omega_p$ 和 $\omega_s \leq \omega \leq \pi$，如图 6-34 所示。因为滤波器频率响应 $H_d(e^{j\omega})$ 是逐段恒定的，所以对应误差函数 $E(\omega)$ 各峰值点的频率 ω_i，同样也对应 $H(e^{j\omega})$，恰好满足误差容限时的频率。

根据式（6-157），$H(\omega)$ 在开区间 $0 < \omega < \pi$ 内至多有 $M-1$ 个极值，此外，根据通带和阻带的定义，令 $H(e^{j\omega})$ 的约束条件为 $H(e^{j\omega_p}) = 1 - \delta_1$，$H(e^{j\omega_s}) = \delta_2$，在 $\omega = 0$ 和 π 处分别会产生极值；在过渡带的两端，即 ω_s 和 ω_p 处，由于 $H(\omega)$ 的连续性，必然分别对 $[0, \omega_p]$ 和 $[\omega_s, \pi]$ 取得极值，这样误差曲线最多有 $M+3$ 个极值频率（交替）。从而保证满足定理要求的极值点数目。

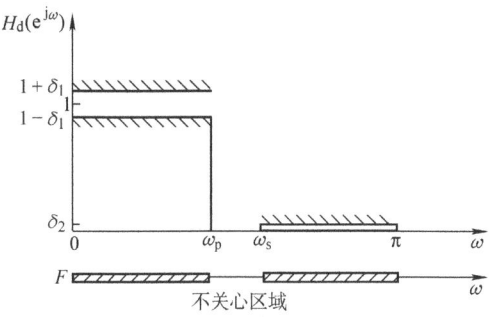

图 6-34 等波纹逼近法设计中的频率组

逼近方法：固定 k、M、ω_p 和 ω_s，以 δ_2 作为参变量。按照交替定理，如果 F 上的 $M+2$ 个极值点频率 $\{\omega_i\}$ $(i = 0, 1, \cdots, M+1)$ 已知，则由式（6-158）可得到 $M+2$ 个方程，即

$$W(\omega_i)\left[H_d(\omega_i) - \sum_{n=0}^{M} a(n)\cos(\omega_i n)\right] = (-1)^i \rho \qquad i = 0, 1, \cdots, M+1 \qquad (6\text{-}161)$$

式中，$\rho = \max\limits_{\substack{0 \leq \omega \leq \omega_p \\ \omega_s \leq \omega \leq \pi}} |E(\omega)|$ 为极值点频率对应的误差函数最大值。

注意：极值点频率必须位于 $0 \leq \omega \leq \omega_p$ 和 $\omega_s \leq \omega \leq \pi$ 区间内。由于 ω_p 和 ω_s 固定，因而 ω_p 和 ω_s 必为这些极值频率中的一个，设 $\omega_p = \omega_l (0 < l < M+1)$，则应有 $\omega_s = \omega_{l+1}$，求解上述方程组可得到全部系数 a_0，a_1，$\cdots$，a_M 及误差 ρ。但直接求解式（6-161）存在两个问题：①实际情况下，$M+2$ 个极值点频率未知；②直接求解上述非线性方程组比较困难。通常用数值分析中的雷米兹（Remez）算法，通过逐次迭代来求出要求的极值频率。

3. 雷米兹（Remez）算法

雷米兹算法有下列几个步骤：

1) 在频率子集 F 上等间隔地选取 $M+2$ 个频率 ω_0，ω_1，$\cdots$，ω_{M+1} 作为极值点频率初始猜测值，然后计算 ρ，即

$$\rho = \frac{\sum_{k=0}^{M+1} \alpha_k H_d(\omega_k)}{\sum_{k=0}^{M+1} (-1)^k \alpha_k / W(\omega_k)} \qquad (6\text{-}162)$$

其中

$$\alpha_k = \prod_{i=0, i \neq k}^{M+1} \frac{1}{\cos\omega_i - \cos\omega_k} \tag{6-163}$$

2）由 $\{\omega_i\}$ $(i=0,1,\cdots,M+1)$ 求 $H(\omega)$ 和 $E(\omega)$。利用重心形式的拉格朗日插值公式计算 $H(\omega)$ 为

$$H(\omega) = \frac{\sum_{k=0}^{M+1} \dfrac{\alpha_k}{\cos\omega - \cos\omega_k} H(\omega_k)}{\sum_{k=0}^{M+1} \dfrac{\alpha_k}{\cos\omega - \cos\omega_k}} \tag{6-164}$$

其中

$$H(\omega_k) = H_d(\omega_k) - (-1)^k \frac{\rho}{W(\omega_k)} \quad k = 0,1,\cdots,M \tag{6-165}$$

3）计算

$$E(\omega) = W(\omega)[H_d(\omega) - H(\omega)] \tag{6-166}$$

若在频带 F 上，对所有频率都有 $|E(\omega)| \leq \rho$，则 ρ 为所求，$\omega_0, \omega_1, \cdots, \omega_{M+1}$ 即为极值点频率，计算便可结束。

4）对上次确定的极值点频率 $\omega_0, \omega_1, \cdots, \omega_{M+1}$ 中的每一点，在其附近检查是否在某一频率处有 $|E(\omega)| > \rho$，如有，则以该频率点作为新的局部极值点。对 $M+2$ 个极值点频率依次进行检查，得到一组新的极值点频率。然后重复步骤2），求出 ρ、$H(\omega)$、$E(\omega)$ 等，完成一次迭代。

如此重复上述步骤，直到 ρ 的值改变很小，迭代结束，这个 ρ 即为所求的 δ_2 最小值。由最后一组极值点频率求出 $H(\omega)$，逆变换得到 $h(n)$，便完成设计。上述算法的优点是：ω_p 和 ω_s 可准确确定；逼近误差均匀分布，相同指标下，滤波器所需阶数低。

等波纹设计中可控制的参数是 δ_1、δ_2、ω_1、ω_2，而滤波器长度 N 需事先给定，通常用近似公式来估计滤波器长度 N 为

$$N \approx \frac{-20\lg\sqrt{\delta_1\delta_2} - 13}{14.6(\omega_s - \omega_p)/2\pi} + 1 \tag{6-167}$$

对于窄带低通滤波器，滤波器长度 N 为

$$N \approx \frac{-20\lg\delta_2 + 0.22}{(\omega_s - \omega_p)/2\pi} + 1 \tag{6-168}$$

实际中，一般调用 MATLAB 信号处理工具箱函数 remezord 来计算等波纹滤波器长度 N 和加权函数 $W(\omega)$，调用函数 remezord 直接求滤波器的单位抽样响应 $h(n)$。

6.5　IIR 滤波器与 FIR 滤波器的比较

IIR 和 FIR 滤波器这两类系统在数字信号处理领域中都占有重要地位。在实际应用中选择使用哪类滤波器要根据具体情况，权衡多种因素。为便于在实际应用中正确选取，下面对这两种滤波器做一简单比较。

从性能上看，IIR 数字滤波器的系统函数的极点可以位于单位圆的任意地方，因此可用较少的阶数获得很高的选择性，所用存储单元少，运算次数少，经济效率高。但此高效是由

相位的非线性为代价的,选择性越好的 IIR 滤波器其相位特性越差。而 FIR 数字滤波器可以得到严格的线性相位,不过它的极点位置不能控制,全部位于原点,所以要获得与 IIR 滤波器相同的设计指标时,其阶数可能是 IIR 滤波器阶数的 5~10 倍。阶数高也意味着所用的存储单元多,运算时间也较长,成本较高,信号延时也较大。不过这些缺点是相对非线性相位的 IIR 滤波器而言的;如果既要求选择性,又要求线性相位,则 IIR 滤波器必须增加全通网络来进行相位校正,同样增加 IIR 滤波器的阶数和复杂性。所以若相位要求严格,则 FIR 滤波器在性能与经济上都可能优于 IIR 滤波器。

从结构上考虑,IIR 滤波器的系统函数是有理分式,其分母多项式对应于反馈支路,因而这种滤波器是递归型结构的系统,只有当所有极点都在单位圆内时滤波器才是稳定的。但实际中由于有限字长效应,滤波器有可能变得不稳定。FIR 数字滤波器的系统函数是多项式,是非递归型结构系统,它只在原点处有一个 N 阶极点,因而系统总是稳定的。FIR 滤波器由于有限字长效应而造成的误差也较少。此外 FIR 滤波器可以采用快速傅里叶变换来实现,在阶数相等的条件下,运算速度比 IIR 滤波器快得多。

从设计手段上看,IIR 滤波器可利用模拟滤波器设计的成果,一般有大量的现成设计公式、数据和表格可用,因而计算工作量较小,对计算工具要求不高。FIR 滤波器没有现成的设计公式,窗函数法只给出窗函数的计算公式,但计算通带、阻带衰减仍无明确表达式;其设计只有计算程序可以利用,因此对计算工具要求较高,要借助计算机来设计。另外,IIR 滤波器主要设计规格化的、频率特性为分段常数的标准低通、高通、带通、带阻和全通滤波器,而 FIR 滤波器可设计出理想正交变换器、理想微分器、线性调频器等各种网络,适应性较广。

总的来看,IIR 和 FIR 这两种滤波器各有特点,在实际应用中究竟选择哪种滤波器,应从多方面的因素来考虑。例如,对相位要求不高的语音信号处理,可选用 IIR 滤波器;而图像信号处理和数据传输等以波形携带信息的系统,对相位的线性要求较高,因此采用 FIR 滤波器较好。以上分析比较表明,两类滤波器各有所长,各有所用,没有哪一类滤波器在任何情况下都是最佳的。

6.6 用 MATLAB 设计和分析数字滤波器

MATLAB 软件提供了相当丰富的工具箱来进行滤波器设计和分析,如 Filter Designer Toolbox、Signal Processing Toolbox 等。实际应用中,可以方便地调用其中的函数或工具来进行分析和设计。鉴于其内容众多,这里仅介绍设计分析中用到的几个基本函数。

6.6.1 IIR 滤波器设计

1. 模拟低通滤波器设计

(1) Butterworth(BW 型)模拟低通滤波器 根据 Butterworth 型模拟滤波器的设计指标,先调用函数 buttord 来确定模拟滤波器的阶数 N 和 3dB 截止频率 Ω_c,其调用格式为

$$[N,wc] = buttord(wp,ws,Ap,As,'s')$$

其中,函数的输入参数 wp 和 ws (rad/s) 分别表示滤波器的通带和阻带截频,Ap 和 As (dB) 表示滤波器的通带和阻带衰减,'s' 表示所设计的是模拟滤波器。函数的返回参数 N

为滤波器的阶数，wc（rad/s）等于滤波器的3dB截止频率Ω_c。

确定参数N、wc之后，可用函数butter获得滤波器的系统函数$H_{LP}(s)$的分子式num和分母多项式den，其调用格式为

$$[num,den] = (N,wc,'s')$$

而利用函数buttap可确定N阶归一化的Butterworth低通原型的零点、极点和增益，其调用格式为

$$[z,p,k] = buttap(N)$$

【例6-16】 设计满足下列条件的BW型模拟低通滤波器：$f_p = 1kHz$，$f_s = 2kHz$，$\alpha_p = 1dB$，$\alpha_s = 40dB$。

解：MATLAB程序如下：

```
% 滤波器的技术指标
Wp = 2 * pi * 1000; Ws = 2 * pi * 2000; Ap = 1; As = 40;
% 确定滤波器的阶数和3dB截止频率
[N,Wc] = buttord(Wp,Ws,Ap,As,'s');
fprintf('Order of the filter = %.0f\n',N)
% 确定滤波器的系统函数
[num,den] = butter(N,Wc,'s');
disp('Numerator polynomial');
fprintf('%.4e\n',num);
disp('Denominator polynomial');
fprintf('%.4e\n',den);
omega = [Wp Ws]; h = freqs(num,den,omega);
fprintf('Ap = %.4f\n',-20 * log10(abs(h(1))));
fprintf('As = %.4f\n',-20 * log10(abs(h(2))));
omega = [0:200:12000 * pi];
h = freqs(num,den,omega);
gain = 20 * log10(abs(h)); plot(omega/(2 * pi),gain);
xlabel('Frequency in Hz'); ylabel('Gain in dB');
```

程序设计的滤波器的增益响应如图6-35所示，其阶数$N = 8$，$\alpha_p = 0.62dB$，$\alpha_s = 40dB$。

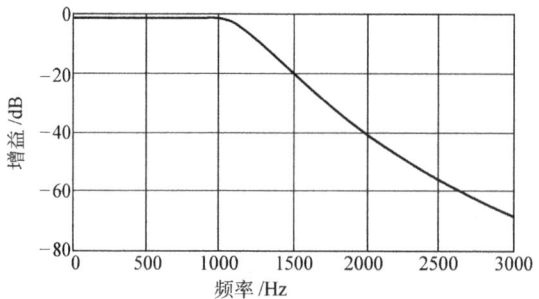

图6-35 例6-16 8阶巴特沃思滤波器的增益响应

（2）切比雪夫Ⅰ（CBⅠ）型模拟低通滤波器 根据切比雪夫Ⅰ型模拟滤波器的设计指

标,先调用函数 cheb1ord 来确定模拟滤波器的阶数 N 和通带截止频率 Ω_c,其调用格式为

$$[N,wc] = cheb1ord(wp,ws,Ap,As,'s')$$

其中,函数的输入参数 wp 和 ws(rad/s)分别表示滤波器的通带和阻带截止频率,Ap 和 As(dB)分别表示滤波器的通带和阻带衰减,'s'表示所设计的是模拟滤波器。函数的返回参数 N 为滤波器的阶数,wc(rad/s)等于滤波器的截止频率 Ω_c。

确定参数 N、wc 之后,可用函数 cheby1 获得滤波器的系统函数 $H_{LP}(s)$ 的分子式 num 和分母多项式 den,其调用格式为

$$[num,den] = cheby1(N,Ap,wc,'s')$$

利用函数 cheb1ap 可确定 N 阶归一化的切比雪夫 I 型低通原型的零点、极点和增益,其调用格式为

$$[z,p,k] = cheb1ap(N,Ap);$$

【例 6-17】 设计满足下列条件的模拟 CB I 型低通滤波器:$f_p = 1\text{kHz}$,$f_s = 2\text{kHz}$,$\alpha_p = 1\text{dB}$,$\alpha_s = 40\text{dB}$。

解:MATLAB 程序如下:
% 滤波器技术指标
Wp = 2 * pi * 1000;Ws = 2 * pi * 2000;Ap = 1;As = 40;
% 确定滤波器阶数及截止频率
[N,Wc] = cheb1ord(Wp,Ws,Ap,As,'s');
fprintf('Order of the filter = %.0f\n',N)
% 确定滤波器的系统函数
[num,den] = cheby1(N,Ap,Wc,'s');
disp('Numerator polynomial');
fprintf('%.4e\n',num);
disp('Denominator polynomial');
fprintf('%.4e\n',den);
% Compute Ap and As of designed filter
omega = [Wp Ws];
h = freqs(num,den,omega);
fprintf('Ap = %.4f\n', -20 * log10(abs(h(1))));
fprintf('As = %.4f\n', -20 * log10(abs(h(2))));

程序设计的滤波器的增益响应如图 6-36,其阶数 $N = 5$,$\alpha_p = 1.00\text{dB}$,$\alpha_s = 45\text{dB}$。与例 6-16 比较可以看出,实现同样设计指标的滤波器,切比雪夫 I 型滤波器比巴特沃思滤波器需要的阶数要低。

2. 模拟频率变换

MATLAB 信号处理工具箱提供了实现四种模拟域频率变换的函数,它们分别为:

原型低通到低通的变换　　[numt,dent] = lp2lp(num,den,W0)
原型低通到高通的变换　　[numt,dent] = lp2hp(num,den,W0)
原型低通到带通的变换　　[numt,dent] = lp2bp(num,den,W0,B)
原型低通到带阻的变换　　[numt,dent] = lp2bs(num,den,W0,B)

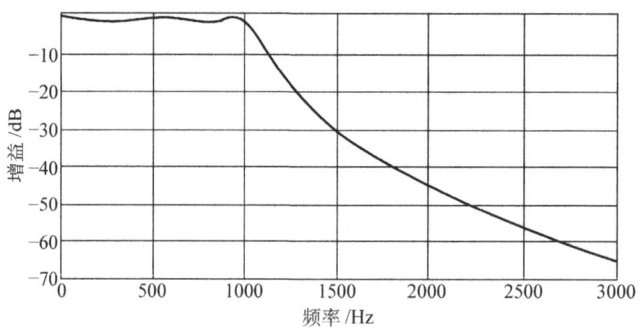

图 6-36 例 6-17 5 阶切比雪夫 I 型滤波器的增益响应

其中，num、den 分别表示变换前模拟滤波器系统函数的分子多项式和分母多项式，numt、dent 分别表示变换后模拟滤波器系统函数的分子多项式和分母多项式，W0 和 B 为变换中的参数。

【例 6-18】 设计满足下列条件的模拟 BW 型高通滤波器：$f_p = 5\text{kHz}$，$f_s = 1\text{kHz}$，$\alpha_p \leq 1\text{dB}$，$\alpha_s \geq 40\text{dB}$。

解：MATLAB 程序如下：

```
% 高通滤波器的设计
wp = 1/(2 * pi * 5000);ws = 1/(2 * pi * 1000);Ap = 1;As = 40;
[N,Wc] = buttord(wp,ws,Ap,As,'s');
[num,den] = butter(N,Wc,'s');
disp('LP 分子多项式');
fprintf('%.4e\n',num);
disp('LP 分母多项式');
fprintf('%.4e\n',den);
[numt,dent] = lp2hp(num,den,1);
disp('HP 分子多项式');
fprintf('%.4e\n',numt);
disp('HP 分母多项式');
fprintf('%.4e\n',dent);
```

程序设计的滤波器的增益响应如图 6-37 所示，其 $\alpha_p = 1.00\text{dB}$，$\alpha_s = 45\text{dB}$。

【例 6-19】 试设计一个满足下列指标的 BW 型带通滤波器：$\Omega_{p1} = 6\text{rad/s}$，$\Omega_{p2} = 8\text{rad/s}$，$\Omega_{s1} = 4\text{rad/s}$，$\Omega_{s2} = 11\text{rad/s}$，$\alpha_p \leq 1\text{dB}$，$\alpha_s \geq 32\text{dB}$。

解：(1) 由带通滤波器的上下截止频率确定变换式中的参数为

$$B = \Omega_{p2} - \Omega_{p1} = 2 \quad \Omega_0^2 = \Omega_{p1}\Omega_{p2} = 48$$

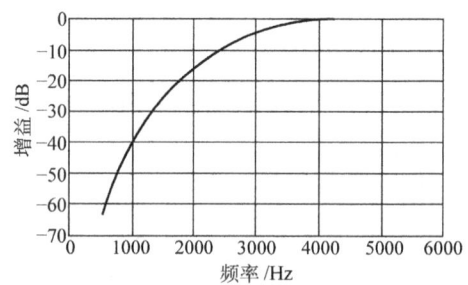

图 6-37 例 6-18 BW 型高通滤波器的增益响应

(2) 确定原型低通滤波器的阻带截止频率为

$$\overline{\Omega}_{s1} = \frac{\Omega_{s1}^2 - \Omega_{p1}\Omega_{p2}}{(\Omega_{p2} - \Omega_{p1})\Omega_{s1}} = -4 \qquad \overline{\Omega}_{s2} = \frac{\Omega_{s2}^2 - \Omega_{p1}\Omega_{p2}}{(\Omega_{p2} - \Omega_{p1})\Omega_{s2}} = 3.3182$$

故

$$\overline{\Omega}_s = \min\{|\overline{\Omega}_{s1}|, |\overline{\Omega}_{s2}|\} = 3.3182$$

(3) 设计满足下列指标的原型低通滤波器,即

$$\overline{\Omega}_p = 1, \alpha_p = 1\text{dB}, \overline{\Omega}_s = 3.3182, \alpha_s = 32\text{dB}$$

$$N \geqslant \frac{\lg\left(\frac{10^{0.1\alpha_s} - 1}{10^{0.1\alpha_p} - 1}\right)}{2\lg(\overline{\Omega}_s/\overline{\Omega}_p)} = 3.6346 \quad \text{取 } N = 4$$

$$\Omega_c = \frac{\overline{\Omega}_s}{(10^{0.1\alpha_s} - 1)^{1/(2N)}} = 1.3211$$

(4) 设计 BW 型原型低通滤波器,即

$$H_L(\bar{s}) = \frac{1}{[(\bar{s}/\Omega_c)^2 + 0.7654\,\bar{s}/\Omega_c + 1][(\bar{s}/\Omega_c)^2 + 1.8478\,\bar{s}/\Omega_c + 1]}$$

(5) 将原型低通滤波器转换为带通滤波器 $H_{BP}(s)$,即

$$H_{BP}(s) = H_L(\bar{s})\big|_{\bar{s}=\frac{s^2+\Omega_0^2}{Bs}} = \frac{48.7372s^4}{s^4 + 2s^3 + 0.103 \times 10^3 s^2 + 0.0971 \times 10^3 s + 2.304 \times 10^3} \times$$

$$\frac{1}{s^4 + 0.0049 \times 10^3 s^3 + 0.103 \times 10^3 s^2 + 0.2343 \times 10^3 s + 2.304 \times 10^3}$$

MATLAB 程序如下:

% 带通滤波器的设计
wp = 1; ws = 3.3182; Ap = 1; As = 32;
w0 = sqrt(48); B = 2;
[N, Wc] = buttord(wp, ws, Ap, As, 's');
[num, den] = butter(N, Wc, 's');
[numt, dent] = lp2bp(num, den, w0, B);
w = linspace(2, 12, 1000);
h = freqs(numt, dent, w);
plot(w, 20 * log10(abs(h))); grid;
xlabel('Frequency in rad/s');
ylabel('Gain in dB')

程序设计的滤波器的增益响应如图 6-38 所示。

【例6-20】 试设计一个满足下列指标的 BW 型带阻滤波器:$\alpha_p = 1\text{dB}$, $\alpha_s = 20\text{dB}$, $\Omega_{p1} = 10\text{rad/s}$, $\Omega_{p2} = 30\text{rad/s}$, $\Omega_{s1} = 19\text{rad/s}$, $\Omega_{s2} = 21\text{rad/s}$。

解:MATLAB 程序如下:

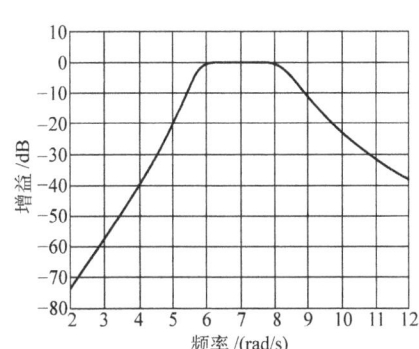

图 6-38 例 6-19BW 型带通滤波器的增益响应

```
Ap = 1; As = 20; wp1 = 10; wp2 = 30; ws1 = 19; ws2 = 21;
B = ws2 - ws1; w0 = sqrt(ws1 * ws2);
wLp1 = B * wp1/(w0 * w0 - wp1 * wp1);
wLp2 = B * wp2/(w0 * w0 - wp2 * wp2);
wLp = max(abs(wLp1), abs(wLp2));
[N, Wc] = buttord(wLp, 1, Ap, As, 's')
[num, den] = butter(N, Wc, 's'); [numt, dent] = lp2bs(num, den, w0, B);
w = linspace(5, 35, 1000);
h = freqs(numt, dent, w);
plot(w, 20 * log10(abs(h)));
w = [wp1 ws1 ws2 wp2];
set(gca, 'xtick', w); grid;
h = freqs(numt, dent, w); A = -20 * log10(abs(h))
```

程序设计的滤波器的增益响应如图 6-39 所示。

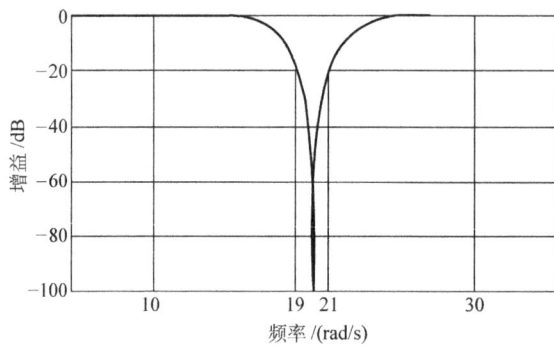

图 6-39 例 6-20BW 型带阻滤波器的增益响应

3. 冲激响应不变法

MATLAB 信号处理工具箱提供了 impinvar 函数，可实现用冲激响应不变法将模拟滤波器转换为数字滤波器，其调用格式为

$$[\text{numd}, \text{dend}] = \text{impinvar}(\text{num}, \text{den}, \text{Fs})$$

其中，num 和 den 分别表示模拟滤波器系统函数 $H(s)$ 的分子、分母多项式的系数向量，Fs = 1/T 为冲激响应不变法中的抽样频率（Hz），输出变量 numd 和 dend 分别是数字滤波器系统函数 $H(z)$ 的分子、分母多项式的系数向量。

【例 6-21】 利用模拟 BW 型滤波器及冲激响应不变法设计一数字 BW 型低通滤波器，满足 $\omega_p = 0.2\pi$，$\omega_s = 0.6\pi$，$\alpha_p \leq 2\text{dB}$，$\alpha_s \geq 15\text{dB}$。

解：MATLAB 程序如下：

```
% 用冲激响应不变法设计数字 BW 型低通滤波器
% 数字 BW 型低通滤波器技术指标
Wp = 0.2 * pi; Ws = 0.6 * pi; Ap = 2; As = 15;
Fs = 1;    % 抽样频率(Hz)
```

% 模拟 BW 型低通滤波器技术指标
wp = Wp * Fs; ws = Ws * Fs;
% 确定模拟滤波器阶数
N = buttord(wp,ws,Ap,As,'s');
% 确定 BW 型低通滤波器的3dB 通带截止频率
wc = wp/(10^(0.1 * Ap) - 1)^(1/N/2);
% 确定 AF - BW 型滤波器
[numa,dena] = butter(N,wc,'s');
% 确定数字滤波器
[numd,dend] = impinvar(numa,dena,Fs);
% 画增益响应
w = linspace(0,pi,1024);
h = freqz(numd,dend,w);
norm = max(abs(h));
numd = numd/norm;
plot(w/pi,20 * log10(abs(h/norm)));
xlabel('Normalized frequency');
ylabel('Gain,dB');
% 计算数字滤波器的衰减参数
w = [Wp Ws];
h = freqz(numd,dend,w);
fprintf('Ap = %.4f\n', -20 * log10(abs(h(1))));
fprintf('As = %.4f\n', -20 * log10(abs(h(2))));

程序设计的滤波器的增益响应如图 6-40 所示。

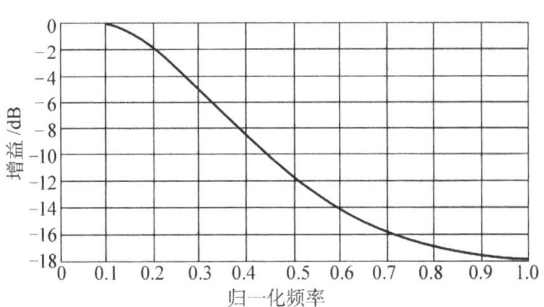

图 6-40 例 6-21 数字 BW 型低通滤波器的增益响应

4. 双线性变换法

MATLAB 信号处理工具箱提供了 bilinear 函数，可实现用双线性变换法将模拟滤波器转换为数字滤波器，其调用格式为

$$[numd,dend] = bilinear(num,den,Fs)$$

其中，num 和 den 分别表示模拟滤波器系统函数 $H(s)$ 的分子、分母多项式的系数向量，

Fs = 1/T 为抽样频率（Hz），输出变量 numd 和 dend 分别是数字滤波器系统函数 $H(z)$ 的分子、分母多项式的系数向量。

【例 6-22】 用双线性变换法和一阶巴特沃思低通滤波器，设计一个 3dB 截止频率为 ω_p 的数字滤波器（DF），并与冲激响应不变法设计的 DF 比较。

解：$H_双(z)$ 和 $H_冲(z)$ 频率响应比较的 MATLAB 程序如下：

```
Wp = 0.6 * pi;
b = [1 - exp( - Wp)]; b1 = tan(Wp/2) * [1 1];
a = [1 - exp( - Wp)]; a1 = [1 + tan(Wp/2)   tan(Wp/2) - 1];
w = linspace(0, pi, 512);
h = freqz(b, a, w); h1 = freqz(b1, a1, w);
plot(w/pi, (abs(h)), w/pi, (abs(h1)));
xlabel('Normalized frequency');
ylabel('Amplitude');
set(gca, 'ytick', [0 0.7 1]);
set(gca, 'xtick', [0 Wp/pi 1]);
grid;
```

程序设计的滤波器的幅频响应如图 6-41 所示。可以看出，冲激响应不变法存在频谱混叠，所设计的 DF 不满足给定指标。而双线性变换法不存在频谱混叠，所设计的 DF 满足给定指标。

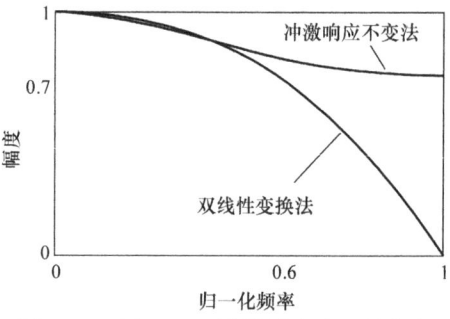

图 6-41 例 6-22 两种设计方法下的数字滤波器的幅频响应

【例 6-23】 利用 AF – BW 型滤波器及双线性变换法设计一 DF，满足 $\omega_p = 0.2\pi$，$\omega_s = 0.6\pi$，$\alpha_p \leq 2dB$，$\alpha_s \geq 15dB$。

解：MATLAB 程序如下：

```
% 用双线性变换法设计 BW 型数字低通滤波器
% DF BW LP specfication
Wp = 0.2 * pi; Ws = 0.6 * pi; Ap = 2; As = 15;
T = 2; Fs = 1/T;    % Sampling frequency(Hz)
% Analog Butterworth specfication
wp = 2 * tan(Wp/2)/T; ws = 2 * tan(Ws/2)/T;
% determine the order of AF filter and the 3 - dB cutoff frequency
[N, wc] = buttord(wp, ws, Ap, As, 's')
% determine the AF - BW filter
[numa, dena] = butter(N, wc, 's')
% determine the DF filter
[numd, dend] = bilinear(numa, dena, Fs)
% plot the frequency response
```

```
w = linspace(0,pi,1024);
h = freqz(numd,dend,w);
plot(w/pi,20*log10(abs(h)));
axis([0 1 -50 0]);grid;
xlabel('Normalized frequency');
ylabel('Gain,dB');
% computer Ap As of the designed filter
w = [Wp Ws];h = freqz(numd,dend,w);
fprintf('Ap = %.4f\n', -20*log10(abs(h(1))));
fprintf('As = %.4f\n', -20*log10(abs(h(2))));
```

程序设计的滤波器的增益响应如图 6-42 所示。

5. IIR 数字滤波器

MATLAB 也提供了直接设计 IIR 数字滤波器的函数。其设计思想是用式（6-57）将数字滤波器的频率指标转换为模拟滤波器的指标，然后设计模拟滤波器，最后用双线性变换把模拟滤波器转换成数字滤波器。设计时，其函数名称及调用方法相同，参数定义类似，由可选参数's'来区分是进行哪种滤波器设计，当有此项参数时表示设计的是模拟滤波器；而当没有

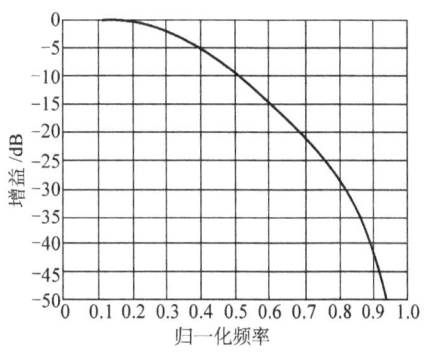

图 6-42 例 6-23 数字滤波器的增益响应

此项参数时，设计的是数字滤波器，此时要注意输入参数的处理细节，详细调用方法请参考 MATLAB 手册。图 6-43 列出了 MATLAB 中 IIR 数字滤波器设计的主要函数。

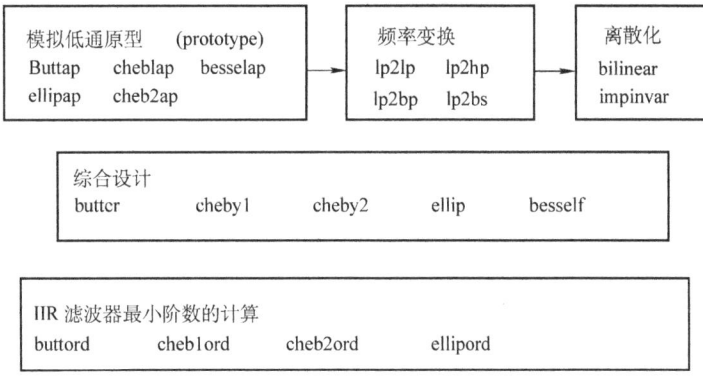

图 6-43 MATLAB 中 IIR 数字滤波器设计的主要函数

例如，若设计 BW 型数字滤波器，MATLAB 函数及参数调用格式如下：

1）用函数 buttord 确定数字滤波器的阶数 N 及 3dB 截止频率 ω_c，即

$$[N, Wc] = \text{buttord}(Wp, Ws, Ap, As)$$

其中，Wp、Ws 及 Wc 均为归一化角频率。例如，若 $\omega_p = 0.1\pi$，则 Wp = 0.1。若为带通或

带阻滤波器，则

$$Wp = [Wp1, Wp2]; Ws = [Ws1, Ws2]$$

2) 用函数 butter 确定 DF 系统函数分子 num、分母多项式 den，即

低通　　　[num,den] = butter(N,Wc)
高通　　　[num,den] = butter(N,Wc,'high')
带通　　　[num,den] = butter(N,Wc)
带阻　　　[num,den] = butter(N,Wc,'stop')

其中，带通、带阻中 Wc = [W1, W2]。

若设计 CB Ⅰ 型数字滤波器，调用格式如下：

1) 用函数 cheb1ord 确定数字滤波器的阶数 N 及截频 ω_c，即

$$[N, Wc] = cheb1ord(Wp, Ws, Ap, As)$$

2) 用函数 cheby1 确定 DF 系统函数分子 num、分母多项式 den，即

低通　　　[num,den] = cheby1(N,Ap,Wc)
高通　　　[num,den] = cheby1(N, Ap, Wc,'high')
带通　　　[num,den] = cheby1(N, Ap, Wc)
带阻　　　[num,den] = cheby1(N, Ap, Wc,'stop')

其中，带通、带阻中 Wc = [W1, W2]。

【例 6-24】 利用 MATLAB 实现数字带阻滤波器 $\omega_{p1} = 2.8113\text{rad}$，$\omega_{p2} = 2.9880\text{rad}$，$\alpha_p \leq 1\text{dB}$，$\omega_{s1} = 2.9203\text{rad}$，$\omega_{s2} = 2.9603\text{rad}$，$\alpha_s \geq 10\text{dB}$。

解：MATLAB 程序如下：

```
% 数字滤波器技术指标
Wp = [2.813,2.9880];Ws = [2.9203,2.9603];
Ap = 1;As = 10;
% 注意调用函数设计数字滤波器时参数的处理细节
% 频率参数要用归一化频率参数
[N,Wc] = buttord(Wp/pi,Ws/pi,Ap,As)
[numd,dend] = butter(N,Wc,'stop')
```

运行结果

N = 2
numd = [0.9522, 3.7327, 5.5624, 3.7327, 0.9522]
dend = [1.0000, 3.8242, 5.5601, 3.6412, 0.9067]

滤波器的系统函数为

$$H(z) = \frac{0.9522 + 3.7327z^{-1} + 5.5624z^{-2} + 3.7327z^{-3} + 0.9522z^{-4}}{1 + 3.8241z^{-1} + 5.5601z^{-2} + 3.6412z^{-3} + 0.9067z^{-4}}$$

6.6.2 FIR 数字滤波器

1. 窗函数法

MATLAB 提供了许多常用的窗函数，部分窗函数的调用格式为

w = hanning(N)

w = hamming(N)
w = blackman(N)
w = kaiser(N, beta)

其中，N 为窗函数的长度，beta 为控制凯泽窗形状的参数。返回的变量 w 是一长度为 N 的列向量，给出窗函数的 N 点取值。

用窗函数法设计 FIR 滤波器一般分为三个步骤：①估计 FIR 滤波器的长度 N；②确定所用的窗函数并计算出窗函数的值；③先计算理想滤波器的单位抽样响应，再用窗函数截断即得所设计的 FIR 滤波器的单位抽样响应。下面先以凯泽窗为例，说明设计过程。

用凯泽窗设计 FIR 滤波器阶数的 MATLAB 函数的调用格式为

$$[M, Wc, beta, ftype] = \text{kaiserord}(f, a, dev)$$

其中，输入参数 f 表示需设计的 FIR 滤波器的频带；输入参数 a 是一个有 B 个元素的向量，分别表示 FIR 滤波器在 B 个频带中的幅度值，一般对通带取值为 1，阻带取值为 0；输入参数 dev 是一个有 B 个元素的向量，分别表示 FIR 滤波器在 B 个频带中的波动值；返回参数 M 及 beta 分别表示 FIR 滤波器阶数 M 及凯泽窗的参数 β；返回参数 Wc 和 ftype 是函数 fir1 的调用参数；函数 fir1 可根据所用窗函数及理想滤波器的截止频率计算出 FIR 滤波器的单位抽样响应，其调用格式为

$$h = \text{fir1}(M, Wc, \text{'ftype'}, window)$$

其中，输入参数 M 表示滤波器的阶数；输入参数 Wc 表示理想 FIR 滤波器的 B 个频带；输入参数 'ftype' 是一个字符串，表示滤波器的类型，默认值为空，表示滤波器为低通。若 'ftype' = 'high'，滤波器为高通，若 'ftype' = 'stop'，滤波器为带阻，若 'ftype' = 'DC - 0'，多带滤波器第一个频带为阻带，若 'ftype' = 'DC - 1'，多带滤波器第一个频带为通带；输入参数 window 是一长度为 $M+1$ 的向量，如果调用时没给窗函数，函数 fir1 自动使用海明窗。

【例 6-25】 用凯泽窗设计满足下列指标的 I 型线性相位 FIR 低通滤波器。$\omega_p = 0.3\pi$，$\omega_s = 0.5\pi$，$\alpha_p = 0.1\text{dB}$，$\alpha_s = 40\text{dB}$。

解：首先，由给定指标确定待逼近理想低通滤波器的截止频率 ω_c。

由于理想低通滤波器的 $|H_d(e^{j\omega})|$ 在截止频率 ω_c 处收敛于 0.5，因此常将截止频率 ω_c 取在过渡带的中点，即

$$\omega_c = (\omega_p + \omega_s)/2 = 0.4\pi$$

其次，由给定指标确定凯泽窗的参数 N 和 β，即

$$\delta_p = 1 - 10^{-0.05\alpha_p} = 0.0114$$

$$\delta_s = 10^{-0.05\alpha_s} = 0.01$$

$$\alpha_s = -20\lg(\min\{\delta_p, \delta_s\}) = 40\text{dB}$$

$$M \approx \frac{\alpha_s - 7.95}{2.285|\omega_p - \omega_s|} \approx 22.3$$

I 类线性相位滤波器阶数必须是偶数，取 $M = 24$，可得

$$\beta = 0.5842(\alpha_s - 21)^{0.4} + 0.07886(\alpha_s - 21) = 3.3953$$

最后，设计截止频率 $\omega_c = 0.4\pi$ 的 I 类线性相位 FIR 低通滤波器为

$$H_d(e^{j\omega}) = \begin{cases} e^{-j0.5M\omega} & |\omega| \leq \omega_c \\ 0 & \text{其他} \end{cases}$$

$$h_d(n) = \frac{1}{2\pi}\int_{-\pi}^{\pi} H_d(e^{j\omega})e^{jn\omega}d\omega = \frac{\omega_c}{\pi}Sa[\omega_c(n-0.5M)]$$

$$h(n) = h_d(n)w_{25}(n) = 0.4Sa[0.4\pi(n-12)]w_{25}(n)$$

MATLAB 程序如下：

```
wp = 0.3 * pi; ws = 0.5 * pi; As = 50;
N = ceil((As - 7.95)/(ws - wp)/2.285)
N = N + mod(N,2)
beta = 0.1102 * (As - 8.7);
w = kaiser(N + 1, beta);
wc = (wp + ws)/2;
alpha = N/2;
k = 0:N;
hd = (wc/pi) * sinc((wc/pi) * (k - alpha)); h = hd.*w';
omega = linspace(0, pi, 512);
mag = freqz(h, [1], omega);
magdb = 20 * log10(abs(mag));
plot(omega/pi, magdb);
axis([0,1,-70,0]); grid;
```

程序设计结果如图 6-44 所示。

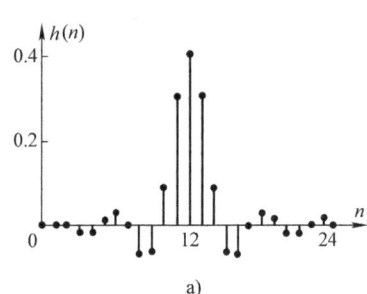
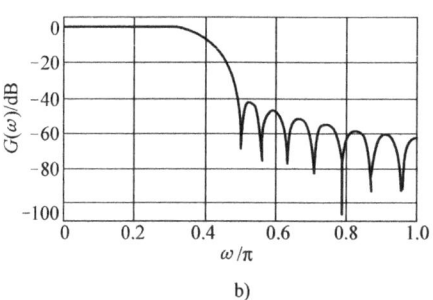

图 6-44 例 6-25 的单位抽样响应及增益曲线
a) 单位抽样响应 b) 增益响应 $G(\omega) = 20\lg|H(e^{j\omega})|$

【例 6-26】 设计一满足下列指标的线性相位 FIR 高通滤波器：$\omega_p = 0.67\pi$, $\omega_s = 0.53\pi$, $\alpha_p = 0.3\text{dB}$, $\alpha_s = 50\text{dB}$。

解： 由 α_s 确定截断所用窗函数，由表 6-7 可知，用海明窗或凯泽窗等窗口可满足指标。本例为便于比较，选择海明窗和凯泽窗分别给出设计结果。

第一步，采用海明窗截断，设计过程如下：

首先，由过渡带宽度确定滤波器长度 N，即

$$N \geq \frac{7\pi}{\omega_p - \omega_s} = 50$$

其次，由给定指标确定待逼近理想高通滤波器的截止频率 ω_c，即

$$\omega_c = (\omega_p + \omega_s)/2 = 0.6\pi$$

然后，确定线性相位 FIR 滤波器类型。可选 I 类滤波器，取 $N=51$；或选 IV 类滤波器，取 $N=50$。

最后，设计截止频率 $\omega_c = 0.6\pi$ 的线性相位 FIR 高通滤波器。

若用 I 类线性相位滤波器，$N=51$，$M=50$，有

$$H_d(e^{j\omega}) = \begin{cases} e^{-j0.5M\omega} & \omega_c \leq \omega \leq 2\pi - \omega_c \\ 0 & 其他 \end{cases}$$

$$h_d(n) = \frac{1}{2\pi} \int_{<2\pi>} H_d(e^{j\omega}) e^{jn\omega} d\omega = \frac{1}{2\pi} \int_{\omega_c}^{2\pi-\omega_c} e^{-j0.5M\omega} e^{jn\omega} d\omega$$

$$= \delta(n - 0.5M) - \frac{\omega_c}{\pi} Sa[\omega_c(n - 0.5M)]$$

截断，得 I 类线性相位 FIR 高通滤波器的单位冲激响应为

$$h(n) = h_d(n) w_{51}(n)$$

若用 IV 类线性相位滤波器，$N=50$，$M=49$，有

$$H_d(e^{j\omega}) = \begin{cases} e^{-j0.5(M\omega - \pi)} & \omega_c \leq \omega \leq 2\pi - \omega_c \\ 0 & 其他 \end{cases}$$

$$h_d(n) = \frac{1}{2\pi} \int_{<2\pi>} H_d(e^{j\omega}) e^{jn\omega} d\omega = \frac{1}{2\pi} \int_{\omega_c}^{2\pi-\omega_c} e^{-j0.5(M\omega + \pi)} e^{jn\omega} d\omega$$

$$= -\frac{\cos[\omega_c(n - 0.5M)]}{\pi(n - 0.5M)}$$

截断，得 IV 类线性相位 FIR 高通滤波器的单位冲激响应为

$$h(n) = h_d(n) w_{50}(n)$$

上述过程，可用 MATLAB 实现如下：

```
% 利用海明窗设计 FIR 高通滤波器
% 滤波器设计指标
Wp = 0.67*pi; Ws = 0.53*pi; Ap = 0.3; As = 50;
% 确定滤波器长度
N = ceil(7*pi/(Wp - Ws));
N = mod(N+1,2) + N;
M = N - 1;
fprintf('N = %.0f\n', N);
% 产生窗函数
w = hamming(N)';
% 理想高通滤波器截止频率
Wc = (Wp + Ws)/2;
k = 0:M;
hd = -(Wc/pi)*sinc(Wc*(k - 0.5*M)/pi);
hd(0.5*M + 1) = hd(0.5*M + 1) + 1;
h = hd.*w;
omega = linspace(0, pi, 512);
```

```
mag = freqz(h,[1],omega);
magdb = 20 * log10(abs(mag));
plot(omega/pi,magdb);
```
图 6-45 给出了用海明窗设计的上述两种 FIR 高通滤波器的增益响应。

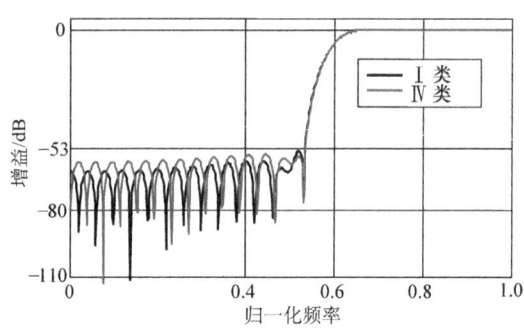

图 6-45　例 6-26 用海明窗设计的两种 FIR 高通滤波器的增益响应

第二步，采用凯泽窗截断，利用 MATLAB 实现如下：
```
% 利用凯泽窗设计 FIR 高通滤波器
Ap = 0.3;As = 50;
Rp = 1 - 10.^(-0.05 * Ap);Rs = 10.^(-0.05 * As);
f = [0.53,0.67];a = [0,1];dev = [Rp,Rs];
[M,Wc,beta,ftype] = kaiserord(f,a,dev);
% 使滤波器为 I 类
M = mod(M,2) + M;
h = fir1(M,Wc,ftype,kaiser(M + 1,beta))
omega = linspace(0,pi,512);
mag = freqz(h,[1],omega);
plot(omega/pi,20 * log10(abs(mag)));
```
用凯泽窗设计的 FIR 高通滤波器的增益响应如图 6-46 所示。设计所得滤波器长度为 42，其通带衰减为 0.34dB，阻带最小衰减为 52.4dB。

利用凯泽窗，可实现多带滤波器，例如，若 FIR 滤波器有 4 个频带，其分别为

$$0 < \omega \leq \pi f_1, \pi f_2 < \omega \leq \pi f_3,$$
$$\pi f_4 < \omega \leq \pi f_5, \pi f_6 \leq \omega \leq \pi$$

FIR 滤波器在 4 个频带中的幅度值为

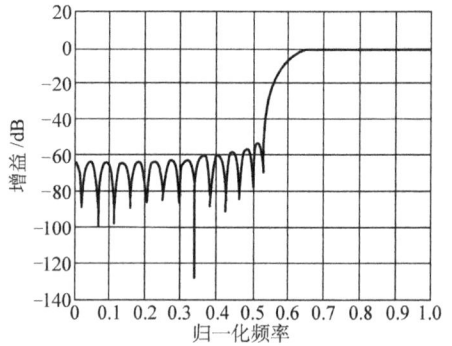

图 6-46　例 6-26 用凯泽窗设计的 FIR 高通滤波器的增益响应

$$a_1 \quad a_2 \quad a_3 \quad a_4 \text{（通带取 1，阻带取 0）}$$

FIR 滤波器在 4 个频带中的波动为

$$\delta_1 \quad \delta_2 \quad \delta_3 \quad \delta_4$$

则可以利用 MATLAB 中的 kaiserord 和 fir1 函数实现，程序如下：

```
f = [f1 f2 f3 f4 f5 f6];
a = [a1 a2 a3 a4];
dev = [δ1 δ2 δ3 δ4];
[M,Wc,beta,ftype] = kaiserord(f,a,dev);
h = fir1(M,Wc,ftype,kaiser(M+1,beta))
```

【例 6-27】 试用凯泽窗设计满足下列指标的具有两个通带的 FIR 滤波器：

$$\omega_{s1} = 0.1\pi, \omega_{p1} = 0.2\pi, \omega_{p2} = 0.4\pi, \omega_{s2} = 0.5\pi,$$

$$\omega_{s3} = 0.6\pi, \omega_{p3} = 0.7\pi, \omega_{p4} = 0.8\pi, \omega_{s4} = 0.9\pi, \delta_s = 0.008_\circ$$

解：MATLAB 程序如下：

```
f = [0.1 0.2 0.4 0.5 0.6 0.7 0.8 0.9];
a = [0,1,0,1,0]; Rs = 0.008;
dev = Rs * ones(1,length(a));
[N,Wc,beta,ftype] = kaiserord(f,a,dev);
h = fir1(N,Wc,ftype,kaiser(N+1,beta));
omega = linspace(0,pi,512);
mag = freqz(h,[1],omega);
plot(omega/pi,20 * log10(abs(mag)));
xlabel('Normalized frequency');
ylabel('Gain, dB');grid;
axis([0 1 -80 5]);
```

图 6-47 所示为滤波器的增益响应。

2. 频率抽样法

用 MATLAB 实现频率抽样法过程非常简单。下面通过实例来说明设计过程。

【例 6-28】 利用频率抽样法设计一个Ⅱ类（$M = 63$）线性相位 FIR 低通滤波器，$\omega_p = 0.5\pi$，$\omega_p = 0.6\pi$。

解：由于直接设计出的滤波器在阻带的衰减不会超过 20dB，因此，本例在过渡带 [ω_p, ω_s] 之间先加入一个幅度为 0.38 的过渡点。其 MATLAB 实现如下：

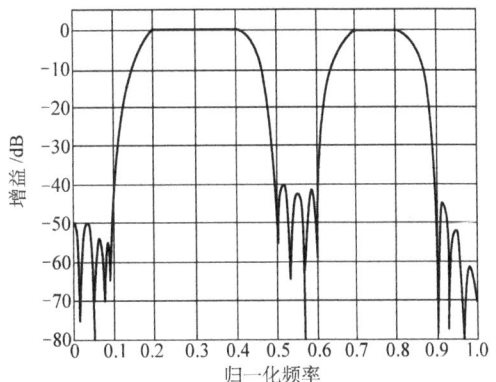

图 6-47 例 6-27 用凯泽窗设计的两通带 FIR 滤波器增益响应

```
% 频率抽样法设计Ⅱ类线性相位 FIR 低通滤波器
N = 63; Wp = 0.5 * pi;
m = 0:(N+1)/2;
Wm = 2 * pi * m./(N+1);
```

```
mtr = floor(Wp*(N+1)/(2*pi))+2;
Ad = [Wm <= Wp];
Ad(mtr) = 0.38;
Hd = Ad.*exp(-j*0.5*N*Wm);
Hd = [Hd conj(fliplr(Hd(2:(N+1)/2)))];
h = real(ifft(Hd));
w = linspace(0,pi,1000);
H = freqz(h,[1],w);
plot(w/pi,20*log10(abs(H)));grid;
```

用一个过渡点设计的 FIR 低通滤波器的频率特性如图 6-48 所示，阻带衰减可达 43dB。

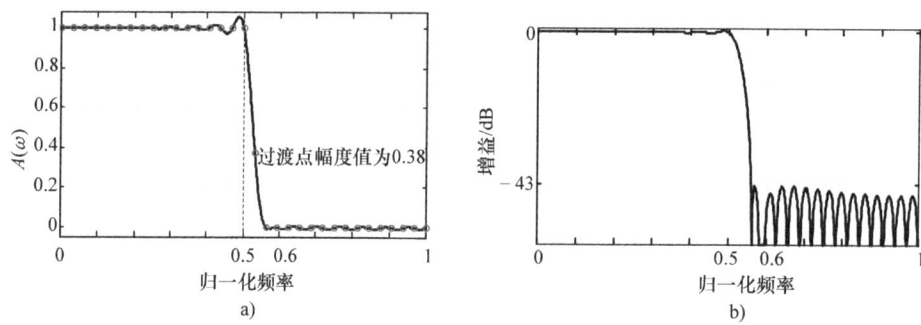

图 6-48 例 6-28 II 类线性相位 FIR 低通滤波器的频率特性（一个过渡点）
a) 幅度函数 b) 增益响应

当设置过两个过渡点 $T_2 = 0.59$ 和 $T_1 = 0.11$ 时，求得 FIR 低通滤波器的频率特性如图 6-49 所示，阻带衰减可达 62dB。

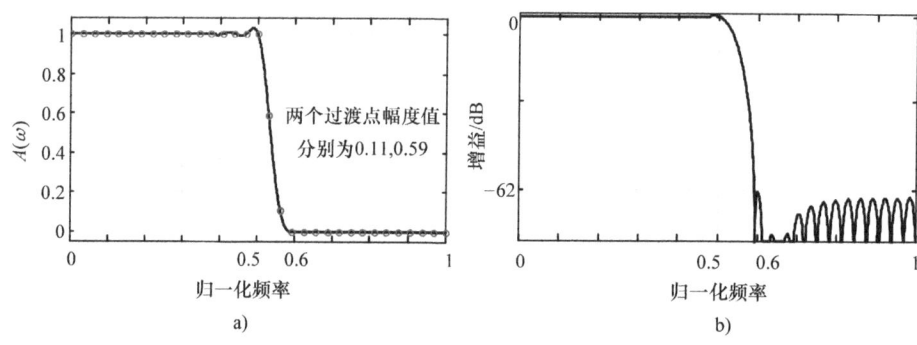

图 6-49 例 6-28 II 类线性相位 FIR 低通滤波器的频率特性（两个过渡点）
a) 幅度函数 b) 增益响应

【例 6-29】 用频率抽样法设计一个满足下列指标的 I 类线性相位 FIR 高通滤波器：$\omega_s = 0.5\pi$，$\omega_p = 0.6\pi$。

解：为使在过渡带中有一个样本点，本例取 $M = 32$。经反复实验，取过渡点幅度值为 0.28，此时性能接近最优。其 MATLAB 程序如下：

%频率抽样法设计 I 类线性相位 FIR 高通滤波器

M = 32; Wp = 0.6 * pi; m = 0:(M + 1)/2;
Wm = 2 * pi * m./(M + 1);
% mtr = ceil(Wp * (M + 1)/(2 * pi));
Ad = [Wm > = Wp]; % Ad(mtr) = 0.28;
Hd = Ad. * exp(- j * 0.5 * M * Wm);
Hd = [Hd conj(fliplr(Hd(2:M/2 + 1)))];
h = real(ifft(Hd));
w = linspace(0.1,pi,1000);
H = freqz(h,[1],w);
plot(w/pi,20 * log10(abs(H)));grid;

图 6-50、图 6-51 所示为设计的 FIR 高通滤波器的频率特性。由图可见，无过渡点时，阻带衰减大约为 20dB；用增加一个过渡点的方法，可使线性相位 FIR 高通滤波器的阻带衰减达到 40dB。

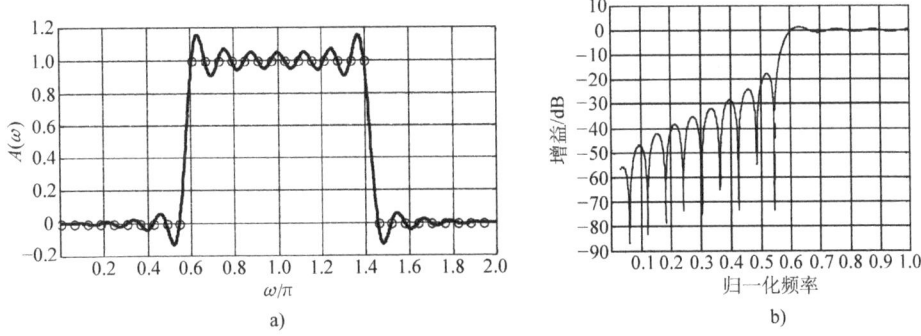

图 6-50 例 6-29 频率抽样法设计的 FIR 高通滤波器频率特性
a) 幅度函数　b) 增益响应

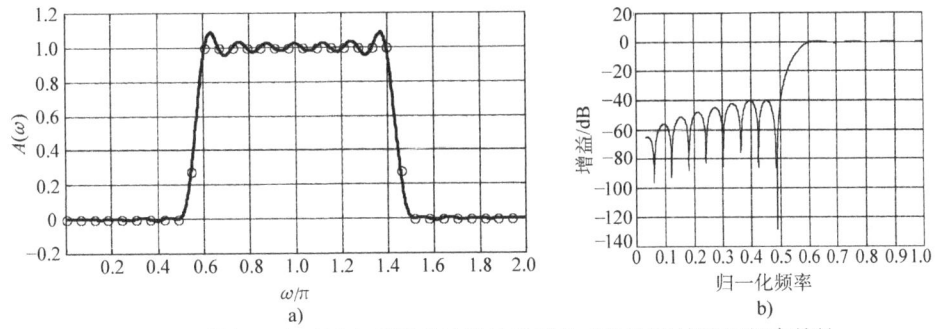

图 6-51 增加一个过渡点后频率抽样法设计的 FIR 高通滤波器频率特性
a) 幅度函数　b) 增益响应

3. 等波纹 FIR 滤波器设计

MATLAB 信号处理工具箱提供的等波纹 FIR 滤波器设计函数的基本调用格式为

[M, fo, ao, w] = remezord (f, a, dev)

h = remez (M, fo, ao, w)

其中，函数 remezord 用来估计滤波器阶数 M，函数 remez 完成等波纹 FIR 滤波器设计。函数 remezord 调用参数和 kaiserord 中的调用参数相同。FIR 有 B 个频带时，f、a、dev 分别为 $2B-2$、B 和 B 个元素的向量。函数 remezord 返回 M 表示滤波器的阶数，fo、ao 是 $2B$ 个元素的向量，分别表示 B 个频带的 $2B$ 个边界频率及幅度值。w 是 B 个元素的向量，表示各频带的加权值，默认时表示各频带的加权值相同。

【例 6-30】 设计满足下列指标的等波纹线性相位 FIR 低通滤波器：$\omega_p = 0.5\pi\text{rad}$，$\omega_s = 0.6\pi\text{rad}$，$\delta_p = \delta_s = 0.0017$。

解：用雷米兹（Remez）算法实现的 MATLAB 程序如下：

```
Fp = 0.5; Fs = 0.6; ds = 0.0017; dp = ds;
f = [Fp Fs]; a = [1 0]; dev = [dp ds];
[N, fo, ao, w] = remezord(f, a, dev);
h = remez(N, fo, ao, w);
w = linspace(0, pi, 1000);
mag = freqz(h, [1], w);
plot(w/pi, 20 * log10(abs(mag)));
xlabel('Normalized frequency');
ylabel('Gain, dB');
```

滤波器的阶数 $M = 59$，图 6-52 所示为该滤波器的增益响应。

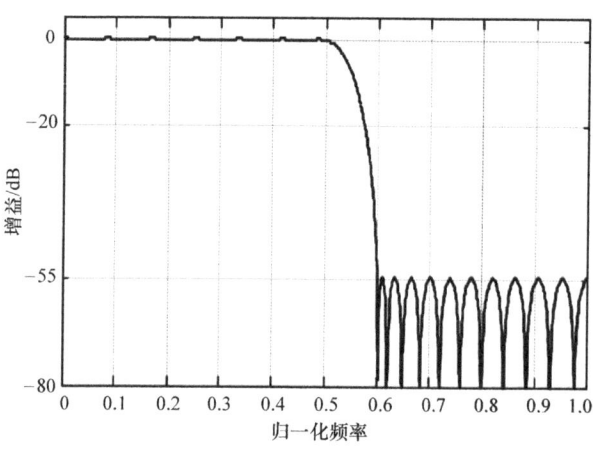

图 6-52　例 6-30 设计的等波纹线性相位 FIR 低通滤波器的增益响应

【例 6-31】 设计满足下列指标的等波纹线性相位 FIR 带通滤波器：$\omega_{s1} = 0.2\pi$，$\omega_{p1} = 0.3\pi$，$\omega_{p2} = 0.6\pi$，$\omega_{s2} = 0.7\pi$，$\delta_p = 0.1$，$\delta_s = 0.01$。

解：用雷米兹（Remez）算法实现的 MATLAB 程序如下：

```
Fs1 = 0.2; Fp1 = 0.3; Fp2 = 0.6; Fs2 = 0.7;
f = [Fs1 Fp1 Fp2 Fs2]; a = [0 1 0];
Rp = 0.1; Rs = 0.01; dev = [Rs Rp Rs];
[N, fo, ao, w] = remezord(f, a, dev);
h = remez(N, fo, ao, w);
```

```
w = linspace(0,pi,1000);
mag = freqz(h,[1],w);
plot(w/pi,20*log10(abs(mag)));
xlabel('Normalized frequency');
ylabel('Gain, dB');
```

由函数 remezord 确定的滤波器阶数 $M=25$，其增益响应如图 6-53a 所示。由图可知滤波器在阻带的衰减没有满足指标。图 6-53b 为将阶数增加到 $M=30$ 后由 Remez 算法得出的滤波器的增益响应。

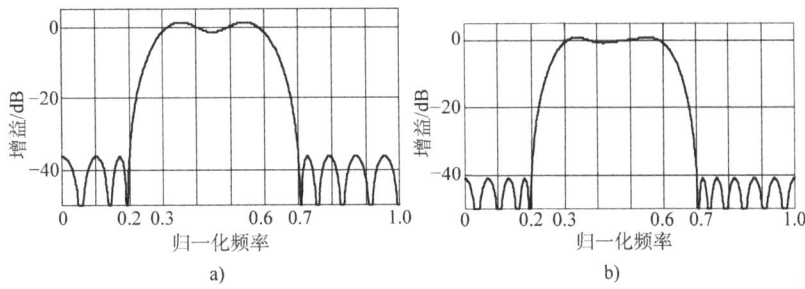

图 6-53　例 6-31 设计的等波纹线性相位 FIR 带通滤波器的增益响应
a）$M=25$　b）$M=30$

本 章 小 结

　　本章主要讨论了滤波器的各种设计方法，力求使读者通过学习后能进行有关的数字滤波器设计。

　　数字滤波器的设计方法一般有两种。一种是间接设计法，这是通过借鉴现有的滤波特性（如模拟滤波器的滤波特性、各种窗函数的特性等）来设计数字滤波器。另一种是直接设计法，这是根据给定的滤波特性，选取一种适当的误差准则，进行反复迭代，合理选取系统函数中的各个参数，使其性能满足给定的指标要求。

　　IIR 数字滤波器的间接设计就是先设计模拟滤波器，再用适当的变换方法转换成满足指标要求的数字滤波器。由于模拟滤波器的设计已非常成熟，而且可以有简单的闭合形式的公式可循，因而这种设计简单有序，容易实现。这种方法的设计步骤是：①根据给定的数字滤波器指标要求，确定相应的模拟滤波器技术指标；②实现一个满足指标要求的模拟滤波器；③用适当的变换方法，求出数字滤波器的系统函数。

　　FIR 数字滤波器的系统函数是多项式，其设计就是使此多项式在单位圆上的特性逼近要求的频率特性。FIR 可以设计成严格的线性相位，而 IIR 滤波器的优异幅频特性是以非线性相位作为代价的；而且 FIR 滤波器可以用 DFT 技术来设计任意形状的幅频特性滤波器，且始终是稳定的。FIR 滤波器的主要缺点是运算量比较大，因而在实现时需要用到比较多的运算单元和存储单元。但由于其优点及 FFT 技术的采用，使得 FIR 滤波器在各个信号处理领域中得到广泛应用。

　　FIR 滤波器的设计任务就是给定要求的频率特性，按一定的最佳逼近准则来确定系统的单位抽样响应，使其频率特性满足设计要求。通常 FIR 滤波器的设计方法有三种：窗函数设计法、频率抽样法和最优化方法。其中窗函数设计法可以应用比较现成的窗函数，因而设计简单，在指标要求不高的场合使用方便灵活。最优化方法具有最佳的性能，但需借助于计算机进行，设计要求相对较高。

习 题

6-1 用冲激响应不变法将以下 $H_a(s)$ 变换为 $H(z)$，抽样周期为 T。

(1) $H_a(s) = \dfrac{s+a}{(s+a)^2 + b^2}$

(2) $H_a(s) = \dfrac{A}{(s-s_0)^n}$，$n$ 为任意整数

6-2 设有一模拟滤波器

$$H_a(s) = \frac{1}{s^2 + s + 1}$$

抽样周期 $T=2$，试用双线性变换法将它变换为数字系统函数 $H(z)$。

6-3 要求从二阶巴特沃思模拟滤波器用双线性变换导出一低通数字滤波器，已知 3dB 截止频率为 100Hz，系统抽样频率为 1kHz。

6-4 试导出二阶巴特沃思低通滤波器的系统函数（设 $\Omega_c = 1 \text{rad/s}$）。

6-5 试导出二阶切比雪夫低通滤波器的系统函数。已知通带波纹为 2dB，归一化截止频率为 $\Omega_c = 1\text{rad/s}$。

6-6 已知模拟滤波器有低通、高通、带通、带阻等类型，而实际应用中的数字滤波器也有低通、高通、带通、带阻等类型。问设计各类型数字滤波器有哪些方法？试画出这些方法的结构表示图并注明其变换方法。

6-7 某一低通滤波器的各种指标和参数要求如下：

(1) 巴特沃思频率响应，采用双线性变换法设计。

(2) 当 $0 \le f \le 2.5 \text{Hz}$ 时，衰减小于 3dB。

(3) 当 $f \ge 50 \text{Hz}$ 时，衰减大于或等于 40dB。

(4) 抽样频率 $f_\text{sampling} = 200 \text{Hz}$。

试确定系统函数 $H(z)$，并求每级阶数不超过二阶的级联系统函数。

6-8 用双线性变换法设计一个六阶巴特沃思数字带通滤波器，抽样频率为 $f_\text{sampling} = 500\text{Hz}$，上、下边界截止频率分别为 $f_2 = 150\text{Hz}$，$f_1 = 30\text{Hz}$。

6-9 要设计一个二阶巴特沃思带阻数字滤波器，其阻带 3dB 的边界频率分别为 40kHz 和 20kHz，抽样频率 $f_\text{sampling} = 200\text{kHz}$。

6-10 用双线性变换法设计一个六阶切比雪夫高通数字滤波器，抽样频率为 $f_\text{sampling} = 8\text{kHz}$，截止频率为 $f_c = 2\text{kHz}$（不计 4kHz 以上的频率分量）。

6-11 试导出从低通数字滤波器变为高通数字滤波器的设计公式。

6-12 试导出从低通数字滤波器变为带通数字滤波器的设计公式。

6-13 试导出从低通数字滤波器变为带阻数字滤波器的设计公式。

6-14 用矩形窗设计一个 FIR 线性相位低通数字滤波器。已知：$\omega_c = 0.5\pi$，$N = 21$。求 $h(n)$，并画出 $20\lg|H(e^{j\omega})|$ 的曲线。

6-15 用三角形窗设计一个 FIR 线性相位低通数字滤波器。已知：$\omega_c = 0.5\pi$，$N = 21$。求 $h(n)$，并画出 $20\lg|H(e^{j\omega})|$ 的曲线。

6-16 用汉宁窗设计一个线性相位高通滤波器

$$H_d(e^{j\omega}) = \begin{cases} e^{-j(\omega-\pi)\alpha} & \pi-\omega_c \leq \omega \leq \pi \\ 0 & 0 \leq \omega < \pi-\omega_c \end{cases}$$

求出 $h(n)$ 的表达式，确定 α 与 N 的关系；写出 $h(n)$ 的值，并画出 $20\lg|H(e^{j\omega})|$ 的曲线（设 $\omega_c = 0.5\pi$，$N=51$）。

6-17 用海明窗设计一个线性相位带通滤波器

$$H_d(e^{j\omega}) = \begin{cases} e^{-j\omega\alpha} & -\omega_c \leq \omega-\omega_0 \leq \omega_c \\ 0 & 0 \leq \omega < \omega_0-\omega_c, \omega_0+\omega_c < \omega \leq \pi \end{cases}$$

求出 $h(n)$ 的表达式，并画出 $20\lg|H(e^{j\omega})|$ 的曲线（设 $\omega_c = 0.2\pi$，$\omega_0 = 0.5\pi$，$N=51$）。

6-18 用布莱克曼窗设计一个线性相位的理想带通滤波器

$$H_d(e^{j\omega}) = \begin{cases} je^{-j\omega\alpha} & -\omega_c \leq \omega-\omega_0 \leq \omega_c \\ 0 & 0 \leq \omega < \pi-\omega_c, \omega_0+\omega_c < \omega \leq \pi \end{cases}$$

求出 $h(n)$ 序列，并画出 $20\lg|H(e^{j\omega})|$ 的曲线（设 $\omega_c = 0.2\pi$，$\omega_0 = 0.4\pi$，$N=51$）。

6-19 用凯泽窗设计一个线性相位理想低通滤波器，若输入参数为低通截止频率 ω_c，冲击响应长度点数 N 以及凯泽窗系数 β，求出 $h(n)$，并画出 $20\lg|H(e^{j\omega})|$ 的曲线。

6-20 试用频率抽样法设计一个 FIR 线性相位数字低通滤波器。已知 $\omega_c = 0.5\pi$，$N=51$。

6-21 如果一个线性相位带通滤波器的频率响应为

$$H_{BP}(e^{j\omega}) = H_{BP}(\omega)e^{j\varphi(\omega)}$$

(1) 试证明一个线性相位带阻滤波器可以表示为

$$H_{BR}(e^{j\omega}) = [1 - H_{BP}(\omega)]e^{j\varphi(\omega)} \quad 0 \leq \omega \leq \pi$$

(2) 试用带通滤波器的单位冲激响应 $h_{BP}(n)$ 来表示带阻滤波器的单位冲激响应 $h_{BR}(n)$。

6-22 选择合适的窗函数及 N 来设计一个线性相位低通滤波器

$$H_d(e^{j\omega}) = \begin{cases} e^{-j\omega\alpha} & 0 \leq \omega \leq \omega_c \\ 0 & \omega_c \leq \omega \leq \pi \end{cases}$$

要求其最小阻带衰减为 -45dB，过渡带带宽为 $8\pi/51$。

(1) 求出 $h(n)$，并画出 $20\lg|H(e^{j\omega})|$ 的曲线（设 $\omega_c = 0.5\pi$）。

(2) 保留原有轨迹，画出用另几个窗函数设计时的 $20\lg|H(e^{j\omega})|$ 的曲线。

MATLAB 工具箱与练习

Filter Designer 是 MATLAB 信号处理工具箱中的一个功能强大的图形用户界面（GUI），用于设计和分析滤波器。在 MATLAB 命令提示符下输入 "filterDesigner"，得到图形界面如图 6-54 所示。

Filter Designer 可以通过设置滤波器性能参数，从 MATLAB 工作空间导入滤波器，或通过添加、移动或删除极零点等方式快速设计数字 FIR 或 IIR 滤波器。Filter Designer 还提供了分析滤波器的工具，如幅度、相位响应图和极零点图。该工具箱功能非常强大，用法参见 MATLAB 帮助文件，这里不再详述。

M6-1 分别用 $M=21$ 和 $M=51$ 的布莱克曼窗对截止频率 $\omega_c = 0.4\pi$ 的理想低通滤波器截断设计 FIR 滤波器，分别求出两个滤波器的幅度响应和最小阻带衰减。从中可以得出什么结论？

M6-2 用海明窗设计一个满足下列指标的线性相位 FIR 高通滤波器

$$\omega_s = 0.4\pi, \quad \omega_p = 0.6\pi, \quad \alpha_s \geq 45\text{dB}, \quad \alpha_p \leq 1\text{dB}$$

画出所设计滤波器的增益响应，并求出实际的 α_s 和 α_p。

M6-3 分别用布莱克曼窗和凯泽窗设计一个满足下列指标的线性相位 FIR 低通滤波器

$$\omega_p = 0.4\pi, \quad \alpha_p \leq 0.5\text{dB}, \quad \omega_s = 0.6\pi, \quad \alpha_s \geq 45\text{dB}$$

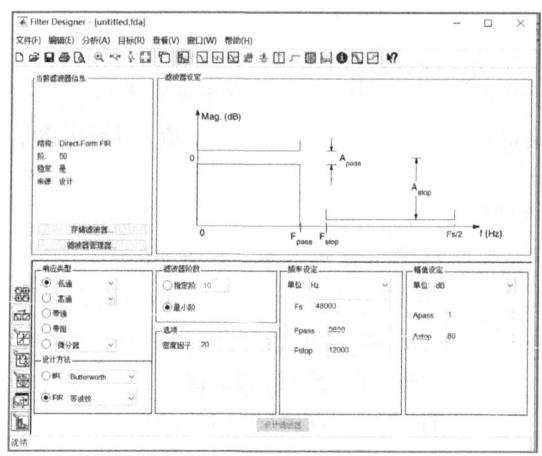

图 6-54　Filter Designer 面板

画出所设计滤波器的幅频响应，简单评述两种窗的设计结果。

M6-4　用频率抽样法设计一个 $M=44$ 的 Ⅰ 型线性相位 FIR 带通滤波器。带通滤波器截止频率分别为
$$\omega_{p1} = 0.3\pi, \quad \omega_{p2} = 0.5\pi$$

M6-5　在通带和阻带间增加一个过渡点，重做题 M6-4。过渡点的最佳幅度由实验确定。

M6-6　用等波纹法设计一低通滤波器，其截止频率为 1500Hz，阻带的起始频率为 2000Hz，通带纹波的最大允许值为 0.01，阻带纹波的最大允许值为 0.1，抽样频率为 8000Hz。

第 7 章 随机信号的功率谱估计

在前面章节中分析的信号都是确定性信号，本章开始讨论随机信号。随机信号无法用确定的时间函数表示，只能借助概率分布函数、概率密度函数或统计数字特性等方式描述。通常将随机信号看作具有无限能量的功率信号，对其进行频域分析时，由于不满足绝对可积条件，其傅里叶变换不存在，因此只能研究其功率在频域上的分布，即功率谱密度，简称功率谱。实际应用中，人们所能得到的只是随机信号的单一或几个样本函数的有限个观测值，根据这些信息得到的功率谱只是随机信号真实功率谱的估计，称为功率谱估计。

本章首先介绍随机信号的基本概念，重点是具有各态遍历性的平稳随机信号的性质和特征描述，然后讨论经典功率谱估计的两个主要方法，即周期图法和自相关法，以及针对这两种方法的改进方法，最后简要介绍基于信号参数模型的现代谱估计方法。

7.1 随机信号及其特征描述

7.1.1 随机信号及其数字特征

首先来观察一个运算放大器的输出电压信号。当输入对地短路时，理论上其输出电压信号应为零。但实际观测中由于热噪声将导致输出电压非零，即产生零漂现象。零漂电压就是一个典型的随机信号。随机信号是随机变量的时间过程，因此可以用描述随机变量的方式来描述随机信号，只是要把"时间"这个因素考虑在内。一般随机变量的分布规律可以用概率分布函数来描述。

如果将对零漂电压的观测看作随机试验，那么对应随机变量的每一个取值（或称为每一次观测），都可以得到一个信号样本。无穷次观测，可得到无穷个信号样本。每个样本，都是该随机信号的一次实现。样本的集合描述了完整的随机过程，记作 $X(t)$，即

$$X(t) = \{x_1(t), \cdots, x_i(t)\} \quad t = -\infty \sim \infty, i \to \infty \tag{7-1}$$

式中，t 为时间，$t = -\infty \sim \infty$；i 为观测样本数，$i = 1, 2, \cdots, N(N \to \infty)$。如图 7-1 所示。

显然，对随机信号 $X(t)$ 最全面的描述方法是利用其 N 维的联合概率分布函数。但在工程实际中，要想得到一个随机信号的高维分布函数非常困难，而且计算也十分烦琐。因此，对随机信号 $X(t)$ 的描述，除了采用较低维的分布函数（如一维和二维）外，主要使用 $X(t)$ 的一、二阶数字特征，包括均值、方差、均方等。

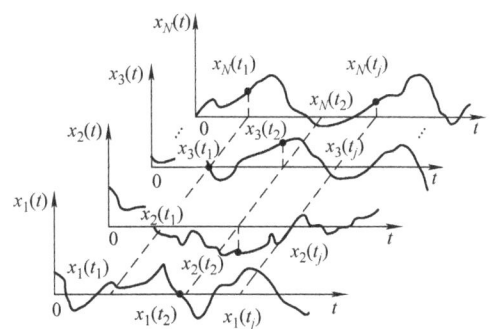

图 7-1 运算放大器电路的零漂电压

将随机信号 $X(t)$ 离散化,得到离散信号 $X(n)$,$X(n)$ 的每一次实现记作 $x(n,i)$,其中 $n = -\infty \sim \infty$ 代表时间,$i = 1, 2, \cdots, N(N \to \infty)$ 代表观测样本数。其一、二阶数字特征都是时间 n 的函数。

(1) 均值

$$\mu_X(n) = E\{X(n)\} = \lim_{N \to \infty} \frac{1}{N} \sum_{i=1}^{N} x(n,i) \tag{7-2}$$

(2) 方差

$$\sigma_X^2(n) = E\{|X(n) - \mu_X(n)|^2\} = \lim_{N \to \infty} \frac{1}{N} \sum_{i=1}^{N} |x(n,i) - \mu_X(n)|^2 \tag{7-3}$$

(3) 均方

$$D_X^2(n) = E\{|X(n)|^2\} = \lim_{N \to \infty} \frac{1}{N} \sum_{i=1}^{N} |x(n,i)|^2 \tag{7-4}$$

(4) 自相关函数

$$r_X(n_1, n_2) = E\{X^*(n_1) X(n_2)\} = \lim_{N \to \infty} \frac{1}{N} \sum_{i=1}^{N} x^*(n_1, i) x(n_2, i) \tag{7-5}$$

(5) 自协方差函数

$$\text{cov}_X(n_1, n_2) = E\{[X(n_1) - \mu_X(n_1)]^* [X(n_2) - \mu_X(n_2)]\}$$

$$= \lim_{N \to \infty} \frac{1}{N} \sum_{i=1}^{N} [x(n_1, i) - \mu_X(n_1)]^* [x(n_2, i) - \mu_X(n_2)] \tag{7-6}$$

自相关函数 $r_X(n_1, n_2)$ 描述了随机信号 $X(n)$ 在 n_1 和 n_2 时刻的关系,是描述随机信号非常重要的统计量。

如果 $n_1 = n_2 = n$,则

$$r_X(n_1, n_2) = E\{|X(n)|^2\} = D_X^2(n) \tag{7-7}$$

$$\text{cov}_X(n_1, n_2) = E\{|X(n) - \mu_X(n)|^2\} = \sigma_X^2(n) \tag{7-8}$$

(6) 互相关函数

$$r_{XY}(n_1, n_2) = E\{X^*(n_1) Y(n_2)\} \tag{7-9}$$

(7) 互协方差函数

$$\text{cov}_{XY}(n_1, n_2) = E\{[X(n_1) - \mu_X(n_1)]^* [Y(n_2) - \mu_Y(n_2)]\} \tag{7-10}$$

如果 $\text{cov}_{XY}(n_1, n_2) = 0$,则 X、Y 不相关。

7.1.2 平稳随机信号的各态遍历性

平稳随机信号是指其某些统计特性不随时间的平移而发生变化的一类信号。若随机信号 $X(n)$ 的概率密度函数满足

$$p_X(x_1, x_2, \cdots, x_N; n_1, n_2, \cdots, n_N) = p_X(x_1, x_2, \cdots, x_N; n_{1+k}, n_{2+k}, \cdots, n_{N+k}) \quad \forall k$$

则称 $X(n)$ 是 N 阶平稳的。如果在上式中 $N \to \infty$,则称 $X(n)$ 是严平稳(Strict-Sense Stationary)或狭义平稳的随机信号。

满足狭义平稳的随机信号,其所有数字特征都与时刻 n 无关。但严平稳的随机信号可以

说基本上不存在，其定义也很难在实际中加以应用。因此，人们研究和应用最多的是宽平稳（Wide – Sense Stationary）信号，又称广义平稳信号。所谓宽平稳信号是指满足下述三个条件的随机信号，即

$$\mu_X(n) = E\{X(n)\} = \mu_X \tag{7-11}$$

$$\sigma_X^2(n) = E\{|X(n) - \mu_X(n)|^2\} = \sigma_X^2 \tag{7-12}$$

$$r_X(n_1, n_2) = E\{X^*(n_1)X(n_2)\} = r_X(n_2 - n_1) \tag{7-13}$$

由上述定义还可得到

$$\text{cov}_X(n_1, n_2) = E\{[X(n_1) - \mu_X(n_1)]^*[X(n_2) - \mu_X(n_2)]\}$$
$$= \text{cov}_X(n_2 - n_1) \tag{7-14}$$

宽平稳信号的均值为常数，方差为有限值且也为常数，自相关函数 $r_X(n_1, n_2)$ 和时间的起点无关，只和两点的时间差有关。宽平稳信号是一类重要的随机信号。在实际工作中，绝大部分随机信号都可以认为是宽平稳的，这样将使问题大大简化。在后续章节中，将这类信号简称为平稳随机信号。

前面讨论的随机信号 $X(n)$ 的数字特征需要建立在随机信号所有样本的集总平均的意义上。然而，在实际中往往只能得到随机信号 $X(n)$ 的有限个甚至一个样本函数。既然平稳随机信号的均值和时间无关，自相关函数又和时间选取的位置无关，那么，能否用一个样本函数代替全体样本来计算 $X(n)$ 的均值和自相关函数呢？一般情况下，随机信号全部样本的集总平均特性不等于单一样本函数的时间统计平均特性。但有一类随机信号，两者的统计特性是一致，这样的样本函数好像经历了随机信号其他样本函数的各种可能状态，称为各态遍历性。其意义是，单一样本函数随时间变化的过程可以代表该信号所有样本函数的取值经历。仿照确定性的功率信号，定义各态遍历信号的一阶和二阶数字特征为

$$\mu_X = E\{X(n)\} = \lim_{M \to \infty} \frac{1}{2M+1} \sum_{n=-M}^{M} x(n) = \mu_x \tag{7-15}$$

$$r_X(m) = E\{X^*(n)X(n+m)\} = \lim_{M \to \infty} \frac{1}{2M+1} \sum_{n=-M}^{M} x^*(n)x(n+m) = r_x(m) \tag{7-16}$$

式（7-15）、式（7-16）的计算都仅使用单一样本函数 $x(n)$ 求取，因此称为时间平均。对各态遍历信号，其一、二阶的集总平均等于相应的时间平均。这样就可以像研究确定性功率信号那样来计算各态遍历随机信号的各种数字特征，使得随机信号的分析和处理简便易行。

值得注意的是，各态遍历的随机信号一定是平稳随机信号，但平稳随机信号不一定具有各态遍历性。因此，在实际处理信号时，往往先假定它是平稳的，再假定它是各态遍历的。按此假定处理信号后，再根据分析结果来检验假定的正确性。在后面的讨论中，如不做说明，都认为所讨论的对象是具有各态遍历性的平稳随机信号。

【例 7-1】 均匀分布随机相位正弦波

$$X(n) = A\sin(\omega n + \Phi), \quad p(\varphi) = \frac{1}{2\pi} \quad -\pi < \varphi < \pi$$

其中，A、ω 为常数，Φ 是均匀分布的随机变量，满足 $p(\varphi) = \frac{1}{2\pi}$，$-\pi < \varphi < \pi$，求其均值和

自相关函数，并判断其平稳性。

解：由定义

$$\mu_X(n) = E\{A\sin(\omega n + \Phi)\} = \frac{A}{2\pi}\int_{-\pi}^{\pi}\sin(\omega n + \varphi)\mathrm{d}\varphi = 0$$

$$r_X(n_1, n_2) = E\{A^2\sin(\omega n_1 + \Phi)\sin(\omega n_2 + \Phi)\} = \frac{A^2}{2}\cos\omega(n_1 - n_2) = r_x(m)$$

所以随机相位正弦波是宽平稳的。

7.1.3 统计估计问题

对于随机信号 $X(n)$，在实际工作中，常常仅能得到其单一实现的有限长观测数据 $x(n)$，其中 $0 \leq n \leq N-1$，由这 N 个数据来估计 $X(n)$ 的均值、方差、自相关函数等一系列特征参数。根据观测数据来定量推断某个量 θ 的过程称为统计估计问题。设随机信号 $X(n)$ 的某个数字特征量的真值为 θ，估计值为 $\hat{\theta}$，则显然 $\hat{\theta}$ 是 $x(n)$ 的函数，且是随机变量，即 $\hat{\theta} = f(x)$。

为了衡量 $\hat{\theta}$ 对 θ 的近似程度，可以引入下列指标：

定义 7-1

$$\mathrm{bia}[\hat{\theta}] = E\{\hat{\theta} - \theta\} = E\{\hat{\theta}\} - \theta \tag{7-17}$$

式中，$\mathrm{bia}[\hat{\theta}]$ 为估计的偏差。若 $\mathrm{bia}[\hat{\theta}] = 0$，则称 $\hat{\theta}$ 是 θ 的无偏估计；当样本数 N 趋于无穷，若 $\lim_{N \to \infty} \mathrm{bia}[\hat{\theta}] = 0$，则称 $\hat{\theta}$ 是 θ 的渐近无偏估计。

无偏估计说明估计量的平均值接近真值，估计值分散在估计均值附近，但不能保证每次的估计值都趋于真值。

定义 7-2

$$\mathrm{var}[\hat{\theta}] = E\{(\hat{\theta} - E\{\hat{\theta}\})^2\} \tag{7-18}$$

式中，$\mathrm{var}[\hat{\theta}]$ 为估计的方差。它反映了 $\hat{\theta}$ 的各次估计相对于估计均值的偏离程度。显然，$\mathrm{var}[\hat{\theta}]$ 越小，则估计越有效。

经常会遇到估计偏差小但方差可能较大，或估计方差小但偏差却可能较大的情况，若单独使用偏差和方差来判断估计的好坏，会无法兼顾。

定义 7-3

$$\mathrm{mse}[\hat{\theta}] = E\{(\hat{\theta} - \theta)^2\} = \mathrm{var}[\hat{\theta}] + (\mathrm{bia}[\hat{\theta}])^2 \tag{7-19}$$

式中，$\mathrm{mse}[\hat{\theta}]$ 为估计的均方误差。若 $\mathrm{mse}[\hat{\theta}] = 0$，则称 $\hat{\theta}$ 是 θ 的一致估计；当样本数 N 趋于无穷，若 $\lim_{N \to \infty} \mathrm{mse}[\hat{\theta}] = 0$，则称 $\hat{\theta}$ 是 θ 的渐近一致估计。

显然，一致估计包含了估计的方差与偏差均应趋近于零。

7.2 平稳随机信号的功率谱

随机信号是一类持续时间无限长，具有无限能量的功率信号，故其傅里叶变换不存在。因此，对随机信号的频域分析不再是频谱，而是功率谱。随机信号的均值、方差、均方及自相关函数等数字特征，均是建立在集总平均意义上的。精确地求出这些函数需要无穷多个样本，这在实际工作中显然是不现实的。因此，在平稳、各态遍历的假定下，用时间平均来代替集总平均，并仿照确定性功率信号来研究随机信号的各种数字特征。

7.2.1 平稳随机信号的功率谱

随机信号虽然不满足傅里叶变换存在的条件，但由于其任一样本函数 $x(n)$ 功率有限，所以功率谱（Power Spectrum Density，PSD）就成为在频域描述随机信号统计规律的重要特征参数。

功率谱定义1：功率谱记为 $P_X(e^{j\omega})$，对各态遍历信号 $X(n)$，其集总平均意义下的功率谱可以用时间平均来定义，即

$$P_X(e^{j\omega}) = \lim_{M\to\infty} E\left\{\frac{1}{2M+1}\left|\sum_{n=-M}^{M} x(n)e^{-j\omega n}\right|^2\right\} = \lim_{M\to\infty} E\left\{\frac{|X(e^{j\omega})|^2}{2M+1}\right\} \quad (7\text{-}20)$$

式中，$X(e^{j\omega})$ 是随机信号 $X(n)$ 的单一样本函数 $x(n)$ 在 $n = -M \sim M$ 时的离散时间傅里叶变换。显然，由式（7-20）直接求取随机信号的功率谱较为困难，而维纳-辛钦定理则为功率谱的求取提供了更便利的途径。

维纳-辛钦定理证明，当自相关函数绝对可和时，平稳随机信号的自相关函数和其功率谱是一对离散时间傅里叶变换。

功率谱定义2：维纳-辛钦定理

$$P_X(e^{j\omega}) = \sum_{m=-\infty}^{\infty} r_X(m)e^{-j\omega m} \quad (7\text{-}21)$$

成立的条件：$\sum_{m=-\infty}^{\infty} |r_X(m)| < \infty$，$X(n)$ 为平稳随机信号。

互功率谱为

$$P_{XY}(e^{j\omega}) = \sum_{m=-\infty}^{\infty} r_{YX}(m)e^{-j\omega m} \quad (7\text{-}22)$$

根据定义，功率谱有如下性质：

1) $P_X(e^{j\omega})$ 是 ω 的实函数。
2) $P_X(e^{j\omega})$ 对所有的 ω 都是非负的。
3) 若 $X(n)$ 是实信号，则 $P_X(e^{j\omega})$ 是关于 ω 的偶函数。
4) $r_X(0) = \frac{1}{2\pi}\int_{-\pi}^{\pi} P_X(e^{j\omega}) d\omega = E\{|X(n)|^2\}$。

工程实际中所遇到的功率谱可以分为三种：第一种是平的谱，即白噪声谱；第二种是线谱，即由一个或多个正弦信号所组成信号的功率谱；第三种介于前两者之间，是既有峰值，又有谷点的谱，称为 ARMA 谱。下面分别举例说明。

【例7-2】 白噪声信号 $u(n)$ 的功率谱为

$$P_u(e^{j\omega}) = \sigma^2 \quad \omega = -\pi \sim \pi$$

求 $u(n)$ 的自相关函数。

解：由维纳-辛钦定理

$$r_u(m) = \frac{1}{2\pi}\int_{-\pi}^{\pi} \sigma^2 e^{j\omega m} d\omega = \sigma^2 \delta(m)$$

又已知

$$r_u(m) = E\{u(n)u(n+m)\} = E\{u(n+i)u(n+j)\} = \begin{cases} \sigma^2 & i = j \\ 0 & i \neq j \end{cases}$$

所以白噪声中任意两点都不相关。

【例 7-3】 L 个随机相位正弦波的和为

$$X(n) = \sum_{k=1}^{L} A_k \sin(\omega_k n + \Phi_k)$$

其中，A_k、ω_k 是常数，Φ_k 是均匀分布的随机变量，求其功率谱。

解：由例 7-2 可知，随机相位正弦波 $X(n)$ 的自相关函数为

$$r_X(m) = \sum_{k=1}^{L} \frac{A_k^2}{2} \cos(\omega_k m)$$

由维纳-辛钦定理，可得

$$P_X(e^{j\omega}) = \text{DTFT}[r_X(m)] = \sum_{k=1}^{L} \frac{\pi A_k^2}{2} [\delta(\omega + \omega_k) + \delta(\omega - \omega_k)]$$

可见，正弦信号之和是线谱。

【例 7-4】 已知平稳信号的自相关函数 $r_X(m) = a^{|m|}$，$|a| < 1$，求其功率谱。

解：

$$P_X(e^{j\omega}) = \sum_{m=-\infty}^{\infty} a^{|m|} e^{-j\omega m} = \sum_{m=0}^{\infty} a^m e^{-j\omega m} + \sum_{m=-\infty}^{0} a^{-m} e^{-j\omega m} - 1$$

$$= \frac{1 - a^2}{1 + a^2 - 2a\cos\omega}$$

显然 $P_X(e^{j\omega})$ 是实函数。

7.2.2 平稳随机信号通过线性系统

如图 7-2 所示，设 LSI 系统的单位抽样响应为 $h(n)$，该系统的输入信号 $x(n)$ 是平稳、遍历的随机过程 $X(n)$（输入随机过程）的一个样本序列，系统产生的输出响应 $y(n)$ 也是一个离散的随机信号，把它视为另一随机过程 $Y(n)$（输出随机过程）的一个样本序列，可以证明 $Y(n)$ 也是平稳的随机信号。因此，输出和输入之间显然满足

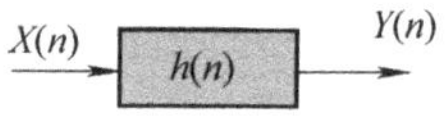

图 7-2 平稳随机信号通过线性系统

$$y(n) = h(n) * x(n) = \sum_{m=-\infty}^{\infty} h(m)x(n-m) = \sum_{m=-\infty}^{\infty} x(m)h(n-m) \quad (7\text{-}23)$$

由于随机信号不存在傅里叶变换，因此，需要从相关函数和功率谱的角度来研究随机信号通过线性移不变系统的行为。为讨论方便起见，假定 $X(n)$ 是实信号，这样，$Y(n)$ 也是实信号。随机信号通过线性系统，$X(n)$ 和 $Y(n)$ 之间的关系主要采用它们的自相关函数、自功率谱、互相关函数和互功率谱等几个特征参数描述。可以推导出如下表达式：

$$r_Y(m) = r_X(m) * h(m) * h(-m) \quad (7\text{-}24)$$

$$P_Y(e^{j\omega}) = P_X(e^{j\omega}) |H(e^{j\omega})|^2 \quad (7\text{-}25)$$

$$r_{XY}(m) = r_X(m) * h(m) \quad (7\text{-}26)$$

$$P_{XY}(e^{j\omega}) = P_X(e^{j\omega}) H(e^{j\omega}) \quad (7\text{-}27)$$

【例 7-5】 已知平稳随机信号 $X(n)$ 的自相关函数为 $r_X(m) = 0.5^{|m|}$。

(1) 求其功率谱 $P_X(e^{j\omega})$。

(2) $X(n)$ 通过一个 LSI 系统，输出信号为 $Y(n)$，求 $Y(n)$ 的功率谱。系统描述方程为 $Y(n) = 0.8Y(n-1) + X(n) - X(n-1)$。

解：

(1) 功率谱

$$P_X(e^{j\omega}) = \sum_{m=-\infty}^{\infty} 0.5^{|m|} e^{-j\omega m} = \frac{1}{1 - 0.5 e^{j\omega}} + \frac{1}{1 - 0.5 e^{-j\omega}} - 1 = \frac{0.75}{1.25 - \cos\omega}$$

(2) $Y(n)$ 的功率谱

由差分方程，有

$$H(z) = \frac{1 - z^{-1}}{1 - 0.8 z^{-1}}, \quad H(e^{j\omega}) = \frac{1 - e^{-j\omega}}{1 - 0.8 e^{-j\omega}}, \quad |H(e^{j\omega})|^2 = \frac{1 - \cos\omega}{0.82 - 0.8\cos\omega}$$

所以

$$P_Y(e^{j\omega}) = P_X(e^{j\omega}) |H(e^{j\omega})|^2 = \frac{0.75(1 - \cos)}{1.025 - 1.82\cos\omega + 0.8\cos^2\omega}$$

7.2.3 功率谱估计概述

式（7-20）和式（7-21）给出了功率谱的两个最基本的定义，现重叙如下：

$$P_X(e^{j\omega}) = \lim_{M \to \infty} E\left\{ \frac{|X(e^{j\omega})|^2}{2M + 1} \right\} \tag{7-28}$$

$$P_X(e^{j\omega}) = \sum_{m=-\infty}^{\infty} r_X(m) e^{-j\omega m} \tag{7-29}$$

可以证明，对于各态遍历信号，这两个定义式是等效的。它们揭示了计算功率谱所遵循的原则，也指出了计算的困难之所在。在实际应用中，无论采用第一个定义式还是第二个定义式，都无法精确计算出随机信号的功率谱，只能用有限的数据样本来对其加以估算，从而形成了功率谱估计这个十分活跃的研究领域。在功率谱估计中，常用的估计方法有以下两大类。

一类方法称之为经典谱估计，这类方法是直接根据观测的样本数据进行功率谱估计。

经典谱估计的基本方法可以分为两种，一是根据式（7-20）由观测数据直接计算功率谱，常称为直接法；二是先由观测数据估计随机信号的自相关函数，然后再由式（7-21）计算其功率谱，这种方法常被称为间接法。

另一类方法称为现代谱估计，这类方法是先根据观测的样本数据，建立能描述随机过程的数学模型，再借此模型来求出信号的功率谱。

7.3 经典谱估计

一般来说，功率谱估计分为参数法和非参数法。经典谱估计属于非参数法，它基于傅里叶分析，包括直接法和间接法两种基本方法。

7.3.1 直接法

1. 直接法定义

直接法也称为周期图法。周期图的概念最早由 Schuster 于 1899 年首先提出。因为它是直接根据傅里叶变换求取信号功率谱，所以习惯上称之为直接法。早期由于该方法的计算量过大而无法广泛运用，直到 1965 年 FFT 算法出现后，该方法就成为功率谱估计中的一个常用方法。

在只有随机信号单一样本 $x(n)$ 的 N 个观测数据 $x_N(n)$ 的情况下，直接求取 $x_N(n)$ 的傅里叶变换 $X_N(e^{j\omega})$，计算得到随机信号真实功率谱 $P(e^{j\omega})$ 的估计。用 $\hat{P}_{\text{PER}}(e^{j\omega})$ 表示用周期图法估计出的功率谱，有

$$\hat{P}_{\text{PER}}(e^{j\omega}) = \frac{1}{N}|X_N(e^{j\omega})|^2 \tag{7-30}$$

若将 ω 在单位圆上等间隔取样，则式（7-30）可写为

$$\hat{P}_{\text{PER}}(k) = \frac{1}{N}|X_N(k)|^2 \tag{7-31}$$

由于 $X_N(k)$ 可由 FFT 快速计算，因此，$\hat{P}_{\text{PER}}(k)$ 也可方便算出。

与式（7-20）比较，周期图法式（7-30）做了很大简化。这种估计方法将随机信号 $X(n)$ 视为平稳遍历的随机信号，并用其一个样本 $x(n)$ 的 N 个观测数据 $x_N(n)$ 来代替 $X(n)$，估计真实功率谱 $P(e^{j\omega})$。具体而言：① $x(n)$ 仅为有限长数据，缺少对时间的取极限运算；② 仅使用随机信号的单一样本，缺少取均值运算。这两点简化对功率谱估计的影响后续加以分析。

【例 7-6】 已知实平稳随机序列 $X(n)$ 的单一样本的 N 个观测值为 $x(n) = \{1, 0, -1\}$，试利用周期图法估计其功率谱。

解：对 $x(n)$ 进行 N 点的离散时间傅里叶变换，可得

$$X_N(e^{j\omega}) = \sum_{n=0}^{N-1} x(n) e^{-j\omega n} = 1 - e^{-j2\omega}$$

周期图法功率谱估计为

$$\hat{P}_{\text{PER}}(e^{j\omega}) = \frac{1}{N}|X_N(e^{j\omega})|^2 = \frac{1}{N}X_N(e^{j\omega})X_N^*(e^{j\omega})$$

$$= \frac{1}{3}(1 - e^{-j2\omega})(1 - e^{j2\omega}) = \frac{2}{3}(1 - \cos 2\omega)$$

2. 直接法性能分析

（1）估计的均值和偏差　为了书写方便，将功率谱估计值记为 $\hat{P}(\omega)$，功率谱真值为 $P(\omega)$，下同。周期图法只利用 $x(n)$ 的 N 个观测数据 $x_N(n)$，相当于对真实数据添加长度为 N 的时间窗 $d_0(n)$，$n = 0, \cdots, N-1$。此时，功率谱估计的均值可以表示为

$$E\{\hat{P}(\omega)\} = P(\omega) * W_B(\omega) = P(\omega) * \frac{1}{N}|D_0(\omega)|^2 \tag{7-32}$$

式中，$D_0(\omega)$ 为 $d_0(n)$ 的频谱；$W_B(\omega)$ 是三角窗 $w(n) = d_0(n) * d_0(-n)$ 的频谱。

功率谱估计的偏差可以表示为

$$\text{bia}[\hat{P}(\omega)] = E\{\hat{P}(\omega)\} - P(\omega) = P(\omega) * \frac{1}{N}|D_0(\omega)|^2 - P(\omega) \tag{7-33}$$

当 $N \to \infty$ 时，$\frac{1}{N}|D_0(\omega)|^2 \to \delta(\omega)$，即

$$\lim_{N \to \infty} \text{bia}[\hat{P}_{\text{PER}}(\omega)] = 0 \tag{7-34}$$

可见周期图法谱估计是渐近无偏的。

(2) 估计的方差　功率谱估计的方差可以表示为

$$\text{var}[\hat{P}(\omega)] = E\{[\hat{P}(\omega) - E\{\hat{P}(\omega)\}]^2\} \tag{7-35}$$

假定 $X(n)$ 是高斯零均值的平稳随机信号，方差的分析会遇到随机变量的四阶矩问题，推导过程较为复杂，这里仅给出结论，即

$$\text{var}[\hat{P}(\omega)] = \left|\frac{1}{2\pi N}\int_{-\pi}^{\pi} P(\lambda)D_0(\omega-\lambda)D_0(\omega+\lambda)\text{d}\lambda\right|^2 + [E\{\hat{P}(\omega)\}]^2 \tag{7-36}$$

当 $N \to \infty$ 时，$\left|\frac{1}{2\pi N}\int_{-\pi}^{\pi} P(\lambda)D_0(\omega-\lambda)D_0(\omega+\lambda)\text{d}\lambda\right|^2 \Rightarrow 0$，则

$$\lim_{N \to \infty} \text{var}[\hat{P}(\omega)] = [E\{\hat{P}(\omega)\}]^2 = [P(\omega)]^2 \neq 0 \tag{7-37}$$

由此可见，方差不随记录长度 N 增加而减小，而是趋于常数，因此它不是功率谱的一致估计。

周期图法的方差性能较差，究其原因在于省略了功率谱定义中的求极限运算和求均值运算，尤其是求均值运算。尽管对于各态遍历信号，自相关函数可以用时间平均来代替集总平均，但功率谱计算必须保留集总平均。这是因为，对随机信号 $X(n)$ 的每一次实现 $x(n)$，其傅里叶变换仍是一个随机过程，在每一个频率处，它都是一个随机变量。因此，真实谱 $P(\omega)$ 必须在集总平均定义上求出，求均值运算是必须的。如果没有求均值运算，周期图法求出的功率谱估计 $\hat{P}_{\text{PER}}(\omega)$ 仅能视作对真实谱 $P(\omega)$ 做均值运算的一个样本。缺少了统计平均，自然就会产生较大方差。

那么如果增大数据长度 N，能否改善性能呢？

N 增大，数据窗 $D_0(\omega)$ 的主瓣将变窄，会导致式 (7-36) 计算中不相关的区域的进一步增多，从而加剧功率谱曲线起伏，实际上造成方差变大。

对周期图法谱估计来说，增加数据长度 N 固然会有利于提高分辨率，但功率谱曲线的起伏也会加剧。分辨率和方差（体现在曲线起伏上），是周期图法谱估计中的一对矛盾。

可以通过下面的例题进一步了解该问题。

【例 7-7】　利用周期图法进行平稳高斯白噪声的谱估计。随机生成 30 组 N 点均值为零、方差为 1 的平稳高斯白噪声，分别计算 $N=64, 128, 256, 512$ 时的功率谱估计值，并分析谱估计质量。

【分析】　利用随机信号产生器产生 30 组 N 点平稳高斯白噪声，由

$$\hat{P}_{\text{PER}}(\omega) = \frac{1}{N}|X_N(\omega)|^2$$

分别计算出 30 组信号的周期图，再取平均即可得到功率谱估计值，如图 7-3 所示。

结论：功率谱估计值在 0dB 附近波动，波动的大小不随数据长度 N 的增加而减小，即周期图法谱估计的方差较大，且不随 N 的增加而减小。

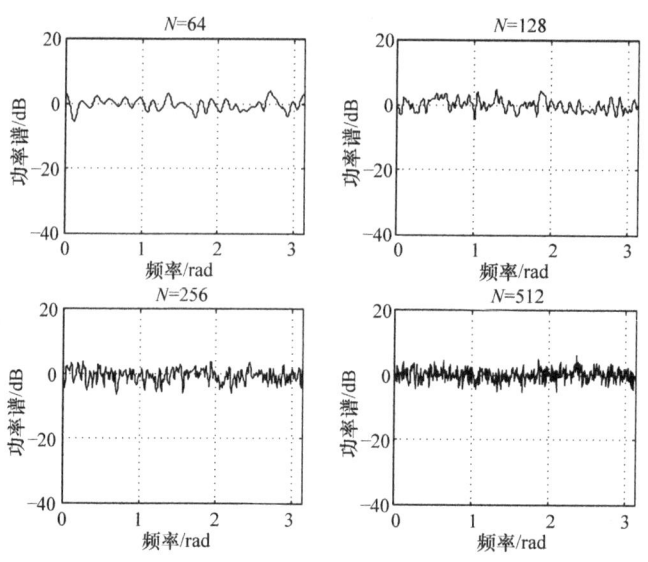

图 7-3 周期图法谱估计

7.3.2 间接法

1. 间接法定义

间接法功率谱估计是通过自相关函数间接得到的,所以称为间接法,又称自相关法或 BT 法。通过观测的 N 个数据 $x_N(n)$,先估计出自相关函数 $\hat{r}(m)$,然后对 $\hat{r}(m)$ 加窗并求傅里叶变换得到功率谱,用 $\hat{P}_{BT}(\omega)$ 表示,即

$$\hat{P}_{BT}(\omega) = \sum_{m=-M}^{M} \hat{r}(m) e^{-j\omega m} \tag{7-38}$$

当 M 较小时,式 (7-38) 的计算量不是很大。因此,该方法是在 FFT 问世之前(即周期图法被广泛应用之前)常用的谱估计方法。

【例 7-8】 已知实平稳随机序列 $X(n)$ 单一样本的 N 个观测值为 $x(n) = \{1,0,-1\}$,试利用自相关法估计其功率谱。

解: 根据定义,信号 $x(n)$ 的自相关函数为

$$\hat{r}(m) = \frac{1}{N} \sum_{n=0}^{N-1} x(n) x(n+m)$$

利用卷积和定义,可得 $\quad \hat{r}(m) = \frac{1}{N} x(m) * x(-m)$

所以 $\quad \hat{r}(m) = \frac{1}{3}\{-1, 0, \overset{\downarrow}{2}, 0, -1\}$

对 $\hat{r}(m)$ 进行傅里叶变换得到 $X(n)$ 的功率谱估计为

$$\hat{P}_{BT}(\omega) = \text{DTFT}\{\hat{r}(m)\} = \frac{1}{3}(-e^{j2\omega} + 2 - e^{-j2\omega}) = \frac{2}{3}(1 - \cos 2\omega)$$

2. 间接法性能分析

比较功率谱估计的两个定义式求出的估计结果 $\hat{P}_{\text{PER}}(\omega)$ 和 $\hat{P}_{\text{BT}}(\omega)$ 可以证明，对于自相关函数 $\hat{r}(m)$ 计算中的最大延迟 M，只要满足 $M = N-1$，两者是相等的。但实际使用时，一般 $M \ll N-1$，因此，直接法可以看作是间接法的特例。例 7-8 结果与例 7-6 完全一致，此即满足 $M = N-1$ 时，两种方法是等价的。

间接法相当于对最大长度为 $2N-1$ 的自相关函数 $r(m)$ 做截断，也即施加了一个窗函数 $v(m)$，$m = -M \sim M$。在频域上的效果表示为 $\hat{P}_{\text{BT}}(\omega)$ 为 $\hat{P}_{\text{PER}}(\omega)$ 和 $V(\omega)$ 的卷积，即

$$\hat{P}_{\text{BT}}(\omega) = \hat{P}_{\text{PER}}(\omega) * V(\omega) \tag{7-39}$$

式中，$V(\omega)$ 为窗函数 $v(m)$ 的傅里叶变换。

直接法和间接法功率谱估计的关系如图 7-4 所示。

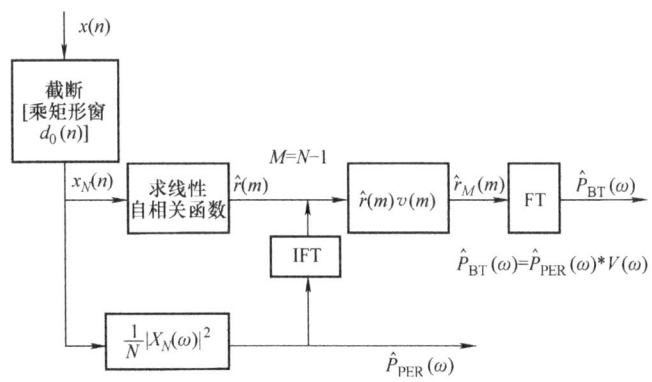

图 7-4 直接法和间接法功率谱估计的关系

研究式（7-39）可以发现，间接法也是一种有偏估计，当 N 很大时，它趋于渐近无偏。不过由于 $V(\omega)$ 的影响，其偏差趋于零的速度要小于直接法。频域上，$\hat{P}_{\text{PER}}(\omega)$ 和 $V(\omega)$ 的卷积作用相当于对周期图做了平滑，因此间接法得到的功率谱的波动会小于周期图法，也即减小了估计的方差。

总之，间接法估计的偏差大于直接法，而方差小于直接法，但是间接法的平滑（也即方差的减小）是以牺牲分辨率和偏差为代价的。因此间接法也需要对偏差和方差进行折中选择。

7.3.3 经典法改进方法

直接法估计出的功率谱性能较差：当数据长度 N 较大时，谱曲线起伏加剧，N 较小时，谱的分辨率又不好，因此需要加以改进。此处所说的改进，主要是改进其方差特性。常见的主要是两个改进思路，即平滑和平均。

1. 平滑

前面分析过，间接法在某种意义上就是对于直接法的改进，通过窗函数 $v(m)$ 平滑周期图，实现了减小方差。将间接法的思路扩展，对自相关函数 $\hat{r}(m)$ 选择合适的窗函数 $v(m)$，将误差较大的估计值截去，即可改进估计的方差性能。具体步骤如下：

1）利用观测数据估计自相关函数。
2）对自相关函数估计值加窗。
3）计算加窗后自相关函数的傅里叶变换。
其中，窗函数 $v(m)$ 可以根据需要灵活选择。

2. 平均

周期图法的方差性能较差的根本原因在于估计时仅有单一样本，缺乏求均值运算。平均法改进就是在一定程度上弥补缺乏的求均值运算。它的指导思想是把长度为 N 的数据 $x_N(n)$ 分成 L 段，分别求每一段的功率谱，等效增加了观测的样本数，然后加以平均，以达到求均值的目的。分段时，为了增加平均的样本数，甚至可以让每

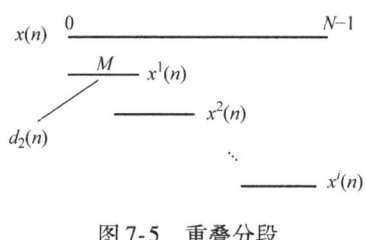

图 7-5　重叠分段

一段的数据有部分重叠。例如，每段数据重叠一半，如图 7-5 所示，此时段数 $L = \dfrac{N - M/2}{M/2}$。

由概率论可知，对于平稳随机信号，每一段的统计特性一致。L 个独立同分布随机变量，其均值分布的方差减小 L 倍，即

$$X = \frac{(X_1 + X_2 + \cdots + X_L)}{L} \tag{7-40}$$

方差：$X_i : \sigma^2$；　$X : \dfrac{\sigma^2}{L}$

必须指出，由于分段时各段允许交叠，因而段数 L 增大，这样方差可得到更大的改善。但是，数据的交叠又减小了每一段的不相关性，使方差的减小不会到达理论计算的程度。

【例 7-9】 利用重叠分段平均法对平稳高斯白噪声的谱估计。随机生成 30 组 512 点均值为零、方差为 1 的平稳高斯白噪声，按照 50% 重叠分别将其分成 $L = 3, 7, 15, 31$ 段，计算各自功率谱估计值。

解：步骤如下：

1）对每组 512 点数据按各段数据重叠 50% 的方式分成 3 段 256 点序列，7 段 128 点序列，15 段 64 点序列，31 段 32 点序列。
2）直接法求出每段数据的周期图。
3）再取平均即得各组数据的功率谱估计。

功率谱估计结果如图 7-6 所示。

结论：

1）平均法改进后的谱估计结果比周期图法的谱估计结果有显著改善。
2）随着分段数 L 的增加，谱估计起伏减小，方差明显减小。

实际应用中，有时将平滑和平均综合运用。但必须指出，平滑和平均主要是用来改善周期图法的方差性能，但往往又降低了分辨率、增大了偏差，无法使谱估计在方差、偏差和分辨率各个方面都得到改善。因此并不是根本的解决办法。

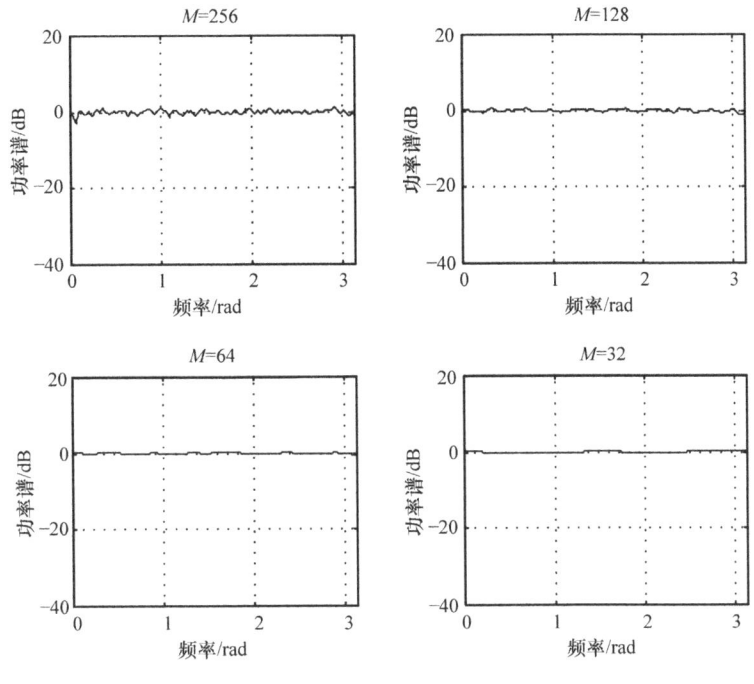

图 7-6 例 7-9 平均法功率谱估计

7.4 现代谱估计

由经典功率谱估计的性能分析可知，经典谱估计的方差性能较差，分辨率较低。方差性能差的原因在于无法实现功率谱定义中求均值和求极限的运算；分辨率较低的原因在于假定了数据窗以外的数据全为零，而这种假定是不符合实际的。

针对经典谱估计的问题，提出了现代谱估计的方法。现代谱估计属于参数法，包括参数模型辨识法、最小方差无失真响应法、基于特征值分解法等。参数模型辨识法简称参数模型法，它基于 Yule 于 1927 年提出的用线性回归方程模拟一个时间序列的分析方法，这便是自回归模型的基础。

在参数模型辨识法中，随机信号可以借助一个模型来加以描述。最常用的模型通常有两类：一是具有有理分式传递函数的线性系统模型，如 ARMA、AR 和 MA 模型，它们刻画一个由白噪声激励的线性有理分式系统产生的随机信号；另一类是复正弦模型，它们刻画的是被噪声污染的正弦信号。基于信号模型的谱估计方法不是直接进行功率谱的计算，而是通过有限的 N 个数据记录，对信号模型参数进行估计，然后，再通过模型参数来得到信号的功率谱。这实际上是通过模型将 N 个数据进行了合理的延拓，打破了只已知 N 个数据的限制，因而估计质量较高。用参数法计算得到的功率谱比用非参数法（经典法）得到的功率谱一般具有更陡峭的峰值和更高的分辨率。

7.4.1 信号的参数模型

随机信号的线性模型是有理传递函数模型，这个模型是构成一类模型法功率谱密度估计的基础。下面首先讨论平稳随机信号的谱分解定理,然后引出一类常用的模型——有理传递函数模型。

1. 谱分解定理

定义 7-4 一个平稳随机信号如果满足佩利-维纳(Paley-Wiener)条件,则称它是规则的。佩利-维纳条件为

$$\int_{-\pi}^{\pi} |\ln P(e^{j\omega})| d\omega < \infty \tag{7-41}$$

定理 7-1 一个平稳随机信号如果是规则的,它的复功率谱和功率谱密度必然可以分解为

$$P(z) = \sigma^2 H(z) H^*(1/z^*) \tag{7-42}$$

$$P(e^{j\omega}) = \sigma^2 |H(e^{j\omega})|^2 \tag{7-43}$$

式中,$H(z)$ 为最小相位系统。

比较式(7-25)和式(7-43)可以得出一个结论:一个规则的宽平稳随机信号 $x(n)$,总可以由方差为 σ^2 的白噪声 $u(n)$ 通过系统函数为 $H(z)$ 的最小相位系统获得。由于最小相位系统必存在稳定、因果的逆系统,因此由 $x(n)$ 通过此逆系统也可以得到白噪声 $u(n)$。

2. 信号模型

由于任何规则的宽平稳随机信号 $x(n)$ 总可以由方差为 σ^2 的白噪声 $u(n)$ 通过系统函数为 $H(z)$ 的最小相位系统获得,这就表明可以将千变万化的无限序列用包含少量参数的简单模型来表示,并称此线性参数模型为信号模型。由谱分解定理可知,

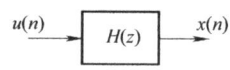

图 7-7 信号模型

基于功率谱的信号参数模型必为有理分式的最小相位系统,如图 7-7 所示。图中,输入激励 $u(n)$ 是均值为零、方差为 σ^2 的白噪声序列。

线性系统的系统函数为

$$H(z) = \frac{B(z)}{A(z)} = \frac{1 + \sum_{r=1}^{q} b_r z^{-r}}{1 + \sum_{k=1}^{p} a_k z^{-k}} \tag{7-44}$$

式中,b_r 为前馈(或滑动平均)支路的系数,称为 MA 系数;a_k 为反馈(或自回归)支路的系数,称为 AR 系数。系统的输出序列 $x(n)$ 是被建模的离散随机信号。为了保证 $H(z)$ 是一个稳定的最小相位系统,其零点、极点均应分布在单位圆内。

图 7-7 模型的输出 $x(n)$ 和输入 $u(n)$ 之间满足差分方程

$$x(n) = -\sum_{k=1}^{p} a_k x(n-k) + \sum_{r=0}^{q} b_r u(n-r) \tag{7-45}$$

设 $b_0 = 1$ 及

$$x(n) = h(n) * u(n) = \sum_{k=0}^{\infty} h(k) u(n-k) \tag{7-46}$$

输出功率谱和输入功率谱之间存在下列关系:

$$P_x(e^{j\omega}) = \sigma^2 \frac{B(e^{j\omega}) B^*(e^{j\omega})}{A(e^{j\omega}) A^*(e^{j\omega})} = \sigma^2 \frac{|B(e^{j\omega})|^2}{|A(e^{j\omega})|^2} \tag{7-47}$$

这样，如果激励白噪声的方差 σ^2 及模型的参数 a_1，a_2，$\cdots$，a_p；b_1，b_2，$\cdots$，b_q 已知，那么由式（7-47）就可求出输出序列 $x(n)$ 的功率谱。下面对三种常用的信号模型分别加以讨论。

如果 b_1，b_2，$\cdots$，b_q 全为零，那么式（7-44）、式（7-45）及式（7-47）分别变为

$$H(z) = \frac{1}{A(z)} = \frac{1}{1 + \sum_{k=1}^{p} a_k z^{-k}} \tag{7-48}$$

$$x(n) = -\sum_{k=1}^{p} a_k x(n-k) + u(n) \tag{7-49}$$

$$P_x(e^{j\omega}) = \frac{\sigma^2}{\left|1 + \sum_{k=1}^{p} a_k e^{-j\omega k}\right|^2} \tag{7-50}$$

式（7-48）~式（7-50）给出的模型称为 p 阶自回归（Auto-Regressive）模型，简称 AR(p) 模型；它是一个全极点的模型。其功率谱具有尖锐的峰而无深谷，具有这一特点的随机信号适合选择 AR 模型。

如果 a_1，a_2，$\cdots$，a_p 全为零，那么式（7-44）、式（7-45）及式（7-47）分别变为

$$H(z) = B(z) = 1 + \sum_{r=1}^{q} b_r z^{-r} \tag{7-51}$$

$$x(n) = u(n) + \sum_{r=1}^{q} b_r u(n-r) \tag{7-52}$$

$$P_X(e^{j\omega}) = \sigma^2 \left|1 + \sum_{r=1}^{q} b_r e^{-j\omega r}\right|^2 \tag{7-53}$$

式（7-51）~式（7-53）给出的模型称为 q 阶滑动平均（Moving-Aerage）模型，简称 MA(q) 模型；它是一个全零点的模型。其功率谱具有深谷而无尖锐的峰，具有这一特点的随机信号适合选择 MA 模型。

如果 a_1，a_2，$\cdots$，a_p；b_1，b_2，$\cdots$，b_q 不全为零，则由式（7-44）、式（7-45）及式（7-47）给出的就是自回归滑动平均模型，简称 ARMA(p, q) 模型；显然，ARMA 模型是一个既有极点、又有零点的模型。其功率谱既有谷又有峰，具有这一特点的随机信号适合选择 ARMA 模型。从上述讨论可以看出，AR 模型和 MA 模型都是 ARMA 模型的特殊情况。

这样功率谱估计实际可以看作是模型辨识问题。在三种模型中，AR 谱最流行，原因在于：①AR 模型的参数求解方程组是线性方程；②存在高效的算法。

7.4.2 AR 模型谱估计

1. AR 模型的正则方程

假定 $u(n)$、$x(n)$ 都是实平稳的随机信号，$u(n)$ 为白噪声，方差为 σ^2，$x(n)$ 为服从 AR 过程的因果信号。首先建立 AR 信号模型参数 a_k 与 $x(n)$ 的自相关函数的关系，即 AR 模型的正则方程（Normal Equation）。

由式（7-49）得

$$x(n+m) = -\sum_{k=1}^{p} a_k x(n+m-k) + u(n+m) \tag{7-54}$$

将式 (7-54) 两边同乘以 $x(n)$，并求均值，得

$$r_x(m) = E\{x(n)x(n+m)\} = E\left\{\left[-\sum_{k=1}^{p}a_k x(n+m-k) + u(n+m)\right]x(n)\right\}$$

$$= -\sum_{k=1}^{p}a_k E\{x(n+m-k)x(n)\} + E\{u(n+m)x(n)\}$$

$$= -\sum_{k=1}^{p}a_k r_x(m-k) + r_{xu}(m) \tag{7-55}$$

将式 (7-46) 代入 $r_{xu}(m)$，并注意到 $u(n)$ 是方差为 σ^2 的白噪声，有

$$r_{xu}(m) = E\{u(n+m)x(n)\} = E\left\{u(n+m)\sum_{k=0}^{\infty}h(k)u(n-k)\right\}$$

$$= \sigma^2 \sum_{k=0}^{\infty}h(k)\delta(m+k) = \sigma^2 h(-m) \tag{7-56}$$

式中，$h(k)$ 为 AR 模型的单位抽样响应。由 z 变换的性质 $h(0) = \lim_{z\to\infty} H(z)$，在式 (7-48) 中，当 $z\to\infty$ 时，有 $h(0) = 1$。将之代入式 (7-56)，有

$$r_{xu}(m) = \begin{cases} 0 & m \neq 0 \\ \sigma^2 & m = 0 \end{cases} \tag{7-57}$$

综合式 (7-55) 与式 (7-57)，有

$$r_x(m) = \begin{cases} -\sum_{k=1}^{p}a_k r_x(m-k) & m \neq 0 \\ -\sum_{k=1}^{p}a_k r_x(k) + \sigma^2 & m = 0 \end{cases} \tag{7-58}$$

在上述推导中，应用了实信号自相关函数的偶对称性，即 $r_x(m) = r_x(-m)$。由式 (7-58) 可得 $p+1$ 个方程，写成矩阵形式为

$$\begin{bmatrix} r_x(0) & r_x(1) & r_x(2) & \cdots & r_x(p) \\ r_x(1) & r_x(0) & r_x(1) & \cdots & r_x(p-1) \\ r_x(2) & r_x(1) & r_x(0) & \cdots & r_x(p-2) \\ \vdots & \vdots & \vdots & & \vdots \\ r_x(p) & r_x(p-1) & r_x(p-2) & \cdots & r_x(0) \end{bmatrix} \begin{bmatrix} 1 \\ a_1 \\ a_2 \\ \vdots \\ a_p \end{bmatrix} = \begin{bmatrix} \sigma^2 \\ 0 \\ 0 \\ \vdots \\ 0 \end{bmatrix} \tag{7-59}$$

式 (7-58)、式 (7-59) 即为 AR 模型的正则方程，又称 Yule – Walker 方程。需要指出的是，上式中的自相关矩阵为 Toeplitz 矩阵；若 $x(n)$ 是复过程，那么 $r_x(m) = r_x^*(-m)$，则其自相关矩阵是 Hermitian 对称的 Toeplitz 矩阵。利用这类矩阵的一系列性质，可以找到快速求解 AR 模型参数的高效算法。

【例 7-10】 考察二阶实值 AR 过程

$$x(n) + a_1 x(n-1) + a_2 x(n-2) = u(n)$$

其中，$u(n)$ 是零均值、方差为 σ_u^2 的白噪声过程，选择方差 σ_u^2 使得 $x(n)$ 的方差为 1。

解：Yule – Walker 方程为

$$\begin{bmatrix} r_x(0) & r_x(1) \\ r_x(1) & r_x(0) \end{bmatrix} \begin{bmatrix} a_1 \\ a_2 \end{bmatrix} = \begin{bmatrix} -r_x(1) \\ -r_x(2) \end{bmatrix}$$

解得

$$a_1 = -\frac{r_x(1)[r_x(0) - r_x(2)]}{r_x^2(0) - r^2(1)}$$

$$a_2 = -\frac{r_x(0)r_x(2) - r_x^2(1)}{r_x^2(0) - r_x^2(1)}$$

由

$$\sum_{k=0}^{p} a_k r_x(k) = \sigma_u^2$$

有

$$\sigma_u^2 = r_x(0) + a_1 r_x(1) + a_2 r_x(2)$$

或者反过来用 AR 参数表示互相关为

$$r_x(0) = \sigma_x^2 = \frac{1+a_2}{1-a_2} \frac{\sigma_u^2}{(1+a_2)^2 - a_1^2}$$

$$r_x(1) = \frac{-a_1}{1+a_2} \sigma_x^2$$

$$r_x(2) = \left(-a_2 + \frac{a_1^2}{1+a_2}\right) \sigma_x^2$$

【例 7-11】 设 $N=5$ 的数据记录为 $x(n) = \{1,2,3,4,5\}$，AR 模型的阶数 $p=3$。试求 AR(3) 模型参量。

解：先由给定的数据计算自相关函数，得

$$r_x(0) = \frac{1}{5}\sum_{n=0}^{N-1} x^2(n) = \frac{1}{5}\sum_{n=0}^{4} x^2(n) = 11$$

$$r_x(1) = \frac{1}{5}\sum_{n=0}^{N-2} x(n+1)x(n) = \frac{1}{5}\sum_{n=0}^{3} x(n+1)x(n) = 8$$

$$r_x(2) = \frac{1}{5}\sum_{n=0}^{N-3} x(n+2)x(n) = \frac{1}{5}\sum_{n=0}^{2} x(n+2)x(n) = \frac{26}{5}$$

$$r_x(3) = \frac{1}{5}\sum_{n=0}^{N-4} x(n+3)x(n) = \frac{1}{5}\sum_{n=0}^{1} x(n+3)x(n) = \frac{14}{5}$$

再由 Yule – Walker 方程

$$\begin{bmatrix} r_x(0) & r_x(1) & r_x(2) \\ r_x(1) & r_x(0) & r_x(1) \\ r_x(2) & r_x(1) & r_x(0) \end{bmatrix} \begin{bmatrix} a_1 \\ a_2 \\ a_3 \end{bmatrix} = \begin{bmatrix} -r_x(1) \\ -r_x(2) \\ -r_x(3) \end{bmatrix}$$

解得

$$[a_1 \quad a_2 \quad a_3]^T = [-0.8029 \quad 0.0430 \quad 0.0937]^T$$

最后

$$\sigma^2 = r_x(0) + a_1 r_x(1) + a_2 r_x(2) + a_3 r_x(3) = 5.0632$$

2. Levinson – Durbin 算法

Levinson – Durbin 递推算法是求解 Yule – Walker 方程的快速有效算法，这种算法利用了方程组系数矩阵（自相关矩阵）所具有的一系列优异的性质，使运算量大大减小。Levinson – Durbin 算法的关键是要推导出由 AR($m-1$) 模型参数计算 AR(m) 模型参数的迭代计算公式。其推导的方法有多种，这里只介绍一种较为简便的推导方法，该方法用到式（7-59）中系数矩阵所具有的两个特点，即

1）从零开始逐渐增加阶数，容易看出，某阶方程的系数矩阵包含了前面各阶系数矩阵（作为其子矩阵）。

2）系数矩阵先进行列倒序再进行行倒序（或先进行行倒序再进行列倒序）后矩阵不变。

下面推导 Levinson – Durbin 算法。

设已求得 $m-1$ 阶 Yule – Walker 方程

$$\begin{bmatrix} r_x(0) & r_x(1) & r_x(2) & \cdots & r_x(m-1) \\ r_x(1) & r_x(0) & r_x(1) & \cdots & r_x(m-2) \\ r_x(2) & r_x(1) & r_x(0) & \cdots & r_x(m-3) \\ \vdots & \vdots & \vdots & & \vdots \\ r_x(m-1) & r_x(m-2) & r_x(m-3) & \cdots & r_x(0) \end{bmatrix} \begin{bmatrix} 1 \\ a_{m-1,1} \\ a_{m-1,2} \\ \vdots \\ a_{m-1,m-1} \end{bmatrix} = \begin{bmatrix} \sigma_{m-1}^2 \\ 0 \\ 0 \\ \vdots \\ 0 \end{bmatrix} \quad (7\text{-}60)$$

的参数 $a_{m-1,1}, a_{m-1,2}, \cdots, a_{m-1,m-1}, \sigma_{m-1}^2$，现求解 m 阶 Yule – Walker 方程

$$\begin{bmatrix} r_x(0) & r_x(1) & r_x(2) & \cdots & r_x(m-1) & r_x(m) \\ r_x(1) & r_x(0) & r_x(1) & \cdots & r_x(m-2) & r_x(m-1) \\ r_x(2) & r_x(1) & r_x(0) & \cdots & r_x(m-3) & r_x(m-2) \\ \vdots & \vdots & \vdots & & \vdots & \vdots \\ r_x(m-1) & r_x(m) & r_x(m-1) & \cdots & r_x(0) & r_x(1) \\ r_x(m) & r_x(m-1) & r_x(m-2) & \cdots & r_x(1) & r_x(0) \end{bmatrix} \begin{bmatrix} 1 \\ a_{m,1} \\ a_{m,2} \\ \vdots \\ a_{m,m-1} \\ a_{m,m} \end{bmatrix} = \begin{bmatrix} \sigma_m^2 \\ 0 \\ 0 \\ \vdots \\ 0 \\ 0 \end{bmatrix}$$

$$(7\text{-}61)$$

为此，将式（7-60）的系数矩阵增加一行和增加一列，写为

$$\begin{bmatrix} r_x(0) & r_x(1) & r_x(2) & \cdots & r_x(m-1) & r_x(m) \\ r_x(1) & r_x(0) & r_x(1) & \cdots & r_x(m-2) & r_x(m-1) \\ r_x(2) & r_x(1) & r_x(0) & \cdots & r_x(m-3) & r_x(m-2) \\ \vdots & \vdots & \vdots & & \vdots & \vdots \\ r_x(m-1) & r_x(m-2) & r_x(m-3) & \cdots & r_x(0) & r_x(1) \\ r_x(m) & r_x(m-1) & r_x(m-2) & \cdots & r_x(1) & r_x(0) \end{bmatrix} \begin{bmatrix} 1 \\ a_{m-1,1} \\ a_{m-1,2} \\ \vdots \\ a_{m-1,m-1} \\ 0 \end{bmatrix} = \begin{bmatrix} \sigma_{m-1}^2 \\ 0 \\ 0 \\ \vdots \\ 0 \\ D_{m-1} \end{bmatrix}$$

$$(7\text{-}62)$$

式中，$D_{m-1} = r_x(m) + \sum_{i=1}^{m-1} a_{m-1,i} r_x(m-i)$。

利用上述系数矩阵的第二个特点，将式（7-62）的行倒序，同时列也倒序，可得

$$\begin{bmatrix} r_x(0) & r_x(1) & r_x(2) & \cdots & r_x(m-1) & r_x(m) \\ r_x(1) & r_x(0) & r_x(1) & \cdots & r_x(m-2) & r_x(m-1) \\ r_x(2) & r_x(1) & r_x(0) & \cdots & r_x(m-3) & r_x(m-2) \\ \vdots & \vdots & \vdots & & \vdots & \vdots \\ r_x(m-1) & r_x(m-2) & r_x(m-3) & \cdots & r_x(0) & r_x(1) \\ r_x(m) & r_x(m-1) & r_x(m-2) & \cdots & r_x(1) & r_x(0) \end{bmatrix} \begin{bmatrix} 0 \\ a_{m-1,m-1} \\ a_{m-1,m-2} \\ \vdots \\ a_{m-1,1} \\ 1 \end{bmatrix} = \begin{bmatrix} D_{m-1} \\ 0 \\ 0 \\ \vdots \\ 0 \\ \sigma_{m-1}^2 \end{bmatrix}$$

(7-63)

将待求解的 m 阶 Yule - Walker 方程表示成式（7-62）和式（7-63）的线性组合形式，即

$$\begin{bmatrix} 1 \\ a_{m,1} \\ a_{m,2} \\ \vdots \\ a_{m,m-1} \\ a_{m,m} \end{bmatrix} = \begin{bmatrix} 1 \\ a_{m-1,1} \\ a_{m-1,2} \\ \vdots \\ a_{m-1,m-1} \\ 0 \end{bmatrix} + k_m \begin{bmatrix} 0 \\ a_{m-1,m-1} \\ a_{m-1,m-2} \\ \vdots \\ a_{m-1,1} \\ 1 \end{bmatrix} \quad (7\text{-}64)$$

或

$$\begin{cases} a_{m,i} = a_{m-1,i} + k_m a_{m-1,m-i} & i = 1,2,\cdots,m-1 \\ a_{m,m} = k_m \end{cases} \quad (7\text{-}65)$$

式中，k_m 为待定系数，称为反射系数。式（7-64）两边各右乘以 m 阶系数矩阵，可得

$$\begin{bmatrix} \sigma_m^2 \\ 0 \\ 0 \\ \vdots \\ 0 \\ 0 \end{bmatrix} = \begin{bmatrix} \sigma_{m-1}^2 \\ 0 \\ 0 \\ \vdots \\ 0 \\ D_{m-1} \end{bmatrix} + k_m \begin{bmatrix} D_{m-1} \\ 0 \\ 0 \\ \vdots \\ 0 \\ \sigma_{m-1}^2 \end{bmatrix} \quad (7\text{-}66)$$

由式（7-66）可求出

$$k_m = -\frac{D_{m-1}}{\sigma_{m-1}^2}$$

$$\sigma_m^2 = \sigma_{m-1}^2 + k_m D_{m-1} = (1 - k_m^2)\sigma_{m-1}^2$$

由式（7-62）的第一个方程可求出

$$\sigma_{m-1}^2 = r_x(0) + \sum_{i=1}^{m-1} a_{m-1,i} r_x(i)$$

从上面的推导中可归纳出由 $m-1$ 阶模型参数求 m 阶模型参数的计算公式如下：

$$\sigma_{m-1}^2 = r_x(0) + \sum_{i=1}^{m-1} a_{m-1,i} r_x(i) \quad (7\text{-}67)$$

$$D_{m-1} = r_x(m) + \sum_{i=1}^{m-1} a_{m-1,i} r_x(m-i) \quad (7\text{-}68)$$

$$a_{m,m} = k_m = -\frac{D_{m-1}}{\sigma_{m-1}^2} \qquad (7\text{-}69)$$

$$\sigma_m^2 = (1 - k_m^2)\sigma_{m-1}^2 \qquad (7\text{-}70)$$

$$a_{m,i} = a_{m-1,i} + k_m a_{m-1,m-i} \quad i = 1,2,\cdots,m-1 \qquad (7\text{-}71)$$

对于 AR(p) 模型，递推计算直到 p 阶为止。

3. AR 谱估计的自相关法

已知 N 点观测数据 $x(0), x(1), \cdots, x(N-1)$ 和 AR 的阶数 p，则 AR 谱估计步骤如下：

1) 由已知的 $x(0), x(1), \cdots, x(N-1)$ 估计 $\hat{r}_x(0), \hat{r}_x(1), \cdots, \hat{r}_x(p)$，$p \ll N$。

2) 令 $a_{1,1} = k_1 = -\dfrac{\hat{r}_x(1)}{\hat{r}_x(0)}$，$\sigma_1^2 = (1 - k_1^2)\hat{r}_x(0)$。

3) 用 $\hat{r}_x(m)$ 代替递推算法式 (7-67) ~ 式(7-71) 中的 $r_x(m)$，对于 $m = 2, 3, \cdots, p$，重新求解 Yule – Walker 方程，这时求出的 AR 模型参数是真实参数的估计值，即 $\hat{a}_p = a_{p,p}$，$\hat{a}_{p-1} = a_{p,p-1}$，$\cdots$，$\hat{a}_1 = a_{p,1}$ 和 $\hat{\sigma}_p^2 = \sigma_p^2$。

4) 将这些参数代入式 (7-50)，可得 $x(n)$ 的功率谱 $P_x(\mathrm{e}^{\mathrm{j}\omega})$ 的估计，即

$$\hat{P}_{\mathrm{AR}}(\mathrm{e}^{\mathrm{j}\omega}) = \frac{\hat{\sigma}_p^2}{\left|1 + \sum_{n=1}^{p} \hat{a}_n \mathrm{e}^{-\mathrm{j}\omega n}\right|^2} \qquad (7\text{-}72)$$

若在 $(0, 2\pi)$ 内对 ω 进行 N 点均匀抽样，可得到离散谱

$$\hat{P}_{\mathrm{AR}}(k) = \hat{P}_{\mathrm{AR}}(\mathrm{e}^{\mathrm{j}\omega})\big|_{\omega = \frac{2\pi}{N}k} = \frac{\hat{\sigma}_p^2}{\left|\sum_{n=0}^{p} \hat{a}_n \mathrm{e}^{-\mathrm{j}\frac{2\pi}{N}kn}\right|^2} \qquad (7\text{-}73)$$

式中，$\hat{a}_0 = 1$。

AR 模型是自回归模型，其 $H(z)$ 为有理分式，且所有极点均在单位圆内。因此，其谱线比用周期图法估计的谱要平滑，如图 7-8 所示。对于线谱的估计，结果往往导致线谱的散开，并且，由于 $r_x(i)$ 中计算的误差，使平滑特性更趋严重。除此之外，AR 谱估计的频率分辨率要优于经典谱估计方法。其原因在于求解 AR 模型参数的过程，实际上意味着将根据

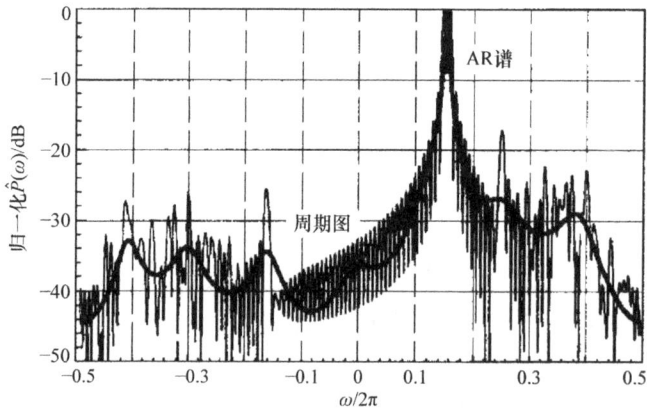

图 7-8 AR 谱和周期图谱起伏特性比较

$x(0), x(1), \cdots, x(N-1)$ 估计的 $r_x(0), r_x(1), \cdots, r_x(M)$ 按一定准则进行了外推，所以它的谱估计是建立在 $r_x(m)(-\infty < m < \infty)$ 基础之上的，而不是经典谱估计简单地认为 $|m| > p$ 时的 $r_x(m) = 0$。

【例 7-12】 设 $N=5$ 的数据记录为 $x(n) = \{1,2,3,4,5\}$，AR 模型的阶数 $p=3$。试用 Levinson – Durbin 递推算法求解 AR（3）模型参量，并计算功率谱估计。

解： 先由给定的数据计算自相关函数，得

$$r_x(0) = \frac{1}{5}\sum_{n=0}^{N-1} x^2(n) = \frac{1}{5}\sum_{n=0}^{4} x^2(n) = 11$$

$$r_x(1) = \frac{1}{5}\sum_{n=0}^{N-2} x(n+1)x(n) = \frac{1}{5}\sum_{n=0}^{3} x(n+1)x(n) = 8$$

$$r_x(2) = \frac{1}{5}\sum_{n=0}^{N-3} x(n+2)x(n) = \frac{1}{5}\sum_{n=0}^{2} x(n+2)x(n) = \frac{26}{5}$$

$$r_x(3) = \frac{1}{5}\sum_{n=0}^{N-4} x(n+3)x(n) = \frac{1}{5}\sum_{n=0}^{1} x(n+3)x(n) = \frac{14}{5}$$

由 Levinson – Durbin 递推公式，有

$$a_{1,1} = k_1 = -\frac{r_x(1)}{r_x(0)} = -0.72727$$

$$\sigma_1^2 = (1 - k_1^2)r_x(0) = 5.1818$$

$$D_1 = r_x(2) + a_{1,1}r_x(1) = -0.6182$$

$$a_{2,2} = k_2 = -\frac{D_1}{\sigma_1^2} = 0.11929$$

$$a_{2,1} = a_{1,1} + k_2 a_{1,1} = -0.81403$$

$$\sigma_2^2 = (1 - k_2^2)\sigma_1^2 = 5.1081$$

$$D_2 = r_x(3) + a_{2,1}r_x(2) + a_{2,2}r_x(1) = -0.4786$$

$$a_{3,3} = k_3 = -\frac{D_2}{\sigma_2^2} = 0.093702$$

$$a_{3,2} = a_{2,2} + k_3 a_{2,1} = 0.04301$$

$$a_{3,1} = a_{2,1} + k_2 a_{2,2} = -0.80285$$

$$\sigma_3^2 = (1 - k_3^2)\sigma_2^2 = 5.0632$$

AR 谱估计如下：

$$\hat{P}_{\text{AR}}(e^{j\omega}) = \frac{\sigma_3^2}{\left|1 + \sum_{k=1}^{3} a_{3,k} e^{-j\omega k}\right|^2}$$

MATLAB 程序如下：

```
x = [1 2 3 4 5];
[A,g] = lpc(x,3);
[H,F] = freqz(1,A,[],1);
```

```
plot(F,20 * log10(abs(H)))
xlabel('Frequency (Hz)')
ylabel('PSD (dB/Hz)')
```
运行结果如图 7-9 所示。

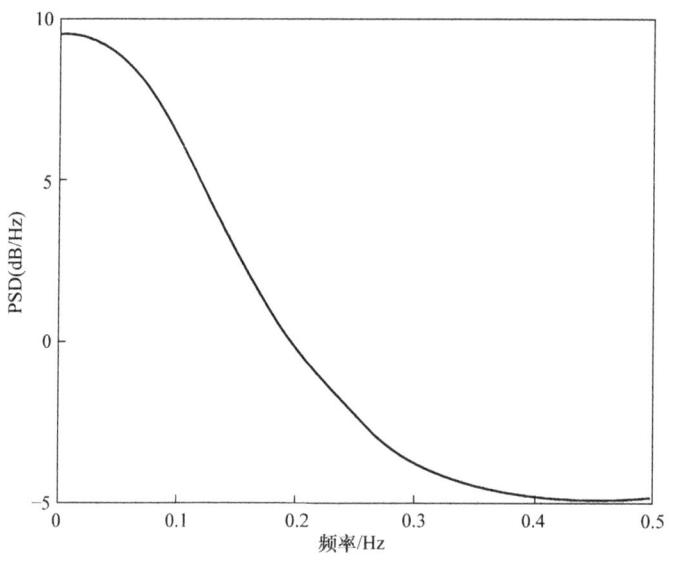

图 7-9 例 7-12 AR 谱估计

7.4.3 MA 模型谱估计

MA 谱估计以全零点模型为基础，将其用于估计窄带谱时得不到高分辨率，但用于 MA 随机过程时，由于 MA 随机过程的功率谱本身具有宽峰窄谷的特点，故能得到精确估计。

MA 模型参数的三个方程同式 (7-51) ~ 式 (7-53)，重写如下：

$$x(n) = u(n) + \sum_{k=1}^{q} b_k u(n-k) \tag{7-74}$$

$$H(z) = B(z) = 1 + \sum_{k=1}^{q} b_k z^{-k} \tag{7-75}$$

$$P_x(e^{j\omega}) = \sigma^2 \left| 1 + \sum_{k=1}^{q} b_k e^{-j\omega k} \right|^2 \tag{7-76}$$

由式 (7-74) 得

$$x(n+m) = u(n+m) + \sum_{k=1}^{q} b_k u(n+m-k) \tag{7-77}$$

将式 (7-77) 两边同乘以 $x(n)$，并求均值，得

$$r_x(m) = E\{x(n)x(n+m)\} = E\left\{\left[u(n+m) + \sum_{k=1}^{q} b_k u(n+m-k)\right]x(n)\right\}$$

$$= E\{u(n+m)x(n)\} + \sum_{k=1}^{q} b_k E\{u(n+m-k)x(n)\} = \sum_{k=0}^{q} b_k r_{xu}(m-k) \tag{7-78}$$

式中，$b_0 = 1$。

将式 (7-46) 代入 $r_{xu}(m-k)$，并注意到 $u(n)$ 是方差为 σ^2 的白噪声，有

$$r_{xu}(m-k) = E\{u(n+m-k)x(n)\} = E\{u(n+m-k)\sum_{i=0}^{\infty}h(i)u(n-i)\}$$

$$= \sigma^2 \sum_{i=0}^{\infty} h(i)\delta(m-k+i) = \sigma^2 h(k-m) \tag{7-79}$$

对 MA(q) 模型，由式 (7-75)，有

$$h(i) = b_i \quad i = 0,1,\cdots,q \tag{7-80}$$

所以，可以求出 MA(q) 模型的正则方程，即有

$$r_x(m) = \begin{cases} \sigma^2 \sum_{k=m}^{q} b_k b_{k-m} = \sigma^2 \sum_{k=0}^{q-m} b_k b_{k+m} & m = 0,1,\cdots q \\ 0 & m > q \end{cases} \tag{7-81}$$

式 (7-81) 是一个非线性方程，可见 MA 模型系数的求解要比 AR 模型困难得多。

再由实信号自相关函数的对称性质可知 $r_x(-m) = r_x(m)$，所以只有当 $-q \le m \le q$ 时 $r_x(m) \ne 0$，从而可得到 MA(q) 的功率谱为

$$P_{\text{MA}}(e^{j\omega}) = \sum_{m=-\infty}^{\infty} r_x(m) e^{-j\omega m}$$

$$= \sum_{m=-q}^{q} r_x(m) e^{-j\omega m} \tag{7-82}$$

式 (7-82) 等效于经典谱估计中的自相关法，即 MA 谱估计等效为信号长度为 ($q+1$) 的自相关法谱估计。因此，可以预期 MA 谱只能与自相关法有相等价的频率分辨率。在进行谱估计时，实际应用中往往是对谱峰的位置和大小更感兴趣。因此，一般情况下，都不进行随机信号的 MA 谱估计，而只是作为 ARMA 谱估计方法中的一部分来加以研究。

7.4.4 ARMA 模型谱估计

ARMA (p,q) 模型的差分方程同式 (7-45)，重写如下：

$$x(n) = -\sum_{k=1}^{p} a_k x(n-k) + \sum_{r=0}^{q} b_r u(n-r)$$

式中，$b_0 = 1$。用 $x(n+m)$ 乘上式两边，并取均值，结合 AR 模型和 MA 模型正则方程的推导，可得 ARMA 模型的正则方程为

$$r_x(m) = \begin{cases} -\sum_{k=1}^{p} a_k r_x(m-k) + \sigma_u^2 \sum_{k=0}^{q-m} h(k) b_{m+k} & 0 \le m \le q \\ -\sum_{k=1}^{p} a_k r_x(m-k) & m > q \end{cases} \tag{7-83}$$

式中，$h(n)$ 为系数 a_k 和 b_r 的函数。前 $q+1$ 个方程是高度非线性的，从第 $q+1$ 个方程开始是线性的，可以解出 AR 部分的系数。

将式 (7-83) 中的第二个方程写成展开形式为

$$\begin{bmatrix} r_x(q) & r_x(q-1) & \cdots & r_x(q-p+1) \\ r_x(q+1) & r_x(q) & \cdots & r_x(q-p+2) \\ \vdots & \vdots & & \vdots \\ r_x(q+p-1) & r_x(q+p-2) & \cdots & r_x(q) \end{bmatrix} \begin{bmatrix} a_1 \\ a_2 \\ \vdots \\ a_p \end{bmatrix} = - \begin{bmatrix} r_x(q+1) \\ r_x(q+2) \\ \vdots \\ r_x(q+p) \end{bmatrix} \quad (7\text{-}84)$$

式（7-84）虽然可解出 AR 部分的系数，但存在以下两个问题：

1）由于式中的真实自相关函数 $r_x(m)$ 是未知的，因此只能使用估计值 $\hat{r}_x(m)$ 来代替，且要用到大延时的估计值（最大延时是 $q+p$），对于给定的信号长度，这将造成 $\hat{r}_x(m)$ 估计很不准确。因此，也就不能得到 AR 部分系数的准确估计。

2）式中阶数 p 和 q 都是未知的，需要事先指定。而 p 和 q 的不正确指定有可能导致式（7-84）方程的系数矩阵奇异。

因此，在实际应用中，对式（7-84）采用更一般的形式，即取 L 个方程，这里 $L > p$，即

$$\boldsymbol{R}_{L+q} \boldsymbol{a} = -\boldsymbol{r}_{L+q} \quad (7\text{-}85)$$

其中

$$\boldsymbol{a} = [\hat{a}_1 \quad \hat{a}_2 \quad \cdots \quad \hat{a}_p]^T$$

$$\boldsymbol{r}_{L+q} = [\hat{r}_x(q+1) \quad \hat{r}_x(q+2) \quad \cdots \quad \hat{r}_x(q+L)]^T$$

$$\boldsymbol{R}_{L+q} = \begin{bmatrix} \hat{r}_x(q) & \hat{r}_x(q-1) & \cdots & \hat{r}_x(q-p+1) \\ \hat{r}_x(q+1) & \hat{r}_x(q) & \cdots & \hat{r}_x(q-p+2) \\ \vdots & \vdots & & \vdots \\ \hat{r}_x(q+L-1) & \hat{r}_x(q+L-2) & \cdots & \hat{r}_x(q+L-p) \end{bmatrix}$$

由此得到 a_k（$1 \leq k \leq p$）的最小二乘解为

$$\boldsymbol{a} = -(\boldsymbol{R}_{L+q}^H \boldsymbol{R}_{L+q})^{-1} \boldsymbol{R}_{L+q}^H \boldsymbol{r}_{L+q} \quad (7\text{-}86)$$

求得 ARMA(p,q) 模型中的 AR 参数，余下的任务就是求解 MA 部分的参数。

若将求出的 AR 参数代回到式（7-83）的第一个方程，由于该方程右边第二项包含 $h(n)$ 和 b_r 两组参数，而 $h(n)$ 又是 a_k 和 b_r 的函数，所以该式仍不易求解。为此，可利用求得的 AR 参数先得到一个 FIR 系统，即

$$\hat{A}(z) = 1 + \sum_{k=1}^{p} \hat{a}_k z^{-k}$$

序列 $x(n)$ 经过此 FIR 系统滤波，得到一个输出序列

$$y(n) = x(n) + \sum_{k=1}^{p} \hat{a}_k x(n-k)$$

ARMA(p,q) 模型与 FIR 系统的 $\hat{A}(z)$ 级联，近似于模型 $B(z)$，如图 7-10 所示。因此，可以利用输出序列 $y(n)$ 估计自相关序列 $\hat{r}_y(m)$，并按 MA(q) 模型谱估计式（7-82）来得到 MA 谱，即

$$\hat{P}_y(e^{j\omega}) = \sum_{m=-q}^{q} \hat{r}_y(m) e^{-j\omega m} \quad (7\text{-}87)$$

得到 MA 谱估计 $P_y(e^{j\omega})$ 后，即可求得 ARMA 谱估计为

$$\hat{P}_{\mathrm{ARMA}}(\mathrm{e}^{\mathrm{j}\omega}) = \frac{\hat{P}_y(\mathrm{e}^{\mathrm{j}\omega})}{\left|1 + \sum_{k=1}^{p} \hat{a}_k \mathrm{e}^{-\mathrm{j}\omega k}\right|^2} \quad (7\text{-}88)$$

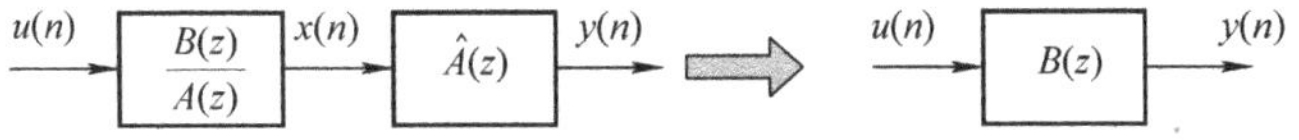

图 7-10　用 $\hat{A}(z)$ 和原 ARMA 模型相级联

本 章 小 结

本章主要讨论随机信号的分析方法。随机信号无法用确定的时间函数表示，只能借助概率分布函数、概率密度函数或统计数字特性等方式描述。对其进行频域分析时，通常研究其功率在频域上的分布，即功率谱。本章给出了功率谱的两个基本定义式，但实际应用中依据定义很难精确求取随机信号的功率谱，只能根据随机信号的单一或几个样本函数的有限个观测值对其加以估算，从而形成了功率谱估计这个十分活跃的研究领域。

在功率谱估计中，常用的估计方法有两大类。一类方法称为经典谱估计，这类方法是直接根据观测的样本数据进行功率谱估计；另一类方法称为现代谱估计，这类方法是先根据观测的样本数据，建立能描述该随机过程的数学模型，再借助模型来求取信号的功率谱。

经典谱估计的基本方法又分为两种，一种是由观测数据直接计算功率谱，常称为直接法；另一种是先由观测数据估计随机信号的自相关函数，再根据定义计算其功率谱，常称为间接法。本章分析了两种方法的谱估计质量，并介绍了提高谱估计精度的两种改进思路，即平滑和平均。

经典谱估计将数据窗以外的数据一律视为零，这显然与实际情况不符，也因此导致谱估计质量较差。现代功率谱估计以随机过程的参数模型为基础，也称为参数模型法。参数模型法的基本思想是根据待研究信号的先验知识，对信号在窗口外的数据做出某种比较合理的假设，利用已观察到的数据对它们做出预测或外推，以达到提高谱估计质量的目的。根据系统建模方法不同，分为 ARMA、AR 和 MA 等模型。

习　题

7-1　已知随机序列 $x(n) = \sin(n+\theta)$，其中 θ 为均匀分布的随机变量，其概率密度函数为

$$p(\theta) = \frac{1}{2\pi} \quad -\pi \leq \theta \leq \pi$$

求该随机信号的均值和自相关函数。

7-2　求白噪声信号 $u(n)$ 的功率谱。

7-3　已知某随机信号的功率谱为 $1 + \cos\omega$，求其自相关函数和平均功率。

7-4　已知平稳随机信号 $X(n)$ 的自相关函数为 $r_X(m) = 0.2^{|m|}$。
(1) 求其功率谱 $P_X(\mathrm{e}^{\mathrm{j}\omega})$。
(2) $X(n)$ 通过一个 LSI 系统，输出信号为 $Y(n)$，求 $Y(n)$ 的功率谱。
系统描述方程为 $Y(n) = 0.4Y(n-1) + X(n) - X(n-1)$。

7-5　已知某系统的输入信号 $u(n)$ 为方差为 1 的零均值白噪声序列，输出信号 $X(n)$ 的功率谱为

$$P_X(\mathrm{e}^{\mathrm{j}\omega}) = \frac{1.04 + 0.4\cos\omega}{1.25 - \cos\omega}$$

求该系统的系统函数 $H(z)$。

7-6 已知实平稳随机序列 $X(n)$ 的单一样本的 N 个观测值为 $x(n) = \{1,0,0,-1\}$，试利用周期图法估计其功率谱。

7-7 已知实平稳随机序列 $X(n)$ 的单一样本的 N 个观测值为 $x(n) = \{-1,0,1,-1\}$，试利用自相关法估计其功率谱。

7-8 已知某系统的输入信号 $u(n)$ 为方差为 1 的零均值白噪声序列，输出信号 $X(n) = 0.4X(n-1) + u(n)$。

(1) 根据 AR 模型确定该系统的系统函数 $H(z)$。

(2) 求输出信号 $Y(n)$ 的功率谱。

7-9 设某随机信号的自相关函数为 $r_x(m) = \{1,2,3,4\}$，$m = 0,1,2,3$，试用 Yule–Walker 方程直接求解 AR (3) 模型参数。

7-10 设某随机信号的自相关函数为 $r_x(m) = \{1,2,3,4\}$，$m = 0,1,2,3$，试用 Levinson–Durbin 递推算法求解 AR (3) 模型参数。

7-11 设 $N = 4$ 的数据记录为 $x(n) = \{1,1,1,1\}$，AR 模型的阶数 $p = 3$，试用 Levinson–Durbin 递推算法求解 AR (3) 模型参数。

7-12 一个平稳随机信号的前四个自相关函数是 $r_x(0) = 1$，$r_x(1) = -0.5$，$r_x(2) = 0.625$，$r_x(3) = -0.6875$，且 $r_x(m) = r_x(-m)$。试分别建立一阶、二阶及三阶 AR 模型，求取模型参数及对应的均方误差。

MATLAB 函数与练习

功率谱估计常用函数见表 7-1。

表 7-1 功率谱估计常用函数

模块	经典谱估计	
序号	函数名称	函数功能
1	periodogram	周期图功率谱密度估计
2	pwelch	Welch 法功率谱密度估计
模块	参数模型谱估计	
序号	函数名称	函数功能
1	lpc	线性预测滤波器系数
2	levinson	线性预测滤波器系数的 Levinson–Durbin 算法
3	arburg	使用 Levinson–Durbin 算法生成全极滤波器模型系数
4	arcov	通过最小化前向预测误差生成全极滤波器模型系数
5	armcov	通过最小化前向和后向预测误差生成全极滤波器模型系数
6	aryule	使用自相关函数的估计生成全极滤波器模型系数
7	pburg	自回归功率谱密度估计 – Burg 法
8	pcov	自回归功率谱密度估计 – 协方差法
9	pmcov	自回归功率谱密度估计 – 修正协方差法
10	pyulear	自回归功率谱密度估计 – Yule–Walker 方法

M7-1 画出多正弦加白噪声信号 $X(n)$ 的功率谱。

$$X(n) = \sum_{k=1}^{L} A_k \exp[\mathrm{j}\omega_k n + \mathrm{j}\Phi_k] + u(n)$$

M7-2 利用 MATLAB 函数生成两个 500 点的白噪声序列，一个服从均匀分布，一个服从高斯分布。分别计算并画出其自相关函数的图形，并检查它们是否满足均匀分布和高斯分布。

M7-3 已知平稳随机信号 $X(n)$ 的自相关函数为 $r_X(m) = 0.2^{|m|}$，设观测数据分别为 $N = 128$ 和 $N = 512$，估计其自相关函数，并完成

(1) 求其功率谱 $P_X(e^{j\omega})$。

(2) $X(n)$ 通过一个 LSI 系统，输出信号为 $Y(n)$，求 $Y(n)$ 的功率谱。

系统描述方程为 $Y(n) = 0.4Y(n-1) + X(n) - X(n-1)$。

M7-4 利用周期图法进行平稳高斯白噪声的谱估计。随机生成 30 组 N 点均值为零、方差为 1 的平稳高斯白噪声，分别计算 $N = 64, 128, 256, 512$ 时的功率谱估计值，并分析谱估计质量。

M7-5 利用重叠分段平均法对平稳高斯白噪声的谱估计，随机生成 30 组 512 点均值为零、方差为 1 的平稳高斯白噪声，按照 50% 重叠将其分成 $L = 3, 7, 15, 31$ 段，分别计算各自的功率谱估计值。

M7-6 一序列 $X(n)$ 含有白噪声和两个频率间隔很近的余弦信号

$$X(n) = \cos(0.3\pi n) + \cos(0.32\pi n) + u(n)$$

设 $X(n)$ 的观测数据分别为 $N = 128$ 和 $N = 512$，分别采用周期图法和 Welch 法估计该序列的功率谱，并对结果进行比较和分析。

M7-7 将具有单位方差的零均值高斯白噪声通过一个滤波器得到随机信号 $X(n)$，滤波器的系统函数为

$$H(z) = \frac{1}{(1 + az^{-1} + 0.99z^{-2})(1 - az^{-1} + 0.98z^{-2})}$$

(1) 令 $a = 0.1$，基于周期图法，估计并画出其功率谱，分析数据点数对估计性能的影响。

(2) 令 $a = 0.05$，基于自相关方法，拟合出与 $N = 128$ 个数据样点对应的 AR（4）模型，并画出功率谱。

(3) 对于 $N = 64$ 个样点，重复（2），并评价结果的相似点和不同点。

M7-8 一序列 $X(n)$ 含有白噪声和两个频率间隔很近的余弦信号

$$X(n) = \cos(0.3\pi n) + \cos(0.32\pi n) + u(n)$$

设 $X(n)$ 的观测数据分别为 $N = 128$ 和 $N = 512$，分别用经典法和 AR 模型估计其功率谱，并对结果进行比较和分析。

M7-9 将具有单位方差的零均值高斯白噪声通过一个滤波器得到随机信号 $y(n)$，滤波器的系统函数为 $H(z) = 1 - 0.1z^{-1} + 0.09z^{-2} + 0.648z^{-3}$。在 $y(n)$ 上加上三个实正弦信号，归一化频率分别是 $f_1' = 0.1$，$f_2' = 0.25$，$f_3' = 0.26$。调整正弦信号的幅度，使在 f_1'、f_2'、f_3' 处的信噪比分别为 10dB、50dB、50dB。得到已知功率谱的试验信号 $X(n)$。

(1) 利用自相关法求解 AR 模型系数来估计其功率谱，模型阶数 $p = 8$，$p = 11$，$p = 14$。

(2) 利用 ARMA 模型来估计其功率谱，阶数（p, q）自行调试。

参 考 文 献

[1] OPPENHEIM A V, SCHAFER R W. 离散时间信号处理：第三版[M]. 黄建国, 刘树棠, 张国梅, 译. 北京：电子工业出版社, 2015.
[2] 胡广书. 数字信号处理：理论、算法与实现[M]. 3版. 北京：清华大学出版社, 2012.
[3] 程佩青. 数字信号处理教程[M]. 5版. 北京：清华大学出版社, 2017.
[4] 陈后金. 数字信号处理[M]. 3版. 北京：高等教育出版社, 2018.
[5] MITRA S K. 数字信号处理：基于计算机的方法：第四版[M]. 余翔宇, 译. 北京：电子工业出版社, 2012.
[6] 刘顺兰, 吴杰. 数字信号处理[M]. 3版. 西安：西安电子科技大学出版社, 2015.
[7] 姚天任, 江太辉. 数字信号处理[M]. 3版. 武汉：华中科技大学出版社, 2007.
[8] PROAKIS G, MANOLAKIS D G. 数字信号处理：原理、算法与应用：第四版[M]. 方艳梅, 刘永清, 等译. 北京：电子工业出版社, 2014.
[9] MITRA S K. 数字信号处理实验指导[M]. 孙洪, 余翔宇, 译. 北京：电子工业出版社, 2013.
[10] 吴大正, 杨林耀, 张永瑞, 等. 信号与线性系统分析[M]. 5版. 北京：高等教育出版社, 2019.